Dirk Fox
Marit Köhntopp
Andreas Pfitzmann (Hrsg.)

Verlässliche
IT-Systeme 2001

DuD-Fachbeiträge

herausgegeben von Andreas Pfitzmann, Helmut Reimer, Karl Rihaczek
und Alexander Roßnagel

Die Buchreihe DuD-Fachbeiträge ergänzt die Zeitschrift DuD – Datenschutz und Datensicherheit in einem aktuellen und zukunftsträchtigen Gebiet, das für Wirtschaft, öffentliche Verwaltung und Hochschulen gleichermaßen wichtig ist. Die Thematik verbindet Informatik, Rechts-, Kommunikations- und Wirtschaftswissenschaften.
Den Lesern werden nicht nur fachlich ausgewiesene Beiträge der eigenen Disziplin geboten, sondern auch immer wieder Gelegenheit, Blicke über den fachlichen Zaun zu werfen. So steht die Buchreihe im Dienst eines interdisziplinären Dialogs, der die Kompetenz hinsichtlich eines sicheren und verantwortungsvollen Umgangs mit der Informationstechnik fördern möge.

Unter anderem sind erschienen:

Hans-Jürgen Seelos
Informationssysteme und Datenschutz
im Krankenhaus

Heinrich Rust
Zuverlässigkeit und Verantwortung

Joachim Rieß
Regulierung und Datenschutz im
europäischen Telekommunikationsrecht

Ulrich Seidel
Das Recht des elektronischen
Geschäftsverkehrs

*Günter Müller, Kai Rannenberg,
Manfred Reitenspieß, Helmut Stiegler*
Verläßliche IT-Systeme

Kai Rannenberg
Zertifizierung mehrseitiger
IT-Sicherheit

Hannes Federrath
Sicherheit mobiler Kommunikation

Volker Hammer
Die 2. Dimension der IT-Sicherheit

Michael Sobirey
Datenschutzorientiertes
Intrusion Detection

Dogan Kesdogan
Privacy im Internet

Kai Martius
Sicherheitsmanagement
in TCP/IP-Netzen

Alexander Roßnagel
Datenschutzaudit

Patrick Horster (Hrsg.)
Systemsicherheit

Gunter Lepschies
E-Commerce und Hackerschutz

*Andreas Pfitzmann, Alexander Schill
Andreas Westfeld, Gritta Wolf*
Mehrseitige Sicherheit
in offenen Netzen

Helmut Bäumler (Hrsg.)
E-Privacy

Patrick Horster (Hrsg.)
Kommunikationssicherheit
im Zeichen des Internet

*Dirk Fox, Marit Köhntopp,
Andreas Pfitzmann (Hrsg.)*
Verlässliche IT-Systeme 2001

Dirk Fox
Marit Köhntopp
Andreas Pfitzmann (Hrsg.)

Verlässliche IT-Systeme 2001

Sicherheit in komplexen IT-Infrastrukturen

Die Deutsche Bibliothek – CIP-Einheitsaufnahme
Ein Titeldatensatz für diese Publikation ist bei
Der Deutschen Bibliothek erhältlich.

1. Auflage September 2001

Alle Rechte vorbehalten
© Springer Fachmedien Wiesbaden 2001
Ursprünglich erschienen bei Friedr. Vieweg & Sohn Velagsgesellschaft mbH, Braunschweig
/Wiesbaden, 2001
Softcover reprint of the hardcover 1st edition 2001

www.vieweg.de
vieweg@bertelsmann.de

Konzeption und Layout des Umschlags: Ulrike Weigel, www.CorporateDesignGroup.de

Lengerich/Westf.

ISBN 978-3-663-05919-6   ISBN 978-3-663-05918-9 (eBook)
DOI 10.1007/978-3-663-05918-9

Vorwort

Das Programm der sechsten Fachtagung der Fachgruppe „Verlässliche IT-Systeme" der Gesellschaft für Informatik steht für einen – schleichenden – Paradigmenwechsel in der IT-Sicherheit: Nicht grundsätzlich neue Lösungen, Verfahren, Protokolle oder Ansätze prägen das Bild, sondern die *Komplexität* heutiger IT-Systeme wird zunehmend zur Herausforderung für die IT-Sicherheit.

So sind die Sicherheit von Betriebssystemen und Protokollen sowie der Entwurf sicherer Systeme natürlich keine grundsätzlich neuen Fragestellungen – sie waren auch schon Thema der ersten VIS-Tagung vor zehn Jahren. Angesichts von Standardbetriebssystemen mit einem Umfang von mehreren hundert Megabyte, Protokollen wie dem Domain Name System (DNS) oder Sicherheitsinfrastrukturen (wie PKIs) mit Millionen Nutzern stellen sich die „alten Fragen" heute jedoch in einer gänzlich neuen Dimension.

Zwar ist das Thema IT-Sicherheit spätestens seit den öffentlich viel beachteten Börsengängen von Produkt- und Lösungsanbietern in aller Munde. Tatsächlich aber sind wir trotz gestiegener Sensibilität, erheblichen Investitionen und unzweifelhaften Fortschritten in Forschung und Entwicklung heute dem Ziel sicherer IT-Infrastrukturen nicht viel näher als 1991 – dem Jahr der ersten VIS-Konferenz.

Das liegt nicht nur an der Komplexität der IT-Systeme selbst. Auch die Fragestellungen der IT-Sicherheit sind komplexer geworden. So ist neben die Perspektive der Systembetreiber die der Nutzer und Bürger getreten: Mehrseitige Sicherheit lässt sich nicht auf die klassischen Sicherheitsziele – Vertraulichkeit, Integrität, Authentizität und Verfügbarkeit – reduzieren; daneben sind Ziele wie beispielsweise Anonymität, Transparenz und Nutzerselbstbestimmung zu berücksichtigen.

Und schließlich hat das Internet der Frage der Rechtsdurchsetzung in der „digitalen Welt" nicht nur im Bereich des Datenschutzes eine neue Dimension verliehen: Die Markierung digitaler Daten zur Durchsetzung von Urheberrechten (Watermarking) und die „komplementäre" Anwendung von Einbettungsverfahren zum Verstecken von Nutzdaten („Steganographie") sind zu eigenen Forschungsfeldern geworden.

Die Beiträge des vorliegenden Tagungsbandes, die in einem mehrstufigen Prozess vom wissenschaftlichen Programmkomitee aus einer großen Zahl von Einreichungen ausgewählt wurden, sind wichtige aktuelle Schritte hin zu einer sichereren Informationsgesellschaft, die täglich mehr von der Verfügbarkeit, Verlässlichkeit und Vertrauenswürdigkeit komplexer IT-Systeme abhängt.

Unser Dank gilt daher vor allem den Autorinnen und Autoren für die Ausarbeitung der eingereichten Beiträge, dem 40-köpfigen Programmkomitee für die sorgfältigen Reviews und schließlich ganz besonders Frau Kaisa Mattila, der wir die redaktionelle Betreuung des vorliegenden Bandes verdanken.

Wir hoffen, dass in zehn Jahren beim Rückblick auf die hier veröffentlichten aktuellen Forschungsergebnisse wieder der Eindruck dominiert: Es hat sich etwas bewegt.

Dirk Fox, *Marit Köhntopp* und *Andreas Pfitzmann*
Karlsruhe, Kiel und Dresden im August 2001

Verlässliche IT-Systeme – VIS 2001

Sicherheit in komplexen IT-Infrastrukturen

Proceedings der GI-Fachtagung VIS 2001
12.-14.09.2001 in Kiel

Programmkomitee

H.-J. Appelrath, OFFIS, Oldenburg
H. Bäumler, Landesbeauftragter für den Datenschutz, Kiel
R. Baumgart, Secunet, Siegen
B. Baum-Waidner, Zürich
J. Biskup, Universität Dortmund
H. H. Brüggemann, Universität Hannover
A. Büllesbach, DaimlerChrysler AG, Stuttgart
D. Cerny, Köln
R. Dierstein, c/o DLR, Oberpfaffenhofen
M. Domke, GMD-AiS, Sankt Augustin
D. Fox, Secorvo, Karlsruhe (Vorsitz)
W. Gerhardt, TU Delft
R. Grimm, TU Ilmenau
M. Hegenbarth, T-Nova GmbH, Darmstadt
H.-W. Heibey, Berliner Datenschutzbeauftragter
P. Horster, Universität Klagenfurt
M. Köhntopp, Landeszentrum für Datenschutz, Kiel
P. Kraaibeek, Consecur, Meppen
H. Kurth, atsec, München
A. Lubinski, Universität Rostock
B. Müller, Bubenreuth
G. Müller, Universität Freiburg
I. Münch, BSI, Bonn
H. Petersen, Secorvo, Karlsruhe
A. Pfitzmann, TU Dresden (Vorsitz)
B. Pfitzmann, Universität des Saarlandes, Saarbrücken
H. Pohl, FH Bonn-Rhein-Sieg, St. Augustin
K. Pommerening, Universität Mainz
K. Rannenberg, Microsoft Research, Cambridge
M. Reitenspieß, Fujitsu Siemens Computer, München
A. W. Röhm, Universität Essen
A. Roßnagel, Universität Kassel
I. Schaumüller-Bichl, IT-Sicherheitsberatung, Linz
H. Stiegler, STI-Consulting, München
K. Vogel, BSI, Bonn
M. Waidner, IBM-Forschungslaboratorium, Zürich
G. Weck, INFODAS, Köln
Th. Wilke, Christian-Albrechts-Universität, Kiel
P. Wohlmacher, Universität Klagenfurt
T. Zieschang, Eurosec, Frankfurt

Leitung und Organisation der Tagung

Dr. Helmut Bäumler und Marit Köhntopp, Unabhängiges Landeszentrum für Datenschutz, Schleswig-Holstein

Inhalt

Entwurf sicherer Systeme

Digitale Wasserzeichen

Steganographie

Die PERSEUS Systemarchitektur

Birgit Pfitzmann[1], James Riordan[2], Christian Stüble[1]
Michael Waidner[2], Arnd Weber[3]

[1]Universität des Saarlandes, {pfitzmann,stueble}@cs.uni-sb.de
[2]IBM Zurich Research Laboratory, {rij,wmi}@zurich.ibm.com
[3]Forschungszentrum Karlsruhe, Arnd.Weber@itas.fzk.de

Zusammenfassung

Sichere Anwendungen sind ohne ein sicheres Betriebssystem unmöglich. Wir zeigen auf, wie bestehende Sicherheitsmechanismen wie kryptographische Protokolle oder Smartcards umgangen werden
können und präsentieren eine Systemarchitektur für eine allgemeine Sicherheitsplattform, die es Nutzern ermöglicht, ihre vorhandenen Anwendungen bequem weiterzubenutzen. Das Design enthält alle
nötigen Dienste, um auch sichere Softwareinstallationen durch den Endbenutzer durchführen zu lassen. Um eine verbreitete Applikationsschnittstelle zur Verfügung zu stellen, arbeitet das Perseus System als Host, der als eine Clientapplikation ein existierendes Betriebssystem (Client OS) ausführt. Da
das Client OS alle nicht sicherheitskritischen Aufgaben übernimmt, können wir den Sicherheitskern
klein und überschaubar halten und legen damit den Grundstein für eine spätere Evaluation nach den
Common Criteria oder ITSEC.
Zum Schluss werden ein allgemeines Design und ein bestehender Prototyp des Perseus Systems vorgestellt. Er basiert auf dem L4 Mikrokern-Interface und führt Linux als Client OS aus.

1 Einleitung

E-Commerce und andere Anwendungen auf offenen Rechnernetzen erfordern Integrität, Authentizität, Vertraulichkeit, Anonymität und Korrektheit, die nur mit sicheren Endbenutzersy-
stemen zu garantieren sind. Obwohl die Forschung viele Ergebnisse zu sicheren Protokollen,
Kryptographie, Programmiersprachen, Benutzerschnittstellen, etc. hervorgebracht hat, basieren all diese Lösungen auf der korrekten und sicheren Funktion des darunter liegenden Systems. Um solche Eigenschaften zu garantieren, insbesondere in einer potentiell unsicheren
Umgebung, wird offensichtlich eine neue Generation von Betriebssystemen benötigt.
Verbreiteten Betriebssystemen fehlen beispielsweise Mechanismen, um benutzerorientierte
Sicherheitspolitiken durchzusetzen (tatsächlich verfügen die meisten der verbreiteten Be-
triebssysteme über gar keine Sicherheitsmechanismen). Hinzu kommen Design- und aus ihrer
Komplexität resultierenden Fehler, die es trotz regelmäßiger Administration und fundiertem
Hintergrundwissen unmöglich machen, einzelne Benutzer vor der Ausführung unsicherer
(bösartiger) Software zu schützen.
Regelmäßig werden neue Sicherheitslücken in verbreiteten Betriebssystemen bekannt, und
Viren wie z.B. der VBS/Loveletter Virus[1] und der Melissa Virus[2] können aufgrund von unzureichenden Sicherheitskonzepten signifikanten Schaden anrichten.
Benutzer führen fremde Programme auf ihren Systemen aus und installieren Softwarepro-
dukte, die sie aus dem Internet von unbekannten (und potentiell bösartigen) Anbietern heruntergeladen haben, ohne entscheiden zu können, ob ihre Handlungen sicherheitsrelevant sind
oder nicht. Einige Programme, wie z.B. Browser, arbeiten mit großen und komplexen Daten-

---

[1] Geschätzter Schaden: 4-12$ Milliarden Schaden in über 20 Ländern [Adam_2000].

[2] Die ICSAs Tippett schätzt, dass Melissa ca. 1.2. Millionen Desktop Computer und ca. 53.000 Server in 7800
nordamerikanischen Firmen mit mindestens 200 PCs infiziert hat, und dass die Reparaturkosten sich auf
249$ Millionen bis 561$ Millionen belaufen.

sätzen wie z.B. Webseiten, die von unbekannten Quellen stammen. Gleichzeitig jedoch wollen Benutzer dasselbe System für eine große Palette von sicherheitskritischen Anwendungen verwenden. Diese Anforderungen verlangen ein offenes, flexibles und insbesondere sicheres Betriebssystem.

Wie in Abschnitt 0 diskutiert wird, sind Sicherheitstools, wie beispielsweise PGP, eine unbefriedigende Lösung, insbesondere wenn darunter liegende Komponenten, speziell das Betriebssystem, nicht korrekt funktionieren [LSMT_98]. Deshalb implementieren wir eine überschaubare Sicherheitsplattform, die alle Sicherheitsanforderungen erfüllt, um Benutzer und ihre Daten vor bösartiger Software zu schützen. Sicherheitskritische Teile bleiben klein, um eine spätere Evaluation, z.B. nach den Common Criteria [CC_1999] oder ITSEC, zu ermöglichen. In einem zweiten Entwicklungszyklus soll dann die Korrektheit der Implementierung und die Einhaltung von Sicherheitspolitiken formell bewiesen werden.

Die Perseus Systemarchitektur bietet eine Umgebung, um z.B. auf sichere Art und Weise Signaturen zu erzeugen, ohne auf teure Hardwaremodifikationen angewiesen zu sein. Zusätzlich wird ein Client Betriebssystem ausgeführt, welches Kompatibilität zu Application Binary Interfaces (ABI) bietet, um Linux- oder Windowsapplikationen wie gewohnt ausführen zu können.

Dieser Artikel ist wie folgt strukturiert: Der nächste Abschnitt beschreibt häufige Sicherheitsprobleme verbreiteter Betriebssysteme und bietet damit die Grundlagen für Kapitel 0, das eine Liste von Sicherheitsanforderungen aufzeigt, die eben diese Angriffe verhindern. Kapitel 0 vergleicht den Perseus Ansatz mit anderen Projekten, welche auch das Ziel haben, Endbenutzersysteme sicherer zu machen. Kapitel 0 und 0 präsentieren Konzepte und Designansätze der sicherheitskritischen Komponenten und Kapitel 0 gibt einen detaillierten Einblick in die Gesamtarchitektur des Perseus Systems. Zum Schluss wird in Kapitel 8 auf die weiteren Entwicklungsziele näher eingegangen und Kapitel 9 fasst die bisherigen Ergebnisse zusammen.

2 Verbreitete Sicherheitsprobleme

Dieses Kapitel diskutiert die verbreiteten, aber fehlerhaften, Annahmen, dass PGP, SSL, S/MIME oder Smartcards allein angemessene Sicherheit bieten können. Wir beschreiben sieben Szenarien, die zeigen wie einfach es momentan ist, solche Mechanismen auszuhebeln. Diese Szenarien bilden die Grundlage für eine Liste von Sicherheitsanforderungen (siehe Kapitel 0), die von einem sicheren Betriebssystem erfüllt sein müssen.

2.1 Gegenseitiger Schutz von Anwendungen

Übliche Betriebssysteme bieten keine angemessenen Mechanismen, um verschiedene Applikationen voreinander zu schützen. Deshalb können bösartige Anwendungen (z.B. Viren oder Trojanische Pferde) mit allen Rechten des ausführenden Benutzers agieren. Spiele haben Zugriff auf Finanzdaten, Finanzprogramme haben Zugriff auf medizinische Daten und so weiter. Bösartige Programme oder Daten[3] können Informationen anderer Programme lesen, modifizieren oder auch infizieren. Virenscanner helfen den Einfluss von Viren zu verringern, lösen aber nicht das größere und schwierigere Problem bösartiger Software im Allgemeinen.

2.2 Installation/Updates

Es ist sehr einfach ein System anzugreifen, indem neue Programme, Bug-Fixes oder neue Device-Treiber angeboten werden, die einen Trojaner beinhalten. Das Problem ist, dass es weder

---

[3] Makros, Skriptsprachen und komplexe Datentypen verwischen kontinuierlich den Unterschied zwischen Programm und Daten.

allgemeine Verfahren gibt, die garantieren, dass das entsprechende Programm korrekt ist, noch die Rechte von Programmen auf ein nötiges Minimum reduziert werden können.

Auch bereits existierende Code-Signing Mechanismen von Java oder ActiveX mögen zwar Benutzer in die Lage versetzen zu ermitteln, woher ein bestimmtes Programm kommt, jedoch

- beschränken sie die Menge der verwendbaren Software erheblich.

- nehmen sie an, dass nicht-bösartig auch unverwundbar bedeutet.

- erzwingen sie, dass Benutzer Entscheidungen über soziale Aspekte von Vertrauen fällen (diese sind i.allg. schwerer als technische Aspekte)

2.3　Gefälschte Dialoge

Ein ganz anderes Problem ist das Fehlen jeglicher Authetifikationsmöglichkeiten von Programmen gegenüber dem Benutzer, wodurch es bösartigen Applikationen sehr einfach gemacht wird diese zu täuschen, indem z.B. ein gefälschter Passwort-Dialog angezeigt wird [TyWh_1996]. Schon Gasser fordert in [Gass_1988], dass ein Sicherheitskern zusätzliche Informationen bieten muss, die dem Nutzer erlauben, z.B. gefälschte Dialoge zu erkennen.

2.4　Unzureichende Dokumentenformate

Durch Verwendung von Signaturen ist es zwar nicht möglich signierte Informationen unentdeckt zu verändern, dennoch kann die Präsentation, oder auch das Dokument, *vor* dem Signiervorgang auf bösartige Weise manipuliert werden. Verbreitete Dokumentenformate sind eher unter dem Gesichtspunkt von funktionalen als von sicherheitsspezifischen Aspekten entwickelt worden, wodurch es möglich ist, dass das selbe Dokument in zwei Umgebungen total unterschiedlich dargestellt wird. Auch werden Dokumentenformate, die unzureichende Spezifikationen bieten, auf unterschiedlichen Plattformen unterschiedlich dargestellt, sei es aufgrund von verschiedenen Softwareversionen, unterschiedlichen Systemkonfigurationen, usw.

2.5　Der Faktor Mensch

Die wenigsten Benutzer sind Experte in Administrations- oder in Sicherheitsfragen und sogar für Experten ist es schwierig, *alle* Konsequenzen einer Systemmodifikation abzuschätzen. Deshalb ist es auch sehr schwer zu entscheiden, ob eine Modifikation sicherheitsrelevant ist oder nicht. Ein Beispiel ist die eigentlich harmlose Installation einer neuen Schriftart; jedoch ist dieses sicherheitsrelevant, denn es macht einen Unterschied, ob jemand einen Vertrag über 1.000.000$ oder 1.000.000£ unterschreibt.

2.6　Unzureichende Hardware

Auch wenn ein Betriebssystem korrekt implementiert und konfiguriert ist, können sicherheitsrelevante Betriebssystemteile trotzdem umgangen werden, indem z.B. Applikationen direkter Zugriff auf die Hardware gewährt wird (wie es häufig aus Performancegründen üblich ist). Als Beispiel sei hier nur ein Grafiktreiber genannt, der aufgrund von DMA (Direct Memory Access) Fähigkeiten der Grafikkarte Speicherbereiche adressieren kann, *ohne* vom Betriebssystem kontrolliert werden zu können. Offensichtlich handelt es sich hierbei um eine gewaltige Sicherheitslücke.

2.7　Protected Paths

Ein weitverbreiteter Ansatz die Systemsicherheit zu erhöhen, verwendet Smartcards oder ähnliche vertrauenswürdige Geräte. Die Idee bei diesem Ansatz ist das Betriebssystem nur durch übliche Schutzmaßnahmen abzusichern und sicherheitsrelevante Daten (z.B. den private Key) in eine sichere Umgebung auszulagern.

Ein Manko dieses Ansatzes besteht darin, dass es kein vertrauenswürdiges Interface zwischen Benutzer und sicherem Gerät gibt: Der Benutzer hat bei Signaturen *keine* Kontrolle darüber, welche Daten an das sichere Gerät geschickt werden [PPSW_1996]. Demnach ist es ein Leichtes für einen Angreifer, das Betriebssystem derart zu modifizieren, dass es Dokumente zu seinem Vorteil modifiziert bevor es sie an das sichere Device übergibt. Sichere Smartcardleser mit eigenem Display können nur in Spezialfällen helfen, da sie teuer sind, in der Regel nur sehr eingeschränkte (grafische) Funktionalitäten bieten und es dem Benutzer auch nicht zumutbar ist, zusätzlich zu einem Handy und PDA einen Smartcardleser mit großem Display herumzutragen.

Es gibt jedoch noch ein schwerwiegenderes Problem: Die Speicherung und Benutzung von privaten Schlüsseln löst nur ein kleines sicherheitskritisches Problem; vertrauliches Lesen oder Bearbeiten von Dokumenten liegt außerhalb dessen, was mit Smartcards oder ähnlichen Geräten ohne eigenes Benutzerinterface möglich ist, unabhängig davon wie tamper-resistant sie sein mögen.

3 Sicherheitsanforderungen

Im letzten Abschnitt haben wir einige Szenarien beschrieben die aufzeigen, wie Betriebssysteme angegriffen werden können, solange sie keine umfangreichen Sicherheitskonzepte bieten. In den nun folgenden Abschnitten werden deshalb grundlegende Sicherheitsanforderungen diskutiert, die nötig sind um o.g. Angriffe zu vereiteln.

3.1 Sicherheitsplattform

Es ist ein Sicherheitsparadigma, dass perfekte Sicherheit nicht garantiert werden kann, ohne wenigstens einer Instanz bzw. Komponente zu vertrauen. Daher müssen auch Benutzer von Betriebssystemen wenigstens einer Komponente vertrauen, wenn ihr System potentiell unsichere Applikationen ausführen soll. Die kleinste Menge dieser vertrauenswürdigen Komponenten wird i.allg. als Sicherheitsplattform, Sicherheitskern oder Trusted Computing Base (TCB) bezeichnet. Offensichtlich sollte die Sicherheitsplattform eines Betriebssystems so klein wie möglich sein, um die Wahrscheinlichkeit von fehlerhaften Implementierungen oder falschen Voraussetzungen gering zu halten.

3.2 Protected Domain

Die Sicherheitsplattform muss wenigstens einen Mechanismus bereitstellen, der Informationen von verschiedenen Subsystemen voreinander schützt. Speziell muss dieser Mechanismus in der Lage sein, die Daten der Sicherheitsplattform vor unerlaubter Modifikation zu bewahren. Wird so ein Mechanismus nicht von der Hardware zur Verfügung gestellt (z.B. Virtual Memory oder ähnliche Memory Protection Mechanismen), bleibt nur noch die Interpretation von unsicherem Code. Dieses ist aber sehr ineffizient, weshalb im Folgenden davon ausgegangen wird, dass die Hardware einen solchen Mechanismus zur Verfügung stellt. Dieser muss sowohl Programmdaten als auch Programmcode so schützen, dass die in Abschnitt 0 dargestellten Angriffe verhindert werden.

3.3 Trusted Path

Als *Trusted Path* werden Mechanismen bezeichnet, die Benutzern die integre und vertrauliche Kommunikation mit einem bestimmten Subsystem, speziell dem Sicherheitskern, ermöglichen. Wenn ein Trusted Path nicht vom Sicherheitskern zur Verfügung gestellt wird, dann können keine Sicherheitseigenschaften garantiert werden. Deshalb muss die Sicherheitsplattform ihren eigenen Trusted Path zur Verfügung stellen, um Benutzern durch Zusatzinformationen die Möglichkeit zu geben, die Integrität der dargestellten Informationen zu verifizieren. Eine sehr einfache Form des Trusted Path ist z.B. eine LED, welche den Nutzer darüber informiert, ob er gerade mit dem Sicherheitskern kommuniziert (siehe auch [Gass_1988]). Ein zugegebenermaßen recht einfacher Kommunikationsweg in anderer Richtung ist die Tastenkombination `<Str>+<ALT>+<Entf>` von Windows NT und Windows 2000, die dem Benutzer ermöglicht direkt mit dem Betriebssystemkern zu kommunizieren (z.B. zum Start der Login Prozedur).

Zur Gewährleistung von Integrität, Vertraulichkeit und Authentizität von Inter-Prozess-Kommunikation muss die Sicherheitsplattform außerdem auch einen geschützten Kommunikaxtionskanal zwischen Subsystemen anbieten.

3.4 Zugriffskontrolle

Um verschiedene Programme voreinander zu schützen und um zu verhindern, dass bösartige Programme sicherheitskritische Informationen erhalten und verbreiten, muss das System unautorisierte Manipulationen von Benutzerdaten unterbinden. Außerdem wird eine systemweite und konfigurierbare Zugriffskontrolle benötigt, welche eine angemessene Granularität und individuelle Rechtevergabe zu verschiedenen Compartments wie Bank, Gesundheit oder Spiele erlaubt. Um die Sicherheitspolitik durchsetzen zu können, muss der Zugriffskontrollmechanismus ferner die Möglichkeit besitzen jede Interaktion zwischen zwei Subsystemen zu kontrollieren und ggf. zu unterbinden.

3.5 Schutz der Hardware

Wie in Abschnitt 0 bereits erwähnt wurde, kann jede Software mit direktem Zugriff auf die Hardware viele Sicherheitsmechanismen umgehen. Im Folgenden werden vier Ansätze vorgestellt, wie dieses verhindert werden kann (siehe auch [Frai_1983]):
Nur dem Sicherheitskern sind Hardwarezugriffe erlaubt.

1. Virtualisierung von Hardwarezugriffen innerhalb des Sicherheitskerns.
2. Es wird nur Hardware verwendet, die nicht zur Umgehung von Sicherheitsmechanismen missbraucht werden kann (z.B. keine DMA-Devices).
3. Existierende Sicherheitslücken im Hardwaredesign werden geschlossen (z.B. Verwendung von DMA basierend auf virtuellen Adressen).

Da wir entsprechende Hardwareerweiterungen in naheliegender Zukunft nicht erwarten, konzentrieren wir uns auf die ersten beiden Punkte. Wenn nur der Sicherheitskern auf die Hardware zugreifen darf, dann müssen alle Treiber Teil dieses Kerns sein, was natürlich seine Größe erheblich erweitert (ein SCSI Treiber besteht in etwa aus 50000 Codezeilen) und eine Verifikation und Evaluation erschwert. Außerdem gibt es auch hier keine Garantien für Stabilität oder Korrektheit, außer, dass er in einer eigenen geschützten Umgebung ausgeführt wird und damit Interferenzen mit anderen Treibern vermieden werden.

Um nicht alle Treiber innerhalb der Sicherheitsplattform ausführen zu müssen, kann diese eine Zwischenschicht bereitstellen, die nach entsprechenden Überprüfungen die Hardwarezugriffe selbst durchführt. Dazu muss dieser Dienst abstraktere Schnittstellen zur Verfügung stellen (z.B. DMA Zugriffe basierend auf virtuellen Adressen anstelle von I/O Port Zugriffen). Grundvoraussetzung für beide Lösungsansätze ist, dass das zugrundeliegende System, bestehend aus Mikrokern und Hardware, es mindestens ermöglicht bestimmten Prozessen grundsätzlich das Recht zu entziehen, z.B. I/O Portzugriffe durchzuführen.

Die Verwendung von Geräten, die nur aus unkritischen Komponenten bestehen, scheint eine weitere vielversprechende Lösung zu sein. Besonders wenn die Entwicklung des Sicherheits-

kerns auf eine homogene Hardwareumgebung, z.B. eine PDA Familie, beschränkt wird, sollte
es möglich sein mit Unterstützung der Hartwareproduzenten die Sicherheitsplattform klein
und übersichtlich zu halten.

3.6 Verifikation und Evaluation

Moderne Verfahren zur Entwicklung sicherheitskritischer Software sollten die Systemspezifikation, die Implementierung und den Beweis, dass diese der Spezifikationen entspricht, beinhalten. Dadurch wird sowohl die Zuverlässigkeit als auch das Vertrauen in das Softwarepro-
dukt erhöht.

Es ist unser Ziel, die Sicherheitsplattform nach den Common Criteria [CC_1999] oder ITSEC
mindestens in der Stufe 4 zu evaluieren, um das Vertrauen der Nutzer weiter zu stärken. Daher werden entsprechende Evaluierungskriterien schon in möglichst frühen Phasen der Entwicklung berücksichtigt.

Erfahrungen anderer Projekte [TTML_1997], [Tews_2000] zeigen, dass es sogar möglich ist
Software mittlerer Größe unter Benutzung moderner Tools wie PVS [CORS_1995] oder VSE
[BPKD_1992] formal zu verifizieren. Ein wichtiges Ziel des Perseus Projektes ist daher die
Bereitstellung einer vollständigen und konsistenten Systemspezifikation, die eine spätere for-
male Verifikation ermöglicht.

In der kryptographischen Community ist ein offenes Design eine der grundlegenden Sicherheitsanforderungen, und unserer Meinung nach kann dadurch auch das Vertrauen in Softwa-
reprodukte weiter erhöht werden. Aus diesem Grund haben wir uns entschieden, sowohl alle
Designschritte als auch die Software frei verfügbar zu machen und den Sourcecode unter die
GNU Lesser General Public License LGPL[4] zu stellen.

3.7 Vertrauenswürdige Geräte

Sicherheit kann nur gewährleistet werden, wenn die Hardware in ihrem Originalzustand ist.
Um Unversehrtheit zu garantieren, müssen jedoch verschiedene orthogonale Maßnahmen getroffen werden:

Um zu verhindern, dass Sicherheitsmechanismen durch ein Reboot ausgehebelt werden können, müssen entsprechende Gegenmaßnahmen (siehe z.B. [Yee_1994], [Clark_1994] oder
[ArFS_1996]) getroffen werden. Des weiteren ist es unsere Überzeugung, dass die Zielplatt-
form für ein sicheres Betriebssystem ein persönliches Gerät (z.B. PDA oder Handy) sein
sollte, welches ständig unter der Kontrolle seines Besitzers und damit schwerer zu modifizieren ist. Die Möglichkeit, das Gerät jederzeit benutzen zu können (z.B. für Zahlungssysteme)
und die einheitliche Hardwareumgebung (siehe Kapitel 0) sind weitere Argumente dafür, mobile Geräte als Hardwareplattform zu verwenden. Funktionalität und Performance dieser Geräte sind ausreichend, insbesondere wenn kryptographische Operationen durch Smartcards
ausgeführt werden.

Unsere Analysen decken sicherheitsspezifische Probleme existierender Hardwareplattformen
auf und bieten die Möglichkeit zu Verbesserungsvorschlägen, mit denen ein hochsicheres und
vertrauenswürdiges System entwickelt werden kann [JaKr_2000]. Dies ermöglicht dann auch
die Entwicklung vollständig verifizierter Systeme für sehr sicherheitskritische Anwendungen.

3.8 Benutzerfreundlichkeit

Wie bereits in Kapitel 0 erwähnt, ist es sehr wichtig bei der Entwicklung sicherer Nutzerge-
räte das Verhalten und das Wissen der Benutzer zu berücksichtigen. Eine weitere wichtige

---

[4]   http://www.gnu.org/copyleft/lesser.html

Anforderung ist die möglichst transparente Ausführung sicherheitskritischer Funktionen, um
zu verhindern, dass Benutzer Mittel und Wege suchen eben diese Funktionen zu umgehen.
Die Analyse von Nutzerverhalten und die Untersuchung aktueller sicherheitsspezifischer Probleme erlauben uns die Entwicklung eines Systems, welches Benutzer davor bewahrt, aufgrund von Unwissenheit Sicherheitslücken zu erzeugen.

4 Verwandte Arbeiten

Da in der Wissenschaft der Mangel an sicheren Computersystemen bekannt ist, wurden bisher
verschiedenste Ansätze unternommen dieses Ziel zu erreichen. Wir stellen hier kurz einige
dieser Projekte vor, um dann Gemeinsamkeiten und Unterschiede zum Perseus Projekt her-
auszustellen.

4.1 Grundlegend neue Systeme

Schon seit einiger Zeit existieren einige Betriebssysteme, die von Grund auf unter Berücksichtigung von Sicherheitsanforderungen entwickelt wurden. Einige ältere Beispiele sind z.B.
Multics [CoVy_1965] und Hydra [Wulf_1974], neuere sind z.B. Birlix [HaKK_1993], SPIN
[BSPS_1996] oder das EROS System [Shap_1999].
Dieser Ansatz bietet den flexibelsten Weg ein sicheres Betriebssystem zu entwickeln, benötigt
jedoch eine große Menge von Ressourcen, da nicht nur das Betriebssystem selbst, sondern
auch alle Anwenderprogramme von Grund auf neu geschrieben werden müssen. Zusätzlich
müssen Entwickler und Benutzer sich an neue Schnittstellen gewöhnen und teilweise grundlegend neue Konzepte erlernen. Daher ist der größte Nachteil dieses Konzepts, dass Kompatibilität zu vorhandenen Betriebssystemen nicht gewährleistet werden kann. Dies mag einer der
Gründe sein, warum viele sichere Betriebsysteme ein Schattendasein führen.

4.2 Verbesserungen

Ein weiterer verbreiteter Weg die Sicherheit eines Betriebssystems zu erhöhen besteht in dessen Erweiterung um sicherheitsspezifische Funktionen. Aktuelle Beispiele sind RSBAC-
Linux[5] [Ott_1997] und das SecureLinux[6] Projekt. Die Vorteile dieses Ansatzes sind offensichtlich:
1. Die Kompatibilität zu existierenden ABI's (Application Binary Interfaces) kann ge-
    wahrt bleiben, was die Weiterverwendung existierender Programme ermöglicht.
2. Oft sind nur wenige Änderungen am Betriebssystemkern nötig, der größte Teil des
    existierenden Systems bleibt unverändert.
Leider kann bei diesem Ansatz die Sicherheit eines Systems nur begrenzt verbessert werden,
er wird niemals hochsichere Betriebssysteme ohne eine grundsätzliche Umstrukturierung des
Gesamtsystems hervorbringen. Da die Sicherheit der Erweiterungen von der Korrektheit des
gesamten Kernels inklusive aller Treiber und Module abhängt (es existieren keine Schutzmechanismen zwischen ihnen), ist es unwahrscheinlich, dass solche Systeme in Zukunft Sicherheit und eine hohe Zuverlässigkeit bieten werden.

4.3 Mikrokernbasierte Ansätze

Einige Projekte versuchen die in Kapitel 0 erwähnten Nachteile dadurch zu umgehen, dass sie
Multiserver Betriebsysteme verwenden, welche ABI-Kompatibilität zu einem verbreiteten
Betriebssystem bieten. Der Vorteil von Multiserver-Systemen ist, dass Treiber als eigenstän-

---

5   http://www.rsbac.de

6   http://www.nsa.gov/selinux

dige Prozesse laufen und damit ein gewisser Schutz gegen Interferenzen zwischen ihnen geschaffen werden kann. Beispiel ist das auf dem L4 µ-Kern basierende SawMill-Linux [GJPL_2000] und das Mach-basierte Flask System [SSLH_1999].
Soweit uns bekannt ist, streben diese Projekte weder eine Evaluation oder formale Verifikation an, noch ist es deren Ziel, Mechanismen wie Trusted Path oder Compartments zu verwenden.

5 Allgemeine Konzepte

Ziel dieses Kapitels ist die Beschreibung der allgemeinen Grundkonzepte des Perseus Systems. Basierend auf einem Mikrokern, der elementare Sicherheitseigenschaften garantiert, wird eine minimalistische Sicherheitsplattform entwickelt, auf deren Schnittstelle ein bekanntes Betriebssystem (Client OS) Binärkompatibilität zur Ausführung unkritischer Anwendungen bereitstellt. Sicherheitsspezifische Daten und Funktionen werden in Programme extrahiert, die geschützt von Mechanismen der Sicherheitsplattform parallel zum Client OS ablaufen. Abbildung 1 zeigt einen Überblick über die drei Hauptkomponenten des Perseus Systems.

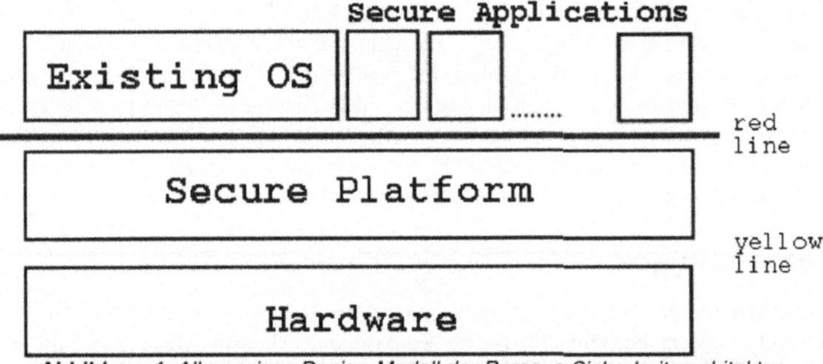

Abbildung 1: *Allgemeines Design-Modell der Perseus Sicherheitsarchitektur*

Die rote Linie (red line, siehe Abbildung 1) trennt potentiell unsichere Subsysteme von der Sicherheitsplattform, die alle sicherheitskritischen Komponenten, wie z.B. Zugriffskontrollmechanismen, Low-level Treiber, die Benutzerschnittstelle und Smartcardleser-Support, beinhaltet.
Alle Subsysteme oberhalb der roten Linie stehen unter Kontrolle der Sicherheitspolitik und können diese weder umgehen noch sonstwie das Gesamtsystem in einen unsicheren Zustand führen. Deshalb müssen alle sicherheitsrelevanten Hardwarezugriffe innerhalb der Sicherheitsplattform erfolgen (vgl. dazu Abschnitt 0).
Die Sicherheitsplattform selbst basiert auf der Hardwareplattform (unterhalb der gelben Linie), welche wenigstens einen Protected Domain Mechanismus bereitstellen muss (vgl. Kapitel 0). Zum jetzigen Zeitpunkt gehen wir davon aus, dass die Hardware korrekt arbeitet, wir sind jedoch zuversichtlich zu einem späteren Zeitpunkt auch Support für verifizierte Hardware anbieten zu können.
Da die Plattform nur Low-level Treiber beinhaltet, ist sie klein genug für eine spätere Evaluation und um auf mobilen Geräten verwendet werden zu können. Sie agiert als ein Hostsystem, das ein oder mehrere modifizierte Client Betriebssysteme (wie z.B. Linux, Windows oder EPOC) ausführt. Die Treiber dieser Clients werden durch modifizierte Versionen ersetzt, welche die von der Sicherheitsplattform angebotenen Schnittstellen benutzen. Wir erwarten durch die Wahl geeigneter Schnittstellen nur einen geringen Effizienzverlust.

Natürlich verbessert dieser Ansatz nicht die Sicherheit des Client OS, aber indem alle sicherheitskritischen Daten (und Operationen auf diesen) in die sichere Umgebung ausgelagert werden, können die Sicherheitsmechanismen der Sicherheitsplattform diese Daten schützen und geeignete Sicherheitspolitiken durchsetzen.

Der multi-Server Ansatz bietet eine Flexibilität, die z.B. dazu benutzt werden kann, das System an verschiedene Zielplattformen anzupassen. Einerseits sind bei Verwendung eines PDA Harddisktreiber und andere Persistenz bietende Dienste überflüssig, andererseits wird ein anderes User Interface benötigt, das die geringere Displayauflösung von PDAs berücksichtigt. Alternativ können auch mehrere Client Betriebssysteme gleichzeitig ausgeführt werden, um z.B. den bevorzugten Word-Prozessor und Spiele in verschiedenen (voreinander geschützten) Umgebungen ausführen zu können. Bei Benutzung einer abgespeckten Version auf einem einfachen PDA erhält man einen verifizierten Smartcardleser mit hochauflösendem Display. Die Hardware muss in diesem Fall nicht einmal Memory-Protection-Mechanismen bieten, wenn nur vertrauenswürdigen Clients verwendet werden.

Um die gebotene Flexibilität auch nutzen zu können, müssen Abhängigkeiten zwischen verschiedenen Diensten vermieden werden. Dies wird erreicht, indem wir diese durch ihre öffentlichen Schnittstellen identifizieren, die von allen Subsystemen unter Zuhilfenahme eines Namingservice [Stue_2000] zur Kommunikation verwendet werden. Die Implementierung des Namingservice muss die Einhaltung von Anforderungen der Sicherheitspolitik garantieren.

6 Die Sicherheitsplattform

Dieses Kapitel bietet eine kurze Einführung in sicherheitsspezifische Konzepte der Sicherheitsplattform, dargestellt in Abbildung 2.

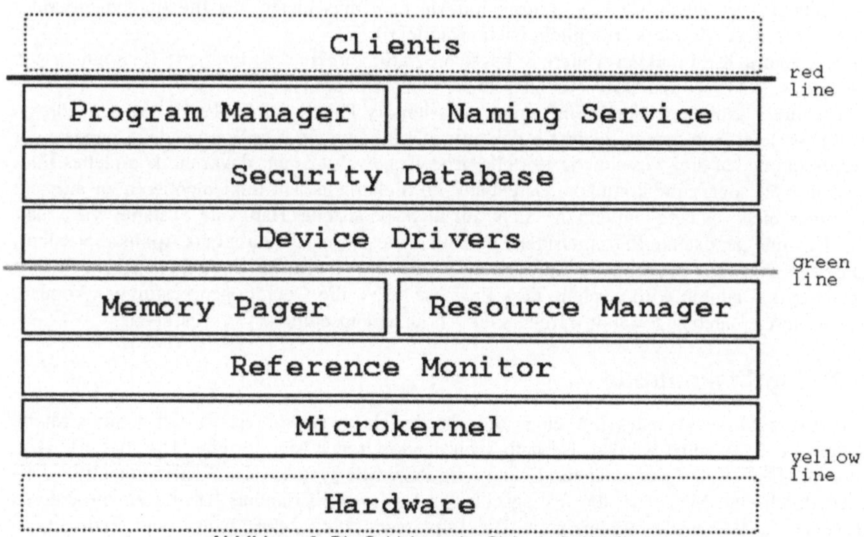

Abbildung 2: Die Schichten der Sicherheitsplattform

Eine *Sicherheitsarchitektur* ist eine abstrakte Maschine, die Konzepte einer Sicherheitsplattform beschreibt, um Sicherheitsanforderungen zu erfüllen und das Verhalten auf abstrakte Weise zu definieren.

Die *Sicherheitsplattform* ist eine Instanz so einer Sicherheitsarchitektur, die alle sicherheitsrelevanten Subsysteme enthält und eine vorgegebene Sicherheitspolitik durchsetzt. Da Subsysteme der Sicherheitsplattform nur durch Hardwaremechanismen kontrolliert werden können
(ansonsten müssten sie nicht Teil der Sicherheitsplattform sein), müssen Benutzer der Hardware und allen Subsystemen der Sicherheitsplattform vertrauen. Um die Zuverlässigkeit der
Sicherheitsplattform zu erhöhen, muss ihre Komplexität, und damit die Wahrscheinlichkeit
von Fehlern, reduziert werden. Diese Minimalität, die eine exaktere Spezifikation der sicherheitsrelevanten Komponenten ermöglicht, ist eine Voraussetzung für eine später angestrebte
Evaluation. Die Sicherheitsplattform selbst ist in verschiedene Bereiche unterteilt, auf die in
den folgenden Unterkapiteln näher eingegangen wird.

6.1 Abstraktion der Hardware

Die unterste Schicht der Sicherheitsplattform (zwischen gelber und roter Linie) bietet eine abstrakte Sicht auf die Hardware. Der µ-Kern ist dabei im gesamten System der einzige Prozess,
der im privilegierten Modus ausgeführt wird und damit Zugriff auf alle Datenstrukturen des
Prozessors und auf den gesamten physikalischen Speicher besitzt. Als abstrakte Schnittstellen
bietet der µ-Kern einen IPC Mechanismus, eine abstrakte Sicht auf Pagetables, genannt
Address-Spaces, und Threadmanagementfunktionen. Argumente für die Verwendung eines µ-
Kerns anstelle eines monolithischen Kerns waren seine viel geringere Funktionalität und damit auch Komplexität[7]. In einem µ-Kern-basierten System werden alle Treiber als eigenstän-
dige Prozesse ausgeführt, wodurch Interferenzen zwischen verschiedenen Treibern, wie sie
bei einem monolithischen Kern auftreten, weitestgehends vermieden werden. Erkauft wird
dieser Vorteil durch einen Geschwindigkeitsverlust aufgrund der bei *Inter Process Communication* (IPC) auftretenden Prozessumschaltzeiten. Durch Verwendung schneller, moderner µ-
Kerne kann dieser Verlust jedoch in Grenzen gehalten werden. Des weiteren muss der verwendete µ-Kern einen Message-Redirection-Mechanismus bieten, der die Implementierung
eines Reference Monitors ermöglicht (siehe Kapitel 0).
Neben dem µ-Kern müssen weitere Subsysteme dafür sorgen, dass limitierte Ressourcen wie
Interrupts, I/O Ports und DMA Kanäle geshared werden können.
Als weiterer grundlegender Dienst agiert der Memory Pager, der für Persistenz der Adressräume anderer Subsysteme oberhalb der grünen Linie sorgen. Die Verwendung persistenter
Adressräume hat drei wesentliche Vorteile: Erstens bewahrt es uns davor ein komplettes File-
system oder sogar eine komplexe Datenbank im Sicherheitskern implementieren zu müssen;
zweitens bietet es eine einheitliche Sicht auf nicht-persistente Hardware-Systeme wie Desk-
top-PCs und persistente PDAs. Drittens garantiert dieser Ansatz, dass (aus Applikationssicht)
Daten niemals den geschützten Adressraum verlassen müssen (um sie z.B. in einem File zu
speichern). Dadurch wird erreicht, dass Prozesse selbst die Operationen bestimmen können,
die auf ihren Daten angewandt werden, eine Art Datenkapselung auf Prozessebene.

6.2 Zugriffskontrolle

Prozesse sind die kleinsten Einheiten, die von der Hardware mittels virtueller Adressräume
voreinander geschützt werden, weshalb auch der Reference-Monitor eine Task-basierte Granularität besitzt. Auf der untersten Ebene wird daher die systemweite Sicherheitspolitik definiert durch eine Matrix M, die festlegt, ob ein Task ti die Erlaubnis hat mit einem anderen
Task tj via IPC zu kommunizieren. Die Implementierung selbst hängt vom Redirection-
Mechanismus ab, welcher vom µ-Kern bereitgestellt wird. Ein genauerer Überblick wird u.A.

---

[7] Der verwendete l4-ka µ-Kern hat eine binary-Grösse von ca. 46kB, wohingegen ein Linuxkern (Version 2.2)
    schnell 800kB und mehr erreichen kann.

in [JELP_1999] gegeben und Kapitel 0 beschreibt eine mögliche Implementierung basierend auf dem Clans & Chiefs Mechanismus [Lied_1992].

6.3 Der Program Manager

Prozesse werden wie andere Ressourcen durch den Resourcemanager verwaltet. Um einen neuen Subprozess starten zu können, muss der startende Prozess Besitzer eines freien Prozesses sein. Dadurch kann die Sicherheitspolitik entscheiden, ob ein bestimmter Prozess Subprozesse starten darf oder nicht. Um zu verhindern, dass mittels Subprozessen die Sicherheitspolitik umgangen werden kann, gelten für diese (maximal) dieselben Rechte wie für den ausführenden Prozess.

Neue Top-level Prozesse können nur vom *Program Manager* gestartet werden, der bei deren Installation individuelle und unter Berücksichtigung der Sicherheitspolitik abgeleitete Rechte vergibt. Benutzer müssen diesen Dienst verwenden, wollen sie ein Programm updaten oder neu installieren, wodurch eine Umgehung der Sicherheitspolitik verhindert wird.

Damit Nutzer nicht für jede Applikation eigene Zugriffskontrollrechte definieren müssen, können diese in verschiedene Gruppen (Compartments) eingeteilt werden. Der Benutzer kann unter zu Hilfenahme der Sicherheitspolitik darüber entscheiden, welchem Compartment eine neue Applikation zugewiesen wird. Beispiele für solche Compartments sind *Spiele*, *Gesundheit* und *Finanzen*. Ein Mechanismus, der z.B. zur Ableitung der Rechte verwendet werden kann, sind Zertifikate von TTPs (Trusted Third Parties), welche die Korrektheit der zu installierenden Software garantieren [JPLI_1999].

6.4 Gerätetreiber

Um die Menge der Covert Channels zu reduzieren, und um die in Kapitel 0 aufgezeigten Arten von Angriffen zu verhindern, muss die Sicherheitsplattform alle Treiber für solche Geräte beinhalten, mit deren Hilfe die Umgehung von Sicherheitskontrollen möglich wäre. Diese Treiber müssen außerdem Operationen bereitstellen, um die Hardware zwischen verschiedenen Subsystemen, z.B. mehreren Instanzen des Client OS, zu sharen.

6.5 Benutzerschnittstellen

Ein wichtiger Gerätestreiber ist der *User Interface* Dienst, eine Sammlung von sehr sicherheitskritischen Treibern, die Zugriffe auf Benutzerein- und Ausgabegeräte regeln. Die Implementierung selbst hängt von der zugrundeliegenden Hardware, Bildschirmauflösung, Art und Anzahl vorhandener Eingabegeräte ab. Dieser Dienst muss einen Trusted Path zum Benutzer bereitstellen, um erstens durch zusätzliche Informationen Nutzern die Verifikation der von anderen Applikationen dargestellten Inhalte, und zweitens vertrauliche Eingaben zu ermöglichen. Dadurch wird auf recht einfache Weise erreicht, dass Nutzer leicht überprüfen können mit welcher Applikation sie gerade kommunizieren, wodurch Angriffe wie gefälschte Dialoge ausgeschlossen werden können.

7 Die Implementierung

Das folgende Kapitel bietet eine Übersicht über Dienste und Clients des Perseus Prototypen, dargestellt in Abbildung 3.

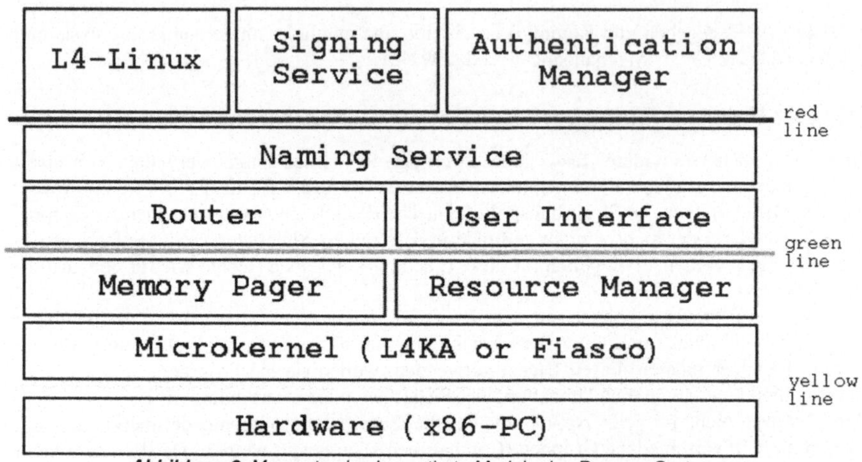

Abbildung 3: *Momentan implementierte Module des Perseus Systems. Der vertrauenswürdige Viewer tritt nicht als eigenständiges Modul auf, da er als Teil des Signing Service implementiert wurde.*

7.1 Abstraktion der Hardware

Der Prototyp basiert auf dem L4-Interface [Lied_1996], wodurch momentan der L4KA[8] oder der Fiasco μ-Kern [Hohm_1998] verwendet werden kann. Beide besitzen eine schnelle IPC Implementierung, wobei der echtzeitfähige Fiasco Kern auch einen Chief & Clan Mechanismus [Lied_1992] unterstützt, mit dessen Hilfe Message Redirection implementiert werden kann.
Wie bereits in Kapitel 0 beschrieben, bietet diese Schicht auch Dienste zur Verwaltung der Hardware. Zur Zeit wird dazu der Resourcemanager RMGR aus der Fiasco Distribution verwendet, der Zugriffe auf Interrupts kontrolliert, Funktionen zur Taskverwaltung bietet und als Memory Pager agiert.

7.2 Zugriffskontrolle

Da zur Zeit noch keine systemweite Zugriffskontrolle implementiert wurde, beschreibt dieses Kapitel, wie der in Kapitel 0 beschriebene Message Redirection Mechanismus mittels Clans & Chiefs implementiert werden kann.
Um den gesamten Zugriffskontrollmechanismus möglichst flexibel zu halten, wurde er in einen Security-Policy unabhängigen Teil ACEF (Access Control Enforcement Facility) und einen Policy abhängigen Teil ACDF (Access Control Decision Facility) unterteilt (siehe Abbildung 4), ähnlich den in [SSLH_1999] vorgestellten Objekt Managern.
Dabei entspricht die ACEF einem Vater-Prozess, genannt *Chief*, welcher alle ein- und ausgehenden IPC Nachrichten seiner Kind-Prozesse, seines *Clans*, kontrollieren kann. Je nach Systemkonfiguration kann eine ACEF eine systemweite Security-Policy durchsetzen, indem die Nachricht an eine globale ACDF weitergeschickt wird, oder es wird unter Verwendung einer lokalen ACDF eine lokale Policy durchgesetzt.

---

[8] http://www.l4ka.org

Enforcement
Decision
Application
ACEF
ACDF
Policy
Protected Domain
IPC using a Protected Path

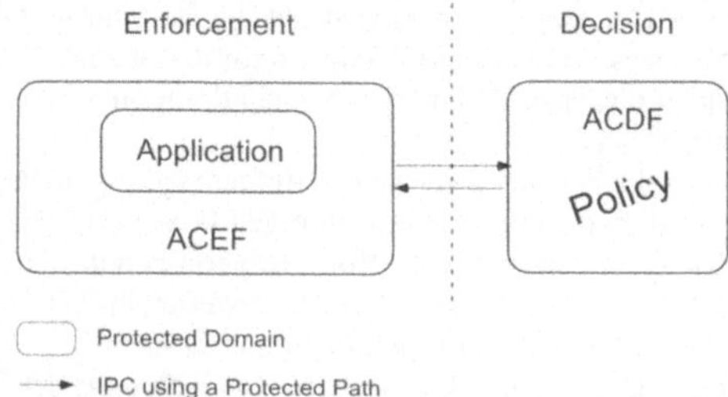

***Abbildung 4**: Aufteilung der Zugriffskontrolle in eine Security-Policy unabhängige ACEF und eine Policy-abhängige ACDF*

Grundsätzlich ist es auch möglich Compartments zu bilden, indem eine ACEF mehrere Childprozesse kontrolliert. Diese Flexibilität, erreicht durch den möglichen Austausch von Zugriffsregeln innerhalb einer ACDF, den Austausch ganzer ACDFs und die Benutzung verschiedener ACDFs für verschiedene Compartments, ist eine Grundvoraussetzung um eine möglichst große Menge von Sicherheitspolitiken abdecken zu können.

7.3 Öffentliche Schnittstellen

Der Perseus Prototyp verfügt momentan über drei implementierte Dienste, die von Client-Prozessen über öffentliche Schnittstellen verwendet werden können [Stue_2000]. Dabei handelt es sich um einen *Namingservice* (NS), der Prozess-IDs in für den Benutzer leserliche Namen konvertiert und Interface-Namen auf entsprechende Prozesse mapped. Dies ermöglicht den Austausch von Diensten zur Laufzeit des Systems, weshalb jeder Dienst eindeutig durch ein Tripel, bestehend aus Interface-Name, Interface-Version und individuellem Namen, identifiziert wird. Die spätere Erweiterung des Namingservice um eine Filesystem- oder Datenbank-ähnliche Schnittstelle ist vorstellbar.

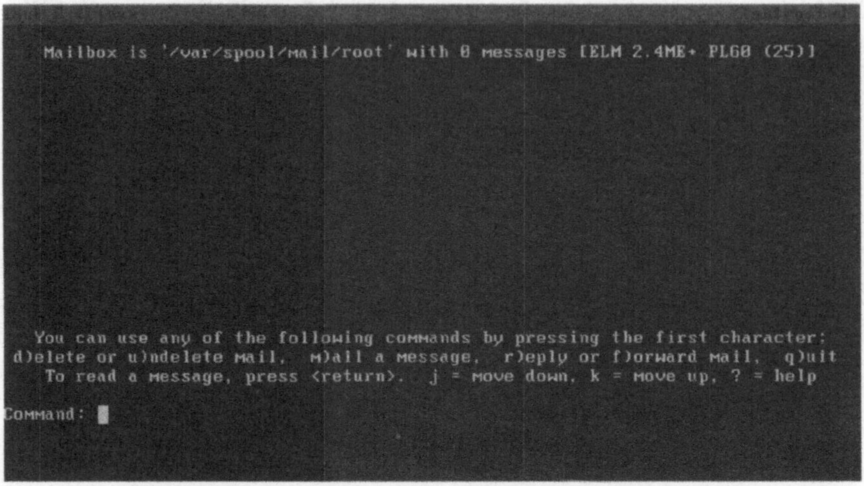

Mailbox is '/var/spool/mail/root' with 0 messages [ELM 2.4ME+ PL60 (25)]
You can use any of the following commands by pressing the first character:
d)elete or u)ndelete mail, m)ail a message, r)eply or f)orward mail, q)uit
To read a message, press <return>. j = move down, k = move up, ? = help
Command:

***Abbildung 5**: Die oberste Zeile (rot) unter Kontrolle des Sicherheitskerns liefert Informationen über die momentan aktive Applikation.*

Der Dienst *User Interface* (UI) managed den Zugriff auf die Tastatur und die Konsole, wobei garantiert wird, dass kein Prozess außer dem UI Zugriff auf die oberste Zeile der Konsole besitzt. Diese wird dazu benutzt die Task-ID und den Namen der momentan aktiven Applikation anzuzeigen (vgl. Abbildung 5).

Der aktuelle Prototyp unterscheidet nur zwischen vertrauenswürdigen Perseus Subsystemen und dem nicht vertrauenswürdigen Linux. Eine nachfolgende Version, die viele verschiedene Domains unterstützt, wird jedoch angestrebt. Vom Keyboardcontroller gesendeten Daten werden vom UI nur an die momentan aktive Applikation weitergeleitet, was verhindert, dass ein potentiell bösartiges Programm diese Informationen missbraucht.

Beim dritten implementierten Dienst handelt es sich um einen *Router*, der IP Pakete zwischen verschiedenen Clients, z.B. Linux und einem anderen Perseus Dienst, routen kann. Dies ermöglicht die spätere Implementierung eines vertrauenswürdigen Netzwerktreibers als Perseus Modul. Vom Linux-Client aus ist der Router als normales Netzwerkdevice adressierbar und kann deshalb von jedem Linux-Programm wie gewohnt benutzt werden.

7.4 Clients

Ein Client, welcher auf der Schnittstelle des verwendeten µ-Kerns basiert und eine verbreitete ABI zu einem verbreiteten Betriebssystem bietet, ist *L4-Linux* [Hohm_1996, HaHW_1996]. Die Treiber für die Ein- und Ausgabe wurden von uns derart modifiziert, dass die öffentlichen Schnittstellen der Sicherheitsplattform verwendet werden.

Ein *Authentisierungs Manager* kontrolliert während und nach der Bootprozedur das UI und gibt diese, und damit den Zugriff auf den Linux-Kern, erst nach einer erfolgreichen Benutzerauthentifikation frei.

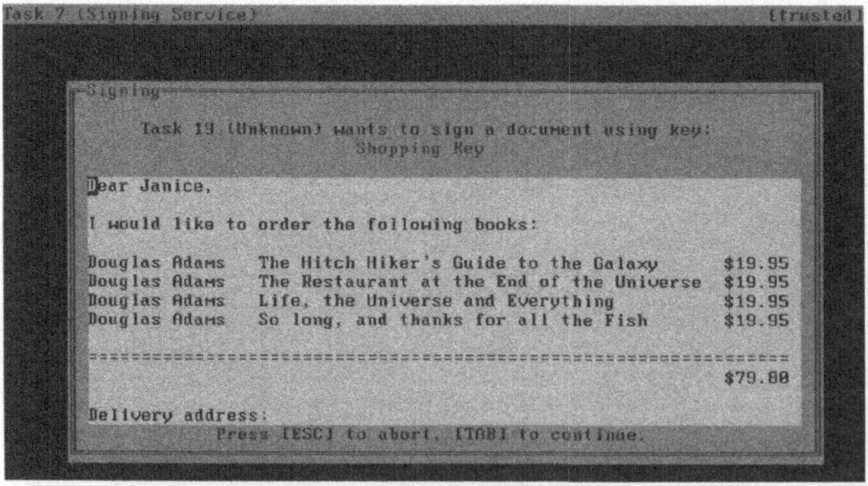

Abbildung 6: *Der trusted Viewer erlaubt die Verifikation von zu signierenden,*
und die Eingabe von Vertraulichen Dokumenten.
Die oberste Zeile ist grün, da es sich bei dem Siegnaturdienst
um eine vertrauenswürdige Perseus Applikation handelt.

Beim dritten Client handelt es sich um einen Schlüsselerzeugungs- und Signaturdienst, der neue Schlüsselpaare erzeugen und Dokumente mit diesem Schlüssel signieren kann. Da jeder Prozess nur ein Schlüsselpaar verwaltet und die Schlüssel den Adressraum des Prozesses niemals verlassen (wodurch Linux-Applikationen keine Möglichkeit besitzen, auf diese zuzugreifen), werden zu signierende Dokumente in den Adressraum des Signing-Service kopiert, um dort zur Benutzerverifikation durch einen vertrauenswürdigen Viewer angezeigt zu werden (vgl. Abbildung 6). Wenn der Nutzer akzeptiert, wird das Dokument signiert und in den Linux-Adressraum zurückkopiert. Da der Viewer auch als einfacher Texteditor verwendet werden kann, ist auch die vertrauliche Eingabe von Textdokumenten möglich.

Eine Zugriffskontrolle wird momentan durch die Clients selbst durchgeführt, indem beim Generieren eines neuen Schlüsselpaares ein Passwort angegeben werden muss, welches vor jedem Signierprozess abgefragt wird.

8 Weiteres Vorgehen

Erfahrungen bzgl. der Größe des ersten Perseus Prototypen stimmen uns optimistisch, die Sicherheitsplattform zu einem späteren Zeitpunkt evaluieren oder sogar formal verifizieren zu können, um die Korrektheit der Implementierung und die Einhaltung von Sicherheitspolitiken zu beweisen. Dazu müssen als nächster Schritt die momentan nur vage existierenden High-level Endbenutzeranforderungen so in formale Low-level Anforderungen konvertiert werden, dass sowohl konkrete Sicherheitskriterien für die einzelnen Module der Sicherheitsplattform erstellt werden können, als auch eine formale Spezifikation der Sicherheitsplattform ermöglicht wird.

Als weiteren wichtigen Schritt in Richtung sicheres Betriebssystem wird die Funktionalität des Programm Managers (siehe Kapitel 0) so erweitert, dass eine Installation von Applikationen innerhalb der Sicherheitsplattform nur in Übereinstimmung mit vorgegebenen Sicherheitspolitiken möglich ist.

Um die Benutzerfreundlichkeit und –akzeptanz des Systems zu testen, wird momentan der Signaturservice um PGP-kompatible Funktionen erweitert. Zusammen mit einem bereits implementierten SMTP-Wrapper auf Linux-basis ermöglicht uns dies die Erstellung integerer Nachrichten unter Verwendung herkömmlicher Mail-Clients. In Verbindung mit dem vertrauenswürdigen Viewer können dann auch vertrauliche Textdokumente erstellt, verschlüsselt und verschickt werden.

9 Zusammenfassung

Es wurde eine Systemarchitektur vorgestellt, die parallel zu einem potentiell unsicheren Betriebssystem weitere, sichere Prozesse ausführen kann. Dies ermöglicht dem Benutzer die Weiterverwendung seiner gewohnten Linux-Umgebung, ohne auf Vertraulichkeit und Authentizität von Informationen verzichten zu müssen. Aufgrund der geringen Größe und der daraus folgenden leichteren Wartbarkeit erhoffen wir uns einen höheren Grad an Sicherheit, als das mit großen, monolithischen Systemen möglich wäre.

Alle Entwicklungsschritte berücksichtigen Unterschiede zwischen Desktoprechnern und mobilen Geräten, wodurch eine spätere Portierung auf mobile Geräte wie z.B. PDAs oder Mobiltelefone gewährleistet wird. Die Mikrokern-basierten Systemen typische Flexibilität und Modularität ermöglicht eine einfache Anpassung an variierende Hardwarekomponenten (z.B. großes Display vs. PDA Display) oder Benutzeranforderungen (z.B. schnelle vs. sichere Implementierung).

Obwohl der erste Prototyp schon eine Umgebung bietet, die den Test neuer Dienste und Clients ermöglicht, muss noch einiges an theoretischer und praktischer Arbeit geleistet werden, bis ein benutzerfreundliches und sicheres Betriebssystem zur Verfügung steht. Eine aktuelle Version des Perseus Systems und weiterführende Informationen sind unter der Adresse http://krypt.cs.uni-sb.de/~perseus erhältlich.

Literatur

Adam_2000 J. Adams: *The Future of War*. In World Markets Research Centre (ed.): Business Briefing: Global Info Security. London 2000, S. 19-24.

ArFS_1996 W.A. Arbaugh, D. J. Farber, J. M. Smith: *A Secure and Reliable Bootstrap Architecture*. In Proceedings of the IEEE Symposium on Security and Privacy, 1997, S. 65-71.

BPKD_1992 Baur, Plasa, Kejwal, Drexel, Reif, Stephan, Wolpers, Hutter, Sengler und Canver: *The Verification Support Environment VSE*. In IFA Symposium on Safety, Security and Reliability of Computers 1992.

BSPS_1996 Brian Bershad, Stefan Savage, Przemyslaw Pardyak, Emin Gun Sirer, David Becker, Marc Fiuczynski, Craig Chambers und Susan Eggers: *Extensibility, safety and performance in the SPIN operating system*. Proceedings of the 15th ACM Symposium on Operating System Principles (SOSP-15), 1996, S. 267-284.

Clark_1994 P. C. Clark: *BITS: A Smartcard Protected Operating System*. PhD thesis, George Washington University, 1994.

CORS_1995 Judy Crow, Sam Owre, John Rushby, Natarajan Shankar und Mandayam Srivas: *A tutorial introduction to PVS*. Workshop on Industrial-Strength Formal Specification Techniques (WIFT'95) 1995.

CoVy_1965 F. J. Corbato und V. A. Vyssotsky: *Introduction and overview of the Multics system*, Joint Computer Conference 1965.

Frai_1983 Lester J. Fraim: *Scomp: A Solution to the Multilivel Security Problem*. IEEE Computer 16:7 1983, S.26-34.

Gass_1988 M. Gasser: *Building a Secure Operating System* Van Nostrand Reinold Company 1988.

GJPL_2000 Alain Gefflaut, Trent Jaeger, Yoonho Park, Jochen Liedke, Kevin J. Elphistone, Volkmar Uhlig, Jonathon E. Tidswell, Luke Deller und Lars Reuter: *The SawMill multiverver approach* ACM SIGOPS European Woorkshop 2000.

HaHW_1998 Hermann Härtig, Michael Hohmuth und Jean Wolter: *Taming Linux* Proc. 5th Australian Conference on Parallel and Real-Time Systems (PART) 1998.

Hohm_1996 Michael Hohmuth: *Linux Emulation auf einem Mikrokern* Diplomarbeit Dresden University of Technology 1996.

Hohm_1998 Michael Hohmuth: *The Fiasco kernel, requirements definition* Technical Report ISSN 1430-211X, Dresden University of Technology 1998.

HaKK_1993 Hermann Härtig, O. Kowalski und W. E. Kühnhauser: *The Birlix Security Architecture* Journal of Computer Security 2:1 1993 S. 5-21.

JaKr_2000 Christian Jacobi und Daniel Kröning: *Proving the correctness of a complete microprocessor* Proceedings of the 30. Jahrestagung der Gesellschaft für Informatik 2000.

JPLI_1999 T. Jaeger, A. Prakash, J. Liedke und N. Islam: *Flexible control of downloaded executable content* ACM Transactions on Information and System Security 1999 S. 177-228.

JELP_1999 Trent Jaeger, Kevin Elphinstone, Jochen Liedke, Vsevolod Panteleenko and Yoonho Park: *Flexible access control using IPC redirection* IEEE HotOS 1999.

Lied_1992 Jochen Liedke: *Clans and Chiefs* 12. GI/ITG Fachtagung 1992.

Lied_1996 Jochen Liedke: *L4 Reference Manual* GMD/IBM Watson Technical Report 1996.

LSMT_1998 Peter A. Loscocco, Stephen D. Smalley, Patrick A. Muckelbauer, Ruth C. Taylor, S. Jeff Turner und John F. Farrel: *The inevitability of failure: The flawed assumption of security in modern computer environments* Technical Report National Security Agency 1998.

CC_1999 Common Criteria Sponsoring Organisation: *Common Criteria for Information Technology Security Evaluation* 1999.

Ott_1997 Amon Ott: *Rule Set Based Access Control as proposed in the "Generalized Framework for Access Control" approach in Linux* Master's thesis University Hamburg 1997.

PPSW_1997 Andreas Pfitzmann, Birgit Pfitzmann, Matthias Schunter und Michael Waidner: *Trusting mobile user devices and security modules* IEEE Computer 30(2) 1997 S. 61-68.

ShWe_2000 Jonathan S. Shapiro und Samuel Weber: *Verifying the EROS confinement mechanism* Proceedings of the IEEE Symposium on Research in Security and Privacy 2000 S. 166-176.

Shap_1999 Jonathan Strauss Shapiro: *EROS: A Capability System* PhD thesis University of Pensylvania 1999.

SSLH_1999 Ray Spencer, Stephen Smalley, Peter Loscocco, Mike Hibler, David Andersen und Jay Lepreau: *The Flask security architecture: System support for diverse security policies* Proceedings of the 8th USENIX Security Sympositum 1999 S. 123-139.

Stue_2000 Christian Stüble: *Development of a prototype of a security platform for mobile devices* Master's thesis University of Dortmund 2000.

Tews_2000 Hendrik Tews: *Case study in coalgebraic specification: Memory management in the Fiasco microkernel* Technical Report TPG2/1/2000 Dresden University of Technology 2000.

TTML_1997 Patrick Tullmann, Jeff Turner, John McCorquodale, Jay Lepreau, Ajay Chitturi und Godmar Back: *Formal methods: A procatical tool for OS implementors* Proceedings of the 6th IEEE Workshop on Hot Topics in Operating Systems 1997.

TyWh_1996 J. D. Tygar und Alma Whitten: *WWW electronic commerce and Java trojan horses* 2nd USENIX Workshop on Electronic Commerce 1996 S. 243-250.

WCCJ_1974 W. Wulf, E. Cohen, W. Corwin, A. Jones, R. Levin, C. Pierson und F. Pollack: *Hydra: The kernel of a microprocessor operating system* Communications of the ACM 17:6 1974 S. 337-345.

Yee_1994 B. Yee: *Using Secure Coprocessors.* PhD thesis, Carnegie Mellon University, 1994.

Kapselung ausführbarer Binärdateien `slcaps`: Implementierung von Capabilitys für Linux

Sebastian Lehmann, Andreas Westfeld

TU Dresden, Institut für Systemarchitektur
sepp@prak.org, westfeld@inf.tu-dresden.de

Zusammenfassung

In Internet-Dokumente eingebettete Programme ermöglichen größere Dynamik und Flexibilität als statische Dokumente. Ausführbare Binärdateien aus unsicherer Quelle haben jedoch unzulänglich geregelten Zugriff auf sensible Daten.
Viren und Trojanische Pferde zeigen, dass aktive Inhalte sogar die Systemkonfiguration verändern können. Fremde Programme aus unsicherer Quelle dürfen demzufolge nur sehr eingeschränkte Zugriffsrechte bekommen. Wir beschreiben einen für Linux implementierten Mechanismus, mit dem fremde Programme gekapselt, d.h. mit differenzierten Zugriffsrechten auf Dateisystem und Netzwerk ausgeführt werden.

1 Einleitung

Auf der Webseite des Projekts „distributed.net" [1], welches durch verteiltes Rechnen kryptografische Schlüssel bricht, steht als Warnung:

> „**Important note**: This is the official listing of distributed.net clients. They have been tested to be functioning correctly. The binaries listed here are the only ones you should be using. Trojan horses and other perverted versions have been known to have been circulated. Please do not make attempts to mirror or redistribute the client binaries, either via your own webftp server or other means. If you wish to provide a convenient method for your visitors to download clients, please provide a link to it on our FTP site or (preferably) to this page. distributed.net has set policies and terms regarding the use of these clients. Please read them. Downloading and installing the client on any machine implies understanding and agreement with these terms."

Dieses Beispiel zeigt die Bedrohung durch Programme unbekannter Herkunft, welche aus dem Internet geladen, per E-Mail zugeschickt oder von Freunden auf selbstgebrannter CD weitergereicht werden. Wenn wir solche Programme auf Desktop-Systemen starten, können wir oft nur hoffen, dass sie wirklich nur das tun, was sie vorgeben, und nicht im Hintergrund auf dem Rechner Daten verändern oder löschen. Die beiden in Deutschland meist genutzten Betriebssysteme Windows und Linux haben keine Schutzmechanismen vor solchen trojanischen Pferden. In diesem Beitrag soll eine einfache Erweiterung des Linuxkerns vorgestellt werden, mit deren Hilfe jedes Programm in einer gesicherten Umgebung, einem „Sandkasten", gestartet werden kann. Alle Zugriffe auf die Daten und die Hardware des Rechners werden damit überwacht, protokolliert und gesteuert. Eine ähnliche Erweiterung für Windowsprogramme wird in [4] vorgestellt.

2 Bekannte Ansätze

Zur Festlegung der Grenze zwischen aktivem Inhalt und dem umliegenden System gibt es mehrere Ansätze. Wir wollen zunächst die verbreitetsten Varianten zur Abgrenzung vorstellen. Sie unterscheiden sich hauptsächlich darin, welche Instanz den aktiven Inhalt ausführt.

Einerseits kann dieses ein Interpreterprogramm sein andererseits kann der aktive Inhalt als Prozess direkt auf dem Prozessor des Rechners gestartet werden.

2.1 Interpreter

Dieser Ansatz implementiert die Sicherheit in einer Trennschicht zwischen der Hardware und dem Programm aus unsicherer Quelle. Ein Beispiel für diese Strategie ist eine Java Virtual Machine [7], welche Klassendateien mit Java-Bytecode interpretiert. Diese Methode hat den Vorteil, dass der Interpreter zu jeder Zeit die volle Kontrolle über alle Aktionen hat, die der aktive Inhalt auf dem zu schützenden System ausführt. Zugriffe auf Betriebsmittel des lokalen Systems oder die Kommunikation des Programms mit anderen Rechnern oder Programmen müssen vom Programmierer durch Konstrukte der interpretierten Sprache ausgedrückt werden. Immer, wenn ein solches Konstrukt auftritt, kann der Interpreter Rechte nach bestimmten Kriterien vergeben, z. B. abhängig vom Ursprung des Programms,[1] einer digitalen Signatur des Programms oder sogar dem Zustand von bestimmten Variablen.[2] [6]
Leider müssen diese Kontrollmechanismen für jeden Interpreter neu geschrieben werden. Neben Leistungseinbußen könnte sich das auch nachteilig auf die Qualität der verschiedenen Implementierungen auswirken und kostet schon allein bei der Konfiguration der verschiedenen Interpreter mehr Aufwand.

2.2 Prozesse

Ein anderer Ansatz, bei dem der aktive Inhalt direkt als Prozess auf dem Prozessor gestartet wird, zieht die Grenze zwischen dem zu überwachenden und dem überwachten System direkt um den virtuellen Adressraum. Das hat Vorteile:

- Es gibt eine klare und einheitliche Schnittstelle zwischen dem aktiven Inhalt und dem Kern bzw. anderen Programmen. Der überwachte Prozess läuft im Usermode und hat dadurch keinerlei Zugriff auf die Hardware und auf Daten des Kerns oder anderer Programme. Die einzige Möglichkeit für das Programm, Zugriff auf Daten des Systems zu erlangen, ist der Aufruf von Systemcalls.

- Da die Überprüfung von Systemcalls im Kern erfolgt, bedarf es keiner Änderung von Programmen. Die gleichen Binärdateien, wie sie z. B. auf einem Linuxsystem ausgeführt wurden, können so überwacht werden.

- Es gibt z. B. nur 12 Systemcalls[3], welche direkten Zugriff auf Dateien erlauben. Diese benutzen alle eine von **drei Kernfunktionen** zur Rechteüberprüfung: open_namei( ), may_create( ) und may_delete( ). Der Aufwand für die Implementierung der zusätzlichen Rechteüberwachung ist also begrenzt, wodurch auch die Fehleranfälligkeit geringer ist.

- Unter Linux erfolgt der Zugriff auf die Hardware durch Zugriff auf Gerätedateien.[4] Mit der Zugriffskontrolle auf Dateien ist somit auch die Kontrolle des direkten Hardwarezugriffs möglich.

---

[1] Viele Javainterpreter unterscheiden hier Programme, die aus dem Internet geladen wurden und Programme, die von der lokalen Festplatte stammen.

[2] Es ließe sich ein System bauen, bei dem durch eine Kommunikationsverbindung eine digitale Signatur geladen und in einer Stringvariablen abgelegt wird und diese dann zur Autorisierung eines Dateizugriffs genutzt wird.

[3] Version 2.4.0 des Linuxkerns.

[4] Wie z.B. /dev/audio für den Zugriff auf die Soundkarte.

- Ebenso wie die Verbindung zum Dateisystem durch einen Dateideskriptor erfolgt, gibt es für Verbindungen zu anderen Computern oder zu anderen Prozessen auf dem gleichen System ein vergleichbares Konstrukt, den Socket. Auch hier kann die Rechteüberprüfung an zentraler Stelle bei den Systemcalls connect( ), bind( ) und accept( ) erfolgen und nicht bei jedem read( ) und write( )-Aufruf.

Im Dateisystem des Linuxkerns ist bereits eine Rechteverwaltung integriert, die man erweitern kann. Damit ein Programm Zugriff auf eine Datei erhält, führt es den open( )-Systemcall aus. Dieser ist die zentrale Stelle der Rechteüberprüfung. open( ) gibt einen Dateideskriptor zurück, mittels dessen der Prozess nun alle weiteren Operationen auf der Datei ausführen kann. Bei allen folgenden write( )- oder read( )-Operationen müssen die Rechte nicht erneut überprüft werden. Durch Erweiterung der Rechteüberprüfung im open( )-Systemcall können wir diesen Mechanismus nutzen und müssen auch hier nur an einer Stelle die Rechte überprüfen.

Wenn der auszuführende aktive Inhalt kein Programm, sondern ein zu interpretierendes Skript ist, kann die Kombination aus Skript und Interpreter als Ausführungseinheit definiert werden. Die Ressourcen, die das Skript zur Erfüllung seiner Aufgabe benötigt, müssen noch um die Ressourcen ergänzt werden, die der Interpreter zum Ausführen des Skripts braucht.

Die Überwachung der Systemaufrufe kann natürlich nicht den Inhalt von Dateien beurteilen, die ein Programm aus unsicherer Quelle – z. B. ein Compiler – schreiben darf. Wir müssen also sehr sorgfältig überlegen, bevor wir ein frisch erzeugtes Programm aufrufen, denn es könnte sich ja um ein Trojanisches Pferd handeln.

Verdeckte Kanäle können auch nicht durch diese Art der Überwachung ausgeschlossen werden. Wir müssen also davon ausgehen, dass zwei unsichere Programme auf dem gleichen System sind und miteinander auf obskure Weise kommunizieren.

Beim Einsatz eines Interpreters können wir die Granularität der Rechtevergabe beliebig klein wählen, z. B. kann der Zugriff auf eine Datei nur einer speziellen Funktion erlaubt sein, die nun die Einheit ist, deren Rechte überwacht werden.

2.3 Zugriffskontrolle

Eine einfache Möglichkeit der Zugriffskontrolle ist die Schutzmatrix. In ihr werden Subjekte (z. B. Nutzer) und Objekte (z. B. Dateien) in Beziehung zueinander gesetzt. Eine Schutzmatrix enthält z. B. für jedes Subjekt eine Spalte und für jedes Objekt eine Zeile. Die Felder der Matrix enthalten die erlaubten Operationen, die das betreffende Subjekt über dem Objekt ausführen darf (seine Rechte).

Dieses allgemeine Schema hat allerdings ein Problem: Die Matrix nimmt sehr viel Platz in Anspruch und ist größtenteils leer.

	andi	betti	Carl ...	
vis.txt	rw	r	–	r - read (lesen)
/bin/ed	x	x	X	w - write (schreiben)
carl.txt	–	–	Rw	x - execute (ausführen)

Tabelle 1. Beispiel für eine Schutzmatrix

Zwei alternative Abspeicherungsformen lösen das Problem: Wir speichern entweder die Spalten oder die Zeilen als Liste und lassen die leeren Felder weg [9].

Zugriffskontrolllisten Zugriffskontrolllisten weisen einem Betriebsmittel eine Liste von Benutzern oder Programmen zu, welche darauf in einer bestimmten Art zugreifen können. Ein Beispiel hierfür sind die im virtuellen Dateisystem des Linuxkerns verwendeten Dateirechte.

Zu jeder Datei kann angegeben werden, ob z. B. ein bestimmter Benutzer[5] lesend oder schreibend zugreifen darf. Das ist eine sehr grobe, aber einfach zu administrierende Rechteverwaltung, solange es genügt, nur auf Benutzerebene die Rechte zu vergeben. Soll die Granularität bis auf Programmebene verfeinert werden, steigt der Aufwand sehr schnell.

Hier müsste nun für jedes Programm ein eigener Benutzer angelegt werden, in dessen Namen das Programm gestartet wird.[6]

Eine Erweiterung dieser Rechtevergabe ist „LIDS".[7] Mit dieser Erweiterung kann der Zugriff auf ganze Unterverzeichnisbäume mittels einer Regel festgelegt werden. Programmen können die Rechte damit auch ohne den Umweg über die Neuanlage von Nutzern zugewiesen werden. LIDS vereinfacht also die Administration von Zugriffsrechten oder macht sie überhaupt erst praktikabel.

Capabilitys Capabilitylisten[8] beschreiben z. B. für jedes Programm die Betriebsmittel, auf die der Zugriff erlaubt ist. Die meisten Programme, speziell aktive Inhalte auf Webseiten, benötigen nur sehr wenige Betriebsmittel. Das heißt, dass die Capabilityliste des Programms klein und damit einfach zu administrieren ist. Für jedes neue Programm, welches auf dem Rechner gestartet werden soll, ist eine solche Liste vom Administrator oder Benutzer zu erstellen. Durch den Einsatz digitaler Signaturen kann man zuverlässig einem Programm einen Hersteller zuweisen. Dann können die Capabilitylisten auch Rechte an alle Programme eines Herstellers oder einer Zertifizierungsstelle vergeben, welches die Administration erleichtert.

Wunsch- und Vertrauenslisten Reuther und Härtig stellten eine Technik vor [2], bei der Programme vor ihrer Ausführung kundgeben, welche Betriebsmittel sie zur Erledigung der versprochenen Funktionalität benötigen. Anhand einer Vertrauensliste des Systems wird überprüft, ob dem Programm in Bezug auf die angeforderten Betriebsmittel Vertrauen entgegengebracht wird. Bei Programmstart entsteht aus der Wunsch- und Vertrauensliste eine Capabilityliste, die alle dem Programm zugänglichen Betriebsmittel enthält und deren Einhaltung durch die Umgebung des ausführenden Prozesses durchgesetzt wird.

3 Anwendungsmöglichkeiten

Dieser Abschnitt nennt einige Beispiele, wie der Einsatz von Capabilitys die Systemsicherheit verbessern kann. Dabei wird auf Mängel in existierenden Systemen eingegangen.

3.1 Programme unbekannter Herkunft

Ein Programm, welches unter Linux gestartet wird, hat alle Rechte, die der startende Nutzer hat.[9] Damit kann es im Allgemeinen alle seine privaten Daten im Homeverzeichnis bearbeiten und Konfigurationsdateien lesen. Es darf außerdem Verbindungen zu anderen Rechnern herstellen. Böswillige Programme könnten also Konfigurationsdaten lesen und an jeden Rechner im Internet schicken, Nutzerdaten ändern oder löschen und aus dem Internet Daten empfangen und dem Nutzer unterschieben. Die Dateirechteverwaltung unter Linux erlaubt keinen Unterschied zwischen den Rechten des Nutzers und den Rechten, die ein vom Nutzer gestartetes Programm hat. Der Anwender muss darauf vertrauen, dass der Programmierer keine

---

5 Und damit auch Prozesse, die von diesem Nutzer gestartet wurden.

6 Soll jede Kombination aus Programm und Nutzer möglich sein, kann es bis zu Anzahl der Nutzer mal Anzahl der Programme verschiedene „virtuelle" Nutzer geben.

7 Linux Intrusion Detection System, siehe auch [3].

8 Der Begriff Capability wird im Linuxkern bereits für ein Bitfeld verwendet, welches den Zugriff eines Prozesses auf administrative Systemfunktionen wie z. B. das Ändern von Zugriffsrechten mit chmod regelt. Hier bezieht sich das Wort Capability allgemein auf Betriebsmittel und im Folgenden speziell auf den Zugriff auf Dateien.

9 Mittels des Set-User-ID-Mechanismus ist es möglich, das Programm im Namen eines anderen Benutzers zu starten. Dann erhält das Programm alle Rechte dieses Nutzers.

Schadensroutinen in das Programm eingebaut hat. Diese Befürchtung ist bei bekannten Herstellern, wie beispielsweise Corel, Netscape oder Real, nicht unbegründet: Deren Programme senden Daten über den Nutzer zum Hersteller. Beispielsweise sendet der Netscape-Browser durch das „Smart Browsing" die URLs der vom Nutzer aufgerufenen Webseiten an Netscape. Bei Programmen unbekannter Herkunft hat der Anwender keine Kontrolle, welche Daten von dem Programm verarbeitet und verändert werden.

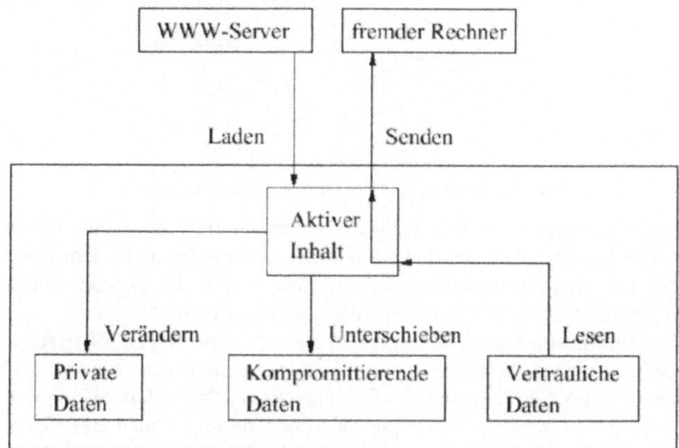

Abbildung 1. *Gefahren durch aktive Inhalte*

Die Kontrolle kann durch den Einsatz von Capabilitylisten wiedererlangt werden. Am Anfang startet das Programm wahlweise mit einer leeren oder einer vorbereiteten Capabilityliste, welche ungefährliche Zugriffe erlaubt (beispielsweise das Linken dynamischer Bibliotheken oder das Anlegen von Dateien im Verzeichnis /tmp). Alle nicht in der Liste erlaubten Zugriffe auf Daten werden abgefangen.

Der Anwender wird informiert und kann seine Zustimmung zu diesen geben. Gleichzeitig erhält er so einen Überblick über die Daten, die das unbekannte Programm benutzt.

3.2 Serverprozesse

Serverprozesse sind oft sehr komplexe Programme. Es ist nicht auszuschließen, dass deren Implementierung fehlerhaft ist. Durch einen bei Hackern beliebten Fehler, der zwar vermeidbar und bekannt ist, aber immer wieder in neuer Software zu finden ist, kann fremder Programmcode ausgeführt werden.

Das Programm „WU-FTPD" (FTP-Daemon, an der Washington University entwickelt) soll hier als Beispiel dienen. Im Abstand weniger Monate (zuletzt im August 2000) werden Sicherheitslücken in diesem FTP-Server entdeckt [8]. Unter bestimmten Bedingungen kann der Angreifer einen Pufferüberlauf provozieren. Durch den Überlauf können Daten außerhalb des vorgesehenen Puffers wie z. B. Rücksprungadressen von Funktionsaufrufen auf dem Stapel geändert werden.

Zum Beispiel kann beim FTP-Server der Login-Name Binärcode enthalten. ausgeführt wird. Werden statt des Login-Namens nun die Bytes eines Programms samt einer geeigneten Rücksprungadresse gesendet, dann wird der Funktionsaufruf im FTP-Server nicht durch Rückkehr zur aufrufenden Stelle beendet, sondern durch Aufruf des eingeschleusten Programms (siehe Abbildung 2).

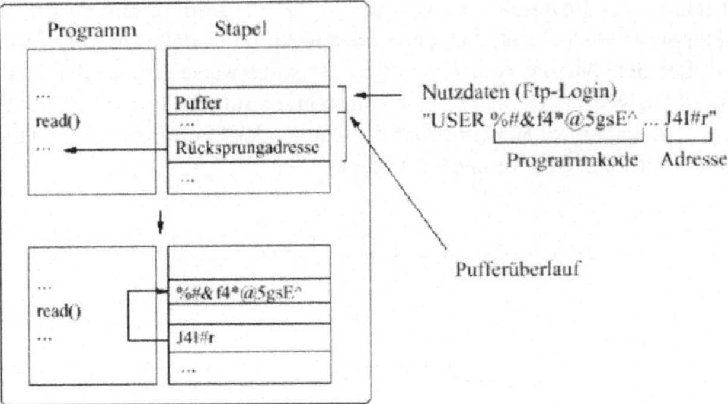

Abbildung 2. *Einbruch durch Pufferüberlauf*

Wie in Abschnitt 3.1 beschrieben, hat dieser Code nun die gleichen Rechte wie der Nutzer, in dessen Namen der Serverprozess läuft. Da viele Serverprozesse unter dem Root-Nutzer laufen, hat das fremde Programm unbeschränkten Zugriff auf alle Dateien und auch auf die Hardware. Ein Angreifer hat nun volle Kontrolle über den Rechner.

Durch die Anwendung von Capabilitys können wir zwar nicht den Überlauf eines Puffers verhindern, aber das eingeschleuste Programm hat nicht mehr die volle Kontrolle über den Rechner. Es kann nur noch im Kontext des Serverprozesses zugreifen, also nur auf Daten, die auch der Serverprozess braucht. Im Beispiel des oben beschriebenen FTP-Servers kann das Angreiferprogramm also die Konfigurationsdateien des Servers und das FTP-Verzeichnis lesen und in das Uploadverzeichnis und das Logfile schreiben. Das bedeutet eine weit geringere Kontrolle über den Rechner als im Fall ohne Capabilitys. Der Angreifer ist nicht in der Lage, die Konfigurationsdateien des Servers oder anderer Programme zu *verändern*, da ein Zugriff darauf von der Capability-Kontrollinstanz abgelehnt wird.

Die Capabilityimplementierung im Linuxkern kann mit sehr geringem Aufwand bei fast allen Serverprozessen eingesetzt werden und so entscheidend zur Absicherung von Servern im Internet beitragen.

3.3 Sammeln von Beweisen

Mit dem System können auch Einbrüche festgestellt werden, da das Serverprogramm bei normaler Arbeit keine Systemdateien öffnen wird. Wenn ein Einbruch stattgefunden hat, werden abnormale Dateizugriffsversuche erfolgen. Dadurch kann der Administrator alarmiert oder der Server abgeschaltet werden.

Das System könnte so erweitert werden, dass verbotene Schreibzugriffe in einer Kopie simuliert werden. So wird der Einbruch nicht nur verhindert, sondern auch nachweisbar, wie er stattgefunden hätte. Die veränderte Kopie könnte gleichzeitig als Beweismittel gegen den Angreifer dienen.

4 Implementierung

Die Implementierung des Capability-Kontexts unter Linux hat zum Ziel, die Nutzerprozesse ohne nennenswerte Leistungseinbußen zu überwachen.

Damit die Änderungen im Kern möglichst gering ausfallen, wird die Rechtepolitik[10] von einem eigenen Programm im Nutzeradressraum durchgeführt. Diese Entscheidung wirkt sich jedoch nachteilig auf die Leistungsfähigkeit des Systems aus, da bei jeder Überprüfung der

---

[10] Dieses beinhaltet das Verwalten der Zugriffsregeln und die Entscheidung, ob ein Zugriff rechtmäßig ist.

Capabilitys ein Prozesswechsel erfolgen muss. Dieser dauert unter Linux sehr viel länger als ein normaler Systemcall. Um die Verzögerung zu minimieren, wird ein Cache im Kern implementiert, in dem bereits beantwortete Anfragen[11] abgelegt werden können, so dass der Prozesswechsel und der damit verbundene Zeitverlust überflüssig werden.

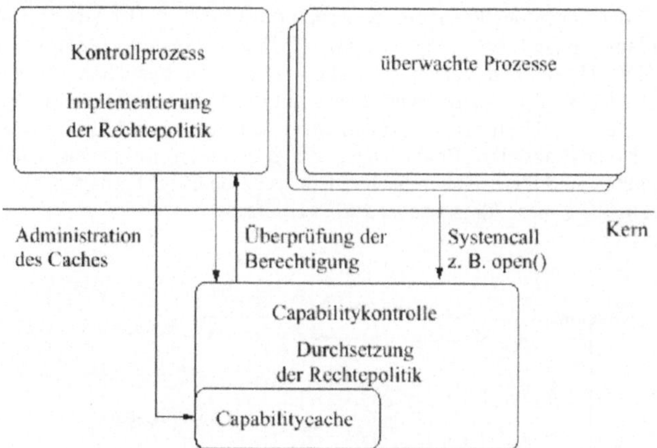

Abbildung 3. *Implementierung der Capability-Kontrolle*

Die Zugriffskontrolle wird im Kern als Zusatz zur bisherigen Rechteverwaltung implementiert, das heißt, dass ein Programm sowohl die bisher verwendeten Dateizugriffsrechte als auch die Zustimmung der Kontrollinstanz benötigt, um auf eine Datei zuzugreifen. Um Kollisionen mit bisher im Kern existierenden Strukturen und Namen vorzubeugen, wurde als Präfix für alle im Kern verwendeten Namen „slcap"[12] bzw. „SLCAP" gewählt. Im Folgenden werden bei den Beschreibungen der Änderungen des Linuxkerns Quellcodezeilen zitiert. Dabei wurden die Fehlerbehandlungen nicht mit aufgeführt. Der vollständige Quellcode ist unter [5] zu finden.

4.1 Änderungen im Linuxkern

Der Zugriff des zu überwachenden Prozesses auf Funktionen des Kerns erfolgt durch Systemcalls. In diese muss die zusätzliche Funktionalität zum Überprüfen der Capabilitys eingefügt werden. Die Implementierung dieser neuen Systemcalls, die Änderungen vorhandener Kernfunktionen, sowie die Erweiterungen bisheriger Kerndatenstrukturen beschreiben die folgenden Abschnitte.

Erweiterung von Kerndatenstrukturen In der Datei include/linux/sched.h wurde die Struktur struct task_struct um einen Eintrag slcap_id erweitert.

```
struct slcap_taskstruct {
 int flags;
 struct file *file;
};
#define SLCAP_PREPARED 1
#define SLCAP_ACTIVATED 2
```

---

[11] Die Information, welche Dateien das Programm öffnen wird, kann sich das Kontrollprogramm aus vorigen Programmläufen merken.

[12] „slcap" bedeuted Sebastian-Lehmann-Capabilitys.

```
#define SLCAP_FLAG_EXEC_HAPPEND 4

struct task_struct {
 //...
 struct slcap_taskstruct slcap_id;
};
```

In diesem wird der Status des Prozesses bezüglich des Capability-Kontexts geführt. Wichtig sind zwei Flags, eines, welches anzeigt, ob der Capability-Kontext aktiviert ist (SLCAP_ACTIVATED) und eines, welches einen vorbereiteten Kontext anzeigt (SLCAP_PERPARED). Ein Prozess wird zuerst mit der Funktion slcapinit( ) in den Vorbereitungszustand versetzt. Nach dem nächsten Aufruf von exec( ) wird für diesen Prozess dann der Capability-Kontext aktiviert. Beide Flags werden durch ein fork( ) auch an die Kindprozesse weitergegeben und bleiben auch nach einem weiteren exec( ) erhalten. Das bedeutet, es gibt keine Möglichkeit, diese Flags wieder zurückzusetzen.

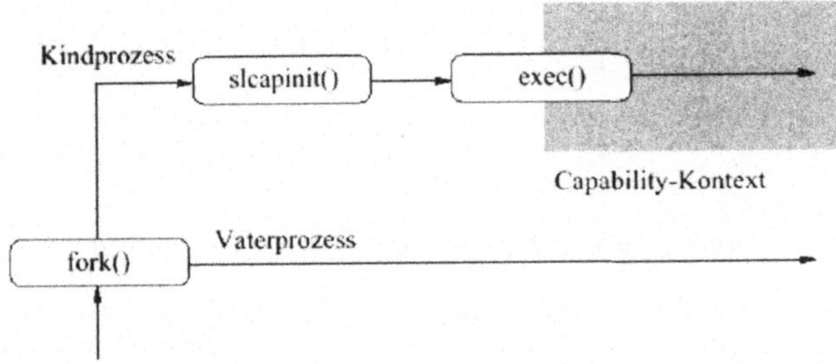

Abbildung 4. Start eines Programms in einem Capability-Kontext

Im Eintrag slcap_id der Struktur task_struct wird weiterhin der Dateideskriptor der ausgeführten Datei gespeichert. Dieser Eintrag ist redundant, wird aber zwecks einfacherem Zugriffs gespeichert. Des weiteren wurden neue Strukturen eingeführt:

Prozesswarteschlange: in die Warteschlange slcap_wait_queue werden Prozesse eingereiht, welche auf die Beantwortung einer Capabilityanfrage warten. Außerdem wird hier der Kontrollprozess eingereiht, wenn dieser die Funktion slcapwait( ) aufruft und zur Zeit keine Capabilitys zu überprüfen sind. Die Variable waitingcount zählt die Anzahl der Prozesse, die in der Warteschlange warten.

Anfragenliste: Zu jedem wartenden Prozess existiert ein passender Eintrag in der Liste slcap_waitlist. Dieser Eintrag beschreibt die Anfrage, aufgrund derer der Prozess blockiert. Die Anfragen können von verschiedenem Typ sein, z. B. Zugriff auf eine Datei oder Öffnen einer Verbindung zu einem anderen Rechner. Zur Zeit ist nur der Eintrag für den Dateizugriff implementiert.

Capabilitycache: In dieser Liste kann der Kontrollprozess im Voraus beantwortete Anfragen ablegen. Eine genaue Beschreibung dieses Vorgangs erfolgt im Abschnitt slcapcache( ).

Diese drei Strukturen sind mit einem gemeinsamen Lock gesichert. Jeder Prozess muss diesen mit slcapgetlock( ) erhalten, bevor er auf die Datenstrukturen zugreifen darf. Anschließend wird der Lock mit slcapreleaselock( ) wieder freigegeben.

exec( ) Um Programme in einem Capability-Kontext starten zu können, muss die exec( ) Funktion so erweitert werden, dass sie den Kontext aktiviert, wenn dieser bei Aufruf vorbereitet war. Zusätzlich wird der Dateideskriptor der ausgeführten Datei gespeichert.

```
if ((current->slcap_id.flags&SLCAP_PREPARED)!=0){
 current->slcap_id.flags |= (SLCAP_ACTIVATED|SLCAP_FLAG_EXEC_HAPPEND);
 current->slcap_id.file = file;
};
```

fork( ) Analog zu exec( ) muss auch fork( ) angepasst werden, damit der Kontext beim Aufruf dieser Funktion mit an den neu erstellten Prozess übergeben wird.

open_namei( ), may_create( ), may_delete( ) Zur Überwachung der Zugriffe auf das Dateisystem müssen alle Systemcalls, welche Dateioperationen ausführen (z. B. open( )), mit einer Erweiterung der Rechteüberprüfung versehen werden. Die bisherige Implementierung des Dateisystems im Linuxkern hat die Zugriffskontrolle aller Systemcalls in die Funktionen open_namei( ),may_create( ) und may_delete( ) konzentriert, so dass nur diese erweitert werden müssen. Dazu wurde der bisherige Aufruf der Funktion permission( ) um einen weiteren Aufruf erweitert

```
static inline int may_delete(struct inode *dir,
              struct dentry *victim, int isdir){
 int error;
 if (!victim->d_inode || victim->d_parent->d_inode != dir)
  return -ENOENT;

 error = permission(dir,MAY_WRITE | MAY_EXEC);
 if (error)
  return error;

 error = slcappermission(victim,MAY_WRITE);
 if (error)
  return error;

 ...
```

Diese Funktion slcappermission( ) stellt für Prozesse, welche innerhalb eines Capability-Kontexts laufen, Anfragen an den Kontrollprozess. Dieser Prozess verwaltet die Capabilitys und erlaubt, den Zugriff auf die gewünschte Datei oder unterbindet ihn.

```
 1: int slcappermission(struct dentry *d,int mask){
 2:   struct slcap_capentry * capentry;
 3:   struct slcap_filewaitentry* waitentry;
 4:   int i;
 5:
 6:   if ((current->slcap_id.flags&SLCAP_ACTIVATED)==0) return 0;
 7:
 8:   slcapgetlock();
 9:   slcapgeneratefilename(d,SLCAPBUFFERLEN,slcapbuffer);
10:
11:   capentry=capentrycachelist;
12:   while (capentry!=0) {
13:     struct slcap_capentry * t=capentry;
14:     capentry=capentry->next;
15:     if (current->pid!=t->pid) continue;
16:     for (i=0; (slcapbuffer[i]!=0); i++)
               if (slcapbuffer[i]==t->filename[i]) break;
```

```
17:    if ((slcapbuffer[i]!=t->filename[i])&&(t->filename[i]!='*'))
          continue;
18:    if (slcapcheckmask(mask,t->mask)!=0) continue;
19:    slcapreleaselock();
20:    return 0;
21:    };
22:
23:    waitentry=slcapadd(slcapbuffer,mask);
24:    slcapreleaselock();
25:
26:    wake_up(&slcap_wait_queue);
27:
28:    wait_event(slcap_wait_queue, ((waitentry->flags&SLCAPENTRYVALID)!=0));
29:
30:    current->slcap_id.flags&=(~SLCAP_FLAG_EXEC_HAPPEND);
31:    i=slcapcheckmask(mask,waitentry->mask);
32:
33:    slcapgetlock();
34:    slcapremovewaitentry((struct slcap_waitentry *)waitentry);
35:    slcapreleaselock();
36:
37:    return i;
38: }
```

In Zeile 6 wird geprüft, ob ein Capability-Kontext aktiv ist. Ist das nicht der Fall, beendet sich die Funktion sofort. Für Prozesse ohne aktive Capabilitys entsteht so ein minimaler Mehraufwand durch einen Funktionsaufruf und einen Vergleich. Anschließend wird der Capability-lock geholt und der bereinigte Dateiname generiert. Dieser enthält keine symbolischen Links und „. .“-Verzeichnisse mehr.[13] Die Zeilen 11 bis 21 suchen im Cache nach einem Eintrag für die gerade untersuchte Datei. Dabei werden die aktuelle Prozess-ID, der Dateiname und die Rechte verglichen. Wird ein passender Eintrag gefunden, wird der Zugriff auf die Datei erlaubt. Wird kein Eintrag gefunden, wird in Zeile 23 bis 26 die Anfrage in die Capabilitywarteschlange eingereiht und der wartende Kontrollprozess aufgeweckt. Dann legt sich der Prozess schlafen, bis die Anfrage beantwortet ist. Abschließend werden noch mit slcapcheckmask( ) die geforderten mit den vom Kontrollprozess zurückgegebenen Rechte verglichen und der Eintrag aus der Warteschlange genommen.

slcapinit( ) Diese Funktion wird vom Vaterprozess aufgerufen, bevor das zu überwachende Programm gestartet wird. Durch den Aufruf wird der Capability-Kontext vorbereitet. Der Prozess kann nun immer noch ohne Zugriffsbeschränkungen durch einen Kontext arbeiten. Erst der folgende Aufruf von exec( ) aktiviert den Capability-Kontext.

slcapwait( ) Der Kontrollprozess ruft slcapwait( ) auf, um solange zu warten, bis Capabilitys zu überprüfen sind. Dazu schläft der Prozess bis die Variable waitingcount, die die Anzahl der wartenden Anfragen enthält, einen Wert ungleich 0 hat. Zur Zeit ist noch kein Timeout oder eine Reaktion auf Signale eingebaut. Dieses sollte jedoch in der nächsten Ausbaustufe geschehen, da der Kontrollprozess zur Zeit nicht abgebrochen werden kann, wenn er in dieser Funktion wartet.

slcapget( ) Mit dieser Funktion kann der Kontrollprozess anstehende Capabilityüberprüfungen vom Kern entgegennehmen. Der Kern liefert die Prozess-ID, den angeforderten Dateinamen und die gewünschte Zugriffsart zurück. Die Funktion liefert immer den

---

[13] Dieses gilt auch für alle anderen Dateinamen, die im Folgenden besprochen werden.

ersten Eintrag der Liste der wartenden Anfragen zurück. Erst das Beantworten dieser Anfrage lässt slcapget zur nächsten weiterspringen.

```
 1: asmlinkage int sys_slcapget(int bufferlen,
                 struct slcap_request *buffer)
 2: {
 3:   struct slcap_waitentry *t;
 4:   struct slcap_request *r=(struct slcap_request *)buffer;
 5:   int i;
 6:   slcapgetlock();
 7:   t=slcap_waitlist;
 8:   while ((t!=NULL) && ((t->flags&SLCAPENTRYVALID)!=0)) t=t->next;
 9:   if (t==NULL) {
10:   slcapreleaselock();
11:   return 0;
12:   };
13:
14:   switch (t->type) {
15:    case SLCAP_FILE:
16:      {
17:       // Kopieren der Anfrage von t nach r
18: ...
28:      };
29:    break;
30:    default:
31:      printk("SLCAP: Panic, unknown Type!!!!!\n");
32:   };
33:   r->pid=t->pid;
34:   r->flags=0;
35:   if (t->flags&SLCAP_FLAG_EXEC_HAPPEND)
36:     r->flags|=SLCAP_EXEC_HAPPEND;
37:   r->type=t->type;
38:
39:   slcapreleaselock();
40:   return t->pid;
41: };
```

In den Zeilen 6 bis 12 wird nach einem noch unbeantworteten Eintrag in der Anfragewarteliste gesucht. Wird kein solcher Eintrag gefunden, kehrt die Funktion mit dem Ergebnis 0 zurück. Wenn ein Eintrag gefunden wurde, werden in den Zeilen 14 bis 37 die Daten des Eintrages in den Puffer kopiert, der von der Funktion vom Kontrollprozess bereitgestellt wurde. Dabei ist bereits eine Typunterscheidung vorbereitet. Zur Zeit existiert jedoch nur der Typ SLCAP_FILE, welcher eine Dateizugriffsanfrage anzeigt. In Zeile 40 kehrt die Funktion mit der ID des wartenden Prozesses zurück.

slcapset( ) Der Kontrollprozess kann mit slcapset( ) dem Kern Capabilitys übermitteln. Dabei gibt er für die mit slcapget geholte Anfrage ein Flag zurück, welches anzeigt, ob der gewünschte Zugriff auf die Datei erlaubt ist oder nicht. Mit einem zusätzlichen Argument, welches z. Z. noch nicht ausgewertet wird, kann in späteren Implementierungen der Zugriff transparent auf eine andere Datei umgelenkt werden, wie dieses auch schon in [2] realisiert wurde.

```
 1: asmlinkage int sys_slcapset(int pid,int allow, struct slcap_request*
             buffer)
 2: {
 3:   struct slcap_waitentry * t;
 4:   int i;
 5:   slcapgetlock();
 6:   t=slcap_waitlist;
```

```
 7:   while ((t!=NULL)&&(pid!=t->pid)) t=t->next;
 8:   if (t==NULL) {
 9:    //request not fount in list!
10:    slcapreleaselock();
11:    return -1;
12:   };
13:
14:   switch (t->type) {
15:    case SLCAP_FILE:
16:    {
17:     if (!allow) ((struct slcap_filewaitentry *)t)->mask=0;
18:    };
19:    break;
20:    default:
21:     printk("SLCAP: Panic, unknown Type!!!!!\n");
22:   };
23:
24:   i=t->flags;
25:   t->flags|=SLCAPENTRYVALID;
26:
27:   slcapreleaselock();
28:   if ((i&SLCAPENTRYVALID)==0){
29:    atomic_dec(&waitingcount);
30:    wake_up(&slcap_wait_queue);
31:   };
32:
33:   return 0;
34: };
```

Zuerst wird der Eintrag in der Anfragewarteliste gesucht, welcher zu der übergebenen Prozess-ID passt. Anschließend wird, wie in der Funktion slcapget( ) typabhängig, das Ergebnis der Anfrage in den Warteslisteneintrag kopiert. In Zeile 25 wird der Eintrag als beantwortet gekennzeichnet. Abschließend wird ab Zeile 28 der auf die Anfrage wartende Prozess aufgeweckt.

slcapcache( ) Zur Steigerung der Performance ist im Kern ein Capability-Cache eingerichtet. Dieser ermöglicht es dem Kontrollprozess Anfragen und Antworten, die in der Zukunft auftreten werden, bereits im Kern zwischenzuspeichern, indem er mehrfach slcapcache( ) mit den vollständigen Dateinamen und den Rechten zukünftiger Anfragen aufruft. Da nun die folgenden Anfragen aus dem Cache beantwortet werden können, wird jedesmal ein Prozesswechsel und damit sehr viel Zeit gespart. Im praktischen Einsatz merkt sich der Kontrollprozess die Dateien, auf welche ein Programm zugreift, und füllt beim ersten Blockieren den Cache mit, im Idealfall, allen zukünftigen Anfragen, wodurch das Programm nur einmal unterbrochen werden muss. Es ist nicht sichergestellt, dass ein Eintrag im Cache die gesamte Programmlaufzeit überdauert. Der Cache kann bei Speichermangel geleert werden. Anstatt des kompletten Dateinamens kann dieser auch mit einem Stern „*" beendet werden. Das erweitert die Capability auf alle Dateinamen, die bis zu dieser Stelle mit dem Muster übereinstimmen. Man kann diese Notation nutzen, um ganze Unterverzeichnisbäume mit einem Eintrag abzudecken. Sollte der Kern für eine Anfrage keinen Eintrag im Capability-Cache finden oder die gefundenen Rechte nicht zum Erlauben der Anfrage ausreichen, wird der Kontrollprozess mittels slcapget( )/slcapset( ) gefragt.

```
asmlinkage int sys_slcapcache(int pid,int mask,char* buffer) {
 struct slcap_capentry * t; int i;
```

```
slcapgetlock();
for (i=0;buffer[i]!=0;i++);
t=(struct slcap_capentry *)
            kmalloc(sizeof(struct slcap_capentry)+i,GFP_KERNEL);
if (t==NULL) return -1;
for (i=0;buffer[i]!=0;i++) t->filename[i]=buffer[i];
t->filename[i]=0;
t->flags=SLCAPENTRYVALID;
t->mask=mask;
t->pid=pid;
t->next=capentrycachelist;
capentrycachelist=t;
slcapreleaselock();
return 0;
};
```

Die Funktion reserviert sich im Speicher einen Bereich und kopiert die übergebenen Daten hinein. Danach wird dieser Eintrag in die Cacheliste eingehängt.

slcapinfo( ) Diese Funktion liefert Informationen über einen überwachten Prozess. Zur Zeit ist dieses nur der Pfadname der aktuell ausgeführten Binärdatei. In späteren Implementierung können hier weitere, für die Rechtevergabe wichtige Informationen übergeben werden, z. B. der Nutzer, der das Programm startete.

```
asmlinkage int sys_slcapinfo(int pid,int len,char* buffer){
 struct task_struct *t=find_task_by_pid(pid);
 if (t==NULL) return -1;
 return slcapgeneratefilename(t->slcap_id.file->f_dentry, len,buffer);
};
```

4.2 Hilfsprogramme

slcaprun Dieses Programm erlaubt, andere Programme in einem Capability-Kontext zu starten. Der Aufruf erfolgt durch
```
slcaprun programm parameter ...
```
Hierbei wird zuerst mit slcapinit( ) der Capability-Kontext vorbereitet und danach mit exec( ) das Programm gestartet. Durch exec( ) wird auch der Capability-Kontext aktiviert.

capcontrol Dieses Programm ist eine einfache Implementierung eines Kontrollprozess. Es verwaltet im Unterverzeichnis testlist des aktuellen Verzeichnisses Capabilitylisten für Programme. Der Dateiname ist hierbei das Ergebnis einer auf der Hashsumme MD5 basierenden Einwegfunktion über das zu überwachende Programm.

In der Datei stehen zeilenweise Capabilitys für je eine Datei oder einen Verzeichnisbaum. In der Zeile stehen durch Leerzeichen oder Tabulatoren getrennt der absolute Dateiname, die „positiven" und „negativen" Rechte. Wenn der Dateiname mit einem Stern „*" endet, bedeutet das, dass die Rechte für alle Dateien gelten, die bis zum Stern mit dem Muster übereinstimmen. Die nach dem Namen angegebenen Rechte sind Zahlen, die sich aus der Summe der zu vergebenden Rechte Execute 1, Write 2, Read 4 und Create 8 ergeben. Ein positives Recht heißt, dass das Kontrollprogramm dem überwachten Prozess die angegebenen Rechte einräumt. Ein negatives Recht bedeutet, dass das Kontrollprogramm ohne Benutzerinteraktion den Zugriff mit diesen Rechten nicht erlaubt. Ist für eine Datei weder ein positives noch ein negatives Recht angegeben, wird der Anwender gefragt und kann den Zugriff erlauben oder nicht. Zusätzlich kann er das positive Recht in die Capabilityliste eintragen lassen und so persistent machen. Anstatt eines negativen Rechts kann ein „p" angegeben werden, welches be-

deutet, dass das positive Recht in den Capability-Cache des Kerns geschrieben wird, sobald
das Programm das erste Mal blockiert.

4.3 Zusammenspiel

Im Folgenden wird das Zusammenspiel der bisher beschriebenen Komponenten am Beispiel
eines open( )-Aufrufes beschrieben.

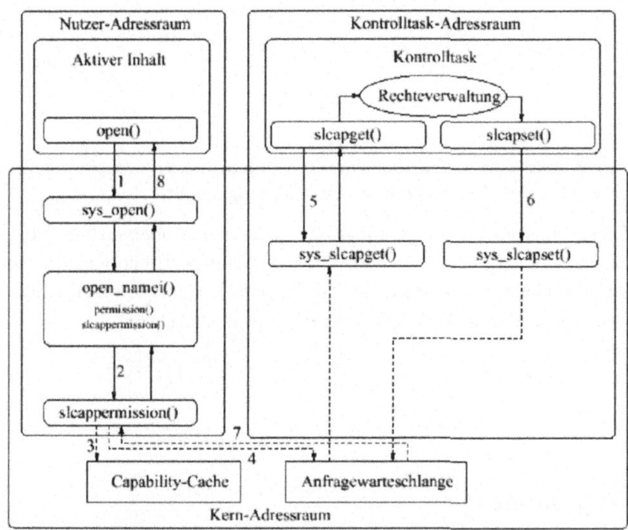

Abbildung 5. *Ablauf eines open( )-Systemcalls*

Das Programm caprun ruft die Funktion slcapinit( ) auf und bereitet den Capability-Kontext
vor. Danach wird mit exec( ) das zu überwachende Programm gestartet und der Kontext aktiviert.

1. Bei jedem open( )-Aufruf wird von der Kernfunktion sys_open( ) die Funktion
   open_namei( ) aufgerufen. Diese überprüft mit permission( ) ob der Nutzer das Recht hat,
   die Datei zu öffnen.
2. Zusätzlich wird nun noch mit slcappermission( ) eine weitere Überprüfung vorgenommen.
3. slcappermission( ) sucht zuerst im Cache nach einem Eintrag für die Datei.
4. Wenn die Funktion keinen Eintrag findet, wird eine Anfrage in die Anfragewarteschlange
   eingestellt, und der Prozess schläft, bis diese Anfrage beantwortet wurde. Der Kontrollprozess schläft mit slcapwait( ), bis sich eine Anfrage in der Warteschlange befindet und
   wird nun aufgeweckt.
5. Er ruft slcapget( ) auf, um den ersten Eintrag aus der Warteschlange in einen Puffer zu
   kopieren. Danach kann der Kontrollprozess über die Rechtmäßigkeit des Dateizugriffs
   entscheiden. Dazu stehen ihm der Dateiname, die gewünschten Zugriffsrechte und die
   Prozessnummer des überwachten Programms zur Verfügung. Aus dem Proc-Dateisystem
   des Linuxkerns und mit der Funktion slcapinfo( ) kann sich der Kontrollprozess nun weitere Informationen über das Programm holen.
6. Die Entscheidung teilt er dann dem Kern mit der Funktion slcapset( ) mit,

7. welche dieser nun in die wartende Anfrage einträgt und den schlafenden Nutzerprozess aufweckt.

Der Nutzerprozess entfernt den Eintrag aus der Warteschlange und gibt nun im positiven Fall einen Dateideskriptor als Ergebnis des open( )-Aufrufes zurück oder bei nicht genügender Berechtigung einen Fehlercode.

5 Messungen und Bewertung

Alle Messungen beziehen sich auf eine Plattform mit Mobile Pentium II 366 MHz und 64 MB Speicher. Um den zeitlichen Einfluss der Berechnung der Hashsumme zu untersuchen, wurden zwei Testprogramme mit unterschiedlicher Größe verwendet (5 KB und 8 MB).

open ()	Programmgröße	
	5 KB	8 MB
ohne Capabilitys	7 µs	7 µs
mit Capabilitys		
1. Aufruf	1200 µs	860 ms
weitere Aufrufe	170 µs	170 µs
mit Cache	8 µs	8 µs

Tabelle 2. Leistungsmessung

Wenn ein Programm erstmalig nach dem Start open( ) aufruft, so wird sein Hashwert gebildet. Dadurch ist dieser Aufruf um Größenordnungen langsamer und praktisch nur noch von der Dateigröße des Programms abhängig. Ohne Verwendung eines Caches im Kern muss für jeden weiteren Aufruf in den Nutzeradressraum gewechselt werden. Ein solcher Wechsel kostet das 20-fache eines normalen Systemaufrufs. Wird jedoch ein Cache im Kern verwendet, dann verlängert sich die Bearbeitungszeit für einen Systemaufruf je nach Programmgröße ungefähr ein- bis zweimal.

Abschließend sollen diese Messungen noch an einem praktischen Beispiel durchgeführt werden. Mit folgendem Aufruf durchsucht rgrep den gesamten Linux-Quellcode nach dem Auftreten der Zeichenkette „slcap".

```
time rgrep "slcap" linux/
```

Dabei werden 9420 Dateien mit 128 Megabyte Daten durchsucht. Die Messung wurde zweifach ausgeführt. Beim ersten Durchlauf wurden alle Dateien von Festplatte geladen. Entsprechend groß ist die Zeit, die für die Ein-/Ausgabeaktivität der Festplatte benötigt wird. Beim zweiten Durchlauf waren alle Dateien bereits zwischengespeichert und es erfolgte kein einziger Festplattenzugriff.

Aktivierte Capabilitys	Dauer eines Programmdurchlaufes mit Daten	
	von Festplatte	aus dem Cache
nein	75,8 s	1,422 s
ja	76,1 s	1,465 s

Tabelle 3. Messergebnisse eines rgrep über den Linux-Quellcode

Aus diesen Messergebnissen wird ersichtlich, dass die Nutzung von Capabilitys einen einmaligen Mehraufwand von einigen Millisekunden für den ersten Aufruf des Systemcalls open( ) und danach im häufigst auftretenden Fall, der Capabilityüberprüfung mit Cachetreffer, einen Verlust von 18 % der Aufrufzeit bei jedem weiteren open( ) kostet. Das ist im Vergleich zur gewonnenen Sicherheit eine minimale Verschlechterung der Ausführungszeit. Der Test mit rgrep ist trotz intensiver Ein- und Ausgabe nur 0,4-3,0 % langsamer, wenn der Capability-Kontext aktiviert ist.

6 Schlussfolgerung und Ausblick

Slcaps ist als Erweiterung des Linuxkerns ein wirkungsvolles Werkzeug zur Absicherung eines Rechners. Programme können ohne nennenswerte Geschwindigkeitseinbußen in einem Capability-Kontext ausgeführt werden, in dem alle Zugriffe auf das Dateisystem und die Hardware überwacht und einzeln erlaubt werden können. Das System läuft stabil; es hat in den Monaten des Tests und der Dokumentation aktivierten Capabilitys keinen Absturz erlebt. Das liegt nicht zuletzt daran, dass sich die Änderungen im Quellcode des Linuxkerns auf ein Minimum beschränken, insgesamt wurden nur 350 Zeilen Code geändert. Die eigentliche Entscheidung über eine Zugriffserlaubnis wurde in ein Programm im Nutzeradressraum ausgelagert. Somit lassen sich beispielsweise Erweiterungen oder Änderungen in der Rechtepolitik besonders einfach und schnell durchführen.

Schwerpunkte für die weitere Arbeit sind die

- Erweiterung der Capabilitys auf die Überwachung von Sockets. Der aktuelle Patch enthält bereits die Definition einer Schnittstelle zur Über"-tragung der Anfragen vom Kern zum Kontrollprozess. Diese muss nun implementiert und getestet werden.

- Änderung der Kernschnittstelle zum Betrieb von mehreren Kontrollprozessen. Jedem Programm kann dadurch ein eigener Kontrollprozess zugeordnet oder Kontrollprozesse selbst von einem übergeordneten Prozess kontrolliert werden.

- Eine Zusammenführung der entwickelten Capabilitys mit den bereits im Kern integrierten Capabilitys, welche den Zugriff auf bestimmte Kernfunktionen (wie z. B. das Setzen der Uhrzeit) steuern. Dadurch wird eine einheitliche Schnittstelle geschaffen, die Rechte eines Prozesses auf dem System einzugrenzen.

- Der Kontrollprozess, welcher zur Messung und zum Test verwendet wurde, muss erweitert werden. Zum einen ist eine benutzbare Bedien"-oberfläche zu schaffen und zum anderen die Funktionalität zu erweitern, z. B. die Implementierung von den in [2] beschriebenen signierten Wunsch- und Vertrauenslisten.

Unter http://prak.org/slcap/ sind die aktuellen Quelltexte frei verfügbar.

Literatur

[1]   distributed.net. Client download: http://distributed.net/download/clients.html.

[2]   Hermann Härtig and Lars Reuther. *Encapsulating mobile objects.* In: Proceedings of the 17th International Conference on Distributed Computing Systems (ICDCS), pages 355-362, Baltimore, Md., 1997.

[3]   Philippe Biondi, HuagangXie and Steve Bremer. *Linux intrusion detection system.* http://www.lids.org.

[4]   Christian Kaiser. *Sandkastenspiele.* Windows-Anwendungen überwacht ausführen. Seiten 232 ff. in c't Magazin für Computertechnik 10/2001.

[5]   Sebastian Lehmann. *Capabilitys for linux.* 2001. http://prak.org/slcap/

[6]   G. McGraw and E. Felten. *Java security: Hostile applets*, 1997.

[7]   Sun Microsystems. *Java technology*. http://www.sun.com/java/

[8]   SecurityFocus.com. *Multiple vendor wu-ftpd buffer overflow vulnerability*, 2000. http://www.securityfocus.com/frames?content=/vdb/bottom.html \%3Fvid\%3D1387.

[9]   Andrew S. Tannenbaum. *Verteilte Betriebssysteme*, 1995.

Die Blinded-Read-Methode
zum unbeobachtbaren Surfen im WWW

Dogan Kesdogan[1], Mark Borning[2], Michael Schmeink[3]

[1] IBM Thomas J. Watson Research Center, kesdogan@us.ibm.com
[2] Lehrstuhl für Informatik IV, RWTH Aachen, borning@informatik.rwth-aachen.de
[3] Lehr- und Forschungsg. Stochastik, RWTH Aachen, schmeink@stochastik.rwth-aachen.de

Zusammenfassung

Die Methode des Blinded-Read ermöglicht einen perfekten Schutz der Interessensdaten. Das bedeutet, dass ein Angreifer nicht in der Lage ist zu ermitteln, für welche der abgefragten Informationen sich ein Benutzer tatsächlich interessiert. In dieser Arbeit stellen wir die ersten Untersuchungsergebnisse der Anwendung des Protokolls auf das World Wide Web vor. Wir zeigen, dass das Verfahren hier keinen perfekten Schutz bietet, und geben ein mathematisches Modell für den Informationsgewinn an. Wir beschreiben konkret eine effiziente Erweiterung für die Anwendung des Blinded-Read, so dass das Verfahren einen perfekten Schutz leistet. Weiterhin wird eine Blinded-Read-Server Architektur vorgestellt und diskutiert.

1 Einleitung

Das World Wide Web (WWW) stellt nicht nur alle möglichen Informationen bereit, sondern kann auch zur Geschäftsabwicklung genutzt werden. Kinokarten, Pizzen, Autos sind einige Beispiele die man online via WWW bestellen kann. Da all diese Handlungen (Zugriffe auf die Web-Server) prinzipiell beobachtbar sind, existieren Firmen, die auch diese Informationen sammeln. Die Gründe dafür sind oft nicht bösartig, sondern teilweise sogar im Interesse der Kunden (z.B. bessere Kundenbetreuung).

Jedoch bleibt die Tatsache, dass der Teilnehmer bei jeder Aktion im Internet Information über sich preisgibt. Werden diese Daten gesammelt und verarbeitet, so ermöglicht die Menge der Daten den gläsernen Menschen. Erschwerend kommt hinzu, dass einmal gegebene Daten für immer gegeben sind (digitale Daten können beliebig oft kopiert, verteilt und verkauft werden). Daher ist es im WWW sehr wichtig, nach Möglichkeiten zu suchen, die Interessen der einzelnen Personen zu schützen.

Zur Lösung des Problems ist die alleinige Anwendung von Kryptographie nicht hinreichend. Die Kryptographie ist zwar imstande, die gesendeten Nachrichten vor unbefugtem Lesen zu schützen, aber die physikalische Übertragung der Nachricht von der Quelle bis zum Ziel bleibt stets beobachtbar. Deshalb müssen Anonymisierungstechniken prinzipiell beobachtbare Aktionen „tarnen": Nachrichten von mehreren Teilnehmer werden z.B. so verarbeitet, dass innerhalb der gebildeten Menge von Nachrichten eine bestimmte Nachricht nicht zu einem bestimmten Teilnehmer zugeordnet werden kann. Verfahren, die Aktionen innerhalb eines Netzes „tarnen", existieren in großer Zahl (siehe Literatur von [Amba_97] bis [Zero_01] außer [MaPf_90] und [Shan49]). Sie gehen jedoch zum größten Teil auf wenige Grundverfahren zurück: Implizite Adressierung und Verteilung [FaLa_75, Karg_77], MIXe [Chau_81], DC-Netze [Chau_88], Blinded-Read-Methode (auch als Private Message Service oder Private Information Service bekannt [CoBi_95, CGKS_95]).

Von diesen Verfahren existieren viele Varianten und Erweiterungen, die das Ziel haben, unbeobachtbare Kommunikation in der Web-Umgebung zu ermöglichen (ein aktuelles ist JAP, siehe [BeFK_00]). Alle bisherigen Projekte [BeFK_00, DeRi_99, ReRu_98, ReSG_97, etc.] setzen dazu die aus der Mix-Methode bekannte Zwischenstation ein. Die Lösung mit der Zwischenstation hat das Ziel den Kommunikationsverkehr der Teilnehmer so zu schützen, dass alle Teilnehmer anonym surfen (Lesen von Web-Seiten) oder sogar allgemein anonym kommunizieren können (Senden von eigenen Nachrichten).

In dieser Arbeit untersuchen wir die Blinded-Read-Methode, die im Gegensatz zu der MIX-Methode nur das unerkannte Anfragen von Informationen in Datenbanken ermöglicht, wobei die Identität des Anfragenden jedoch bekannt ist. Die Gründe für die Wahl der Blinded-Read-Methode sind unter anderem:

Blinded-Read bietet perfekten Schutz (Mixe bieten wegen der verwendeten Kryptographie maximal nur komplexitätstheoretischen Schutz [Pfit_90]).

Besseres Vertrauensmodell (bzw. Angreifermodell): Mixe müssen immer darauf vertrauen, dass die n-1 mitsurfenden Teilnehmer nicht gegen den einen Teilnehmer arbeiten ((n-1)-Angriff)[1] und dass nicht alle beteiligten Mixe sich gegen die Nutzer verschwören. Blinded-Read setzt nur voraus, dass nicht alle Server sich gegen den einen verschwören, also zumindest ein Server[2] vertrauenswürdig ist.

Bis jetzt wurde das Verfahren im Hinblick auf „flache" Datenstrukturen untersucht [Amba_97, BeIM_00, BIMK_99, BCKP_01, CaMS_99, CGKS_95, ChGi_97, CoBi_95, CrIO_01, KuOS_97, OsSh_97, SMSa_01]. In dieser Arbeit möchten wir einige Probleme und Lösungsansätze beschreiben, die uns bei der Untersuchung, das Blinded-Read für Zugriffe auf Webseitenstrukturen umzusetzen (strukturierte Daten), entstanden sind.

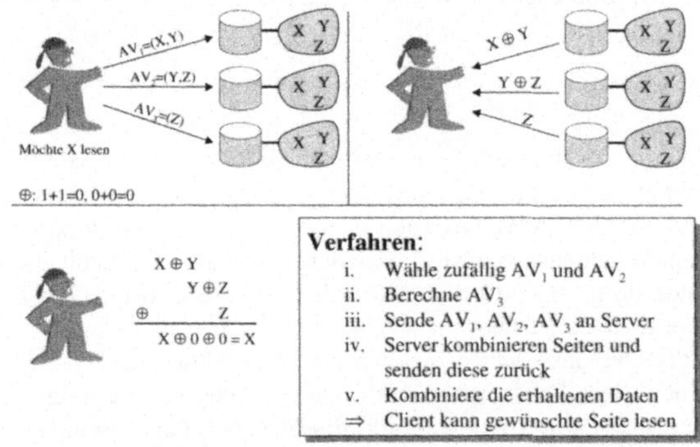

Abbildung 1: *Das Blinded-Read Verfahren.*

In Abschnitt 2 wird zunächst das *Blinded-Read*-Verfahren beschrieben. Abschnitt 3 gibt Aufschluss über die Problematik beim Einsatz des herkömmlichen Blinded-Read-Verfahrens. In Abschnitt 4 wird eine Erweiterung des Blinded-Read für hierarchische Datenstrukturen vorgestellt, bevor in Abschnitt 5 ein Architekturvorschlag zur Realisierung eines Blinded-Read-Netzwerkes präsentiert wird. Abschnitt 6 schließt mit einige Folgerungen sowie einem Ausblick auf zukünftige Arbeiten.

2 Blinded-Read

Das Verfahren des *Blinded-Read* ist in [CoBi_95] als Bestandteil des Private-Message-Service eingeführt worden. Im gleichen Jahr wurde das Verfahren unabhängig als PIR entdeckt [CGKS_95]. Das Blinded-Read gewährleistet den Schutz der Interessen eines Benut-

---

[1] Ein (n – 1) Angriff bedeutet auch, dass ein Angreifer durch Maskerade die Identität von (n – 1) Teilnehmern annehmen und somit das Verfahren erfolgreich angreifen kann. Den Autoren ist keine Mix-Implementierung bekannt, die in der gegenwärtigen Situation (fehlende PKI Infrastruktur) im strengen Sinne gegen diesen (n – 1) Angriff sicher ist (siehe auch [Kesd_99]).

[2] Falls nicht perfekter Schutz das Ziel ist, dann benötigt man noch nicht mal diesen einen vertrauenswürdigen Server (siehe [BIMK_99, CaMS_99, KuOs_97]).

zers, d.h. ein Beobachter kann nicht ermitteln, für welches Datenelement sich ein Benutzer interessiert (siehe Abbildung 1).

Seit der Veröffentlichung der Grundidee wurde das Verfahren durch unterschiedliche Gruppen untersucht und erweitert, z.B. wurde die Effizienz des Verfahrens wesentlich verbessert (siehe [Amba_97, BEIM_99, BCKP_01, ChGi_97, CrIO_01, OsSh_97, SmSa_01]). In dieser Arbeit werden wir auf die Erweiterungen nicht eingehen und nur die elegante Grundidee vorstellen, da alle Erweiterungen die gleiche Unsicherheit gegenüber strukturierten Daten aufweisen. Die vorgestellte Lösung des Problems kann somit direkt auf die Erweiterungen der Blinded-Read-Methode übertragen werden.

In Abbildung 1 ist das Verfahren beispielhaft dargestellt. Drei Blinded-Read-Server stellen drei Datenelemente (X, Y, Z) zur Verfügung. Der Benutzer möchte das Datenelement X lesen. Hierzu wählt er zufällig zwei Zufallsvektoren $AV_1 = (1,1,0)$ und $AV_2 = (0,1,1)$ und bildet die XOR-Summe $AV_3 = (1,0,1)$. Zusätzlich wird ein Bit, dass die Position des Elements X repräsentiert, gekippt. Hieraus resultiert dann der Vektor $AV_3 = (0,0,1)$. Die Vektoren werden verschlüsselt an die drei Server gesendet. Die Server bilden die XOR-Summe der angeforderten Elemente und senden diese verschlüsselt an den Benutzer zurück. Dieser bildet von den empfangenen Daten wiederum die XOR-Summe und ermittelt hieraus das gewünschte Element X.

Ein Blinded-Read-Server verwaltet n durchnummerierte Datenzellen. Um Datenzelle t des Blinded-Read-Servers zu lesen, wird der binäre Einheitsvektor $e_t \in \mathbf{Z}_2^n$ an ihn gesendet.

Das Verfahren des Blinded-Read mit k Servern, die je n Datenzellen verwalten, wird im Folgenden beschrieben. Dabei sind alle Operationen im Körper $\mathbf{Z}_2$.

1. Der Benutzer möchte die Datenzelle t lesen. Er erzeugt hierzu $(k-1)$ binäre Zufallsvektoren v_1, ..., v_{k-1} der Länge n. Dabei wird jede Position entsprechend einer Gleichverteilung mit 0 oder 1 belegt.

2. Anschließend wird der Vektor v_k als Summe der Vektoren v_1, ..., v_{k-1} gebildet:
$$v_k := v_1 + \ldots + v_{k-1}.$$

3. Im nächsten Schritt wird zufällig ein Vektor v_i ausgewählt und der binäre Einheitsvektor e_t addiert: $v_i := v_i + e_t$.

4. Der Benutzer sendet die k Vektoren an die k Server.

5. Jeder Server bildet die XOR-Summe der bei ihm abgefragten Datenzellen und sendet sie an den Client zurück.

6. Der Client addierte alle Antworten und gewinnt hieraus die gewünschte Datenzelle t.

Die Korrektheit und Sicherheit des Verfahrens wurde in [CoBi_95] gezeigt.

3 Probleme bei Übertragungen im World Wide Web

Die Sicherheit des Blinded-Read in [CoBi_95] wurde nur für flache Datenstrukturen, nicht aber für hierarchische Datenstrukturen gezeigt. Doch stellen gerade die Seiten und Hyperlinks im World Wide Web eine hierarchische Datenstruktur dar, die durch verschiedene gerichtete Graphen modelliert werden kann. Im nächsten Abschnitt stellen wir ein Szenario vor, in der die Anwendung des Protokolls keinen Schutz bietet.

3.1 Szenario

Selbst wenn ein Beobachter nicht die konkret abgefragte Seite herausfinden kann, so beobachtet er dennoch die Anzahl der Zugriffe. Da der Beobachter ebenso weiß, wie viele Zugriffe notwendig sind, um einen bestimmten Knoten im Graphen von einer Menge ausgezeichneter Startknoten aus zu erreichen, kann er hierüber ermitteln, welche Seiten angefragt wurden.

Das Anwendungsszenario, das wir betrachten wollen, soll für eine einzelne Benutzersitzung folgende Eigenschaften besitzen:

1) Eine WWW-Seite wird maximal nur einmal angefordert.
2) Ein Benutzer kann sich bei der Wahl der Startseite irren.
3) Hat der Benutzer sich für einen Strang im Webgraphen entschieden, so hat er sich auf diesen festgelegt und folgt ihm bis zum Ende.

Die oben genannte Regel sind nicht allgemein gültig für Web Anwendungen. Jedoch sind sie für einige Anwendungen sinnvoll. Für den Nachweis der Unsicherheit muss nicht gezeigt werden, dass das Verfahren allgemein unsicher ist, sondern dass es nur einen einzigen Fall gibt, bei dem das Verfahren scheitert. Folgende Argumente kann man für einen solchen Spezialfall (oder mehrere Spezialfälle) angeben:

- Es ist sinnvoll, dass der Benutzer einen lokalen Speicher (Cache) hat, so dass er nicht mehrmals eine Seite in kurzer Zeit anfordern muss (Regel 1).
- Ein Teilnehmer kann aus versehen eine Seite anfordern, die ihn nicht interessiert. (Eigenschaft 2 kann aber auch allgemein begründet werden: Da die Menge der WWW-Seiten sich ständig verändert, es werden immer mehr interessante neue Seiten dem System zugefügt, kann ein Nutzer „rumsurfen", bis er etwas gefunden hat, dass ihn wirklich interessiert.)
- Die ersten beiden Argumente gelten recht allgemein. Die einzige richtige Einschränkung ist die dritte Regel. Dennoch ist sie sinnvoll und trifft in vielen Fällen zu:
    i) Divergenz wegen Sachverhalt: Es existieren divergente Interessensgebiete wie Kauf von Havanna-Zigarren und Mitgliedschaft an einer Antiraucherorganisation.
    ii) Divergenz wegen Teilnehmerverhalten: Ein Teilnehmer, der immer drei Seiten zu einer bestimmten Zeit anfordert (hier kann man zurecht von einem konkreten Verhaltensmuster des Teilnehmers ausgehen), wird sich kaum nach der ersten Seite irren (es sei denn er macht es absichtlich).
    iii) Kombination von i) und ii).

Für unser Anwendungsszenario ist es notwendig, den Begriff der Benutzersitzung einzuführen und statt von den konkreten Seiten abstrakt von Bäumen zu sprechen. Danach ist eine Benutzersitzung ein Pfad von einem Starknoten des Graphen zu einem beliebigen Knoten.

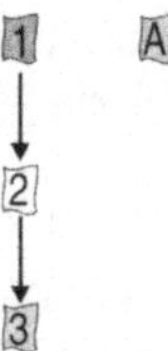

Abbildung 2: *Einfache Webstruktur[3].*

Wenn die Bedingungen 1)-3) gelten, dann ist das Blinded-Read Verfahren unsicher. Als Nachweis siehe Abbildung 2 und die folgende Erläuterung:

Ein Benutzer fragt drei Seiten an. Nach der ersten Anfrage weiß der Beobachter, dass Seite „1" oder Seite „A" angefordert wurde, d.h. ein Element der Menge $\{1, A\}$. Da der Beobachter das angeforderte Element nicht herausfinden kann, weiß er nur, dass der Benutzer eine der zwei Startseiten angefordert hat. Nach der zweiten Anforderung muss der Beobachter ein

---

3   Die Hierarchie-Ebenen sind im obigen Beispiel leicht zu sehen. Bei beliebigen Graphen müssen die Ebenen erst ermittelt werden. Es wird angenommen, dass der Teilnehmer von einem Startknoten beginnt (Hierarchie-Ebene 1) und dann mit einem weiteren Schritt zu weiteren Seiten kommt (Hierarchie-Ebene 2) etc. Da i.A. der Graph nicht zyklenfrei ist, können dieselben Seiten in mehreren Hierarchien auftreten.

Element der Menge $\{1, 2, A\}$ in Betracht ziehen, da der Benutzer folgende Möglichkeiten hatte:

- Er hat in der ersten Anfrage mit „A" angefangen und fordert jetzt „1" an. Er hat sich also beim Zugriff auf die Seite „A" geirrt.
- Er hat in der ersten Anfrage mit „1" angefangen und fordert jetzt „A" an. Auf Seite „1" wurde also aus Versehen zugegriffen.
- Er hat in der ersten Anfrage mit „1" angefangen und fordert jetzt „2" an. Der Benutzer hat sich also für einen Strang entschieden.

Nach der dritten Anfrage sind die möglichen Pfad, die der Benutzer gehen konnte, die folgenden:

- Seite „A", Seite „1", Seite „2"
- Seite „1", Seite „2", Seite „3"

Der Pfad Seite „1", Seite „A", Seite „2" scheidet aus, da der Benutzer nach der Wahl einer alternativen Startseite (Annahme 2) nicht erneut auf eine Startseite zugreift, die er schon besucht hat (Annahme 1). Er kann somit dem Strang, der von einer schon besuchten Startseite ausgeht, nicht folgen. Der Pfad Seite „1", Seite „2", Seite „A" scheidet aus, da ein Benutzer, der sich für einen Strang entschieden hat, keine alternative Startseite wählt (Annahme 3).

Der Beobachter kann somit schließen, dass der Benutzer in der dritten Anfrage auf eine Seite aus der Menge $\{2,3\}$ zugegriffen hat. Hierdurch kann der Beobachter das Interesse des Benutzers ermitteln.

Das Beispiel zeigt, dass bei strukturierten Daten Blinded-Read nicht immer eingesetzt werden kann. Im folgenden Abschnitt wird ein mathematisches Modell eingeführt, mit dem konkret der Informationsgewinn eines Beobachters bei hierarchischen Datenstrukturen angegeben werden kann. Eine hierarchische Datenstruktur ist dabei ein gerichteter Graph mit einer ausgezeichneten Menge von Startknoten.

3.2 Modell für Webzugriffe

Bevor ein mathematische Modell zur Bewertung des Informationsgewinns bei Webzugriffen angegeben wird, werden einige Voraussetzungen für dieses Modell gemacht.

Eine hierarchische Datenstruktur ist ein Graph mit der Menge $V := \{S_1, ..., S_n\}$ von Datenelementen, der Menge E von Übergängen zwischen diesen Datenelementen und der Menge der Startelemente $L_0 \subseteq V$. Die einzelnen Kanten sind dabei mit Übergangswahrscheinlichkeiten gewichtet. Sind keine Übergangswahrscheinlichkeiten zwischen den Datenelementen vorgegeben, wird eine Gleichverteilung über den von einem Knoten ausgehenden Kanten angenommen.

Ein Beispiel für einen Graphen mit Übergangswahrscheinlichkeiten ist der Graph einer Webstruktur. Auf einer Webseite werden die Links normalerweise nicht mit der gleichen Wahrscheinlichkeit angewählt. Daher kann durch eine Messung[4] der beobachtbaren Zugriffe festgestellt werden, wie häufig die einzelnen Links auf einer Seite angewählt werden. Hierdurch ergibt sich eine a-priori-Wahrscheinlichkeit für die Übergänge zwischen einzelnen Webseiten, bzw. allgemein eine Übergangswahrscheinlichkeit zwischen einzelnen Datenelementen.

Greift ein Benutzer auf die hierarchische Datenstruktur zu, so wird dies als *Benutzersitzung* bezeichnet. Die in der Benutzersitzung verwendeten Kanten bilden einen *Pfad* durch den zugrundeliegenden Graphen. Für alle Knoten dieses Graphen gilt, dass sie auf einem Pfad höchstens einmal vorkommen. Es handelt sich also um einen kreisfreien Pfad.

In Anlehnung an [Shan_49, Pfit_90] wird ein Zugriff *perfekt unbeobachtbar* genannt, wenn ein Beobachter nichts über die abgerufenen Datenelemente eines Benutzers in Erfahrung

---

[4] Hier wird davon ausgegangen, dass gleiche Webstrukturen im WWW vorhanden sind, die der Angreifer zur Messung nutzen kann.

bringen kann. Dabei wird von der Annahme ausgegangen, dass der Beobachter nur die Anzahl der Zugriffe sieht, nicht jedoch die angeforderten Datenelemente. Dies entspricht gerade der Verwendung des Blinded-Read bei den einzelnen Zugriffen.

Nachdem zunächst das Modell für eine einzelne Benutzersitzung angegeben wird, erfolgt daran anschließend eine Erweiterung auf mehrere Benutzersitzungen. Diese Erweiterung ist sinnvoll, da ein Benutzer durch mehrere Zugriffen die Möglichkeit schafft, zusätzliche Informationen über ihn zu gewinnen. Es kann beispielsweise ermittelt werden, ob der Benutzer immer ein ähnliches Verhalten aufweist, indem er ähnliche Pfade entlang geht.

3.2.1 Modell für die Zugriffsanzahl

Mit Hilfe der oben erwähnten Übergangswahrscheinlichkeiten zwischen den Datenelementen lässt sich eine Wahrscheinlichkeitsverteilung auf der Menge der Pfade $\mathbf{M}$ bestimmen. Die Funktion g: $\mathbf{M} \to \mathrm{Nat}$[5]: $m \mapsto g(m) = l_m$ beschreibt die Länge der Pfade. Die Zufallsvariable M bezeichnet den vom Benutzer gewählten Pfad $m \in \mathbf{M}$, die Zufallsvariable L beschreibt die Anzahl der Zugriffe dieses Benutzers. Es gilt somit $L = g(M)$. Weiterhin ist $A_l = \{ m \mid m \in \mathbf{M}, g(m) = l\}$ die Menge aller Pfade der Länge l. Ideal wäre dann

$$P(M = m \mid L = l) = P(M = m) \text{ für alle } m \in \mathbf{M}.$$

Dies gilt jedoch nur für den trivialen Fall, dass alle Pfade die gleiche Länge haben. Da der Angreifer die Anzahl der Zugriffe, also die Länge des Pfades, kennt, kann er alle Pfade mit anderer Länge ausschließen. Damit ist

$$P\left(M = m \middle| L = l\right) = \frac{P\left(M = m, g\left(M\right) = l\right)}{P\left(g\left(M\right) = l\right)} = \frac{P\left(M = m, g\left(m\right) = l\right)}{P\left(M \in A_l\right)}$$

$$= \begin{cases} \dfrac{P\left(M = m\right)}{P\left(M \in A_l\right)}, & \text{falls } g\left(m\right) = l \\ \\ 0, & \text{sonst} \end{cases}.$$

Dabei wird in der zweiten Gleichung das Ersetzungslemma verwendet (siehe z.B. [MaPf_90]), die dritte Gleichung gilt, da g eine Funktion von M ist.

Bezeichne $H\left(M\right)$ die Entropie[6] von M bzw. $H\left(M \middle| L\right)$ die bedingte Entropie von M unter L.

Dann definiert die Transinformation $I\left(M, L\right) = H\left(M\right) - H\left(M \middle| L\right)$ den mittleren Informationsgewinn des Angreifers durch die Kenntnis der Pfadlänge L. Da L total abhängig von M ist, ergibt sich folgende Vereinfachung[7]:

$$I\left(M, L\right) = H\left(M\right) - H\left(M \middle| L\right) = H\left(M\right) + H\left(L\right) - H\left(M, L\right)$$

$$= H\left(M\right) + H\left(L\right) - H\left(M, g\left(M\right)\right)$$

$$= H\left(M\right) + H\left(L\right) - H\left(M\right)$$

$$= H\left(L\right).$$

Bei geeigneter Wahl der Basis des in der Entropie vorkommenden Logarithmus gilt $0 \leq H\left(L\right) \leq 1$, wobei 0 kein Informationsgewinn und 1 maximaler Informationsgewinn bedeutet. Somit dient $H\left(L\right)$ als ein Maß für den mittleren Informationsgewinn des Beobachters

---

[5] Nat ist die Menge der natürlichen Zahlen.

[6] Definition siehe [MaPf_90].

[7] Die dritte Gleichung verwendet, dass g eine Funktion von M ist. Siehe [MaPf_90], Satz 5.1.1, Eigenschaften der Entropie.

während einer Benutzersitzung, d.h. während ein Benutzer einen bestimmten Pfad entlang läuft. Für die Verteilung L gilt schließlich

$$P(L=l) = \sum_{m \in A_l} P(M=m)$$

für $l \in$ Nat , d.h. L ist die Wahrscheinlichkeitsverteilung über die möglichen Pfadlängen in der hierarchischen Datenstruktur.

3.2.2 Modell für mehrere Sitzungen

Nachdem im vorherigen Abschnitt festgestellt wurde, dass der Informationsgewinn nur von der Pfadlänge abhängig ist, bietet es sich an, das Verhalten des Benutzers bei verschiedenen Sitzungen zu betrachten. Es stellt sich konkret die Frage, ob der Benutzer immer einen bestimmten Pfad während einer Benutzersitzung wählt, d.h. die Pfadlängen der Benutzersitzungen konstant sind, oder ob der Benutzer sehr unterschiedliche Pfade verwendet, d.h. die Pfade eine stark voneinander abweichende Länge haben.

Daher wird erweiternd von der Annahme ausgegangen, dass ein Beobachter nicht nur eine einzelne Benutzersitzung sieht, sondern vielmehr eine Folge von Sitzungen verfolgt. Diese Annahme erfolgt deswegen, da der Benutzer nicht anonymisiert ist.

Angenommen, der Benutzer wählt n Pfade, d.h. die Sequenz von Pfaden $(M_1,...,M_n)$. Der Beobachter sieht daher die Sequenz der Pfadlängen $(L_1,...,L_n) = \big(g(M_1),...,g(M_n)\big)$. Hierdurch gilt für den Informationsgewinn des Beobachters analog:

$$
\begin{aligned}
I\big((M_1,...,M_n),(L_1,...,L_n)\big) &= H(M_1,...,M_n) - H\big(M_1,...,M_n \,|\, L_1,...,L_n\big) \\
&= H(M_1,...,M_n) + H(L_1,...,L_n) - H\big((M_1,...,M_n),(L_1,...,L_n)\big) \\
&= H(M_1,...,M_n) + H(L_1,...,L_n) - H\big((M_1,...,M_n),g^*(M_1,...,M_n)\big) \\
&= H(M_1,...,M_n) + H(L_1,...,L_n) - H\big((M_1,...,M_n),(g(M_1),...,g(M_n))\big) \\
&= H(M_1,...,M_n) + H(L_1,...,L_n) - H(M_1,...,M_n) \\
&= H(L_1,...,L_n)
\end{aligned}
$$

Damit ist $H(L_1,...,L_n)$ wiederum ein Maß für den Informationsgewinn des Beobachters.

Bei der Verwendung des Modells tauchen allerdings einige praktische Probleme auf. So lässt sich die Verteilung von $(M_1,...,M_n)$ nur empirisch bei den Zugriffen bestimmen. Da dies unter Verwendung der Blinded-Read-Methode allerdings nicht möglich ist, muss vorab eine Schätzung gemacht werden, beispielsweise aus den bisher beobachteten Zugriffen ohne Verwendung der Blinded-Read-Methode.

Dennoch ist es nur notwendig, die Pfadlängen der Benutzer mitzuloggen, da der Informationsgewinn ja nur von $(L_1,...,L_n)$ abhängt. Falls der Informationsgewinn also zu groß scheint, muss die hierarchische Datenstruktur entsprechend angeglichen werden.

3.3 Folgerungen für das Blinded-Read

Die naive Applikation des Blinded-Read auf hierarchische Datenstrukturen macht durch die vorangegangenen Betrachtungen sowohl aus Sicherheitssicht als auch aus Performancegründen keinen Sinn. Dies begründet sich aus dem folgenden Sachverhalt: Bei einer Anfrage eines Datenelements in einer hierarchischen Datenstruktur wird beim klassischen Blinded-Read ein Vektor erzeugt, der im Mittel 50% des gesamten Datenbestandes anfordert.

Unter Berücksichtigung der in Abschnitt 0 getroffenen Annahmen ist ein Beobachter allerdings in der Lage, die Hierarchieebene zu bestimmen. Daher bringt die Anforderung von Datenelementen aus anderen Hierarchieebenen keine zusätzliche Sicherheit[8]. Es macht deshalb aus Sicherheits- und Performancesicht Sinn, die Anforderung von Daten anderer Hierarchieebenen zu berücksichtigen, wenn Sie auch einen Sicherheitsbeitrag leisten. Aus Performancesicht ist dies sinnvoll, da eine Hierarchieebene maximal gleich viele Elemente wie die komplette Datenstruktur hat, im Normalfall allerdings weniger.

Die Einschränkung auf bestimmte Hierarchieebenen hat also zur Folge, dass die Anonymitätsmenge verkleinert wird. Dies ist aber aus den genannten Gründen nicht von Bedeutung, da der Beobachter die Anonymitätsmenge durch Bestimmung der Zugriffsanzahl selbst verkleinern kann.

4 Erweiterungen des Blinded-Read

Der Zugriff auf verschiedene Webseiten im WWW stellt, wie im letzten Abschnitt beschrieben wurde, eine Benutzersitzung in einer hierarchischen Datenstruktur dar. Wie gezeigt wurde, ist ein Beobachter in der Lage, die Anzahl der Zugriffe, d.h. die Länge der Benutzersitzung zu ermitteln. Diese Information kann er bei gleichzeitiger Kenntnis der hierarchischen Datenstruktur nutzen, um bei einem bestimmten Zugriff alle Datenelemente auszuschließen, die nicht über diese Anzahl von Zugriffen erreicht werden können.

Zunächst wird eine Methode zur Bildung der Hierarchieebenen vorgestellt. Anschließend wird ein Verfahren beschrieben, wie effizient Datenelemente aus einer Hierarchieebene gelesen werden können. Dieses Verfahren wird als *hierarchisches Blinded-Read* (HBR) bezeichnet.

4.1 Bildung von Hierarchieebenen

Zur Bildung von Hierarchieebenen muss ein beliebiger Graph (notwendigerweise nicht zyklenfrei) in eine Baum-Struktur umgewandelt werden (siehe Abbildung 3). Liegt eine Baumstruktur vor, dann ist dennoch die Hierarchieebene des Baums nicht gleich mit der Hierarchieebene des Abfragevektors. Wenn zum Beispiel die Menge der Startelemente n Datenelemente umfasst, so kann der Benutzer $(n - 1)$ Elemente fehlerhaft anfordern. Dies hat eine Vergrößerung der Menge zur Folge, wie es schon im Beispiel in Abschnitt 0 demonstriert wurde.

In

Abbildung 3 gibt es vier Hierarchieebenen[9]. Zur Ermittlung der Hierarchieebenen wird der Webgraph zunächst in drei Mengen eingeteilt: $L_0 := \{1,2\}, L_1 := \{3,4,5,6\}, L_2 := \{7,8,9,10,11\}$.

Die erste Hierarchieebene entspricht L_0, da der Benutzer nur auf Elemente dieser Menge beim ersten Zugriff anfordern kann. Die zweite Hierarchieebene entspricht $L_0 \cup L_1$: Einerseits kann ein Benutzer irrtümlich auf ein Element aus L_0 zugegriffen haben und greift nun auf das andere Element zu, andererseits kann er auf ein korrektes Element aus L_0 zugegriffen und greift auf ein Folgeelement aus der Menge L_1 zu. Die dritte Hierarchieebene ist entsprechend $L_1 \cup L_2$, da einerseits zuletzt auf ein Element in L_1 zugegriffen wurde und jetzt auf ein Element in L_2 zugriffen wird und andererseits auf ein Element in L_0 zugegriffen wurde und jetzt auf ein Element in L_1 zugegriffen wird. Die verbleibende vierte Hierarchieebene ist L_2. Ein

---

[8]　Wenn jeder Teilnehmer pro Sitzung die maximale Anzahl von Zugriffen durchführt (entspricht max. Pfadlänge), dann bietet das Verfahren auch perfekten Schutz. Die zusätzlichen Kosten im Vergleich zu unserer Lösung kann in Abhängigkeit der Pfadlängenverteilung ermittelt werden.

[9]　Es wird hier davon ausgegangen, dass der Teilnehmer den einmal gewählten Pfad nicht wieder verlässt. Dies hat die Reduzierung der Menge einer Hierarchieebene zur Folge und verschärft die Bedingung zum perfekten Schutz (siehe nächste Seite).

Beispiel für einen drei Schritte langen Pfad ist die Sequenz (*1, 4, 10*), ein vier Schritte langer Pfad ist z.B. die Sequenz (*1, 2, 5, 9*).

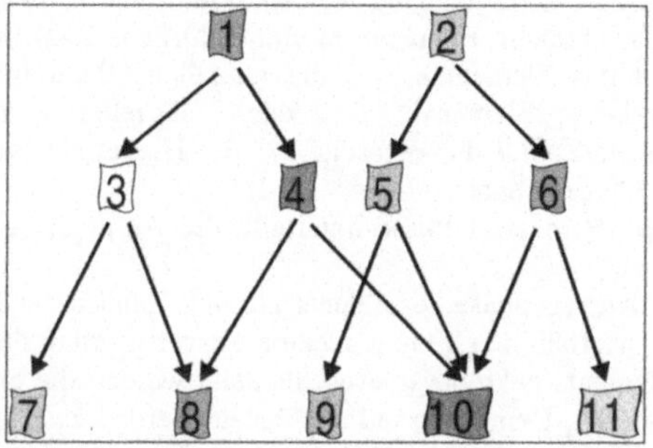

Abbildung 3: *Beispiel für einen Webgraphen.*

Liegt also allgemein eine hierarchische Datenstruktur mit den Mengen L_0, ..., L_k vor, wobei für ein Element aus der Menge L_i gilt, dass es von einem Element der Startebene über einen Pfad der Länge i erreichbar ist, und gilt $|L_0| = n$, so entstehen die Hierarchieebenen A_i für $i =$ 0, ..., $k + n - 1$ nach folgendem Verfahren:

$$A_0 := L_0$$

$$A_i := \bigcup_{j=i-(n-1)}^{i} L_j$$

Dabei gilt für $j < 0$ und $j > k$: $L_j = \varnothing$.

Die hinreichende Bedingung für den perfekten Schutz ist somit $|A_i|>1$.

Die Bildung der Hierarchieebenen ermöglicht nun den Entwurf eines Algorithmus, der auf die Ebenen zugreifen kann. Damit ein Element in einer Hierarchieebene eindeutig identifiziert werden kann, werden die Elemente anhand ihres Bezeichners lexikographisch sortiert und durchnummeriert.

Liegt beispielsweise eine Webstruktur vor, so ist die *Uniform Ressource Identifier* (URI) der Bezeichner eines Datenelements. Die verschiedenen URIs können dann lexikographisch geordnet werden.

4.2 Hierarchisches Blinded-Read

Nachdem im letzten Abschnitt ein Verfahren zur Bildung von Hierarchieebenen auf hierarchischen Datenstrukturen vorgestellt wurde, das zusätzlich die Bedingungen aus Abschnitt 0 berücksichtigt, wird in diesem Abschnitt ein Algorithmus vorgestellt, der einen Blinded-Read-Zugriff unter Berücksichtigung der Hierarchieebene realisiert. Der Algorithmus ist das *hierarchische Blinded-Read*, kurz HBR.

Der HBR-Algorithmus besteht aus zwei Teilen, dem Client-Algorithmus und dem Server-Algorithmus. Die wichtigste Veränderung gegenüber dem herkömmlichen Blinded-Read ist die Erweiterung um einen zusätzlichen Parameter, die Hierarchieebene.

Daher bekommt der Algorithmus auf der Client-Seite als Eingabeparameter die Ebene *l* und den Offset *o* des Datenelements in dieser Ebene. Als Ausgabe liefert der Algorithmus das gewünschte Datenelement. Auf der Serverseite wird der Parameter entsprechend verändert. Da beim Client-Algorithmus ein Element aus der Hierarchieebene *l* angefordert wird, muss dies dem Server mitgeteilt werden. Daher wird der Abfragevektor um die Angabe der Hierarchieebene *l* erweitert.

Sei n_i die Anzahl der Datenelemente in Hierarchieebene A_i, k die Anzahl der Blinded-Read-Server, l die abgefragte Hierarchieebene und o der Offset des gewünschten Datenelements in dieser Hierarchieebene. Zur Vereinfachung werden keine binären Vektoren verwendet, sondern die Kombination der binären Elemente in eine natürliche Zahl in folgender Form. Das höchstwertige Bit stellt das Element $n_i - 1$ der aktuellen Hierarchieebene dar, das niedrigstwertige Bit das Element 0 der aktuellen Hierarchieebene. In Abbildung 3 stellt also die Zahl 1 die Webseite „1" der Hierarchieebene 2 dar, während die Zahl 16 die Webseite „5" bezeichnet.

Der Client-Algorithmus ist in zwei Phase unterteilt, die Anfragephase und die Empfangsphase.

In Abbildung 4 ist die Anfragephase des Clients gezeigt. Zunächst wählt der Client zufällig zwei Server aus. Server y erhält den Summenvektor, Server w erhält den Vektor, bei dem das Bit des abgefragten Elements gekippt ist. Anschließend werden die einzelnen Anfragewerte und an die Server versendet. Beim Versand der Pakete werden zwei Funktionen verwendet. *CreatePacket* erzeugt ein verschlüsseltes Paket p, das neben dem Anfragewert auch die Anfrageebene enthält, *SendPacket* sorgt für die Übermittlung des Pakets p an den Server i.

In der Empfangsphase (Abbildung 5) werden drei weitere Funktionen verwendet. *ReceivePacket* empfängt ein Paket und legt es im Parameter r ab. *ExtractServer* extrahiert die Identifikationsnummer des Server, der das Paket gesendet hat, während *ExtractData* die vom Server übermittelten Daten extrahiert. Die Verwendung des Vektors br verhindert, dass ein Server sein Ergebnis mehrfach sendet und hierdurch das Verfahren aushebelt.

```
Eingabe: k - Anzahl Server, l - Hierarchieebene,
         n - Elemente in Hierarchieebene,
         o - Nummer des gewünschten Elements in Hierarchieebene

    y := random(k)
    w := random(k)
    x_y := 0
    Für i = 0 bis k-1
        Wenn i ≠ y
            x[i] := random(2^n)
            x[y] := x[y] ⊕ x[i]
    x[w] := x[w] ⊕ 2^o
    Für i = 0 bis k-1
        p := CreatePacket(l,x[i])
        SendPacket(i,p)
```

Abbildung 4: *Client-Algorithmus in der Anfragephase.*

```
Eingabe: k - Anzahl Server

    d := 0
    for i = 0 to k-1
        br[i] := 0
    while br ≠ (1, ..., 1)
        ReceivePacket(r)
        s := ExtractServer(r)
        e := ExtractData(r)
        Wenn br[s] = 0
            d := d ⊕ e
            br[s] := 1
    return d
```

Abbildung 5: *Client-Algorithmus in der Empfangsphase.*

Der Client-Algorithmus entspricht daher weitestgehend dem originalen Algorithmus aus [CoBi_95]. Die konkrete Änderung in der Sendephase des Client ist die Angabe der Hierarchieebene, die einerseits die Erstellung der Anfragevektoren beeinflusst und andererseits dem Server übermittelt werden muss. In der Empfangsphase ist die Einführung des Response-Bitvektors geschehen, mit dem verhindert wird, dass ein Server mehrfach Antworten senden kann und hierdurch das Ergebnis beeinflusst.

Erhält ein Server eine Anfrage, so lädt er die entsprechenden Seiten, bildet deren XOR-Summe und schickt es als ein Paket, welches zusätzlich seine Identifizierungsnummer enthält, an den anfragenden Client zurück.

Der Algorithmus für den Server (Abbildung 6) verwendet einige Funktionen. *ReceivePacket* wartet auf ein neues Paket und legt es in p ab, *ExtractLayer* extrahiert die Hierarchieebene l aus dem Paket p, *ExtractRequest* extrahiert den Anfragewert x aus dem Packet p und *GetLayerSize* ermittelt die Anzahl der Datenelemente n in der Hierarchieebene l. Anschließend wird überprüft, welche Bits im Anfragewert gesetzt sind, d.h. welche Elemente abgefragt werden. Nach der Bildung ihrer XOR-Summe wird mit *CreatePacket* ein Antwortpaket erstellt und mit *SendResponse* an den Client zurück gesendet.

Der Algorithmus des Servers unterscheidet sich vom ursprünglichen Algorithmus in [CoBi_95] in der Hinsicht, dass die Datenelemente anders angesprochen werden. Daher erhält der Server bei einer Anfrage die Hierarchieebene. Weiterhin sendet der Server bei seiner Antwort seine eindeutige Identifizierungsnummer, damit der Client einerseits eine Zuordnung der Antworten zu den Anfragevektoren machen kann und andererseits überprüfen kann, welcher Server schon eine Antwort gesendet hat.

```
Eingabe: s - Identifikationsnummer des Servers

    p := ReceivePacket
    l := ExtractLayer(p)
    x := ExtractRequest(p)
    n := GetLayerSize(l)
    e := 0
    Für i = 0 to n-1
        Wenn (x AND 2ⁱ) ≠ 0
            e := e ⊕ d[l,i]
    r := CreatePacket(s,e)
    SendResponse(r)
```

Abbildung 6: *Algorithmus des Servers.*

Anweisung	y	w	Vektor x	i
y := random(3)	2	?	(?,?,?)	?
w := random(3)	2	1	(?,?,?)	?
x_y := 0	2	1	(?,?,0)	?
Für i = 0 bis 2.	2	1	(25,?,25)	0
Wenn i = y, dann	2	1	(25,53,44)	1
x_i := random (32)	2	1	(25,53,44)	2
x_y := x_y ⊕ x_y				
x_w:=x_w ⊕ 16	2	1	(25,37,44)	?

Abbildung 7: *Anfragephase des Clients.*

Abbildung 7 zeigt einen beispielhaften Durchlauf durch die Anfragephase des Clients. Dabei wird die Webseite „*5*" des Webgraphen aus Abbildung 3 abgefragt, d.h. die Eingabe des Algorithmus ist $l = 2$, $o = 4$. Es existieren $k = 3$ Server und die Anzahl der Seiten in Hierarchieebene 2 ist $n_2 = 6$. Bei der Schleife werden die Ergebnisse nach einem Schleifendurchlauf angegeben. Weiterhin werden zur Vereinfachung die Anfragen x_1, x_2 und x_3 durch einen Vektor der Länge *3* dargestellt.

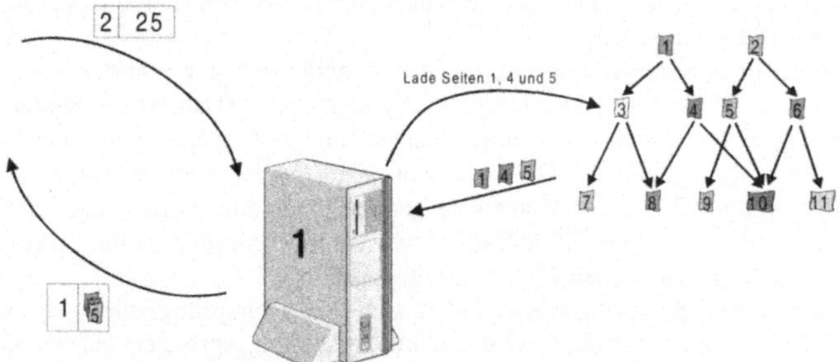

Abbildung 8: *Behandlung eines Zugriffs beim Server.*

Abbildung 8 zeigt die Bearbeitung der Anfrage beim 1. Server. Der Server erhält einen Anfragevektor mit dem Inhalt $l = 2$ und $x = 25$. x hat die binäre Darstellung 11001, d.h. es werden die Webseiten „*1*", „*4*" und „*5*" abgefragt. Der Server lädt sie und bildet ihre XOR-Summe. Anschließend versieht er das Ergebnis zusätzlich mit seiner Identifikationsnummer *l* und sendet das resultierende Paket an den Benutzer zurück.

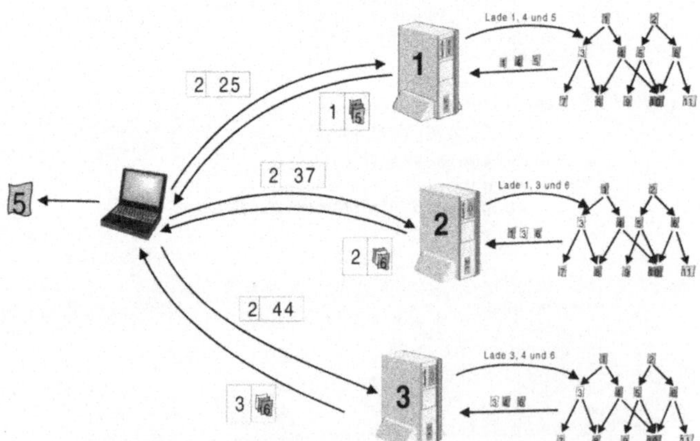

Abbildung 9: *Ladevorgang einer Seite aus Hierarchieebene 2.*

In Abbildung 9 ist der gesamte Ladevorgang der Seite „*5*" gezeigt. Der Client erstellt die Anfragen wie oben beschrieben und sendet die Abfragepakete an die 3 Server. Die Server greifen auf den Datenbestand zu, um die bei ihnen angeforderten Seiten zu laden. Anschließend bilden sie die XOR-Summe der Seiten und senden diese zurück. Der Client bildet die XOR-Summe aller erhaltenen Pakete und bekommt als Ergebnis die gewünschte Seite „*5*".

4.3 Bemerkungen

Der HBR-Algorithmus verlangt auf der Seite des Client die Angabe der Hierarchieebene. Dieser Parameter kann allerdings auch durch den HBR-Algorithmus selbst bestimmt werden. Es könnte sogar ganz auf diesen Parameter verzichtet werden, wenn bedacht wird, dass der Server den Client identifizieren kann. Hierdurch ist der Server in der Lage, die Anzahl der Zugriffe des Clients zu bestimmen und die Hierarchieebene selbständig herauszufinden.

Dies zieht allerdings einen zusätzlichen Verwaltungsaufwand nach sich, da der Server für jeden Client in einem vorgegebenen Zeitrahmen die Anzahl der Zugriffe speichern muss. Hierzu muss einerseits der Zeitrahmen so definiert werden, dass genau eine Benutzersitzung in ihm stattfindet. Weiterhin muss mit potentiell sehr vielen Clients gerechnet werden, die alle verwaltet werden müssen. Auch die Verlagerung in den HBR-Algorithmus auf der Client-Seite wurde betrachtet. Das Problem an dieser Stelle ist wieder der zeitliche Rahmen, in dem eine Benutzersitzung stattfinden kann. Daher geschieht die Bestimmung der Hierarchieebene durch den Benutzer selbst.

5 Blinded-Read-Netzwerke

Das Lesen eines Datenelements erfolgt beim Blinded-Read durch die Verwendung einer Anzahl verschiedener Server. Die Gesamtheit dieser Server bildet das sogenannte *Blinded-Read-Netzwerk*. Ein Client muss alle Server des Blinded-Read-Netzwerks ansprechen, um ein gewünschtes Datenelement zu erhalten. Allerdings wurde bisher nur das Verhalten der Clients betrachtet, nicht jedoch die Architektur der Server. Daher erfolgt an dieser Stelle die Vorstellung einer Architektur, die für das Blinded-Read verwendet werden kann.

5.1 Geschlossene Architektur

Die *geschlossene Architektur* entspricht weitestgehend dem ursprünglichen, statischen Ansatz des herkömmlichen Blinded-Read. Jeder Server enthält alle Datenelemente, die über das Blinded-Read-Netzwerk abgefragt werden können.

Ein Einsatzbereich der geschlossenen Architektur findet sich im WWW. Der Einsatzbereich umfasst Datenbestände, die sich langsam ändern, wie z.B. bei einem Zeitungsartikelarchiv oder auch bei Produktkatalogen von HiFi-Komponenten. Es können nur sich langsam ändernde Datenbestände verwaltet werden, da eine Änderung des Datenbestandes, also die Änderung eines Elements oder auch das Hinzufügen bzw. Löschen eines Elements, auf alle Server propagiert werden muss. Daher werden Synchronisationszeitpunkte festgelegt, an denen die Datenbestände der Server von der aktuellen auf eine neue Version geändert werden.

Der Aufbau eines Blinded-Read-Servers der geschlossenen Architektur ist in Abbildung 10 gezeigt. Der Blinded-Read-Server stellt einem Blinded-Read-Client eine Schnittstelle zur Verfügung, die einen Blinded-Read-Zugriff ermöglicht. Innerhalb des Vertrauensbereichs des Servers steht eine Datenbank zur Verfügung, welche die Daten zur Verfügung stellt, auf die der Client zugreifen kann. Das bedeutet konkret, dass die Datenbank auf dem physikalisch gleichen Rechner gespeichert ist bzw. über ein lokales Netzwerk sehr effizient angesprochen werden kann.

Damit ein Client auf die Daten zugreifen kann, benötigt er eine Tabelle mit den Adressen der verfügbaren Daten. Diese Tabelle wird vom Server erzeugt und dem Client auf Anfrage mitgeteilt. Weiterhin enthält die Tabelle den nächsten Synchronisationszeitpunkt, damit der Client weiß, wann die Tabelle ihre Gültigkeit verliert und er eine neue anfordern muss.

Der Vorteil dieser Architektur ist, dass die Daten direkt vorliegen und sehr schnell verarbeitet werden können. Ein weiterer Pluspunkt ist, dass die Architektur die gleichen Sicherheitseigenschaften wie das herkömmliche Blinded-Read hat, wodurch keine weitergehenden Schutzmaßnahmen notwendig sind.

Ein Nachteil ist allerdings der in der Praxis beschränkte Speicherplatz, durch den die Anzahl der verwaltbaren Datenelemente eingeschränkt wird. Ein weiterer Nachteil ist die schwierige Administration, denn durch die Einführung von festen Synchronisationszeitpunkten, wie oben beschrieben, kann ein Anbieter, der die geschlossene Architektur nutzt, seine Seiten nur zu diesen Zeitpunkten ändern.

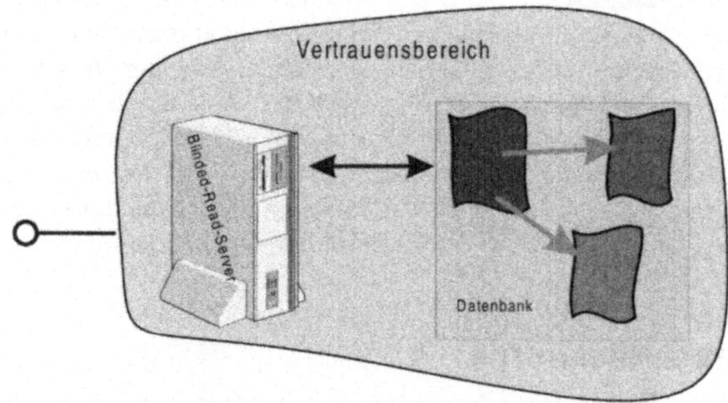

Abbildung 10: *Geschlossene Architektur.*

Bei der Wahl der Synchronisationszeitpunkte müssen daher zwei Sachen beachtet werden. Erstens müssen die Synchronisationszeitpunkte so weit auseinander gewählt werden, dass möglichst viele Änderungen gleichzeitig gültig werden. Zweitens müssen die Synchronisationszeitpunkte so dicht beieinander liegen, dass die Gültigkeit einer Änderung schnell in Kraft tritt. Daher gibt es keine allgemeingültige Formel, mit der die Synchronisationszeitpunkte berechnet werden können, denn die Wahl der Zeitpunkte hängt von der Dynamik ab, in der sich die Datenbestände ändern. Eine absolut statischer Datenbestand, der sich nicht ändern wird, benötigt entsprechend keinen Synchronisationszeitpunkt.

6 Schlussfolgerungen, neue Herausforderungen und Ausblick

In dieser Arbeit wurde gezeigt, dass der Einsatz des *Blinded-Read*-Verfahrens für ein unbeobachtbares Surfen im Internet durchaus möglich ist. Der *Blinded-Read*-Ansatz erlaubt einem Teilnehmer (Client) den perfekten Schutz vor Beobachtungen im WWW, wenn beim Design der Webstruktur die Analyse aus Abschnitt 0 berücksichtigt und der *Blinded-Read*-Algorithmus gemäß Abschnitt 0 erweitert wird.

Das Blinded-Read-Verfahren stellt somit eine echte Alternative[10] zu den in der Literatur existierenden Mix-Ansätzen dar. Bei einem Vergleich beider Techniken für den Einsatz im WWW können folgende Unterschiede festgestellt werden (siehe Tabelle 1).

Verfahren	Schutz	Client	Server	Vertrauensmodell
Mix	höchstens komplexitäts-theoretisch	Organisation von n Clients notwendig	Keine Modifikation notwendig	N Mix-Stationen und n Clients
Blinded-Read	perfekt	Spontane Kommunikation	Neugestaltung notwendig	N Server

Tabelle 1: *Unterschiede zwischen Mix-Verfahren und* Blinded-Read-*Verfahren.*

---

[10] Der Vergleich bezieht sich nur auf das Lesen von Web-Seiten. Wenn ein Empfänger antworten will, dann benötigt man hier auch n Clients. Für eine effiziente Gesamtlösung bietet sich eine Kombination der beiden Verfahren an.

Wie schon in der Einleitung erwähnt, bietet der Mix-Ansatz höchstens einen komplexitäts-theoretischen Schutz und die meisten Implementierungen sind noch weit weg von dieser Schutzklasse (sie sind weitaus schwächer). Ein weiterer Nachteil ist das Vertrauensmodell von den Mixen, wodurch sie eine größere Angriffsfläche für den Angreifer bieten. Der Mix-Ansatz setzt nämlich voraus, dass es möglich ist, n Clients zu organisieren. Dies muss in der Anwendung beim Client berücksichtigt werden.

Ein großer Vorteil der Mix-Verfahren ist, dass sie als ein universelles Werkzeug zwischen dem Client und Server dienen. So können alle Server des WWW über einen Mix erreicht werden. Da beim Blinded-Read-Verfahren eine Modifikation der Server stattfindet, kann es nicht ohne weiteres für den freien Zugriff im WWW eingesetzt werden. Dies schränkt das Anwendungsspektrum entscheidend ein.

6.1 Neue Herausforderungen und Ausblick

Die neuen Herausforderungen des Blinded-Read-Ansatzes befinden sich, wie aus Tabelle 1 ersichtlich ist, auf der Serverseite. Die Hauptfragen für den Server sind:

- Wie kann das Anwendungsspektrum vergrößert werden?
- Wie kann das System offener gestaltet werden?
- Wie ist es mit Multimediadaten?
- Kann die Performance verbessert werden?
- Inwieweit kann dabei der perfekte Schutz aufrecht gehalten werden?

Die zukünftigen Arbeiten werden sich mit der Beantwortung dieser Fragen beschäftigen. Eine Pilotimplementierung soll diverse Eigenschaften dieses Ansatzes zeigen.

Literatur

[Amba_97]   A. Ambainis: *Upper Bound on the Communication Complexity of Private Information Retrieval*, ICALP, LNCS 1256, Springer-Verlag, Berlin 1997.

[BeIM_00]   A. Beimel, Y. Isahi, T. Malkin: *Reducing the Servers Computation in Private Information Retrieval PIR with Preprocessing*, CRYPTO 2000, LNCS 1880, Springer-Verlag, 2000.

[BIMK_99]   A. Beimel, Y. Isahi, T. Malkin, and E. Kushilevitz: *One-way functions are essential for single-server private information retrieval*, In Proc. of the 31st Annu. ACM Symp. on the Theory of Computing (STOC), 1999.

[BCKP_01]   O. Berthold, S. Clauß, S. Köpsell, A. Pfitzmann: *Efficiency Improvements of the Private Message Service*, 4th International Information Hiding Workshop, Pittsburgh, PA, USA, 25-27 April 2001.

[BeFK_00]   O. Berthold, H. Federrath, S. Köpsell: *Web MIXes: A System for Anonymous and Unobservable Internet Access*, IWDIAU, LNCS 2009, Springer-Verlag, 2001.

[CaMS_99]   C. Cachin, S. Micali, M. Stadler: *Computationally private information retrieval with polylogarithmic communication*, In EUROCRYPT '99, LNCS 1592, Springer, 1999.

[Chau_81]   D. Chaum: *Untraceable Electronic Mail, Return Addresses, and Digital Pseudonyms*, Communications of the ACM 24/2 (1981).

[Chau_88]   D. Chaum: *The Dining Cryptographers Problem: Unconditional Sender and Recipient Untraceability*, Journal of Cryptology 1/1 (1988).

[CGKS_95] B. Chor, O. Goldreich, E. Kushilevitz, M. Sudan: *Private Information Retrieval*, Proc. of the 36th Annual IEEE symposium Foundations of Computer Science, 1995.

[ChGi_97] B. Chor, N. Gilboa: *Computationally Private Information Retrieval*, 29th Symposium on Theory of Computing (STOC) 1997, ACM, New York 1997.

[CoBi_95] D. Cooper, K. Birman: *The design and implementation of a private message service for mobile computers*, Wireless Networks 1, 1995.

[Cott_01] L. Cottrell: *MIXmaster and Remailer Attacks*, http://www.obscura.com /~loki/remailer/remailer-essay.html, 2001.

[CrIO_01] G. Di Crescenzo, Y. Ishai, R. Ostrovsky: *Universal Service-Providers for Private Information Retrieval*, Journal of Cryptology 14, 2001.

[DeRi_99] T. Demuth, A. Rieke: *JANUS: Server-Anonymität im World Wide Web*, Sicherheitsinfrastrukturen, Vieweg Verlag, 1999 (DuD-Fachbeiträge).

[FaLa_75] D. J. Farber, K. C. Larson: *Network Security Via Dynamic Process Renaming*, 4th Data Communications Symposium, 7-9 Oktober 1975, Quebec City, Canada.

[GüTs_96] C. Gülcü, G. Tsudik: *Mixing Email with Babel*, Proc. Symposium on Network and Distributed System Security, San Diego, IEEE Comput. Soc. Press, 1996.

[Karg_77] P. A. Karger: *Non-Discretionary Access Control for Decentralized Computing Systems*, Master Thesis, MIT, Laboratory for Computer Science, Mai 1977, Report MIT/LCS/TR-179.

[Kesd_99] D. Kesdogan: *Privacy im Internet*, Vieweg Verlag, ISBN: 3-528-05731-9, 1999.

[KuOs_97] E. Kushilevitz and R. Ostrovsky: *Replication is not needed: Single database, computationally-private information retrieval*, In IEEE FOCS '97, 1997.

[MaPf_90] R. Mathar, D. Pfeifer: *Stochastik für Informatiker*, Teubner, Stuttgart, 1990.

[OsSh_97] R. Ostrovsky, V. Shoup: *Private Information Storage*, STOC 1997, ACM, New York 1997.

[Pfit_90] A. Pfitzmann: *Diensteintegrierende Kommunikationsnetze mit teilnehmerüberprüfbarem Datenschutz*, IFB 234, Springer-Verlag, 1990.

[PfPW89] A. Pfitzmann, B. Pfitzmann, M. Waidner: *Telefon-MIXe: Schutz der Vermittlungsdaten für zwei 64-kbit/s-Duplexkanäle über den (2·64 +16)-kbit/s-Teilnehmeranschluß*, DuD 13/12, Vieweg-Verlag, 1989.

[PfWa_87] A. Pfitzmann, M. Waidner: *Networks without user observability*, Computers & Security 6/2, 1987.

[ReSG_97] M.G. Reed, P.F. Syverson, D.M. Goldschlag: *Anonymous Connections and Onion Routing*, Proc. of the 1997 IEEE Symposium on Security and Privacy, Mai 1997.

[Raym_01] J. F. Raymond: *Traffic Analysis: Protocols, Attacks, Design Issues, and Open Problems*, IWDIAU, LNCS 2009, Springer-Verlag, 2001.

[ReRu_98] M. K. Reiter, A. D. Rubin: *Crowds: Anonymity for Web Transactions*, ACM Transactions on Information and System Security, Volume 1, 1998.

[RaSi_93] C. Rackoff, D. R. Simon: *Cryptographic defense against traffic analysis*, In 25th Annual ACM Symposium on the Theory of Computing, Mai 1993.

[Shan_49]　C. E. Shannon: *Communication Theory of Secrecy Systems*; The Bell System Technical Journal, Vol. 28, No. 4, Oktober 1949.

[SmSa_01]　S. W. Smith, D. Safford: *Practical Server Privacy with Secure Coprocessors*, IBM Systems Journal. http://www.cs.dartmouth.edu/~sws/papers/

[Waid_90]　M. Waidner: *Unconditional Sender and Recipient Untraceability in spite of Active Attacks*, Eurocrypt '89, LNCS 434, Springer-Verlag, Berlin 1990.

[Zero_01]　Zero-Knowledge-Systems, Inc.: *The Freedom Network Architecture*, http://www.freedom.net/(2001).

„Wie war noch gleich Ihr Name?"
– Schritte zu einem umfassenden
Identitätsmanagement –

Marit Köhntopp

Unabhängiges Landeszentrum für Datenschutz Schleswig-Holstein, Kiel
marit@koehntopp.de

Zusammenfassung

Identitätsmanagement ermöglicht es Nutzern, ihr Recht auf informationelle Selbstbestimmung in der Online-Welt technisch zu verwirklichen. Nach einer Einführung in das Thema und der Erläuterung grundlegender Begriffe werden Kriterien für Identitätsmanagementsysteme entwickelt. Die vor allem im Internet heute verfügbaren Ansätze werden daraufhin analysiert, inwieweit sie tatsächlich die Anforderungen eines effektiven Selbstdatenschutzes erfüllen. Dieser Beitrag klassifiziert die notwendigen Techniken anhand der einzubeziehenden Parteien und skizziert die Schritte, die auf dem Weg zu einem datenschutzgerechten oder sogar datenschutzfördernden, umfassenden Identitätsmanagement zu gehen sind.

1 Einleitung

„Wie war noch gleich Ihr Name?" – Diese Frage begegnet einem im E-Commerce überall, sei es bei der Konfiguration der Internet-Software, sei es in Webformularen bei Bestellungen oder bei Download-Angeboten. Werden Nutzer nicht *explizit* nach ihrem Namen gefragt, können Beobachter den Personenbezug über Datenspuren wie IP-Adressen, Cookies oder andere Tracking-Mechanismen herstellen. Dabei ist es im jeweiligen Anwendungskontext fast nie wirklich notwendig, den *echten* Namen zu nennen – ohne ginge es auch, sogar manchmal viel besser und sicherer. Gleichzeitig merken die Nutzer, dass im Internet nicht immer alles so ist, wie es scheint: Technisch ist es meist kein Problem, Identitätsdaten anderer Nutzer zu „kapern" und damit unter falschem Namen zu agieren.

Abhilfe gegen *Datenspuren* versprechen Anonymitätsdienste – Abhilfe gegen einen *„Identity Theft"* eine digitale Signatur für jede Person. Der scheinbare Widerspruch zwischen diesen beiden Maßnahmen für Anonymität bzw. Zurechenbarkeit löst sich auf in der Kombination von beidem, zusammen mit der Möglichkeit für den Nutzer, differenziert über sein Erscheinungsbild zu bestimmen, soweit dies im Anwendungskontext passt: Identitätsmanagement als mächtiges Datenschutz-Tool der Bürgerinnen und Bürger in der Informationsgesellschaft.

2 Grundlagen von Identitätsmanagement

Die wichtigsten Begriffe in Zusammenhang mit Identitätsmanagement, wie sie in diesem Text verwendet werden, werden im Folgenden kurz erklärt.

2.1 Identität, Teilidentität, Identitätsmanagement

Die *Identität* einer Person[1] umfasst alle Informationen, die mit ihr in Zusammenhang stehen. Sobald eine Person in irgendeiner Form in Erscheinung tritt, ist dies mit Identitäts-

---

[1] Grundsätzlich können sich die Begriffe Identität und Identitätsmanagement sowohl auf natürliche als auch juristische Personen beziehen. Dieser Beitrag beschränkt sich auf die für den Datenschutz der *natürlichen* Personen relevanten Aspekte.

informationen verbunden: Untermengen der Identitätsinformationen, so genannte *Teil-identitäten*, repräsentieren die Person im jeweiligen Kontext. Auch diejenigen Informationen, die mit dem Auftreten der Person zusammenhängen, gehören fortan zu ihrer Identität. Die Datensätze, die Teilidentitäten repräsentieren, werden auch *Profile* genannt. Einige der Teil-identitäten sind typisch für die jeweiligen Rollen, die eine Person in ihrem Leben spielt. *Iden-titätsmanagement* (genauer: Identitätenmanagement als das Management der möglichen ver-schiedenen Teilidentitäten) bedeutet, dass eine Person grundsätzlich wählen kann, was sie je-weils ihren Kommunikationspartnern über sich offenbart und in welcher Rolle sie auftritt [Köhn00; KöPf01]. Damit kann Identitätsmanagement in Nutzerhand das Recht auf informa-tionelle Selbstbestimmung umsetzen: Jeder soll wissen können, wer was über ihn weiß.[2]

2.2 Anonymität und Pseudonymität

Bei personenbezogenen Daten spielen stets drei verschiedene Aspekte eine Rolle:
1. die Daten an sich und ihr Informationsgehalt, der sich unmittelbar aus den Inhalten ergibt,
2. der Kontext ihrer Verwendung bzw. der Informationsgehalt, der sich daraus ergibt,
3. der Personenbezug selber, d.h. die Information über die Zuordnung zu einer bestimmten oder bestimmbaren Person.

Diese Eigenschaften sind nicht zwangsläufig unabhängig voneinander, z.B. lässt sich häufig der Personenbezug durch die Daten selber oder den Verwendungskontext erschließen. Außer-dem sind der Informationsgehalt von Daten und Kontext sowie der Personenbezug relativ zum jeweiligen Betrachter und können sich über die Zeit ändern.[3]

Anonym für eine Partei sind die entsprechenden Daten bzw. die Personen, um deren Daten es sich handelt, soweit diese Partei den Personenbezug nicht herstellen kann. *Pseudonyme* sind Bezeichner von Teilidentitäten. Insbesondere besteht bei der mehrfachen Verwendung von Pseudonymen die Möglichkeit, die damit in Zusammenhang stehenden Daten zu verketten. Pseudonymität deckt die gesamte Spannbreite zwischen Anonymität[4] und beweisbarer ein-deutiger Identifizierbarkeit, wie etwa beim Personenbezug über die Angabe von unmittelbar mit der Identität verknüpften Daten[5], ab.

Digitale Pseudonyme sind eindeutige Zeichenfolgen, die geeignet sind, den Pseudonym-inhaber und seine Daten zu authentisieren, z.B. öffentliche Schlüssel von Signaturverfahren. Kryptographische Methoden wie *blinde digitale Signaturen*, beispielsweise für übertragbare digitale Gutscheine, oder *Credentials*[6] sind Möglichkeiten, um eine Zuordnung zur Person nicht offenbar werden zu lassen. Für Pseudonyme kann man vielfältige Eigenschaften tech-nisch und organisatorisch realisieren [PfKö00].

---

[2] Volkszählungsurteil des Bundesverfassungsgerichts, BVerfGE 65, S. 1 ff., 1983.

[3] Da ein strukturiertes „Vergessen" zurzeit weder in den Köpfen der Menschen noch in Computersystemen verlässlich implementiert ist, wird hier angenommen, dass im Allgemeinen der Informationsgehalt steigt. Die Aussagekraft der Daten kann allerdings durch Missinformation gemindert werden [KöPf01].

[4] Realisierbar durch ständig wechselnde Transaktionspseudonyme.

[5] Beispielsweise individuelle biometrische Daten wie die DNA oder auch amtliche Dokumente wie Personal-ausweisinformationen. Insoweit ist aus technischer Sicht der (echte) Name einer Person im Gegensatz zum gewohnten Sprachgebrauch – die wörtliche Übersetzung des griechischen „pseudónymos" lautet *„fälschlich so genannt"* – ebenfalls ein Pseudonym.

[6] Credentials sind umrechenbare Beglaubigungen, durch die sich Autorisierungen, die ein Nutzer unter einen Pseudonym erworben hat, auf andere seiner Pseudonyme übertragen lassen, ohne dass sie auf die anderer Nutzer übertragen werden können [Chau84; PfWP90; CaLy00]. Mit Hilfe von Credentials unter verschie-denen Pseudonymen kann einer Verkettbarkeit entgegengewirkt werden.

2.3 Treuhänder

Bei der Abwicklung von Geschäften im Netz können Treuhänderfunktionen durch dritte Stellen übernommen werden [Clau00]. Eine Stelle, die als *Identitätstreuhänder* agiert, besitzt die Informationen über identifizierende Daten (z.B. Namen und Erreichbarkeit) des bzw. der am Werteaustausch Beteiligten und kann diese offenlegen. Sie sollte dies unter vorab definierten Umständen, z.B. Nichterfüllung einer Vertragsleistung, tun. Ein Beispiel für Identitätstreuhänder sind die Zertifizierungsdiensteanbieter nach dem Signaturgesetz. Als *Wertetreuhänder* nimmt die dritte Partei die auszutauschenden Werte der Beteiligten entgegen und stellt sie dann den jeweils gewünschten Adressaten zu. Hierfür ist das Wissen über die Identität der Beteiligten nicht erforderlich, sondern es müssen lediglich die Güter zugestellt werden können. Treuhänder können sich auch auf die Erbringung von Liefer- oder Bezahlleistungen spezialisieren. Beim *Haftungsservice* werden nicht die Werte selbst über den Mittler ausgetauscht, sondern durch das Deponieren von Geld beim Treuhänder übernimmt dieser gegenüber anderen Beteiligten die Haftung in der vereinbarten Höhe des Betrags. Es ist ebenfalls denkbar, dass dieser Dienstleister im Haftungsfall anstelle eines Beteiligten für dessen Vertragspflichten einsteht. Auch hier ist die Kenntnis der Identität nicht notwendig.

3 Anforderungen an Identitätsmanagementsysteme

Dieser Abschnitt beschreibt zunächst die Kriterien, die für die Realisierung eines Identitätsmanagements zu berücksichtigen sind. Anhand eines Anwendungsszenarios werden die Einsatzgebiete des Systems verdeutlicht.

3.1 Kriterien für Identitätsmanagement

Identitätsmanagementsysteme sollen den Nutzer beim Verwalten seiner Daten und dem Bestimmen, wem er sie in welcher Form für welchen Zweck zur Verfügung stellt, stärken. Eine solche **Nutzerkontrolle** lässt sich mit Techniken für mehrseitige Sicherheit [Pfit00] ermöglichen. Insbesondere sind komfortable Bedienoberflächen notwendig, damit die Verwaltung von Teilidentitäten, die in der Offline-Welt intuitiv erfolgt, möglich ist und vor allem Fehlbedienungen vermieden werden, die zur unabsichtlichen Aufdeckung der personenbezogenen Daten führen. Um nachvollziehen zu können, welches Wissen andere über den Nutzer angesammelt haben, soll dieser die Möglichkeit haben, die gesamte Kommunikation, die über seinen Identitätsmanager abgewickelt wird, einschließlich des Kontexts zu protokollieren, soweit sie für seinen Datenschutz relevant sein kann. Auswertungen dieser Protokollierung können dazu dienen, dem Nutzer einen Eindruck über das möglicherweise angesammelte Wissen bei anderen Parteien zu verschaffen und dem Identitätsmanagementsystem Hinweise über (Wieder-) Verwendung von Pseudonymen in Abhängigkeit von Rollen oder Kommunikationspartnern zu geben. Hilfreich sind zusätzliche Datenschutzkontrollfunktionen für Einwilligung, Widerspruch, Auskunftserteilung, Berichtigung oder Löschung der eigenen Daten[7] [GrLR00]. **Verbindlichkeit** beim Werteaustausch kann nicht allein innerhalb des technischen Kommunikationssystems realisiert werden [WoPf00]. In jedem Fall ist aber Zurechenbarkeit wichtig, die in möglichst datensparsamer Implementierung durch Pseudonymität gewährleistet wird. Insbesondere soll in gewissen Situationen das Agieren unter fremden Teilidentitäten verhindert oder zumindest erkennbar gemacht werden. Auch müssen bestimmte Eigenschaften oder Berechtigungen an Personen gebunden werden können, beispielsweise in Form von Credentials. Für die Verbindlichkeitsfunktionen ist eine Infrastruktur von Treuhändern verschiedener Arten sinnvoll, wie sie in Abschnitt 2.3 beschrieben sind.

---

[7] Projekt DASIT – Datenschutz in Telediensten.

Universalität des Identitätsmanagement ist notwendig, wenn das System umfassend, d.h. am besten für die gesamte digitale Welt, zum Einsatz kommen soll. Dies bedingt eine Berücksichtigung von Standards und eine Ausbaufähigkeit des Systems für beliebige Anwendungen. Voraussetzung für ein vertrauenswürdiges Identitätsmanagement ist die Gewährleistung der **Datensicherheit** sowohl im Nutzerbereich als auch bei allen Kommunikationsprozessen. Der Identitätsmanager kann nur so gut funktionieren, wie er tatsächlich die Weitergabe personenbezogener Nutzerdaten steuern und dabei nicht unterlaufen werden kann. Daher stehen solche Schutzziele im Vordergrund, die wie Anonymität, Unverkettbarkeit oder Unbeobachtbarkeit mit einer Entfernung oder Reduzierung des Personenbezugs zusammenhängen. Insbesondere sollte ein Identitätsmanager auf einem anonymen Kommunikationsnetz aufsetzen, bei dem Teilnehmer nicht auf einfache Weise über Datenspuren auf tieferen Schichten oder über Kontextdaten identifiziert werden können.

3.2 Identitätsmanagement im Anwendungskontext

Das folgende Szenario eines Online-Einkaufs zeigt, dass verschiedene Phasen durchlaufen werden, die mit unterschiedlichen Interessen von Kunde und Anbieter einhergehen [NoHP99; ClKö01; KöPf01]. Diese Interessen sollten von einem Identitätsmanager berücksichtigt und technisch umgesetzt werden:

Phase[8]	Interessen des Kunden	Interessen des Anbieters
generell für alle Phasen:	Datensparsamkeit: dem Verkaufs-/Bezahl-/Lieferdienst möglichst wenige persönliche Informationen geben Integrität der Informationen Zurechenbarkeit des Verkaufs-/Bezahl-/Lieferdienstes Wahrnehmung der Nutzerrechte auf Auskunft, Berichtigung, Löschung eigener Daten sowie Widerspruch gegen die Datenverarbeitung	Optimierung der Produktpräsentation nach Suchstrategien der Kunden: Analyse der Such- und Kaufprofile der Kunden Möglichkeit des Einholens einer Einwilligung beim Kunden für personenbezogene Datenverarbeitung Vertrauen der Kunden
Produktrecherche a) **Suche nach einem Produkt** b) **Beratung durch Anbieter**	a) Anonymität: keine Information offenbaren b) in selbst bestimmtem Maße zusätzliche persönliche Informationen geben	
Aushandlung über Werteaustausch (Produkt, Preis, Modalität des Werteaustausches) bis zum Kaufentscheid a) **als Neukunde** b) **bei Verwenden von Gutscheinen**	Abwicklung der Transaktion von Aushandlung bis Kaufentscheid: a) unter Transaktionspseudonym b) mit digitalem Gutschein c) mit wiederverwendetem Pseudonym, Credential oder digitalem Gutschein	Zurechenbarkeit des Kunden für die Transaktion Zurechenbarkeit beim Nachweis bestimmter Eigenschaften des Kunden im Falle von Restriktionen (z.B. Volljährigkeit), bspw. durch Credentials/Zertifikate zusätzlich:

---

[8]   Die Phasen werden aus Sicht eines Kunden dargestellt. Mechanismen zur Durchsetzung der Interessen werden an den Stellen angedeutet, wo sie identitätsmanagementspezifisch sind. Generell können Pseudonyme anstelle von amtlichen Identitätsdaten verwendet werden.

Phase[8]	Interessen des Kunden	Interessen des Anbieters
c) als Stammkunde: unter Anknüpfung an vorherige Käufe, z.B. für Bonus		a) – b) Verbuchen des Gutscheins c) Fortschreibung des Kundenkaufprofils oder Ausstellung eines Credentials bzw. Gutscheins
Bezahlung	verbindliche Bestätigung über geschlossenen Vertrag, um ihm die Zahlungsanweisung zuzuordnen Quittung für Bezahlung Entkopplung von Verkaufs-, Liefer- und Bezahldienst Schutz gegen falsche Rechnungstellungen/Abbuchungen	verbindliche Bestätigung über geschlossenen Vertrag, insbesondere gegenüber Bezahldienst Sicherheit, dass Kunde bezahlt, z.B. durch Vorausbezahlung, gleichzeitige Bezahlung, garantierte Zahlung durch Einschaltung von Treuhändern
Lieferung	Gewissheit, dass das Produkt ausgeliefert wird, oder Möglichkeit für Regress (Nachweis des Vertragsschlusses) gegenüber Dritten Entkopplung von Verkaufs-, Bezahl- und Lieferdienst	Zurechenbarkeit der Produktbestellung und -auslieferung beim Kunden (mit Quittung)
Umtausch, Garantie / Rückholservice	Umtauschmöglichkeit, Haftung oder Minderung im Regressfall bei Produktmängeln; dafür Quittung	Gewissheit, dass das Produkt tatsächlich vom eigenen Verkaufsdienst stammt für Rückholservice Adressierbarkeit des Kunden
Kundenbetreuung nach dem Kauf oder parallel zu anderen Phasen	Aufbau einer Beziehung zum Verkaufsdienst für weitere Käufe (nach eigener Einschätzung über Zuverlässigkeit, Beratung und Gewissheit über Preise und Qualität)	Aufbau einer Beziehung zum Kunden für weitere Beratungen und für Werbung (Adressierbarkeit, Verkettbarkeit, ggf. zu Eigenschaften/Daten des Kunden)

Dieses Client-Server-Szenario deckt typische Phasen für einen Großteil der gängigen Anwendungen ab. Davon unterscheiden sich Szenarien wie eine Kommunikation per E-Mail zwischen verschiedenen Teilnehmern, die Beteiligung an Auktionen, das Durchführen von Abstimmungen oder Wahlen oder andere E-Government-Anwendungen [ClKö01].

Das Online-Kauf-Szenario zeigt insbesondere, dass ein datensparsames Vorgehen durch eine Entkopplung zwischen den einzelnen Phasen möglich ist. Dies bedeutet, dass der Nutzer verschiedene Teilidentitäten wählen, doch in bestimmten Zusammenhängen auch gleiche verwenden können soll. Hierbei ist zu beachten, dass ein Identitätsmanagement mit stets expliziter und manueller Auswahl von Teilidentitäten den Nutzer schnell überfordert, sofern dieser nicht vom System unterstützt wird. Daher sollte das Identitätsmanagementsystem dem Nutzer durch sinnvolle Standardeinstellungen und die Möglichkeit impliziter, wenn auch bei Bedarf transparenter Pseudonymverwendung behilflich sein.

Eine datensparsame Realisierung verzichtet auf eine Verkettbarkeit durch den Anbieter oder gar dritte Beobachter, denn es kann die notwendige Verkettung zwischen den Phasen, soweit nötig, durch das Nutzerhandeln selbst umsetzen. Neben dem nutzerbestimmten (Wieder-)Verwenden der Pseudonyme kommen als Mechanismen das Binden von ausgestellten

Credentials an verschiedene Pseudonyme oder vom Anbieter ausgegebene (anonyme, auf eine Transaktion bezogene) Zertifikate in Frage, bei denen auf personenbezogene Daten verzichtet wird, soweit dies möglich ist [KöPf01].

4 Existierende Ansätze für Identitätsmanagement

Schon seit Mitte der 80er Jahre werden Modelle für ein umfassendes Identitätsmanagement vorgeschlagen (insbesondere [Chau85] mit einer Ausrichtung auf Anonymität und Zurechenbarkeit). Bislang sind jedoch erst wenige Teile von Identitätsmanagementsystemen realisiert worden [KöPf01]. In diesem Abschnitt werden die vielfältigen Ansätze für Identitätsmanagement, die unterschiedliche Schwerpunkte haben, danach klassifiziert, ob die Profile client- oder serverseitig gespeichert sind und inwieweit eine Kooperation zusätzlicher Parteien vorausgesetzt wird. Nach einer Analyse der unterschiedlichen Funktionalität der einzelnen Ansätze für Identitätsmanagement wird der heutige Entwicklungsstand bewertet.

4.1 Einteilung der praktischen Ansätze für Identitätsmanagement

Besonders im Internet-Bereich sind mittlerweile einige Konzepte entstanden, die sich mit der Idee des Identitätsmanagements beschäftigen und teilweise sogar damit werben. Die existierenden Produkte oder Prototypen, die einzelne Funktionen eines Identitätsmanagements erfüllen, lassen sich nach dem Ort der Verwaltung der Profile und nach den für die entsprechende Identitätsmanagementfunktionalität erforderlichen Parteien[9] [KöPf01] in folgende Klassen unterteilen:

	nur Nutzer	Kommunikationspartner	dritte Partei
clientseitige Profile	1	2	3
serverseitige Profile		4	5

Wie die Tabelle zeigt, fehlt in der Klassifikation der serverseitige Fall einer reinen Nutzerbeteiligung an der Identitätsmanagementfunktionalität, da über serverseitige Profile bereits weitere Parteien eingebunden werden. Als zusätzliche Klasse könnte man die *manuelle* Angabe von persönlichen Daten durch den Nutzer betrachten, die jedem der anderen Fälle von technisch unterstütztem Identitätsmanagement vorgeschaltet sein kann: Immer wenn persönliche Daten des Nutzers abgefragt werden, z.B. durch Webformulare, kann dieser durch manuelles Eintragen beliebige korrekte oder falsche Daten angeben. Für einige Dienste, z.B. im Chat, wird spezifisch die Angabe von Pseudonymen statt Klarnamen erwartet. Der Nutzer muss selbst sicherstellen, dass er sich seine Pseudonyme und die ggf. zugehörigen Authentisierungsinformationen, wie z.B. Passwörter, merkt.

1. **Clientseitige Profile [„nur Nutzer"]:**
   Heutige E-Mail-Clients (z.B. Kmail, Eudora oder PegasusMail) bieten vielfach die Möglichkeit, unter verschiedenen vom Nutzer vordefinierten Absendeadressen samt Mail-Abspann auszuwählen. Auch in anderen Standardapplikationen wie Browsern werden unterschiedliche Nutzerprofile unterstützt, und einige Anonymitätsdienste, z.B. Freedom[10],

---

9   So auch unterschieden bei der Angebotsankündigung von Speednames „Digital Identity":
   - „1st Person: the applications that are useful to the owner of the identity even in the absence of other users
   - 2nd Person: the tools with which the user interacts with associates, colleagues, friends, family etc.
   - 3rd Person: the user functions that assist interfacing with the internet merchants, subscription sites, service providers, etc, around the web"; siehe http://identity.speednames.com/.

10 http://www.freedom.net/.

arbeiten mit auswählbaren Nutzerpseudonymen. Sofern in einer Applikation keine Identitätsprofile vorgesehen sind, kann durch – oft allerdings umständliches – manuelles Umkonfigurieren ein ähnlicher Effekt erreicht werden. Eine andere Art von Profilen auf dem Nutzerrechner, die von anderen Systemen im Netz ausgewertet werden können, bietet die Software Secretmaker[11], die möglicherweise identifizierende Informationen des eigenen Rechners, wie z.B. MAC-Adresse, Windows-Arbeitsgruppen- oder –Domainnamen, maskiert. Darüber hinaus ermöglichen spezielle Tools die Verwaltung von Cookies, die ebenfalls Teilidentitäten repräsentieren.

Im Projekt „ATUS – A Toolkit for Usable Security" der Universität Freiburg wird zurzeit eine Identitätsmanagementkomponente für Kommunikation und digitales Signieren entwickelt, bei dem die Profile auf dem Client gespeichert werden [JeGe00; GeJe01; JeGe01]. Der Schwerpunkt in diesem Projekt liegt auf Benutzbarkeitsaspekten. Es bestehen Schnittstellen zu Anonymitätsdiensten (wie beispielsweise [BeFK00]).

2. **Clientseitige Profile für Anwendungen *ohne* Einbindung von Dritten [„Kommunikationspartner"]:**
Sofern Client- und Serverapplikationen für die Interpretation der Profildaten zueinander kompatibel sind, können die Profile auf dem Client gespeichert sein und im Bedarfsfall an die Kommunikationspartner übertragen werden. Dieses Prinzip liegt der W3C-Spezifikation P3P – Platform for Privacy Preferences[12] zugrunde. Kompatibel zu P3P ist die Software Orby Privacy Plus von der Firma YOUpowered[13], die clientseitig achtzehn thematisch untergliederte Verhaltensprofile zum Zwecke der Personalisierung von Webseiten und gleichzeitig zum „Permission-Based Marketing" anbietet. Serverseitig muss dazu eine korrespondierende Software installiert werden. Der Nutzer kann die Profilinhalte verändern und konfigurieren, welche Inhalte herausgegeben werden. Identifizierende Profile werden getrennt gespeichert und nur auf explizitem Nutzerwunsch an den Server übertragen. Das System trifft einige Vorkehrungen gegen den Einsatz von Identifizierungstechniken (z.B. bei Bedarf sofortiges Löschen von Cookies, pro neuem Aufruf einer Webseite Verwendung unterschiedlicher Nutzer-IDs gegen eine Verkettbarkeit).

Ebenfalls in diese Klasse gehört der Erreichbarkeitsmanager, der im Kolleg „Sicherheit in der Kommunikationstechnik" der Gottlieb Daimler- und Karl Benz-Stiftung für den Bereich der Mobilkommunikation entworfen, implementiert und in einer Simulationsstudie für den Gesundheitsbereich praktisch erprobt wurde [ScPo98]. Die Identitätsmanagementkomponente verwaltet auf einem Personal Digital Assistant (PDA) verschiedene Teilidentitäten einer Person und unterstützt den Nutzer bei der Auswahl von Identitätsdaten oder Pseudonymen für verschiedene Zwecke. Dazu werden „Identitätsausweise" auf dem PDA abgespeichert, die sich dort erzeugen lassen. Diese Ausweise, die neben dem Namen des Inhabers und ggf. weiterer persönlichen Informationen kryptographische Schlüsselpaare zur Verschlüsselung und digitalen Signatur enthalten, können telekommunikativ ausgetauscht werden und lassen sich mit Zertifikaten von besonderen Zertifizierungsstellen oder mit Selbstzertifikaten versehen. Nicht nur die eigenen Ausweise, sondern auch die Fremdausweise der Telekommunikationspartner können auf dem PDA gespeichert werden. Die Information, wie sich der Nutzer bisher gegenüber dem jeweiligen Teilnehmer identifiziert hat, lässt sich an diese Ausweise knüpfen, um eine unabsichtliche Selbstaufdeckung von Pseudonymen zu vermeiden.

3. **Clientseitige Profile für Anwendungen *mit* Einbindung von Dritten [„dritte Partei"]:**
In dieser Klasse übernimmt eine dritte Stelle weitere Aufgaben bei der Kommunikation zwischen den Beteiligten und wird damit auch beim Identitätsmanagementdatenfluss einbezogen. Dies gilt beispielsweise für alle Produkte der digitalen Signatur. Eine Identitäts-

---

[11] http://www.secretmaker.com/.

[12] http://www.w3c.org/P3P/.

[13] http://www.youpowered.com/.

managementfunktion wird hier speziell von der sich noch im Teststadium befindlichen Software TrueSign[14] der Firma Privador zusammen mit einem „Global Notary Service“ beworben. Das Identitätsmanagementmodul des Erreichbarkeitsmanagers besitzt ebenfalls die Funktionalität, fremdzertifizierte Ausweise zu überprüfen. Der Single-Sign-On-Dienst Passlogix v-GO[15] integriert noch keine digitale Signatur und ist von daher den vorher erwähnten Kommunikationspartner-Techniken zuzurechnen. Lediglich durch einen besonderen Mechanismus zum Merken und Eingeben von Passwörtern mit Hilfe von Bildern wird der v-GO-Server in die Kommunikation einbezogen. Alle Nutzerdaten liegen jedoch verschlüsselt auf der eigenen Festplatte.

4. **Serverseitige Profile für Anwendungen *ohne* Einbindung von Dritten [„Kommunikationspartner“]:**
Webdienste, die eine Personalisierung anbieten, arbeiten in der Regel mit vom Nutzer selbstgewählten Pseudonymen und Passwörtern zur Freischaltung. Meist besteht für den Nutzer die Möglichkeit, die eigenen Personendaten in vordefinierte Profile einzutragen. Darüber hinaus protokollieren einige Webdienste das Nutzerverhalten mit und werten es in meist dem Nutzer nicht transparent gemachten Profilen aus[16].
Beim Konzept des „Masken-Marketings“[17] werden Profile angelegt, die bestimmte Eigenschaften zusammenfassen. Nutzer können diese vordefinierten Masken auswählen und sich aufgrund der Eigenschaften gezielt bewerben lassen [GeJe01]. Die Masken fungieren dabei als Gruppenpseudonym. Prinzipiell sind auch clientseitige Realisierungen denkbar, wie dies Orby Privacy Plus im Fall 2 leistet.

5. **Serverseitige Profile für Anwendungen *mit* Einbindung von Dritten [„dritte Partei“]:**
Diese Lösung ist sehr häufig anzutreffen, indem Server als Informationsvermittler (so genannte „Infomediaries“) auftreten. Einige Dienste dienen speziell dazu, persönliche Daten des Nutzers in einem oder – teilweise vom System unmittelbar unterstützt – in mehreren Profilen zu verwalten und nach definierten Regeln anderen zur Verfügung zu stellen. Solche Regeln können vom Nutzer konfiguriert oder von der Anwendung vorgegeben sein, z.B. die Datenweitergabe nach den Spielregeln einer Online-Auktion. Die Auktionsplattform eBay[18] ermöglicht beispielsweise seinen Nutzern mit einem Punktesystem eine Bewertung der anderen Partei, ob der Werteaustausch reibungslos geklappt hat. Auf diese Weise können Nutzer unter ihrem Pseudonym eine Reputation aufbauen. Darüber hinaus wird für andere Teilnehmer sichtbar gekennzeichnet, wenn sich Nutzer gegenüber eBay mit ihren Ausweisdokumenten identifiziert haben.
Auch wenn es darum geht, Profildaten (im Auftrag des Nutzers) zu verkaufen, gehört es zum Angebot einiger Dienste, identifizierende Daten zurückzuhalten. Beispielsweise sieht „It's My Profile“[19] aus Gründen des Spam- und Datenschutzes vor, nur zusätzlich eingeführte pseudonyme E-Mail-Adressen an Firmen herauszugeben, bei denen der Dienst als „Pseudonymous Remailer“ agiert. Der Dienst Spamex[20] lässt den Nutzer bei Bedarf, z.B. pro Kommunikationspartner, stets neue pseudonyme E-Mail-Adressen generieren und informiert beim Weiterleiten der Mails an den Nutzer, über welche pseudonyme Adresse er adressiert wurde. Außerdem kann der Nutzer komfortabel konfigurieren, dass er über eine

---

[14] http://gns.privador.com/truesign.phtml, http://gns.privador.com/tutorial/help/about_identity_manager.phtml.

[15] http://www.passlogix.com/.

[16] Eine Ausnahme bildete der Dienst Yoolia, http://yoolia.de/, dessen interaktiver personalisierter Webkatalog bis Ende 2000 betrieben wurde. Dort konnten sich Nutzer neben den selbst konfigurierten Datenprofilen auch ihre eigenen dynamisch durch das Klickverhalten erstellten Interessensprofile ansehen.

[17] Von Moritz Strasser, Universität Freiburg, entwickelt und am 9. Mai 2001 in Berlin auf dem Kolloquium „Mit Sicherheit nicht dabei?“ vorgestellt.

[18] http://www.ebay.de/.

[19] http://www.itsmyprofile.com/.

[20] http://www.spamex.com/.

pseudonyme Adresse künftig keine E-Mail mehr entgegen nimmt. Diese Dienste agieren zwar nicht als umfassender Identitäts-, aber doch als E-Mail-Adresstreuhänder. Solche Dienste gibt es ebenfalls für die Auslieferung von materiellen Gütern, z.B. iPrivacy[21], bei dem der Nutzer pro Bestellung wechselnde Transaktionspseudonyme als Lieferadressen angibt, die vom Dienst dann für die eigentliche Postzustellung umgesetzt werden. Eine ähnliche Entkopplung bei der Bezahlung leistet „Private Payments"[22] von American Express: Damit lassen sich beim Online-Einkauf statt der Kreditkartennummern einmal zu verwendende Transaktionsnummern angeben.

Beispiele für Dienste, bei denen die Nutzer aufgefordert werden, mehrere Profile mit unterschiedlichem Datenumfang oder verschiedene Sichten auf das Gesamtprofil anzulegen, sind DigitalMe[23] der Firma Novell oder die Persona[24]-Verwaltung, ursprünglich von der Firma Privaseek. Zu den bekannteren der Infomediaries, die teilweise als Ausfüllhilfe von Webformularen oder E-Wallet verwendet werden können, gehört Microsoft Passport[25]. Auch Partnervermittlungen arbeiten mit der Weitergabe von Informationen auf den selbstangelegten oder generierten Profilen, z.B. die Dienste Match[26] oder FlirtMaschine[27]. In der Regel sind die persönlichen Daten ganz oder immerhin teilweise bei diesen Diensteanbietern gespeichert. Einige Anbieter verlassen sich nicht auf das Abfragen der Daten per herkömmlichen Formularen, sondern die Dienste fragen von Zeit zu Zeit direkt beim Nutzer weitere Informationen ab, z.B. PopularDemand[28]. Dieses Ausfragen übernehmen manchmal animierte Computerfiguren (Avatare) wie bei FlirtMaschine.

4.2 Identitätsmanagementfunktionalität im Detail

Die Sichtung der erwähnten Produkte ermöglicht eine Einschätzung, inwieweit die im vorigen Abschnitt vorgestellten Anforderungen bereits von existierenden Systemen berücksichtigt werden. Dazu wurden einzelne Eigenschaften der Identitätsmanagementfunktionalität detaillierter untersucht:

Kriterium Nutzerkontrolle

- **Eigenschaft: Art der Repräsentation von Teilidentitäten in Profilen**
  Fragestellungen:
  Welche Datenfelder bilden das Profil? Welche davon müssen ausgefüllt sein? Sind mehrere verschiedene Profile pro Nutzer zugelassen? Kann der Nutzer sie selbst erzeugen? Welcher Aufwand und welche Kosten sind damit verbunden? Lassen sie sich bequem verwalten?
  Anforderungen:
  Wünschenswert ist eine grundsätzlich hohe Flexibilität im Aufbau der eigenen Profile, die sich je nach Anwendung und Kontext unterscheiden können. Für einen Austausch der Daten und die Möglichkeit der Interpretation auf anderen Systemen sind standardisierte Datenfelder erforderlich. Aus Datenschutzsicht ist es sinnvoll, verschiedene Profile mit möglicherweise unterschiedlichen Inhalten vorzusehen, statt lediglich verschiedene Sichten auf ein Gesamtprofil zu definieren. Der Nutzer sollte sie einfach erzeugen und verwalten können.

---

[21] http://www.iprivacy.com/.

[22] http://www.americanexpress.com/privatepayments/.

[23] http://www.digitalme.com/.

[24] http://www.persona.com/.

[25] http://www.passport.com/.

[26] http://www.match.com/.

[27] http://www.flirtmaschine.de/.

[28] http://www.populardemand.com/.

Praxis:
Profile mit vorgegebener Datenstruktur

- **Eigenschaft: Inhalt der Profile**
  Fragestellungen:
  Füllt der Nutzer die Datenfelder explizit aus? Unter welchen Umständen können Dritte Daten hinzufügen? Kann der Nutzer Daten ändern oder löschen? Werden Einträge durch Interpretation des Nutzungsverhaltens erzeugt (Profiling)? Ist dies für den Nutzer transparent?

  Anforderungen:
  Was in den Profilen für das Identitätsmanagement steht, muss dem Nutzer transparent sein. Am besten trägt er selbst seine Daten bewusst ein.
  Erfolgt die Verarbeitung von personenbezogenen Profildaten bei dritten Stellen, hat der Nutzer diesen gegenüber Auskunfts-, Berichtigungs- und Löschungsrechte. Das Auskunftsrecht erstreckt sich grundsätzlich auch auf den logischen Aufbau und die personenbezogenen Inhalte eines Verhaltensprofils.[29]

  Praxis:
  Selbstausfüllen; bei einigen Diensten zusätzlich Verhaltensprofile, die dem Nutzer in der Regel nicht transparent sind

- **Eigenschaft: Weitergabe an Kommunikationspartner oder andere Stellen**
  Fragestellungen:
  Kann der Nutzer darüber bestimmen? Welche Regeln kann er dafür vorgeben?

  Anforderungen:
  Der Nutzer sollte selbst bestimmen können, unter welchen Umständen er wem Profildaten zur Verfügung stellt. Für eine technische Unterstützung sollte er komfortabel möglichst flexible Regeln über die Offenlegung dieser Daten definieren können.

  Praxis:
  meist Auftreten unter und damit Weitergabe der Daten aus dem aktuell ausgewählten Profil; sonst meist allenfalls einfache, recht starre Regeln

  Ausnahme:
  bei P3P die Preference-Sprache APPEL (A P3P Preference Exchange Language) mit flexibleren Regeln, die immerhin teilweise Kontextinformationen auswerten können

- **Eigenschaft: Zugriff auf Profile**
  Fragestellungen:
  Wer hat Zugriff auf die Profile?

  Anforderungen:
  Die Profile sollten nur durch Mitwirken des Nutzers zugreifbar sein. Serverlösungen bieten den Vorteil von zentralen Datensicherheitsmaßnahmen, doch befinden sich die Daten dann außerhalb des Nutzerbereichs.

  Praxis:
  Profildaten werden oft ohne besondere Restriktionen auf den Servern gespeichert

---

[29] In Artikel 12 EU-Datenschutzrichtlinie heißt es: „Die Mitgliedstaaten garantieren jeder betroffenen Person das Recht, vom für die Verarbeitung Verantwortlichen folgendes zu erhalten: [...] Auskunft über den logischen Aufbau der automatisierten Verarbeitung der sie betreffenden Daten, zumindest im Fall automatisierter Entscheidungen [...]".

Ausnahme:
Speicherung im Nutzerbereich bei P3P, Orby Privacy Plus, den Identitätsmanagement-komponenten von ATUS und Erreichbarkeitsmanager sowie (verschlüsselt) bei Passlogix v-GO

- **Eigenschaft: Kontrolle über Nutzungsdaten in Zusammenhang mit den Profilen**
Fragestellungen:
Wer hat Zugriff auf die Nutzungsdaten? Ist es diesen Stellen möglich, die Daten mit den Profilen zusammenzuführen?
Anforderungen:
Die Nutzung von Profilen wird im Rahmen von Anwendungen freigeschaltet. Insbesondere wenn die Profile von Servern verwaltet werden, können die Anbieter (Teil-) Informationen über die Anwendung und den jeweiligen Kontext in Erfahrung bringen und diese personenbezogenen Informationen mit den Profilen verknüpfen.
Praxis:
häufig Möglichkeit für Server, Informationen über den Anwendungskontext mit Profilen zu verketten; in der Regel keine Sicherheit gegen Beobachter
- **Eigenschaft: Wechsel zwischen verschiedenen Profilen**
Fragestellungen: Wird ein Wechsel zwischen verschiedenen Profilen technisch unterstützt (z.B. per Auswahlliste)? Mit welchem Aufwand ist er verbunden? Sind Transaktionspseudonyme der Standard? Werden Beginn und Ende von Transaktionen, in denen dasselbe Transaktionspseudonym verwendet werden muss, bzw. wünschenswerte Verkettungen gekennzeichnet? Werden (mutmaßliche) Kontextwechsel, in denen auch Pseudonyme bzw. Profile gewechselt werden sollten, dargestellt? Anhand welcher Informationen werden Kontextwechsel festgestellt oder vermutet? Ist für den Nutzer transparent, unter welchem Profil er gerade agiert? Wie wird ihm dies dargestellt? Wird für den Nutzer auswertbar mitprotokolliert, welche Profile er in welchen Kontexten bereits verwendet hat und/oder über welche seiner Daten der Kommunikationspartner bereits verfügt? Wie wird ihm dies dargestellt?
Anforderungen:
Die Standardeinstellung für datensparsame Realisierungen sollte die Verwendung von wechselnden Transaktionspseudonymen sein. Dennoch soll sich der Nutzer ebenso für die Wiederverwendung von Pseudonymen entscheiden können. Der Wechsel zwischen verschiedenen Profilen sollte bequem möglich sein. Der Nutzer sollte wissen (können), unter welchem Profil er wem gegenüber gerade agiert und welche Informationen dieser über ihn angesammelt haben kann. Neben der Möglichkeit, explizit die Profile auszuwählen, sollten auch implizite Mechanismen unterstützt werden, die auf Basis von Kontextwechseln (z.B. je nach Rolle oder Kommunikationspartner) das Auftreten unter einem anderen Profil zumindest vorschlagen.
Praxis:
meist explizite Profilwahl durch manuelle Konfiguration oder Wahl in einer Liste, rudimentäre Analyse des Kontexts möglich, keine Darstellung des potenziellen Wissens des Kommunikationspartners über den Nutzer
Ausnahmen:
im Erreichbarkeitsmanager Mitspeichern der verwendeten Profile in Bezug auf die Kommunikationspartner und Berücksichtigung als Standardprofilwahl, ähnlich beim ATUS-Identitätsmanager
- **Eigenschaft: Formulieren und Durchsetzen eigener Anforderungen an Kommunikationspartner oder im Bezug auf den Anwendungskontext**
Fragestellungen:
Inwieweit hat der Nutzer Einfluss auf den Anwendungskontext (z.B. Formulierung und Durchsetzen von Schutzzielen)? Kann der Nutzer gegenüber seinen Kommunikations-

partnern oder gegenüber beteiligten Treuhändern Anforderungen nach bestimmten Daten oder dem Nachweis bestimmter Eigenschaften formulieren? Inwieweit kann er diese durchsetzen? Welche Eigenschaften werden vom System unterstützt? Inwieweit wird das Wahrnehmen von Datenschutzkontrollfunktionen unterstützt?

Anforderungen:
Um mehrseitige Sicherheit zu realisieren, sollte der Nutzer seine Anforderungen formulieren und, ggf. gemäß einem Aushandlungsergebnis, durchsetzen können.

Praxis:
nicht implementiert

Ausnahme:
teilweise im Erreichbarkeitsmanager; Datenschutzkontrollfunktionen im Projekt DASIT

Kriterium Verbindlichkeit

* **Eigenschaft: Methoden für Verbindlichkeit**
Fragestellungen:
Welche Methoden werden vorgesehen, um Verbindlichkeit der Kommunikation zu gewährleisten oder zu unterstützen (z.B. direkter Werteaustausch, verschiedene Arten von Treuhändern)? Sind Kommunikation und Werteaustausch zurechenbar?

Anforderungen:
Beim Werteaustausch sollten Verfahren zur Verbindlichkeit zum Einsatz kommen. Die Kommunikationspartner sollten getroffene Vereinbarungen gegenüber Regressstellen nicht abstreiten können. In speziellen Kontexten sollte der Nutzer die von ihm getätigte Aktion allerdings nicht gegenüber anderen beweisen können (und damit auch nicht zu solchen Beweisen gezwungen werden können; Beispiel: Kauf von Wählerstimmen).

Praxis:
eher selten berücksichtigt

Ausnahmen:
digitale Signatur nach Signaturgesetz sieht Identitätstreuhänder vor, Dienste wie Tradenable[30] realisieren Wertetreuhänder

* **Eigenschaft: Authentizität der Profildaten**
Fragestellungen:
Können falsche Daten (Fantasie- oder Fremddaten) verwendet werden? Ist anderen Parteien bewusst, inwieweit es sich um (nicht-)authentische Daten handeln kann?

Anforderungen:
Der Nutzer soll nicht unnötig zur Preisgabe seiner personenbezogenen Daten gezwungen werden, gleichzeitig sollte das Agieren unter fremden Echtdaten (wie beim Identity Theft) verhindert werden. Ist eine anonyme Nutzung nicht möglich, sollten authentische Informationen, z.B. Pseudonyme oder Credentials, die von dritten Stellen zertifiziert worden sind, zum Einsatz kommen können.

Praxis:
Authentizität nicht sichergestellt; nur wenn Nutzer an der Korrektheit der von ihm zur Verfügung gestellten Daten interessiert ist (z.B. Lieferadresse), ist die Angabe echter Daten wahrscheinlich

Ausnahme:
digitale Signatur nach Signaturgesetz

---

[30] http://www.tradenable.com/ (vormals i-Escrow: http://www.iescrow.com/).

Kriterium Universalität

- **Eigenschaft: Berücksichtigung von Standards**

  Fragestellungen:

  Sind die Verfahren spezifisch für bestimmte Anwendungen oder Kontexte? Sind bei der Realisierung Standards berücksichtigt? Werden Erfahrungen bei der Realisierung von Identitätsmanagementfunktionen in die Standardisierung eingespeist?

  Anforderungen:

  Kompatibilität ist für einen umfassenden Einsatz eine Grundvoraussetzung. Daher ist die Standardisierung von Identitätsmanagementsystemen bzw. einzelnen Funktionen und Schnittstellen sinnvoll.

  Praxis:

  applikationsabhängige Systeme

  Ausnahme:

  rein manuelle Angabe von personenbezogenen Daten, soweit dies von der Applikation unterstützt wird; Berücksichtigung von Standards teilweise bei Signaturanwendungen und P3P-Integration

- **Eigenschaft: Ausbaufähigkeit**

  Fragestellungen:

  Sind die Identitätsmanagementsysteme ausbaufähig? Wie wird dies sichergestellt?

  Anforderungen:

  Ein umfassendes Identitätsmanagement sollte in allen Lebensbereichen der Online-Welt zum Einsatz kommen können und daher ausbaufähig sein.

  Praxis:

  zurzeit applikationsabhängige Systeme

  Ausnahme:

  insoweit Standards (s.o.) berücksichtigt werden, die eine Erweiterung unterstützen (z.B. XML, XML-Signature, P3P)

Kriterium Datensicherheit

- **Eigenschaft: Authentisierung**

  Fragestellungen:

  Wie muss sich der Nutzer für den Zugriff auf seine Profildaten authentisieren?

  Anforderungen:

  Es sollten möglichst starke Authentisierungsverfahren vorgesehen werden, um unbefugte Zugriffe zu verhindern.

  Praxis:

  zumeist Authentisierung über Passwort / PIN

- **Eigenschaft: lokale Sicherheitsumgebung**

  Fragestellungen:

  Welche Schutzziele in Bezug auf die Nutzerdaten sind realisiert?

  Anforderungen:

  Die Nutzerdaten sollten in einem gekapselten, vertrauenswürdigen System gespeichert und verarbeitet werden.

  Praxis:

  keine vertrauenswürdigen Systeme

  Ausnahme:

  in Teilen bei digitaler Signatur nach Signaturgesetz

- **Eigenschaft: Sicherheitsumgebung des Kommunikationsnetzes**

  Fragestellungen:

  Welche Schutzziele in Bezug auf die Kommunikation sind realisiert? Welche Sicherheit der Daten bei den Kommunikationspartnern oder den dritten Parteien gewährleistet?

Anforderungen:
Auf Netzebene sollen zumindest Schutzziele wie Anonymität, Vertraulichkeit und Integrität umgesetzt sein.
Praxis:
nicht realisiert; nur mit Zusatztools möglich
Ausnahme:
spezielle Anonymitätsdienste, die diese Schutzziele bislang auch erst teilweise realisieren

4.3 Zusammenfassung der Ergebnisse

Die Ergebnisse der Analyse realisierter Funktionen lassen sich wie folgt zusammenfassen:

- **Nutzerkontrolle:**
  Die Nutzerkontrolle ist nicht ausreichend. Insbesondere alle Dienste, bei denen die Profile auf Servern liegen, realisieren in der heutigen Implementierung kein datenschutzgerechtes Identitätsmanagement, denn die Betreiber haben technischen Zugriff sowohl auf die Nutzerprofildaten als auch auf die Informationen, in welchen Kontexten sie auf welche Weise verwendet werden. Der nutzerbestimmte Wechsel zwischen Profilen wird teilweise schon von Standardsoftware durch explizites Auswählen aus Listen ermöglicht, doch fehlt noch die technische Unterstützung von (impliziten) Transaktionspseudonymen. Außerdem werden in heutigen Systemen weder mutmaßliche Kontextwechsel noch die Profile, die der Kommunikationspartner über den Nutzer aus vergangenen Sitzungen gesammelt haben kann, angezeigt oder für einen Vorschlag zur Profilauswahl berücksichtigt. Warnungen in bestimmten Situationen, dass der Nutzer Gefahr läuft, seinen Kommunikationspartnern zuviel über sich zu offenbaren, gibt es kaum.

- **Verbindlichkeit:**
  Beim heutigen Identitätsmanagement können die statisch anzugebenen Nutzerdaten mit Ausnahme von signaturgesetzkonformen Anwendungen oder bei Pflicht zur Vorlage amtlicher Dokumente beliebig gewählt werden. Fantasiewerte sind ebenso möglich wie das Auftreten unter fremden Teilidentitäten. Auch die Verbindlichkeit ist erst ansatzweise berücksichtigt: Der Werteaustausch ist selten abgesichert. Für die Verbindlichkeitsanforderungen ist die Einbindung dritter Parteien notwendig, doch diese Infrastruktur fehlt fast vollständig.

- **Universalität:**
  Alle bisherigen Identitätsmanager sind speziell auf bestimmte Anwendungszusammenhänge zugeschnitten. Standards werden bislang kaum berücksichtigt.

- **Datensicherheit:**
  Die für Identitätsmanagement notwendigen Sicherheitsumgebungen sind allenfalls in Ansätzen vorhanden. Von Vertrauenswürdigkeit kann keine Rede sein.

5 Schritte zur Entwicklung eines umfassenden Identitätsmanagements

Die Analyse existierender Identitätsmanagementfunktionen zeigt, dass es noch kein datenschutzgerechtes geschweige denn datenschutzförderndes System gibt. Bei einer so vielschichtigen Aufgabenstellung zur Entwicklung eines umfassenden Identitätsmanagementsystems ist es sinnvoll, in einem evolutionären Prozess vorzugehen und vorhandene Datenschutz-Tools zu integrieren.

5.1 Klassifikation von Identitätsmanagementfunktionen nach beteiligten Parteien

Im Folgenden wird beschrieben, welche technischen Identitätsmanagementfunktionen unter Einbeziehung welcher Parteien erbracht werden können:

	Funktion in Zusammenhang mit Identitätsmanagement
auf Nutzerseite	• Speichern der Profile im Nutzerbereich (Festlegen von Datenstrukturen, Eintragen von Inhalten[31]) • Generieren von (digitalen) Pseudonymen • Binden von selbstzertifizierten Eigenschaften an Pseudonyme (Eigenauthentikation [PfWP90]) • Unterstützen des Nutzers bei Definition und Auswahl seiner Profile durch entsprechende Bedienoberflächen[32] • Mitprotokollieren der Datenweitergabe an andere (sowohl strukturierte (z.B. Profile) als auch unstrukturierte Daten (z.B. Freitext)) • Darstellen des Wissens, das Kommunikationspartner über den Nutzer angesammelt haben können (auf Grundlage der protokollierten Datenweitergaben und ggf. zusätzlicher Informationen, z.B. Verknüpfung mit öffentlichen Datenbanken oder bei bekannt gewordenen Datenschutzverstößen), insbesondere in Bezug auf die Verkettbarkeit zwischen verschiedenen Pseudonymen eines Nutzers • unilaterale[33] Schutzmechanismen wie vertrauenswürdige Hardware, Festplattenverschlüsselung, starke Authentisierung im Nutzerbereich, Bedienoberflächen zur Aushandlung von Schutzzielen sowie Konfiguration, welche Daten unter welchen Bedingungen (soweit unilateral interpretierbar) herausgegeben werden
bei den Kommunikationspartnern	• Ausstellen und Verifizieren von Zertifikaten und Credentials zur Bindung an Pseudonyme (Fremdauthentikation [PfWP90]) • Ausgeben von digitalen Gutscheinen oder Kundenkarten • Kennzeichnen von Anfang und Ende von Transaktionen, in denen eine Verkettbarkeit erforderlich ist, bzw. Ankündigung von Kontextwechseln durch den jeweiligen Kommunikationspartner • Datenschutzkontrollfunktionalität für Nutzer (Einwilligung, Widerspruch, Auskunft, Berichtigung, Löschung) • bilaterale Sicherheitsmechanismen wie Verschlüsselung der Kommunikation sowie Konfiguration und ggf. Aushandlung, welche Daten unter welchen Bedingungen (soweit bilateral interpretierbar) her-

---

[31] Sofern ein (nicht-datenschutzkonformer) Dienst personenbezogene Daten verlangt, die nicht für die Diensterbringung erforderlich sind und zu deren Hergabe die Nutzer nicht bereit sind, hätten sie – ggf. technisch unterstützt – die Möglichkeit, Fantasiedatensätze zu erstellen und in Formulare o.ä. einzutragen.

[32] Auch die manuelle Eingabe von persönlichen Daten kann zu den Aktionen auf Nutzerseite gerechnet werden, gehört aber nicht zum *technikgestütztem* Identitätsmanagement.

[33] Für unilateral, bilateral, trilateral und multilateral siehe Terminologie und Beispiele von Techniken zur mehrseitigen Sicherheit bei [Pfit00].

	Funktion in Zusammenhang mit Identitätsmanagement
	ausgegeben werden
unter Einbeziehung dritter Parteien	• Ausstellen und Verifizieren von Zertifikaten und Credentials • verschiedene Treuhänderarten (Identitätstreuhänder, Wertetreuhänder, Haftungsservice) mit Einbindung in die Anwendungen • amtliche oder andere Bestätigungen für Eigenschafts- oder Berechtigungsnachweise (z.B. Wahlschein, Führerschein, Personalausweis) in Form von Credentials von amtlichen Stellen oder Organisationen • Integration datenschutzfördernder Bezahldienste • Integration datenschutzfördernder Lieferdienste • Bereitstellen datenschutzgerechter oder –fördernder Konfigurationsdateien (Regeln, zusätzliche Kontextinformationen) für die Kommunikationspartner durch Datenschutz-Infoservices • trilaterale Sicherheitsmechanismen wie digitale Signatur sowie Konfiguration und ggf. Aushandlung, welche Daten unter welchen Bedingungen (soweit trilateral interpretierbar) herausgegeben werden
verteilte Realisierung mit Kooperation vieler Parteien	• Verteilen von Wissen über Identitätsdaten oder über eine Verkettung auf eine Vielzahl von Treuhändern • Einbau von Redundanz gegen Verfügbarkeitsangriffe • Nutzen eines „Web of Trust" für Authentikationszwecke • Nutzung von Gruppenpseudonymen • multilaterale Sicherheitsmechanismen wie die Realisierung von starker Anonymität und Unbeobachtbarkeit

In Abb. 1 sind die wichtigen Parteien und Datenflüsse für Identitätsmanagement dargestellt. Wird das Identitätsmanagement im Nutzerbereich nicht durch die Kooperationspartner oder Einbeziehung dritter Parteien unterstützt, fehlen wesentliche Funktionen [KöPf01], z.B. Verbindlichkeit oder die zuverlässige Interpretation der möglichst strukturiert zur Verfügung gestellten Kontextdaten. Außerdem sind Aushandlungen nicht möglich.

5.2 Erste Schritte

Je mehr Funktionalität für ein Identitätsmanagement verwirklicht ist, desto sinnvoller ist seine Benutzung für den Selbstdatenschutz. Eine langfristige Perspektive ist bei der Entwicklung notwendig, um zu einem umfassenden und datenschutzgerechten oder sogar datenschutzfördernden System zu kommen. In Identitätsmanagementprojekten von verschiedenen Forschungsgruppen und dem Unabhängigen Landeszentrum für Datenschutz Schleswig-Holstein wird versucht, auf bestehenden Ergebnissen aufzusetzen und Standards von Anfang an zu integrieren:

• Für das Formulieren und Durchsetzen von Schutzzielen wird auf die Software für mehrseitige Sicherheit SSONET („Sicherheit und Schutz in offenen Datennetzen") [PSWW00] zurückgegriffen, die um einen Anonymitätsdienst[34] erweitert wird [ClKö01].

---

[34] Projekt AN.ON – Anonymität online; http://www.anon-online.de/, [BeFK00].

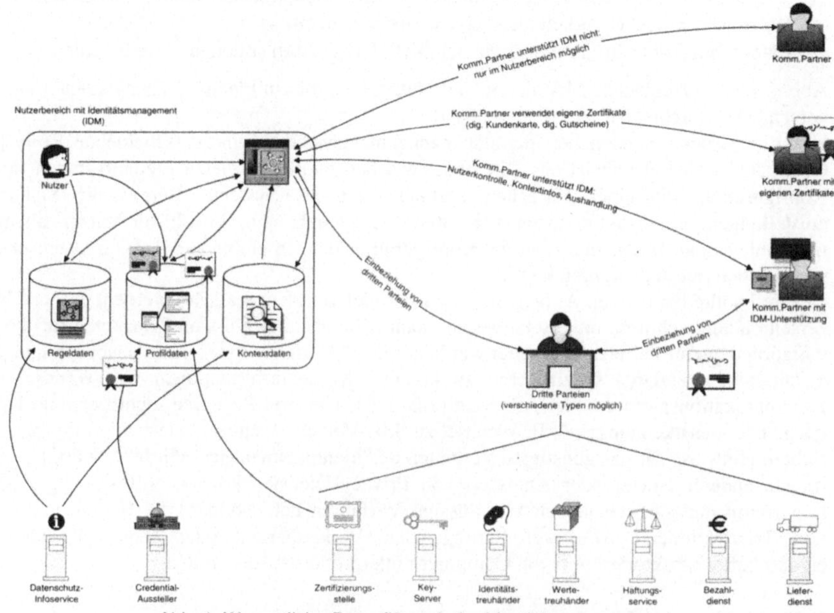

Abb. 1: Wesentliche Datenflüsse beim Identitätsmanagement

- P3P soll für die Implementierung sowohl der notwendigen Datenstrukturen als auch der nutzerseitigen Regelauswertungen und Aushandlungen verwendet werden [BeKö00]. Für den in P3P V1.0 schlicht gehaltenen Aushandlungsmechanismus und die Regelauswertungen für einen Kontextwechsel müssen Erweiterungen spezifiziert und Sicherungsmechanismen ergänzt werden. Die im Projekt gewonnenen Erkenntnisse werden in W3C-Arbeitsgruppen zu P3P eingespeist.

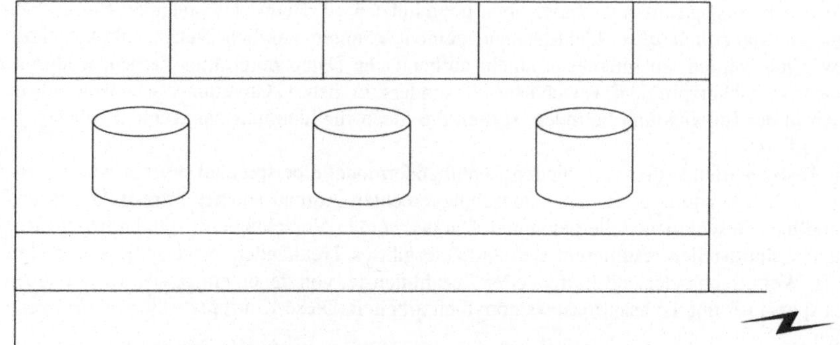

Abb. 2: Module und Schichten für Identitätsmanagement

- Das Herzstück von Identitätsmanagementsystemen sind Pseudonyme mitsamt der Möglichkeit, damit bestimmte Eigenschaften zu realisieren. Credential-Systeme [CaLy00] wie beispielsweise aus dem Projekt „idemix"[35] des IBM-Forschungslabors Zürich kombinieren sowohl Zurechenbarkeit als auch Datensparsamkeit.

- Datenschutzkontrollfunktionen wie bei DASIT [GrLR00] sollen integriert werden.

Abb. 2 zeigt verschiedene Module, die auf Nutzerseite für ein Identitätsmanagementsystem in verschiedenen Schichten zu realisieren sind.

Usability-Aspekte spielen bei Identitätsmanagementsystemen eine entscheidende Rolle [JeGe00; JeGe01]. Bekannt ist das Dilemma zwischen möglichst vielen Freiheitsgraden in der Konfiguration und einer einfachen Bedienbarkeit des Systems. Bereits die Standardeinstellungen bei Auslieferung müssen datenschutzgerecht sein. Sowohl für Nutzer- als auch für Anbieterseite lassen sich typische Konfigurationsdateien einbinden, die von Datenschutzservices bereitgestellt werden können.

Generell sollte bereits von Anfang an möglichst viel von dem realisiert werden, was auf Nutzerseite allein technisch umgesetzt werden kann. Gleichzeitig muss an Konzepten für die Integration weiterer Parteien gearbeitet werden, um das System entsprechend ausbauen und praxistaugliche Standards spezifizieren zu können. Kontextinformationen wie Wechsel von Kommunikationspartnern oder Adressen (z.B. URI; Uniform Resource Identifier) und Übergänge bei Dienstkennungen (z.B. Wechsel zu SSL-Verschlüsselung) liefern allerdings nur unsichere Hinweise für das günstigste Verhalten des Identitätsmanagers [GeJe01; Kö01]. Erfahrungen anderer Nutzer oder Analysen von Privacy-Diensten können Hilfestellung leisten. Langfristig müssen sich jedoch zuverlässige Verfahren herausbilden, die Beginn und Ende von Transaktionen sowie Anforderungen an Verkettbarkeit oder andere Pseudonymeigenschaften strukturiert und von Computern interpretierbar beschreiben.

5.3 Ausbaustufen

Die Realisierung von Infrastrukturen für Identitätsmanagement und das Einbeziehen von E-Government-Funktionalität, wie es für amtliche digitale Ausweise benötigt wird, erfordert einen höheren Aufwand als eine rein nutzerseitige Ausrichtung, da dann gemeinsame Schnittstellen für die Kooperation der unterschiedlichen Parteien vereinbart, implementiert und verbreitet sein müssen. Sobald der Aufbau von Public-Key-Infrastrukturen für die digitale Signatur vorangeschritten ist, können dieselben Infrastrukturen auch Identitätsmanagementfunktionen übernehmen. Allerdings muss man bereits jetzt dafür Sorge tragen, dass eine solche Funktionalität sowohl in technischen als auch rechtlichen Standards zumindest nicht ausgeschlossen, besser noch unterstützt wird. Beim zunehmenden Einsatz von digitalen Signaturen *ohne* Identitätsmanagement könnten nämlich Nutzer faktisch dazu gezwungen werden, im Internet nunmehr authentische Datenspuren hinterlassen, wodurch sich das Datenschutzproblem verschärfte. Besonders in den E-Government-Anwendungen, die sich in der Entwicklung befinden, sollten die Ideen für Identitätsmanagement frühzeitig Eingang finden.

In Testszenarien sollen verschiedene Treuhändermodelle beispielhaft erprobt werden. So lassen sich Erkenntnisse für den datenschutzgerechten Aufbau solcher Infrastrukturen und für mögliche Geschäftsmodelle gewinnen. Daraus werden Vorschläge für standardisierte Anwendungsschnittstellen resultieren. Bereits heute gibt es Treuhänder für verschiedene Aufgaben, z.B. Wertetreuhänder und Liefer- oder Bezahldienste, von denen einige sogar nach außen datensparsam[36] mit Transaktionspseudonymen arbeiten. Diese Konzepte sollen einbezogen werden.

---

35 http://www.zurich.ibm.com/csc/infosec/privacy/.

36 Vielfach gehen die Konzepte allerdings davon aus, dass die Nutzer ihre Geschäfte über einen solchen Treuhänder abwickeln, dem sie vertrauen müssen, dass er mit ihren dort anfallenden Daten korrekt umgeht. Im Sinne der mehrseitigen Sicherheit sollte die Datensparsamkeit auch gegenüber dem Treuhänder vergrößert werden.

6 Zusammenfassung und Ausblick

Identitätsmanagementsysteme werden die Zukunft des weltweiten Datenschutzes prägen. Ihre hohe Komplexität verbunden mit Abhängigkeiten von noch nicht verfügbaren Infrastrukturen ermöglichen heute noch keine zügige Realisierung umfassender Systeme. Die jetzigen Ansätze im Internet lassen aus Datenschutzsicht großenteils zu wünschen übrig. Dies ist nicht nur aus Sicht der Nutzer kritisch, sondern auch für eine Business-to-Business-Kommunikation, bei der ebenfalls Wert darauf gelegt wird, dass die Kontrolle über die Daten in der eigenen Hand bleibt. Die Bausteine für ein umfassendes und datenschutzförderndes Identitätsmanagement liegen vor oder werden gerade entwickelt, so dass Nutzer jetzt schon solche Lösungen nachfragen und sich nicht mit einer ungenügenden Realisierung von Selbstdatenschutz zufrieden geben sollten.

Mit der Arbeit an Identitätsmanagementprojekten und der Entwicklung von Prototypen, die – eingebettet in eine Umgebung für mehrseitige Sicherheit – insbesondere zunächst die Möglichkeiten im Nutzerbereich umsetzen sowie existierende oder kommende Standards wie P3P von Anfang an berücksichtigen, kann für einen gestärkten Selbstdatenschutz gesorgt werden. Außerdem liefern solche Projekte die Ergebnisse, die umgehend in der technischen Standardisierung von Privacy Enhancing Technologies, digitalen Signaturen oder mobilen Geräten einfließen sollten. Gleichermaßen wichtig ist die Rückkopplung an Juristen und Politiker, um dieses moderne Datenschutzkonzept auch rechtlich abzubilden, z.B. bei Regelungen zu Pseudonymen, die aktuell diskutiert werden [RoSc00].

Nicht zuletzt muss man beim Aufbau solcher Datenschutzsysteme mögliche Nebenwirkungen und Seiteneffekte berücksichtigen. Je mehr einem ein solches Gerät die Arbeit mit der eigenen Identitätsverwaltung abnimmt, desto größer wird die Abhängigkeit von seiner Verfügbarkeit und korrekten Funktionsweise. Außerdem fallen in den Identitätsmanagern selbst sensible Informationen an: Neben den eigenen Daten in Profil-, Regel- und Kontextdatenbanken können dies auch persönliche Daten von Kommunikationspartnern sein, die datenschutzgerecht zu behandeln sind.[37]

Die Zukunft des Identitätsmanagements liegt insbesondere in mobilen Geräten, die der Nutzer stets bei sich tragen und für beliebige Sprach- oder Datenübertragung verwenden kann. Diese Ausbaustufe wird weitere Anforderungen an die Gestaltung einer bedienbaren Oberfläche und an die Absicherung der Systeme gegen Missbrauch stellen.

Literatur

BeFK00   Berthold, Oliver/Federrath, Hannes/Köpsell, Stefan: Web MIXes: *A System for Anonymous and Unobservable Internet Access*. In: Hannes Federrath (Hg.): Designing Privacy Enhancing Technologies; Proc. Workshop on Design Issues in Anonymity and Unobservability, Juli 2000; LNCS 2009; Springer, Berlin 2001; S. 115-129.

BeKö00   Berthold, Oliver/Köhntopp, Marit: *Identity Management Based On P3P*. In: Hannes Federrath (Hg.): Designing Privacy Enhancing Technologies; Proc. Workshop

---

[37] Ansatzweise kann man einige verwandte Effekte bereits bei Handys mit elektronischen Adressbüchern und Ruflisten beobachten: So wurden Bundeswehrsoldaten in Bosnien dazu verpflichtet, sämtliche Adressdaten aus ihren Mobilfunkgeräten zu löschen und stets für leere Ruflisten zu sorgen, damit mögliche Entführer aus diesen Informationen keinen Profit hätten schlagen können. Eine Anfang am 6. Februar 2001 erschienene Pressemeldung veranschaulicht das Problem: „Paris – Der Ex-Manager des Elf-Konzerns, Alfred Sirven, hat bei seiner Festnahme in Manila den Chip seines Handys ‚zerkaut und verschluckt'. Das teilte die Polizei am Dienstag in Paris mit. So habe er alle Spuren seiner Gesprächspartner und seiner letzten Telefongespräche verwischt. Ein nur verschluckter Chip hätte nach dem natürlichen Weg durch den Körper noch seine Geheimnisse liefern können." – Rhein-Zeitung, http://rhein-zeitung.de/old/01/02/06/topnews/sirvchip.html.

on Design Issues in Anonymity and Unobservability, Juli 2000; LNCS 2009; Springer, Berlin 2001; S. 141-160.

CaLy00   Camenisch, Jan/Lysyanskaya, Anna: *Efficient Non-transferable Anonymous Multi-show Credential System with Optional Anonymity Revocation.* Research Report RZ 3295 (#93341), IBM Research, November 2000.

Chau84   Chaum, David: *A New Paradigm for Individuals in the Information Age.* In: Proc. of the 1984 Symposium on Security and Privacy, IEEE, Oakland 1984; S. 99-103.

Chau85   Chaum, David: *Security Without Identification: Transaction Systems to Make Big Brother Obsolete.* In: Communications of the ACM, Vol. 28 No. 10, Oktober 1985; S. 1030-1044.

Clau00   Clauß, Sebastian: *Optimierung der Aushandlung von Sicherheit für unterschiedliche Teilnehmerkonstellationen.* Diplomarbeit, TU Dresden, 2000-08-18, http://www.inf.tu-dresden.de/~sc2/daten/diplom.ps.gz.

ClKö01   Clauß, Sebastian/Köhntopp, Marit: *Identity Management and Its Support of Multilateral Security.* Erscheint in: Computer Networks, Special Issue on ‚Electronic Business Systems', Elsevier, North-Holland Herbst 2001.

GeJe01   Gerd tom Markotten, Daniela/Jendricke, Uwe: *Identität und E-Commerce.* Erscheint in: it+ti Informationstechnik und Technische Informatik, Themenheft „Sicherheit" 5/01, Oldenbourg Wissenschaftsverlag, München 2001.

GrLR00   Grimm, Rüdiger/Löhndorf, Nils/Roßnagel, Alexander: *E-Commerce meets E-Privacy.* In: Helmut Bäumler (Hg.): E-Privacy; Tagungsband zur Sommerakademie des Unabhängigen Landeszentrums für Datenschutz Schleswig-Holstein, 28. August 2000 in Kiel; Vieweg, Wiesbaden 2000; S. 133-140.

JeGe00   Jendricke, Uwe/Gerd tom Markotten, Daniela: *Usability meets Security – The Identity-Manager as your Personal Security Assistant for the Internet.* In: Proceedings of the 16th Annual Computer Security Applications Conference (ACSAC 2000); New Orleans, USA; December 11-15, 2000.

JeGe01   Jendricke, Uwe/Gerd tom Markotten, Daniela: *Identitätsmanagement: Einheiten und Systemarchitektur.* In diesem Band.

Köhn00   Köhntopp, Marit: *Identitätsmanagement.* In: Helmut Bäumler/Astrid Breinlinger/Hans-Hermann Schrader (Hg.): Datenschutz von A-Z; Luchterhand, Neuwied 2000; s.a. http://www.koehntopp.de/marit/pub/idmanage/.

KöPf01   Köhntopp, Marit/Pfitzmann, Andreas: *Informationelle Selbstbestimmung durch Identitätsmanagement.* Erscheint in: it+ti Informationstechnik und Technische Informatik, Themenheft „Sicherheit" 5/01, Oldenbourg Wissenschaftsverlag, München 2001.

NoHP99   Novak, Thomas P./Hoffman, Donna L./Peralta, Marcos A.: *Information Privacy in the Marketspace: Implications for the Commercial Uses of Anonymity on the Web.* In: The Information Society, Vol. 15 No. 2, April 1999; Draft von November 1997: http://ecommerce.vanderbilt.edu/papers/anonymity/anonymity2_nov10.htm.

Pfit00   Pfitzmann, Andreas: *Multilateral Security: Enabling Technologies and their Evaluation.* LNCS 2000, Springer, Berlin 2000.

PfKö00   Pfitzmann, Andreas/Köhntopp, Marit: *Anonymity, Unobservability, and Pseudonymity – A Proposal for Terminology.* In: Hannes Federrath (Hg.): Designing

Privacy Enhancing Technologies; Proc. Workshop on Design Issues in Anonymity and Unobservability, Juli 2000; LNCS 2009; Springer, Berlin 2001; S. 1-9; aktualisierte Version unter http://www.koehntopp.de/marit/pub/anon/.

PfWP90   Pfitzmann, Birgit/Waidner, Michael/Pfitzmann, Andreas: *Rechtssicherheit trotz Anonymität in offenen digitalen Systemen.* In: Datenschutz und Datensicherung (DuD) 14/5-6 (1990); Vieweg, Wiesbaden 1990; S. 243-253, S. 305-315.

PSWW00   Pfitzmann, Andreas/Schill, Alexander/Westfeld, Andreas/Wolf, Gritta: *Mehrseitige Sicherheit in offenen Netzen.* Vieweg, Wiesbaden 2000.

RoSc00   Roßnagel, Alexander/Scholz, Philip: *Datenschutz durch Anonymität und Pseudonymität – Rechtsfolgen der Verwendung anonymer und pseudonymer Daten.* In: Multimedia und Recht (MMR) 12 (2000), Beck, München 2000; S. 721-731.

ScPo98   Schneider, Michael/Pordesch, Ulrich: *Identitätsmanagement.* In: Datenschutz und Datensicherheit (DuD) 22/11 (1998); Vieweg, Wiesbaden 1998; S. 645-649.

WoPf00   Wolf, Gritta/Pfitzmann, Andreas: *Charakteristika von Schutzzielen und Konsequenzen für Benutzungsschnittstellen.* In: Informatik-Spektrum 23/3 (2000); S. 173-191.

Identitätsmanagement: Einheiten und Systemarchitektur

Uwe Jendricke, Daniela Gerd tom Markotten

Institut für Informatik und Gesellschaft, Abt. Telematik,
Albert-Ludwigs-Universität Freiburg, {uwe,dany}@iig.uni-freiburg.de

Zusammenfassung

Das Vertrauen der Nutzer in die Sicherheit von Internet-Angeboten ist nach wie vor gering. Viele Anwender halten sich und ihre Daten für nicht ausreichend geschützt. Um das Recht auf informationelle Selbstbestimmung im Internet wahrnehmen zu können, benötigt der Nutzer ein adäquates Sicherheitswerkzeug: den Identitätsmanager. Diese Arbeit beschreibt zunächst allgemein die Elemente eines Identitätsmanagers und deren Eigenschaften. Im zweiten Teil dieser Arbeit wird mit dem πManager der Prototyp eines Identitätsmanagers vorgestellt, der derzeit an der Universität Freiburg entwickelt wird.

1 Einleitung

Mit der weiterhin stark zunehmenden Verbreitung des Internet werden immer mehr Dienstleistungen im Netz angeboten. Dabei werden auch E-Commerce-Dienste von einer wachsenden Zahl von Internet-Anwendern genutzt. Die Vorteile, die sich Anwender durch die Nutzung dieser Dienste verschaffen, werden jedoch häufig durch die Einschränkung der eigenen Privatsphäre gegenüber den Dienst-Anbietern erkauft. So können die Dienst-Anbieter beispielsweise persönliche Daten ihrer Kunden über längere Zeiträume erfassen und analysieren, um Kundenprofile zu erstellen.

Allgemein ist das Vertrauen der Nutzer in die Sicherheit von Internet-Angeboten gering, was laut einiger Studien[1] eines der entscheidenden Hindernisse für die weitere Verbreitung des E-Commerce ist. Viele Anwender sehen sich und ihre Daten nicht ausreichend geschützt. Bei der Vielzahl der genutzten Dienste und den verschiedenen Forderungen der Anbieter nach persönlichen Daten der Kunden verlieren die Kunden schnell den Überblick, wem sie welche Daten zur Verfügung gestellt haben.

Um dem Benutzer die Kontrolle über seine persönlichen Daten und damit sein Recht auf informationelle Selbstbestimmung zu ermöglichen, benötigt er ein einfach zu bedienendes Sicherheitswerkzeug zur Verwaltung dieser Daten: den *persönlichen Identitätsmanager (πManager)*.

2 Die Teil-Identität

An verschiedenen Orten im Netz (beispielsweise bei verschiedenen URIs[2]) geben Anwender unterschiedlich viele Informationen über sich preis. So präsentiert man beispielsweise im IRC einen Nickname, eine E-Mail-Adresse und den Rechnernamen/IP-Adresse. Bei Webshops oder Online-Brokern verfügt man dagegen oft über ein eigenes Profil mit detaillierten Angaben zu Interessen oder eigenen Kenntnissen. Generell zeigt jeder Anwender im Netz Teile seiner Identität, wobei die Identität eines Anwenders als die Menge aller seiner persönlichen

---

[1] http://www.zdnet.co.uk/news/2000/30/ns-17081.html
http://www.pandab.org/ecommercesurvey.html

[2] Uniform Resource Identifier, ein generischer Ausdruck für alle Arten von Namen und Adressen, die sich auf Objekte im Internet beziehen, siehe [RFC1630_1994].

Daten definiert ist. Da er an verschieden Orten im Netz unterschiedliche Teilmengen seiner persönlichen Daten zeigt, tritt er unter verschiedenen *Teil-Identitäten* auf.

Eine Teil-Identität setzt sich aus einer Menge von Tupeln zusammen. Jedes Tupel beinhaltet die Beschreibung des persönlichen Datums (Bezeichner) und das persönliche Datum selbst:

Persönliches Datum (Pseudonym): Mit einem persönlichen Datum, wie „Michael" oder einem öffentlichen Schlüssel, kann der Anwender sich mehr oder weniger eindeutig identifizieren.

Bezeichner: Jedes persönliche Datum wird durch einen Bezeichner referenziert, z.B. „personname.given".

Schlüssel-Bezeichner verweisen auf Daten, die eindeutig sind, wie bspw. ein privater Schlüssel.

Identifizierende Schlüssel-Bezeichner verweisen auf Daten, mit denen eine Person eindeutig identifiziert werden kann, wie bspw. die Personalausweisnummer.

Schablone: Die Schablone einer Teil-Identität ist die Menge der Bezeichner einer Teil-Identität, enthält aber keine persönlichen Daten. Schablonen können daher als Muster für Teil-Identitäten dem Benutzer zur Verfügung gestellt werden.

Der Benutzer zeigt sich mit einer bestimmten Teil-Identität im Internet. In gleicher Weise kann auch sein Kommunikationspartner persönliche Daten offenbaren. Entsprechend kann der Benutzer diese Daten sammeln und seinerseits Teil-Identitäten von seinen Kommunikationspartnern erstellen. Generell existieren also *eigene* und *fremde* Teil-Identitäten, d.h. Teil-Identitäten der Kommunikationspartner.

3 Identitätsmanagement

Aufbauend auf einer Sicherheitsplattform unterstützt der Identitätsmanager den Anwender bei der Nutzung verschiedener Dienste im Internet, wie WWW, E-Mail oder IRC. Dabei kann der Nutzer im Internet unter verschiedenen *Teil-Identitäten* auftreten, mit denen er sich – je nach Situation – im Spektrum zwischen vollständiger Anonymität und Identifizierbarkeit bewegen kann. Erste Ideen zum situationsbezogenen Wechsel von Rollen stammen aus den Jahren 1985 [Ch_1985] und 1993 [Cl_1993], einen Überblick über die bisherige Entwicklung verschiedener Konzepte des Identitätsmanagements gibt [Kö_2000].

Eine Situation wird durch den Kommunikationspartner und die Art der Tätigkeit, die der Benutzer im Internet durchführen möchte, bestimmt. Tätigkeiten können beispielsweise „E-Mail schreiben" oder „Einkaufen" sein. Technisch gesehen lässt sich eine Situation durch eine Menge von URIs bestimmen. Dabei kann die Situation durch einen einzigen URI festgelegt werden (wie beim Versenden einer E-Mail) oder durch eine Menge von URIs (wie beim Surfen im Katalog eines Online-Shops). Man kann allerdings davon ausgehen, dass beim Aufruf einer anderen Domain auch immer ein Situationswechsel stattfindet, da zumindest der Kommunikationspartner wechselt.

Die Funktionalität des Identitätsmanagers geht jedoch über die Verwaltung von persönlichen Daten, wie Name, Adresse oder Telefonnummer hinaus. Das System ermöglicht die Durchsetzung der Schutzziele der mehrseitigen Sicherheit gegenüber Dritten und dem Kommunikationspartner. Auf diese Weise kann der Arbeits- und Konfigurationsaufwand für den Anwender minimiert werden [JeGe_2000]. Dabei wird der Anwender nicht „entmündigt", sondern die Benutzungsoberfläche wird auf die Einstellungen reduziert, die vom Anwender situationsabhängig zu konfigurieren sind. Der Identitätsmanager ist somit ein anwendungsübergreifendes Sicherheitswerkzeug, das andere Sicherheitsanwendungen wie PGP oder Anonymizer integriert und dem Anwender eine einheitliche Benutzungsoberfläche präsentiert.

3.1 Einheiten des Identitätsmanagements

Das Identitätsmanagement setzt sich aus den fünf Einheiten Benutzungsoberfläche, Identitätskonfiguration, Identitätsaushandlung, Handlungsbestätigung und Sicherheitsplattform zusammen (vgl. Abbildung 1):

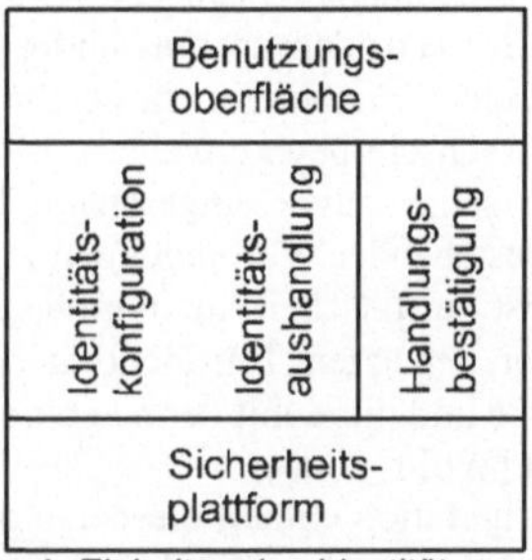

Abbildung 1: *Einheiten des Identitätsmanagements*

3.1.1 Benutzungsoberfläche

Die Benutzungsoberfläche muss die Sicherheit des Identitätsmanagers in verständlicher Weise
widerspiegeln, da Laien und viele Normalbenutzer die Sicherheitsmechanismen des Identitätsmanagers nicht überprüfen und einschätzen können. Dabei darf jedoch das Vertrauen, das
der Benutzer mit der Zeit zum Identitätsmanager aufbaut, nicht durch technische Sicherheitslücken im System gefährdet werden. Die Benutzungsoberfläche darf zudem keine Sicherheit
vortäuschen, die das System nicht bietet. Um Manipulationen der Benutzungsoberfläche
durch unsichere Geräte oder Trojanische Pferde zu verhindern, sollte die Benutzungsoberfläche im persönlichen Vertrauensbereich des Benutzers lokalisiert sein [PfPfScWa_1999].
Generell hängt die Akzeptanz des Identitätsmanagers hauptsächlich von der Gestaltung der
Benutzungsoberfläche ab. Insbesondere intuitive Bedienbarkeit erleichtert dem Anwender den
Umgang mit der Benutzungsoberfläche, da er die Konsequenzen im Umgang mit dem Sicherheitswerkzeug besser abschätzen kann. [GeJeMü_2000]. Deshalb sollte eine Benutzungsoberfläche auf Erfahrungen und Abbildern aus der realen Welt aufbauen.

3.1.2 Identitätskonfiguration

Die Identitätskonfiguration ermöglicht es dem Benutzer, situationsgerecht eine Teil-Identität
auszuwählen, mit der er sich seinem Kommunikationspartner gegenüber zeigen möchte. Außerdem lassen sich Teil-Identitäten bearbeiten und neue Teil-Identitäten erstellen.
Die Einheit Identitätskonfiguration teilt sich in vier Komponenten auf:
1. Bearbeiten von eigenen Teil-Identitäten,
2. situationsabhängiges Wechseln der eingesetzten Teil-Identität,
3. Filter und
4. Verwaltung fremder Teil-Identitäten

Generell muss der Umgang mit diesen Komponenten mit minimalem Aufwand verbunden
sein, da sich für viele Benutzer zunächst ein Mehraufwand ohne direkt sichtbaren Nutzen ergibt. Bevor ein Benutzer mit dem Identitätsmanager arbeiten kann, muss er über Teil-
Identitäten verfügen. Vorgefertigte, (und u.U.) zertifizierte Teil-Identitäten und „Wizards"
helfen dem Benutzer beim Entwurf und der Bearbeitung eigener Teil-Identitäten. Eine weitere
Verbesserung bringt der P3P-Standard [P3P_2000], da der Benutzer seine individuellen „Pri-

vacy Preferences" festlegen und dann anhand der „Privacy Policies" seiner Kommunikationspartner entscheiden kann, mit welchen Teil-Identitäten er diesen gegenübertreten möchte.

Bei der Nutzung des Internets wechselt der Identitätsmanager immer dann automatisch die Teil-Identität, wenn ein Situationswechsel stattfindet und der neuen Situation eine andere Teil-Identität zugeordnet ist. Einen Situationswechsel kann der Identitätsmanager an einem Wechsel der Anwendung und/oder an einem Wechsel der Domain im URI erkennen. Darüber hinaus können auch innerhalb einer Domain verschiedene Situationen vom Benutzer definiert worden sein, für die ein Wechsel der Teil-Identität notwendig ist.

Möchte der Nutzer innerhalb derselben Situation mehr persönliche Daten preisgeben, kann er nachträglich seine Teil-Identität wechseln bzw. erweitern. Möchte er allerdings weniger persönliche Daten preisgeben als in seiner zuvor eingesetzten Teil-Identität, muss er vor dem Wechsel der Teil-Identität alle bestehenden Verbindungen zum Kommunikationspartner beenden. Dem Benutzer würde sonst ein falscher Anonymitätsgrad vorgetäuscht, da der Kommunikationspartner mit der zuvor genutzten Teil-Identität bereits Zugriff auf eine größere Menge von persönliche Daten hatte und diese mit der neu eingesetzten Teil-Identität verketten kann (Monotonie der Anonymität [WoPf_2000]).

Die Datenbank der Identitätskonfiguration enthält die persönlichen Daten des Benutzers, die Teil-Identitäten und die Relationen zwischen Situationen und den dazugehörenden Teil-Identitäten und muss daher besonders geschützt werden. Zudem sollte dieser persönliche Teil des Identitätsmanagers mobil sein, da ein Benutzer sein System u.U. an verschiedenen Orten einsetzt. Aus diesen Gründen sollte die Datenbank in einem vertrauenswürdigen Sicherheitsbereich auf einem mobilen Endgerät implementiert sein, der mit dem Identitätsmanager auf einem PC kommunizieren kann.

Ein weiterer Bestandteil der Identitätskonfiguration ist die Sammlung von fremden Teil-Identitäten. Sieht man E-Mail-Adressen, Homepages und andere übermittelte Informationen der Kommunikationspartner als Bestandteile ihrer Teil-Identitäten, dann kann sich der Nutzer eine Sammlung solcher Teil-Identitäten in einem anwendungsübergreifenden „Adressbuch" zusammenstellen. Da in diesem Fall persönliche Daten der Kommunikationspartner gespeichert werden, müssen diese Daten wie die eigenen Daten des Nutzer in einer besonders gesicherten Datenbank abgelegt werden.

3.1.3   Identitätsaushandlung

Eine Aushandlung der Teil-Identitäten ist dann notwendig, wenn ein Teilnehmer über seinen Kommunikationspartner mehr wissen möchte, als dieser anfangs preiszugeben bereit ist oder ein Konflikt über den Grad der Verbindlichkeit dieser Kommunikation besteht. Deshalb muss den Kommunikationspartnern die Möglichkeit geboten werden, die Teil-Identitäten untereinander auszuhandeln. Dabei müssen die folgenden drei Szenarien der Aushandlung berücksichtigt werden:

Mensch-Mensch: Zwei Kommunikationspartner müssen sich über die auszutauschenden Teil-Identitäten einigen. Es kann eine mehrstufige Aushandlung stattfinden.

Mensch-Maschine: Diese Situation findet sich häufig im Bereich des E-Commerce. Der Kunde muss dem Server persönliche Daten wie Name, Adresse oder Finanzdaten bekannt geben. Hier kann eine Aushandlung stattfinden, wobei beispielsweise eine Bezahlung als Gegenleistung für die Preisgabe weiterer persönlicher Daten erfolgen kann.

Maschine-Maschine: In vielen Situationen ist eine automatische Aushandlung ohne direkte Benutzerbeteiligung möglich. So wird beispielsweise im Erreichbarkeitsmanagement [DaPo-Re_1999] zwischen dem angerufenen und dem anrufenden Gerät ausgehandelt, ob und wie der Anruf signalisiert werden soll. Auch P3P ermöglicht eine Aushandlung ohne direkte menschliche Interaktion.

3.1.4 Handlungsbestätigung

Der Benutzer muss für jede Teil-Identität bestimmen können, ob seine Handlungen zurechenbar sind, oder ob er wünscht, dass die Handlungen seines Partners zurechenbar sein sollen. Dabei müssen die vier Fälle der Zurechenbarkeit [JeGe_2000] berücksichtigt werden (z.B. für eine Kommunikation zwischen Alice und Bob):

- Alice signiert.
- Bob signiert.
- Alice schickt eine Empfangsbestätigung.
- Bob schickt eine Empfangsbestätigung.

Die Einheit Handlungsbestätigung stellt dafür die nötigen Werkzeuge wie Signierwerkzeug und Ortstempeldienst [ZuKrKa_2001] zur Verfügung.

In [Sc_2000] wurde jedoch gezeigt, dass heutige Signierwerkzeuge oft erhebliche Benutzbarkeitsprobleme aufweisen. Die Handlungsbestätigung des Identitätsmanagers muss deshalb möglichst einfach und verständlich zu bedienen sein.

Ein weiterer Bestandteil dieser Einheit ist die Verwaltung von Zertifikaten und Credentials [Ch_1984]. Das System muss über die nötigen Schlüssel von Zertifizierungsinstanzen und anderen Kommunikationspartnern verfügen und dem Nutzer eine Bewertung der Authentizität und Vertrauenswürdigkeit der Schlüssel ermöglichen. Dazu muss das System Kontakt zu Zertifizierungsstellen herstellen können, um Zertifikate und Credentials zu testen [Kö_2000a]. Zudem soll der Benutzer eigene Zertifikate und Credentials erstellen können.

3.1.5 Sicherheitsplattform

Die Sicherheitsplattform beinhaltet die Schnittstelle zu den Anonymitätsdiensten und zu Sicherheitsmechanismen, beispielsweise für die digitale Signatur. Die anderen Einheiten des Identitätsmanagers bauen auf dieser Sicherheitsplattform auf, da sie die erforderlichen Sicherheitsfunktionalitäten zur Verfügung stellt und durch Nutzung der Anonymitätsdienste den vom Benutzer gewünschten Grad der Anonymität gewährleisten kann.

Der Anonymitätsdienst ist die Grundlage des Identitätsmanagements und ermöglicht dem Benutzer ein anonymes Auftreten im Netz. Seinem Kommunikationspartner gegenüber kann der Benutzer dann seine Anonymität durch den Einsatz von Teil-Identitäten und die damit verbundene Freigabe von persönlichen Daten mehr oder weniger weit aufheben.

3.2 Implementierung des π*Manager*s

Für die Realisierung eines Identitätsmanagers auf einem PC wird die in Abbildung 2 gezeigte Architektur vorgeschlagen, die im Projekt ATUS[3] als π*Manager* implementiert wird. Der π*Manager* befindet sich, ähnlich wie eine Personal Firewall, zwischen den Anwendungen und dem Internet („Identitäts-Firewall") und beschränkt sich zunächst auf Web-Anwendungen. Der π*Manager* wird vorerst als unilaterale Komponente implementiert, d.h. es wird die Funktionalität unterstützt, die beim Kommunikationspartner oder dritten Parteien keinen π*Manager* erfordert. In diesem Kapitel werden Details der Implementierung des π*Manager*s beschrieben.

---

[3] Das Projekt ATUS – A Toolkit for Usable Security ist ein Projekt in dem von der DFG geförderten Schwerpunktprogramm „Sicherheit in der Informations- und Kommunikationstechnik". http://www.iig.uni-freiburg.de/telematik/atus/

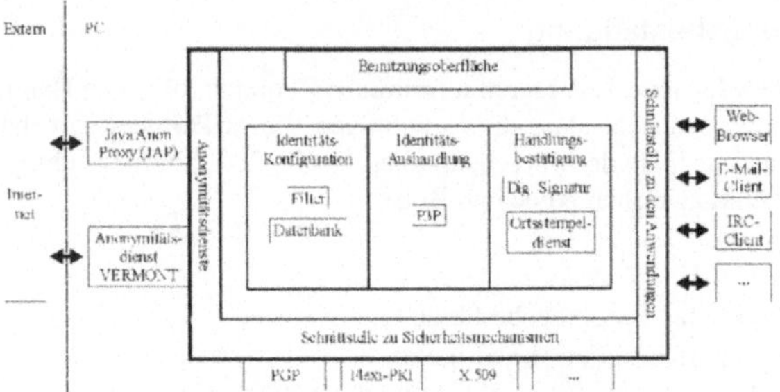

Abbildung 2: Architektur des • Managers

Im *πManager* wird der ein- und ausgehende Datenstrom nach Situationen getrennt. Jedem Datenstrom ist eine Teil-Identität zugeordnet, die die persönlichen Einstellungen des Benutzers für diese Situation enthält. Diese Datenströme werden von einem Filter in der Einheit Identitätskonfiguration (siehe Kapitel 3.2.3) gefiltert.

3.2.1 Schnittstellen

Der Webbrowser kommuniziert mit dem *πManager* wie mit einem Proxy. Ist der Browser einmal umkonfiguriert, kann der Benutzer weiter mit dieser ihm vertrauten Anwendung arbeiten.

Die Verbindungen ins Internet werden über Anonymitätsdienste hergestellt, um ein anonymes Auftreten des Benutzers zu ermöglichen. Der *πManager* nutzt den Anonymitätsdienst JAP[4] [BeFeKo_2000], dessen Client-Software um eine entsprechende Schnittstelle erweitert wurde.

Die Einheiten des *πManagers* greifen auf Sicherheitsmechanismen wie Verschlüsselungs- oder Signierfunktionen zurück. Für diese Mechanismen stellt der *πManager* Schnittstellen bereit, um neue Algorithmen einfach in das System integrieren zu können.

3.2.2 Benutzungsoberfläche

Die Benutzungsoberfläche des *πManagers* soll adaptiv an das Benutzerwissen anpassbar sein (Multi-User-Level Modell [GeKa_2000]), um Benutzern mit unterschiedlichen Erfahrungen gerecht zu werden. Dazu werden die Benutzer in verschiedene Gruppen (wie bspw. Experten oder Laien) eingeteilt, für die jeweils eine individuelle Benutzungsoberfläche entworfen wird. Der Benutzer kann sich dann, je nach eigenem Wissensstand, die für ihn am besten geeignete Oberfläche heraussuchen.

Aus diesem Grund werden bereits während der Entwicklung der Benutzungsoberfläche die späteren Zielgruppen berücksichtigt und durch Benutzbarkeitstests einbezogen, um eine kontinuierliche Verbesserung der Benutzbarkeit parallel zur Entwicklung der Benutzungsoberfläche zu erreichen.

Die Benutzungsoberfläche des *πManagers* ermöglicht dem Benutzer die Kontrolle über seine Teil-Identitäten. Er kann mit einem Editor Teil-Identitäten erstellen und bearbeiten. Abbildung 3 zeigt die Darstellung der Teil-Identität „Einkaufen" im *πManager*. Die Bezeichner der nicht freigegebenen Daten werden grau angezeigt, Icons verdeutlichen die Bedeutung der einzelnen Teil-Identitäten.

---

[4] http://anon.inf.tu-dresden.de/

Abbildung 3: *Anzeige einer Teil-Identität*

3.2.3 Identitätskonfiguration und -aushandlung

Der *πManager* verfügt über eine Datenbank, die die persönlichen Daten des Benutzers, die Schablonen der Teil-Identitäten und die Verbindungen zwischen Teil-Identitäten und URLs speichert (es werden keine URIs gespeichert, da derzeit nur Webadressen unterstützt werden). Diese Datenbank wird im Rahmen einer Kooperation mit dem Forschungsprojekt LUCA[5] auf einem sicheren mobilen Endgerät implementiert.

Baut der Benutzer eine Verbindung zu einem URL auf, dann sucht der *πManager* in der Datenbank nach diesem URL. Ist dieser nicht in der Datenbank enthalten, dann hat der Benutzer noch keine Verbindung zu dieser Adresse gehabt oder nur anonym mit der Adresse kommuniziert. In diesem Fall existiert noch keine abgespeicherte Situation, weshalb das System zur weiteren Kommunikation eine anonyme Standard-Teil-Identität verwendet. Diese Standard-Teil-Identität enthält keine persönlichen Daten, da der Nutzer bei unbekannten URLs anonym auftritt, um nicht unnötig persönliche Daten herauszugeben. Will der Benutzer mehr persönliche Daten freigeben, so muss er eine andere Teil-Identität auswählen oder erstellen. In diesem Fall speichert der *πManager* die Kombination von URL und Teil-Identität als neue Situation.

Ist der URL bereits in der Datenbank gespeichert, so wird der Datenbank die dazugehörige Schablone einer Teil-Identität entnommen. Diese Schablone wird mit den persönlichen Daten des Benutzers versehen, die auch in der Datenbank gespeichert sind. Mit dieser Teil-Identität arbeitet das System und filtert die ein- und ausgehenden Datenströme: Der eingehende Datenstrom wird auf P3P-Informationen und auf Formulare (HTML-Forms) untersucht. Unterstützt der Kommunikationspartner P3P, dann kann die zu verwendende Teil-Identität ggf. mit Hilfe von P3P ausgehandelt werden: Gibt ein Händler beispielsweise in seiner P3P-Policy an, dass er den Namen und die Adresse des Kunden nur für die Abwicklung der Bestellung verwendet, und hat der Kunde in seinen P3P-Preferences diese Daten für diesen Zweck freigegeben, so kann die verwendete Teil-Identität automatisch um diese Daten erweitert, bzw. eine neue Teil-Identität mit diesen Daten für die Situation erstellt werden.

Bei Formularen versucht der *πManager* anhand des Feldnamens den zugehörigen Bezeichner der persönlichen Daten zu ermitteln, die in das Feld eingefügt werden sollen. Diese Daten werden dann, in Abhängigkeit von der gewählten Teil-Identität, in das zugehörige Feld ein-

---

5   http://wwwspies.in.tum.de/forschung/spp/

getragen, bevor die Daten weiter zum Webbrowser geschickt werden. Der Benutzer sieht daraufhin in seinem Browser die automatisch eingefügten Daten und kann sie auf Korrektheit überprüfen. Diese Form-Filler Funktion ist bereits von Anwendungen wie „Gator"[6] bekannt, dort allerdings ohne die Möglichkeit des automatischen Wechsels der eigenen Teil-Identität beim Situationswechsel.

Der ausgehende Datenstrom wird auf die persönlichen Daten untersucht, die *nicht* in der ausgewählten Teil-Identität enthalten sind, denn diese Daten wurden vom Benutzer nicht freigegeben. Werden solche Daten ermittelt, dann macht das System den Benutzer darauf aufmerksam, da er sie an den Kommunikationspartner übermitteln wollte, ohne sie in der Teil-Identität freigegeben zu haben. Nur wenn der Benutzer der Freigabe der Daten zustimmt, leitet der *πManager* die Daten weiter und stellt den Benutzer vor die Wahl, ob die aktuelle Teil-Identität um diese Daten erweitert oder ob eine neue Teil-Identität mit den Daten generiert werden soll.

3.2.4   Handlungsbestätigung

Im *πManager* ermöglicht ein Signierwerkzeug dem Benutzer das Signieren von Daten und die Kontrolle von Signaturen und Zertifikaten. Dieses Signierwerkzeug wird im ATUS-Prototyp zusammen mit der Datenbank in einem sicheren Endgerät implementiert. Das Signierwerkzeug setzt die eigenhändige Unterschrift als biometrisches Merkmal zur Authentifikation des Benutzers und zur Freischaltung des privaten Schlüssels bzw. der digitalen Signatur ein. Zur Abgabe der eigenhändigen Unterschrift wird der *πManager* mit einem Signaturpad versehen, das mit der Unterschriftserkennungssoftware der Firma Softpro arbeitet. Durch die eigenhändige Unterschrift wird die ausdrückliche Willenserklärung und die nachfolgende Rechtsverbindlichkeit deutlicher als durch die Eingabe einer PIN, so dass der Benutzer die Konsequenzen seines Handelns besser einschätzen kann.

Die Verwaltung von Credentials ist für den Prototyp des *πManagers* vorerst nicht vorgesehen.

4 Ausblick

Derzeit wird im Projekt ATUS der *πManager* als Prototyp eines Identitätsmanagers für den PC implementiert. Dieser Prototyp besteht aus den Einheiten Benutzungsoberfläche, Identitätskonfiguration, Handlungsbestätigung und Sicherheitsplattform. Für die Identitätskonfiguration wurde ein Editor zur Erstellung und Bearbeitung für Teil-Identitäten implementiert. Als Instrument der Handlungsbestätigung wird ein Signierwerkzeug eingesetzt, das mit der handschriftlichen Unterschrift den privaten Schlüssel für die digitale Signatur frei schaltet. Die Sicherheitsplattform greift auf Anonymitätsdienste zurück, während die Datenbank mit den personenbezogenen Daten auf ein sicheres Endgerät portiert wird, um einen mobilen vertrauenswürdigen Sicherheitsbereich für den Benutzer zu schaffen. Der *πManager* soll auf der CeBit 2002 auf dem Gemeinschaftsstand des Schwerpunktprogramms „Sicherheit in der Informations- und Kommunikationstechnik" der DFG vorgestellt werden.

Literatur

[BeFeKo_2000] Oliver Berthold, Hannes Federrath und Marit Köhntopp. *Project „Anonymity and Unobservability in the Internet"*. In Workshop on Freedom and Privacy by Design / Conference on Freedom and Privacy 2000, S. 57-65, Toronto/Canada, April 2000.

---

6   http://www.gator.com/

[Ch_1984]   David Chaum. *A New Paradigm for Individuals in the Information Age*. In Proceedings of the 1984 Symposium on Security and Privacy, S. 99-103, 1984.

[Ch_1985]   David Chaum. *Security without Identification: Transaction Systems to make Big Brother Obsolete*. Communications of the ACM, 28(10): S. 1030-1044, Oktober 1985.

[Cl_1993]   Roger Clarke. *Computer Matching and Digital Identity*. In Proceedings of the Computers, Freedom & Privacy Conference, San Francisco, 1993.

[DaPoRe_1999] Herbert Damker, Ulrich Pordesch und Martin Reichenbach. *Personal Reachability and Security Management – Negotiation of Multilateral Security*. In Günter Müller und Kai Rannenberg (Hrsg.), Technology, Infrastructure, Economy, Volume 3 of Multilateral Security in Communications, S. 95-111. Addison Wesley Longman Verlag GmbH, 1999. ISBN 3-8273-1360-0.

[GeJeMü_2001] Daniela Gerd tom Markotten, Uwe Jendricke, und Günter Müller. *Benutzbare Sicherheit – Der Identitätsmanager als universelles Sicherheitswerkzeug*. Kapitel 7, S. 135-146. Springer-Verlag Berlin, Mai 2001. ISBN 3-540-41703-6.

[GeKa_2000] Daniela Gerd tom Markotten und Johannes Kaiser. *Benutzbare Sicherheit – Herausforderungen und Modell für E-Commerce-Systeme*. Wirtschaftsinformatik, 6:531-538, Dezember 2000.

[JeGe_2000] Uwe Jendricke und Daniela Gerd tom Markotten. *Usability meets Security – The Identity-Manager as your Personal Security Assistant for the Internet*. In Proceedings of the Annual Computer Security Applications Conference, Dezember 2000.

[Kö_2000]   Marit Köhntopp. *Generisches Identitätsmanagement im Endgerät*. In Materialien zum GI-Workshop „Sicherheit und Electronic Commerce – WSSEC 2000", März 2000.

[Kö_2000a] Marit Köhntopp. *Identitätsmanagement – Anforderungen aus Nutzersicht*. In Workshop „Datenschutz und Anonymität" des NRW-Forschungsverbundes Datensicherheit, Düsseldorf, März 2000.

[P3P_2000] *The Platform for Privacy Preferences 1.0 (P3P1.0) Specification*, Mai 2000.

[PfPfScWa_1999] Andreas Pfitzmann, Birgit Pfitzman, Matthias Schunter und Michael Waidner. *Trustworthy User Devices*. In Günter Müller und Kai Rannenberg (Hrsg.), Technology, Infrastructure, Economy, Volume 3 of Multilateral Security in Communications, S. 137-156. Addison Wesley Longman Verlag GmbH, 1999. ISBN 3-8273-1360-0.

[RFC1630_1994] Tim Berners-Lee. *Universal Resource Identifiers in WWW*. Request for Comments: 1630, June 1994.

[Sc_2000]   Bruce Schneier. *Secret and Lies*. Robert Ipsen. 2000. ISBN 0471253111.

[WoPf_2000] Gritta Wolf und Andreas Pfitzmann. *Properties of Protection Goals and their Integration into a User Interface*. Computer Networks, 32:685-699, 2000.

[ZuKrKa_2001] Alf Zugenmaier, Michael Kreutzer und Matthias Kabatnik. Enhancing Applications with Approved Location Stamps. In 2001 IEEE Intelligent Network Workshop Proceedings, 2001.

On the Security of the UMTS System

Stefan Pütz[A], Roland Schmitz[B,1], Tobias Martin[B]

[A]T – Mobil Deutsche Telekom Mobilnet GmbH
stefan.puetz@t-mobil.de
[B]T – Nova Deutsche Telekom Innovationsgesellschaft mbH
{roland.schmitz, tobias.martin}@t-systems.de

Abstract

This contribution presents an overview of the security of the 3rd generation mobile radio system UMTS as currently standardised by the 3rd Generation Partnership Project 3GPP. We discuss the underlying principles and show to which extent the security of 2nd generation systems as GSM is improved and enhanced by UMTS. The UMTS Authentication and Key Agreement protocol, the security algorithms deployed for UMTS and the interworking mechanisms between 2nd and 3rd generation systems are described in detail.

1 Introduction

During 1998 a worldwide harmonisation and globalisation process for the 3G (3rd generation) mobile radio systems has taken place. Therefore the standardisation process for UMTS (Universal Mobile Telecommunications System) has moved from ETSI (European Telecommunications Standards Institute) to 3GPP (3rd Generation Partnership Project). 3GPP was set up by various regional standards organisations and other related bodies from different continents and countries, e.g. Europe (ETSI), Japan (ARIB, TTC), Korea (TTA), China (CWTS) and North America (T1), that have agreed to co-operate for the production of a complete set of globally applicable technical specifications for a 3G mobile radio system based on evolution of the GSM (Global System for Mobile Communications) core network.

3G mobile radio systems will involve more players, e.g. content and service providers, and more operators, which will result in complex system and roaming scenarios. 3G systems will exist of and interact with a lot of different network types. Also 3GPP will promote wireless as preferred means of communication. To ensure that UMTS will work securely and reliably under this condition, the 3GPP security group was established in early 1999 to define the UMTS security. The standardisation of UMTS security within 3GPP has now reached a reasonably stable state.[2] It is attempted in this paper to provide a fairly complete overview of the UMTS security by highlighting its new security features and describing the most essential mechanisms (incl. protocols and algorithms) deployed to provide these features.

2 3G Security Principles

The scope of 3G security is formed by a few principles. These principles state what is to be provided by 3G security as compared to the security of 2G (2nd generation) systems [TS 33.120].

- Build on the security of 2G systems

Security elements within GSM and other 2G systems that have proved to be needed and robust shall be adopted. Furthermore compatibility with GSM in order to ease interworking and handover shall be ensured.

- Improve on the security of 2G systems
3G security will address and correct real and perceived weaknesses in GSM and other 2G systems.
- Offer new security features
3G security will secure new services offered by 3G systems and take account of changes in network architecture.

2.1 Building on GSM Security

The well known security features of GSM are described in the ETSI standards [GSM 02.09, GSM 03.20]. Furthermore, the GSM security architecture and mechanisms are explained in [DuD1996]. In the ten years of being in operation, the security architecture of GSM has proven to provide the GSM subscribers a sufficient level of security. The big commercial success of GSM is at least partly owed to its robust security architecture, which has struck a good balance between subscriber's needs and commercial interests. It was therefore a quite natural decision for the 3GPP security group, to retain basic security features of GSM for 3G, namely:

- Subscriber identity confidentiality
- Subscriber authentication
- Radio interface encryption
- Use of a SIM (Subscriber Identity Module) card as a terminal independent security module, consisting of removable hardware
- Authentication of subscriber towards the SIM
- Security operation without user assistance
- An authentication procedure, that is performed by the Serving Network (SN), but nevertheless requires minimal trust in the SN, because no permanent user-individual keys are transferred from the user's Home Environment (HE) to the SN
- The possibility to use operator-individual authentication algorithms

3 Additional UMTS Security Features

In addition to the well-known GSM security features given in 2.1, UMTS provides the following security features (see also [DuD2001] and Figure 1 for an overview of the complete UMTS security architecture):

- **Enhanced UMTS Authentication and Key Agreement Mechanism**
The UMTS authentication and key agreement mechanism provides the following features on top of the corresponding GSM mechanism:
  - HE to USIM (UMTS Subscriber Identity Module)[3] authentication (cf. 4.3)
  - sequence number management in order to prevent resp. ensure controlled re-use of authentication vectors (cf. 4.4)
  - AMF (Authenticated Management Field) providing a secured channel from HE to USIM for defining operator-specific options in the authentication process (cf. 4.2)
  - agreement on an Integrity Key (IK) used for integrity protection of signalling information (cf. 4.2)
- **Integrity Protection of Signalling Information**

---

[3] USIM is in some sense the UMTS analogon to the GSM SIM card.

Integrity protection of signalling information serves to secure connection establishment and provides in-call (or local) authentication independent of ciphering. Thereby this is one mean to effectively prevent so called false-base-station-attacks.

- **USIM Control of Cipher/Integrity Key Usage**
  The USIM is enabled to keep track of the amount of data secured using a particular cipher/integrity key pair and triggers a new authentication at the next connection set-up when the amount of data already secured by the current key pair exceeds a certain threshold.

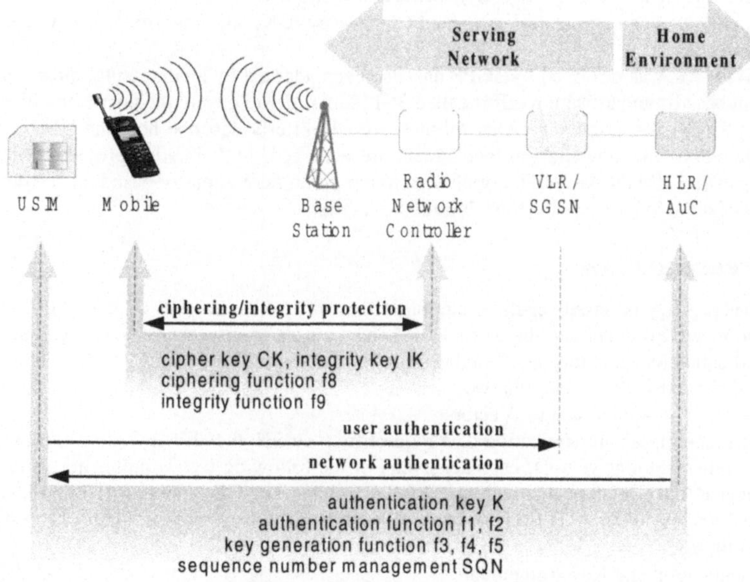

Figure 1: UMTS Security Architecture

- **SN control of cipher/integrity key lifetime**
  The SN triggers refreshment of cipher/integrity keys on a regular basis to control and limit the usage of cipher/integrity key pairs.
- **Ciphering/Integrity Protection**
  Ciphering/integrity protection terminates at the RNC (Radio Network Controller)[4], which ensures that the interface between base station and RNC is secured. Cipher/integrity key lengths up to 128 bits provide a security margin for future advances in computing power.
- **Trust and Confidence by Published Algorithms**
  Reviewed and public 3G security algorithms for ciphering, integrity protection and authentication will foster trust and confidence in the security of the UMTS system.
- **Authentication Failure Indication**
  In case of a failed authentication attempt, the reason is signalled back to the HE, which may help to detect intruders masquerading as legitimate networks.

---

[4] RNC is the UMTS analogon to the GSM network entity called Base Station Controller.

4 Authentication and Key Agreement

The UMTS Authentication and Key Agreement (AKA) protocol has been designed in such a way that the compatibility with GSM is maximised and a migration from GSM to UMTS is easily possible (cf. section 6). The basic architecture of a symmetric challenge-response protocol, as it is deployed in GSM, has therefore been retained for UMTS. However, as already mentioned in section 3, there are significant enhancements to the related GSM protocol which serve to achieve additional protocol goals:

* Authentication of HE to the User
* Agreement on an Integrity Key (IK) between user and SN
* Mutual assurance of freshness of agreed Cipher Key (CK) and Integrity Key (IK) between SN and User

The UMTS AKA as designed by 3GPP has also been adopted by a competing, mostly north-american based standardisation effort called 3GPP2 in order to ensure the possibility of global roaming for 3G subscribers. In what follows, we will briefly describe how the UMTS AKA protocol works and how the protocol goals are achieved. [TR 33.902] provides a formal analysis of the UMTS AKA. The brief description given here is partly based on the detailed account of the UMTS AKA in [ISSE2000].

4.1 Message Flow

The UMTS AKA is based on the assumption that the Authentication Center (AuC) of the user's home environment and the user's USIM share a user specific secret key K, certain message authentication functions $f1$, $f2$ and certain key generating functions $f3$, $f4$, $f5$. The UMTS AKA consists basically of two phases:

* Generation of Authentication Vectors:
  After receiving an authentication data request from an SN, the HE/AuC generates an array of n authentication[5] vectors, each consisting of the following five components: A random number RAND, an expected response XRES, a cipher key CK, an integrity key IK and an authentication token AUTN. This array of n authentication vectors is then sent to the requesting SN.
* Authentication and Key Agreement:
  In an authentication exchange the SN, resp. one of its corresponding network entities, namely Visitor's Location Register (VLR) or Serving GPRS Support Node (SGSN) selects the next (the i-th, where $1 \leq i \leq n$) authentication vector from the ordered array and sends RAND(i), AUTN(i) to the user. The USIM checks whether AUTN(i) can be accepted, i.e. whether AUTN(i) constitutes a valid authentication token, and if so, produces a response RES(i) which is sent back to the SN, which compares RES(i) to XRES(i). The USIM now also computes CK and IK which are subsequently used for ciphering and integrity protection on the air interface.

We will look at these two phases in greater detail in the following two subchapters.

4.2 Generation of Authentication Vectors

Upon receipt of an authentication data request, the HE/AuC starts with generating a fresh sequence number SQN and an unpredictable challenge RAND. For each user the HE/AuC keeps track of a counter: SQN_{HE}

---

5   A typical value for n could be five.

Subsequently the following values are computed by the HE/AuC by using the user-specific key K and an operator-specific Authentication Management Field AMF[6] (cf. figure 2):

- a message authentication code MAC = $f1_K$(SQN || RAND || AMF) where f1 is a message authentication function;
- an expected response XRES = $f2_K$(RAND) where f2 is a (possibly truncated) message authentication function;
- a cipher key CK = $f3_K$(RAND) where f3 is a key generating function;
- an integrity key IK = $f4_K$(RAND) where f4 is a key generating function;
- an anonymity key AK = $f5_K$(RAND) where f5 is a key generating function.

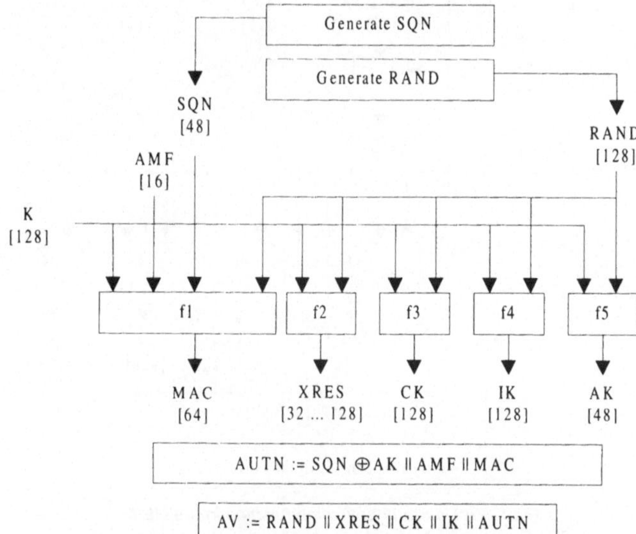

Figure 2: Generation of authentication vectors

Finally the authentication token AUTN = SQN ⊕ AK || AMF || MAC is constructed.

Here, AK is an anonymity key used to conceal the sequence number as the latter may expose the identity and location of the user. The authentication token AUTN is sent to the user together with the random challenge RAND by the SN. Its purpose is twofold: Firstly, it authenticates the HE to the user, since AUTN can only be computed by an entity in possession of K. It cannot be replayed, because the time-variant parameter SQN is included in the computation of AUTN. Secondly, by verifying that AUTN is correct, the user is also assured that the serving network is trusted by the user's HE (cf. 4.3.2).

The parameters (RAND, XRES, CK, IK, AUTN) together form the UMTS authentication vector sent to the SN by the HE.

4.3 AKA Mechanism

The SN invokes the procedure by selecting the next unused authentication vector from the ordered array of authentication vectors in the SN database. Authentication vectors in a particular node are used on a first-in / first-out basis. The SN sends to the USIM the random challenge

---

[6] The AMF serves to define operator-specific options in the authentication process, e.g. the use of multiple authentication algorithms or a limitation of key lifetime.

RAND and the corresponding authentication token AUTN from the selected authentication vector.

4.3.1 Actions on USIM

Upon receipt the user, resp. the USIM, proceeds as shown in Figure 3.

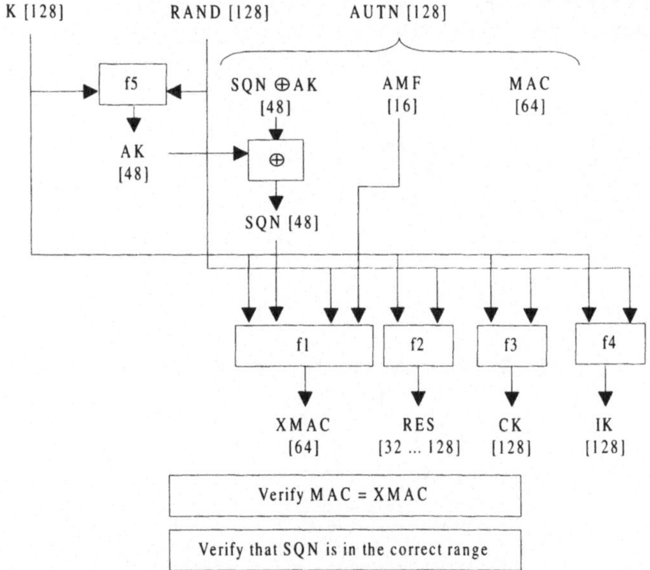

Figure 3: User authentication function in the USIM

The USIM first computes the anonymity key $AK = f5_K$ (RAND) and retrieves the sequence number $SQN = (SQN \oplus AK) \oplus AK$.

Next the USIM computes $XMAC = f1_K$ (SQN ‖ RAND ‖ AMF) and compares this with MAC which is included in AUTN. If they are different, the user sends *user authentication reject* back to the VLR/SGSN with an indication of the cause and the user abandons the procedure.

If the MAC verification was successful, the USIM verifies that the received sequence number SQN is in the correct range (cf. section 4.4).

If the USIM considers the sequence number to be not in the correct range (cf. section 4.4), it sends a *synchronisation failure* message back to the VLR/SGSN including (integrity-protected) information about an acceptable sequence number, and abandons the procedure. The SN then requests fresh authentication vectors from the HE by transferring the *synchronisation failure* message back to the HE.

If the sequence number is considered to be in the correct range however, the USIM computes $RES = f2_K$ (RAND) and includes this parameter in a *user authentication response* back to the SN. Finally the USIM computes the cipher key $CK = f3_K$ (RAND) and the integrity key $IK = f4_K$ (RAND). Upon receipt of the *user authentication response* the SN compares RES with the expected response XRES from the selected authentication vector. If XRES equals RES then the authentication of the user has passed. The SN also selects the appropriate cipher key CK and integrity key IK from the chosen authentication vector.

4.3.2 Protocol Goals Achieved

The protocol achieves the obvious goals of agreeing on symmetric keys CK, IK for ciphering and integrity protection between USIM and Serving Network, and of authenticating the user towards the SN.

In addition, by verifying the MAC included in AUTN the user is ensured that the random challenge RAND sent by the SN has in fact been generated by the user's HE, and that the SN is trusted by the HE to deal correctly with authentication vectors.

Moreover, although CK and IK are not derived from SQN, by checking that SQN lies in the correct range the user verifies the freshness of the keys CK and IK derived from RAND, because SQN and RAND are jointly integrity protected by the MAC. If SQN is accepted the user trusts his HE that the corresponding RAND was generated randomly and has not been used before. This is considered a minor issue, because there is already a strong trust relationship between user and Home Environment, the latter being in possession of the user's individual key K.

4.4 Sequence number management

By Sequence Number Management we mean the rules for generating sequence numbers in the HE and the corresponding rules by which the USIM decides whether to accept a transferred sequence number to be in the correct range or not. Since the USIM is configured and distributed by the HE, sequence number management schemes need not be standardised, but can be operator-specific. However, the standard [TS 33.102] gives example schemes in an informative annex.

When considering the rules the USIM should follow in the decision about acceptance of the sequence number received from the SN, there are basically two issues to be taken into account:

- An array of authentication vectors may arrive at the SN "out of order", i.e. the initial ordering of the authentication vectors may be disturbed on their way from the HE to the SN. As the sequence numbers are not visible to the SN (they are concealed by the Anonymity Key AK), the SN cannot restore the original ordering. This may result in an AUTN parameter being sent by a legitimate SN to the USIM containing a sequence number which is smaller than a sequence number received by the USIM before. This situation must not lead to a synchronisation failure.

- Accidental or malicious modification of authentication information in the network must not lead to the USIM reaching a state where it permanently rejects authentication requests from the network because the sequence number has been driven up to its maximum possible value *SEQmax*.

These issues are covered by the mechanisms described in the following subsections.

4.4.1 Array Mechanism

Each time an authentication vector is generated, the HE/AuC allocates a certain index value *IND* for that vector according to suitable rules and includes it in the appropriate part of *SQN*. The index value depends on the number of authentication vectors being sent simultaneously to the SN and may range from 0 to a -1 where a is the size of the array. A typical value for a is 32. The USIM maintains an array of a previously accepted sequence numbers: $SEQ_{MS}(0)$, $SEQ_{MS}(1), ..., SEQ_{MS}(a-1)$. The array is initialised with a sequence number value of zero for each array element. To verify that the received sequence number *SQN* is fresh, the USIM compares the received *SQN* with the sequence number in the array element indexed using the index value *IND* contained in the received *SQN*, i.e. with the array entry $SEQ_{MS}(i)$ where $i = IND$ is the index value. Now, if

- $SEQ > SEQ_{MS}$ (*i*), the USIM shall consider the sequence number to be guaranteed fresh and subsequently shall set SEQ_{MS} (*i*) to SEQ.
- $SEQ \leq SEQ_{MS}$ (*i*), the USIM shall generate a synchronisation failure message indicating the highest previously accepted sequence number SQN_{MS} anywhere in the array

By using this array mechanism erroneous synchronisation failures are effectively avoided. It may also be used to avoid unjustified rejection of user authentication requests when authentication vectors from different mobility management domains (circuit and packet switched) are used in an interleaving fashion.

4.4.2 Delta Mechanism

In order to avoid the USIM reaching the maximum sequence number $SEQmax$ within its assumed lifetime, the USIM should not accept arbitrary jumps in sequence numbers, but only increases by a value of at most Δ, which means that Δ shall be chosen sufficiently large so that the MS will not receive any sequence number with SEQ - $SEQ_{MS} \geq \Delta$ if the HE works correctly. In [TS 33.102] a value of $\Delta = 2^{28}$ is recommended.

In order to prevent that SEQ_{MS} ever reaches the maximum batch number value $SEQmax$ during the lifetime of the USIM, the minimum number of steps $SEQmax$ /Δ required to reach $SEQmax$ must be sufficiently large. For $\Delta = 2^{28}$, this means that about 32000 successful authentications are needed before $SEQmax$ is reached.

4.5 Secure Call Establishment

4.5.1 Ciphering and integrity mode negotiation

Before a connection can be established, the versions of cipher and integrity algorithms to be used need to be negotiated between MS and SN. When an MS wishes to establish a connection with the network, the MS indicates to the network via the so-called UE (User Equipment) Security Capabilities which cipher and integrity algorithms the MS supports. The network selects one cipher/integrity algorithm that is mutually acceptable (if there is none, the connection is released) and sends a corresponding Security Mode Command back to the MS in course of the Security mode set-up procedure (see section 4.5.3). This command is integrity protected by use of the most recently generated IK.

4.5.2 Cipher key and integrity key lifetime

The authentication and key agreement procedure described above which generates cipher/integrity keys is not mandatory at call set-up. It is only performed if:

- the user enters a new SN
- the user resp. the USIM indicates that a new AKA is required when the amount of data ciphered with CK has reached a threshold (see below)
- the SN decides to do so

If the AKA procedure is not performed, the previously generated cipher/integrity keys CK/IK are reused. Authentication in this case is based on the integrity check of signalling messages. In order to make it possible for the network to identify the cipher key CK and integrity key IK stored in the mobile station without invoking the authentication procedure, a number called Key Set Identifier (KSI) that is associated with the cipher and integrity keys is used. Upon key generation, it is allocated by the network and sent together with the authentication request message to the MS. In course of the security mode set-up procedure, the MS sends that number back to the network.

This mechanism, however, opens the possibility of unlimited and malicious re-use of compromised keys, so that a procedure is needed to ensure that a particular cipher/integrity key set is not used for an unlimited period of time. The USIM therefore contains a mechanism to limit the amount of data that is protected by an access link key set:

- Each time a connection is released a certain value START[7] is stored in the USIM. When the next connection is established that value is read from the USIM and constantly incremented as the connection goes on.
- The length of START is 20 bits. At connection establishment, the START values are used to initialise certain counters (COUNT-C and COUNT-I) which serve to drive the cipher and integrity algorithms (cf. 5.1.3). During an ongoing radio connection, e.g. the $START_{CS}$ value in the ME and in the RNC is defined as the 20 most significant bits of the maximum of all current COUNT-C and COUNT-I values for all signalling radio bearers and CS user data radio bearers protected using CK_{CS} and/or IK_{CS} incremented by 1, i.e.:

$$START_{CS} = MSB_{20} (MAX \{COUNT\text{-}C, COUNT\text{-}I \mid all\ radio\ bearers\ (including\ signalling)\ protected\ with\ CK_{CS}\ and\ IK_{CS}\}) + 1.$$

- The ME triggers the generation of a new access link key set (a cipher key and an integrity key) if $START_{CS}$ or $START_{PS}$ has reached a maximum value set by the operator and stored in the USIM at the next connection request message sent out. When this maximum value is reached, the cipher key and integrity key stored on USIM are deleted.

By this mechanism, the user can keep track of the amount of data protected with a certain key set and trigger a new authentication at connection set-up when a certain threshold stored on the USIM is exceeded. Upon radio connection release and when a set of cipher/integrity keys is no longer used, the ME updates $START_{CS}$ and $START_{PS}$ in the USIM with the current values.

During authentication and key agreement the START value associated with the new key set of the corresponding service domain is set to 0 in the USIM and in the ME.

4.5.3 Security mode set-up procedure

Figure 4 gives an overview of the procedure performed between MS and SN to set up the modes for both ciphering and integrity in a secure manner, including a possible AKA procedure. Note that the SN must have the "UE security capability" information before the integrity protection can start, i.e. the "UE security capability" must be sent to the network in an unprotected message. Returning the "UE security capability" later on to the MS/USIM in the integrity protected Security Mode Command will give the MS/USIM the possibility to verify that it was the correct "UE security capability" that reached the network. The inclusion of a random number FRESH in the Security Mode Command ensures that this message cannot be replayed.

---

[7] Actually there are two values $START_{CS}$ and $START_{PS}$ for the different mobility domains (circuit switched and packet switched)

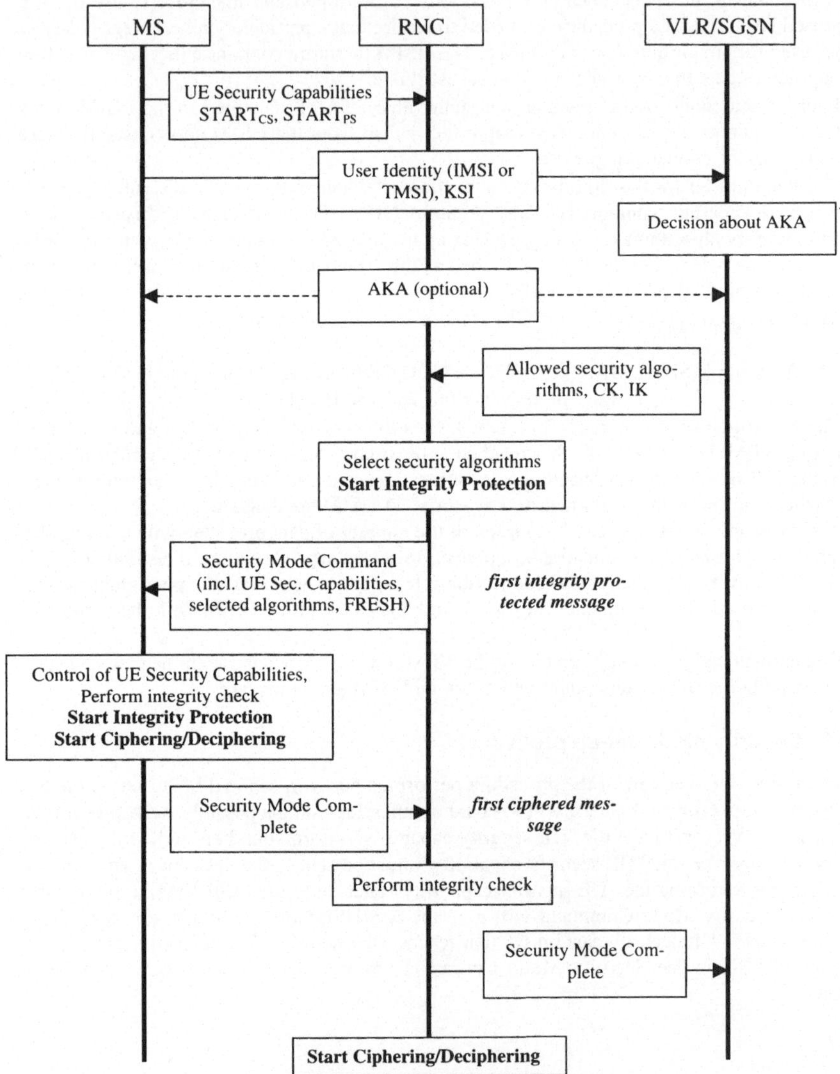

Figure 4: Security Mode Set-up Procedure

5 UMTS Security Algorithms

For the UMTS security architecture several security algorithms are needed, which have been standardised by 3GPP. The authenitcation and key agreement algorithms reside in the USIM and the HE/AuC, which both belong to the same network operator. For those operators who do not want to use or do not have the ability to design proprietary algorithms for AKA, 3GPP recommends to use the standard algorithm. The cipher and integrity algorithms, on the other hand, reside in the mobile and the SN. Therefore it is mandatory that here the standard algorithms are used. Algorithm requirements are defined in [TS 33.105].

5.1 Ciphering/Integrity

The cipher/integrity algorithms are used for encryption/integrity protection between the mobile and the RNC. Integrity protection is performed by computing a cryptographic checksum for signalling messages.

5.1.1 Requirements

The following requirements have been stated for the functions f8 (ciphering algorithm) and f9 (integrity algorithm):

- The ciphering function f8 shall be a stream cipher.
- The integrity protection function f9 shall be a MAC function.
- Both functions should be implementable in low power, low gate-count hardware, and also perform well in software.
- There should be no export restrictions on terminals.
- Network equipment should be exportable under licence in accordance with Wassenaar agreement.

5.1.2 General Approach to Design

In accordance with these requirements the following approach was chosen by the design authority ETSI SAGE[8]:

- Use a block cipher as a building block for both algorithms
- Define the modes of operation for this block cipher according to the f8 and f9 requirements.

Since this block cipher has to have minimal hardware <u>and</u> software complexity, either an existing one meeting both requirements had to be chosen or a custom-made had to be developed. Furthermore there must not be any license fees or other restrictions on IPR.

Since the algorithms had to be specified in just six months 3GPP pragmatically decided to take an existing algorithm as a starting point and customise it wherever necessary [TR 33.901]. The starting point chosen was Mitsubishi's algorithm MISTY1 designed by Mitsuru Matsui [MISTY]. This algorithm is fairly well studied and possesses some provable security aspects.

Furthermore it was designed for high speed encryption on hardware platforms as well as for software implementations. In addition its parameter sizes fit the requirements. The customised algorithm is now called KASUMI [TS 35.202]. KASUMI is a 64 bit block cipher with a 128 bit key. The intention was to specify an algorithm that could be published according to Kerckhoff's principle. The specifications are available on the 3GPP website.

5.1.3 Design and Analysis of Cipher/Integrity Algorithms

As usual SAGE was divided into a design and evaluation team. Mitsuru Matsui, the designer of MISTY1 joined the design team, the evaluation team was joined by additional evaluators from Nokia, Ericsson and Motorola.

---

[8] ETSI SAGE: Security Algorithm Group of Experts, Special Committee for the development of cryptographic algorithms of the European Telecommunications Standards Institute (ETSI)

In addition an external evaluation was done by three teams of renowned cryptologists. The overall report from all evaluation teams is publicly available and confirms the fulfilment of the requirements [TR 33.909].

5.1.3.1 Design of the 3GPP Stream Cipher f8

The main task with the design of f8 was to make a stream cipher out of the block cipher KASUMI [TS 35.201]. There are several standard ways for this task, namely cipher feedback (CFB), counter mode or output feedback (OFB) mode. For the function f8 a combination of OFB and counter mode was used for protection of KASUMI against chosen plaintext attacks and protection against collision attacks, cf. figure 5.

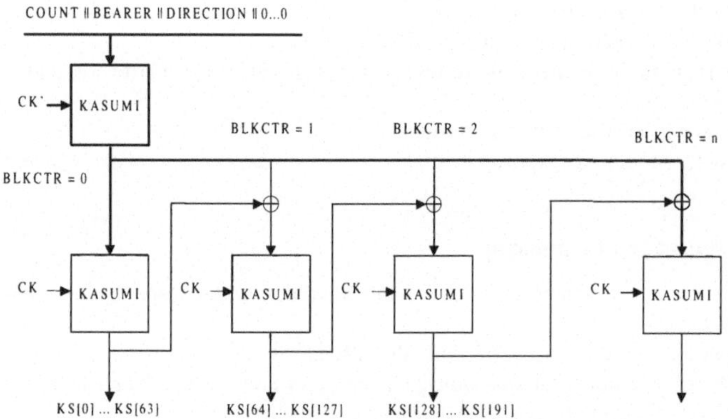

Figure 5: The UMTS cipher algorithm f8

To prevent chosen plaintext attacks the initialisation vector (IV) is encrypted with a different key CK' = CK $\oplus$ KM, where KM is a key modifier. This initial encryption is also a protection against collision attacks as an attacker cannot freely choose the value which is XORed with the block counter. If it was left out it would be possible to choose two different IVs such that a collision appears at different block counter values (with small probability).

5.1.3.2 Design of the 3GPP Integrity Function f9

Algorithm f9 is a CBC-MAC with KASUMI as the underlying block cipher [TS 35.201]. It was constructed in accordance with the standard ISO/IEC 9797-1 (MAC algorithm 2, cf. figure 6).

5.2 Authentication and Key Agreement

The UMTS AKA algorithm consists of seven functions f1, f1*, f2, f3, f4, f5 and f5* (cf. figures 2 and 3). The functions with '*' are used in the resynchronisation event. The example algorithm set for these seven functions is called MILENAGE[9].
Common to all functions is the requirement that it shall be computationally infeasible to derive K from the knowledge of all inputs except K and all outputs.

---

[9] Algorithm specification and evaluation report are expected to be published soon.

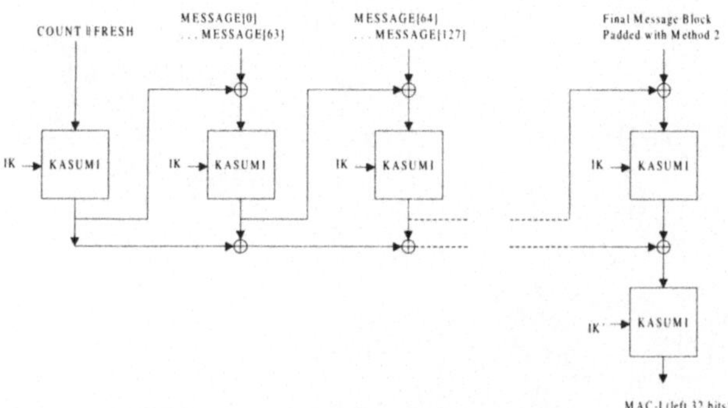

Figure 6: The UMTS integrity algorithm f9

5.2.1   Design and Analysis of the MILENAGE algorithm

MILENAGE has been designed by the experienced group that already designed KASUMI, f8 and f9, namely ETSI SAGE, Kaisa Nyberg and Mitsuru Matsui. The evaluation team was joined by Helena Handschuh from Gemplus as an expert in side channel attacks.

It was required that the AKA algorithm should be built around a kernel function (e.g. a block cipher) which could be replaced by the operator, if required. For MILENAGE however, a specific kernel had to be chosen, therefore Rijndael was selected.[10]

Even if an operator chooses MILENAGE as his AKA algorithm he can customise it by an operator variant algorithm configuration field OP of 128 bits. The operators are expected to keep their OP values secret. To protect OP against disclosure it should be encrypted offline with the user specific key K and only the cipher text OP_C should be stored on the USIM.

Figure 7 shows the overall design of MILENAGE, where E_K denotes an encryption with Rijndael using K. Beside OP MILENAGE uses constants r1 through r5 and c1 through c5 which might be modified by the operator. They have to be chosen such that the pairs (ci, ri) are all different and that c1 has even parity and c2 – c5 all have odd parity. The latter requirement ensures that it is impossible to choose RAND, SQN and AMF the way that the output of the first branch is equal to one of the outputs of the other branches: Assume that OP_C has even parity. Then the input to the second encryption in the first branch has the same parity as $E_K(RAND \oplus OP_C)$, since SQN‖AMF‖SQN‖AMF, OP_C and c1 all have even parity. The inputs to the second encryption in the second branch (and all other branches) have the opposite parity, since OP_C has even whereas c2 (and c3, c4 and c5) have odd parity. Now assume that OP_C has odd parity. Then the input to the second encryption in the first branch has the opposite parity and the inputs to the second encryption in the other branches have the same parity as $E_K(RAND \oplus OP_C)$ by a similar argument.

Functions f1 and f1* are constructed as a standard CBC-MAC with the two input blocks $RAND \oplus OP_C$ and $c1 \oplus rot(SQN‖AMF‖SQN‖AMF \oplus OP_C, r1)$. All other functions derive different values from RAND under control of the user specific key K and the operator variant algorithm configuration field OP.

---

[10] The selection of Rijndael as the AES by the NIST somewhat later confirmed this to be a good choice.

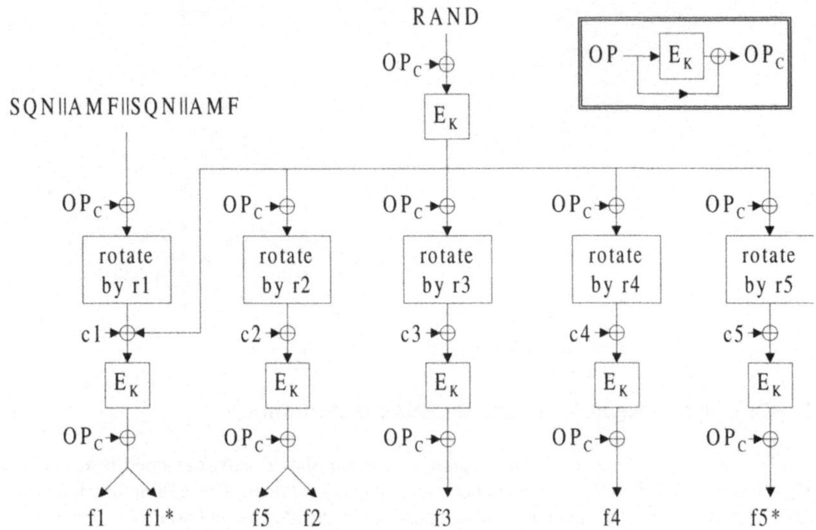

Figure 7: The MILENAGE example algorithm set

6 Migration from 2G to 3G

Interoperation of 2G and 3G networks will be an important issue in the near future, when both kinds of networks will exist in parallel and need to interwork with each other. Among other things, this implies that 2G subscribers should be able to access 3G networks by means of a 2G SIM card and a dual-mode handset. A guiding principle in the design of 2G/3G interworking mechanisms has therefore been that all practical interworking scenarios shall be supported, i.e. all reasonable combinations of SIM/USIMs[11], 2G/3G handsets, GSM/UMTS Radio Access Network (RAN) and 2G/3G core network nodes[12].

6.1 Interoperation of 2G and 3G

One obvious problem with 2G/3G interoperation are the different key lengths used in the two systems. After a 3G authentication, the USIM and the SN/HE have agreed on common 128-bit cipher and integrity keys CK and IK. We call this situation the establishment of a *3G security context* between USIM and SN.

After a 2G authentication, on the other hand, only a 64-bit cipher key Kc has been agreed between SIM/USIM and the serving 2G network. In this case, only a *2G security context* with a lower corresponding security level than in the 3G case has been established. In order to cope with this situation, certain conversion functions are needed, that convert (i.e. shorten or blow up) the 3G keys to 2G length and vice versa.

There are two basic scenarios that need to be distinguished and which will be addressed in the following subchapters: We speak of *UMTS Subscriber Roaming* (or USIM Roaming, for short) when a USIM requests access to a 3G or 2G radio access network. Accordingly, *GSM*

---

[11] For UMTS, one SIM application may reside jointly to one or several USIM applications on a single UICC (UMTS Integrated Circuit Card)

[12] In what follows, it is assumed that the reader is familiar with the basic network architecture of GSM and UMTS.

Subscriber Roaming (GSIM Roaming) is the case when a SIM tries to authenticate in a 3G or 2G access network. There are several subcases to be considered in these basic scenarios, which have been presented elsewhere [3G2000, TR 31.900]. In this contribution, we will focus on the basic mechanisms supporting USIM Roaming and the conversion functions.

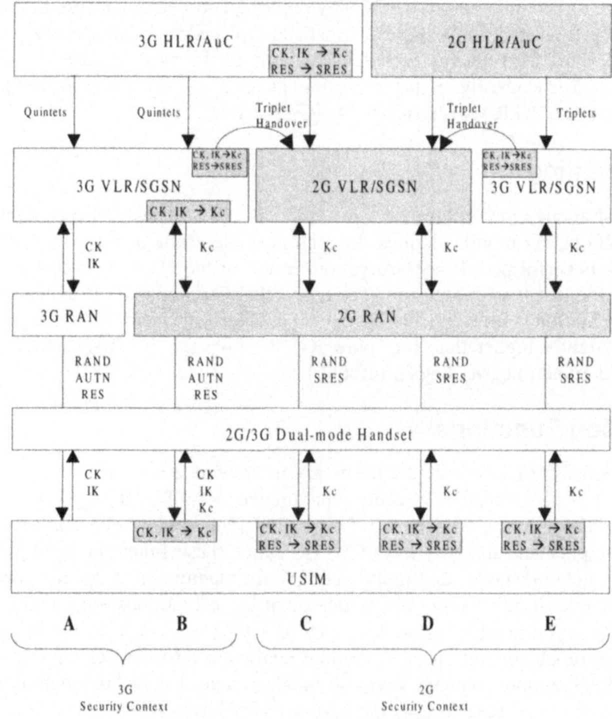

Figure 8: USIM roaming

6.2 USIM Roaming

The basic assumption to be made here is that 2G entities are not capable of dealing with 3G authentication vectors (with the exception of 2G RANs, which are transparent for 3G authentication parameters RAND, AUTN, RES, but nevertheless can only handle 2G ciphering keys Kc), nor are they able to do any conversion. This means all necessary conversions from 2G to 3G security context and vice versa have to be performed by the involved 3G entities. Figure 7 visualises the possible scenarios and necessary conversions for a USIM inserted into a 3G mobile station requesting access to a 2G or 3G RAN (It is also assumed that the user uses a dual-mode handset, capable of accessing both 2G and 3G RANs).

A 3G security context can be established (i.e. the UMTS AKA described in chapter 4 can be performed), if the HE (Home Environment) of the user is 3G **and** the VLR of the SN controlling the RAN, where access is being requested from the USIM, is also 3G . Note that there may be cases where a 3G VLR controls both 3G and 2G RANs (cases A, B in figure 8). However, if a USIM belonging to a 3G HE authenticates at a 3G VLR environment, a 3G security context has been established, regardless of the RAN type.

In the remaining cases, only a 2G security context can be established, either if the user's home environment is 2G (cases D – E) **or** if the HE is 3G, but the controlling VLR is 2G only (case C).
In the case of a packet-switched call, there may also occur a change of the anchor VLR during the call (Handover). If this change happens to be from 3G VLR to 2G VLR, the 3G cipher and integrity keys have to be converted to the 2G key cipher Kc in before. In case of a previously established 3G security context, this context is lost and replaced by a 2G security context.
On the user hand, the USIM always executes functions f2, f3, f4 to get RES, CK, IK from RAND (cf. 4.3.1). Subsequently, it performs the necessary conversion to 2G parameters SRES, Kc, if access to a 2G RAN is requested (cases B – E).

6.3 GSIM Roaming

GSIMs (i.e. a SIM application running on a 3G UICC or a traditional GSM SIM) may be inserted into both 2G or 3G mobile stations. In each possible scenario (cf. [3G2000, 31.900]) only the 2G AKA is performed. If necessary, conversion of the 2G to 3G authentication data are performed by the involved 3G entities. The user gets 2G security level in every case, also when a 3G mobile station is used and access to a 3G RAN is requested, even if in this case the security level is slightly higher than for "pure" GSM, since the 3G RAN invokes integrity protection by the derived integrity key IK (cf. 6.2.1).

6.4 Conversion Functions

Standardised conversion functions c_N are necessary to convert 2G to 3G security parameters and vice versa. c1 – c3 convert 3G security parameters RAND, RES_{3G}, CK, IK into 2G authentication tripletts RAND, RES_{2G}, Kc. Conversion function c4 – c5 convert 2G cipher keys Kc into 3G cipher and integrity keys CK, IK. Since these functions need to be implemented in various network nodes and mobile equipment manufactured by different vendors, they need to be standardised. It should be noticed that these functions are publicly available and do not bear any cryptographic significance [TS 33.102].
Conversion function c1 converts the 3G random challenge into the 2G random challenge. However, 3G and 2G random challenges will be equal, so that c1 is just the identity function:
$$RAND_{2G} = c1(RAND_{3G}) = RAND_{3G}$$
Conversion function c2 converts a 3G expected authentication response XRES into a 2G expected authentication response RES (done in the HE/AuC or the VLR) or a 3G authentication response RES into a 2G authentication response SRES (done in the USIM):
$$RES_{2G} = c2(XRES_{3G}), \; SRES_{2G} = c2(RES_{3G})$$
Conversion function c3 converts the 128 bit 3G ciphering and integrity protection keys CK and IK into the 64 bit 2G ciphering key Kc. This function is applied in the AuC or VLR and in the USIM.
$$Kc = c3(CK, IK)$$
Conversion function c4 converts a 64 bit 2G Kc into a 128 bit 3G CK. This function is applied in the ME and in the VLR.
$$CK = c4(Kc)$$
Conversion function c5 converts a 64 bit 2G Kc into a 128 bit 3G IK. This function is applied in the ME and in the VLR.
$$K = c5(Kc)$$

6.5 Compatability Conditions for Authentication Functions

In the future combination cards (UICC with SIM and USIM application) are expected. This seems at least for incumbents the best choice to migrate to 3G. In general there are two possibilities to link SIM/USIM applications and 2G/3G subscriptions (same/separate IMSI per SIM/USIM application). In case of assigning the same IMSI (International Mobile Subscriber Identity) for both 2G and 3G networks, this requires to use the same authentication key (K_{GSM} = Ki = K = K_{UMTS}). The need for standardised conversion functions implies certain compatibility requirements on the interplay of authentication and key agreement functions A3, A8 the operator uses for GSM on a 2G/3G combination card and f2, f3, f4 the operator uses for UMTS on a combination card. Namely, in order to ensure that GSM authentication data (SRES, Kc) derived in the USIM from a UMTS authentication vector are identical to the data computed in a 2G HLR or converted in a 3G HLR/VLR, the authentication and key agreement functions A3/f2 and A8/(f3,f4) must satisfy the conditions

$$SRES_{2G} = A3_{Ki}(RAND) = c2(f2_K(RAND)) = c2(RES_{3G})$$

and

$$Kc = A8_{Ki}(RAND) = c3(f3_K(RAND), f4_K(RAND)) = c3(CK,IK).$$

7 Network Domain Security

The core network of mobile radio systems is the part of the network which is independent of the radio interface technology. It is used for transporting user data as well as signalling commands needed to ensure smooth operation of the overall system. Although eavesdropping or modifying signalling messages in the core network would have serious consequences for mobile radio systems because sensitive authentication data of mobile subscribers are transported across the core network, in 2G mobile systems like GSM the core network is not secured. If an intruder succeeded in eavesdropping on these authentication data, serious impersonation attacks or eavesdropping on user traffic on the air interface might result. To date, however, no such attacks on GSM core networks are known.

One reason for not securing the core network of 2G mobile systems was the initial design goal of making 2G mobile systems only as secure as fixed network connections which meant in effect that security features of 2G systems were basically constrained to the most vulnerable part of the network, the radio interface. A second, equally important, reason was that the core network was considered "closed", i.e. without external interfaces which might be used by attackers. GSM uses the SS7 (Signalling System No.7) protocol stack with MAP (Mobile Application Part) as an application on top for its signalling messages. Due to its complexity and the limited availability of implementations, detailed knowledge of SS7 is confined to telecoms insiders which helps to reduce the potential risk.

All these assumptions, however, do no longer hold for 3G systems such as UMTS: with the introduction of IP-based transport to most, if not all, interfaces of the UMTS network reference model new vulnerabilities of the core network as well as new potential threats directed towards the core network from the outside have to be taken into account. In addition to building, and managing, their own "private" transport networks, operators also have the technical possibility to rent the transport capacity required between any two nodes of the reference model from virtually any ISP offering real-time transport services.

For these reasons, the security features of UMTS will also cover the core network. Protection is provided for only signalling messages, as attacks on these seem to pose the greatest risk.

In the present contribution, only a very brief overview of the basic concepts on 3G core network signalling security is given. More detailed information can be found in [CMS2001].

7.1 Securing Protocols of the Core Network

In GSM, the Mobile Application Part (MAP) and the CAMEL Application Part (CAP) are used for signalling between the various network elements. MAP/CAP run as an application on top of the SS7 protocol stack. 3GPP has based its specifications for UMTS, e.g. [TS 29.002], on an evolved GSM core network, thereby retaining the basic core network architecture of

GSM and its protocols. It is envisaged that the SS7-based transport stack for MAP will be gradually replaced with an IP-based transport stack in the UMTS core network. But there will be quite a long period where nodes supporting MAP/CAP over IP will have to communicate with nodes supporting MAP or CAP over SS7, e.g. nodes in a 2G network. Because of the difficulties involved with this situation, it was decided to secure these "legacy" protocols at the application layer, irrespective of their transport stack.

In addition to MAP and CAP, there will be purely IP-based protocols like GTP (GPRS Tunneling Protocol). It is quite natural to secure these "native" IP-based protocols at the IP-layer by deploying IPSec.

7.2 Securing Legacy Protocols

Secured MAP messages consist of a MAP message header, a security header and the protected payload that is the result of applying the corresponding protection mode (i.e. desired level of protection: no protection, integrity, confidentiality and integrity) to the original MAP message payload. The exact message format of secured MAP messages can be found in [CMS2001]. In all three protection modes, the security header is transmitted in cleartext. Among other pieces of information, it contains the sending network identity and the Security Parameter Index (SPI), an arbitrary 32-bit value that is used in combination with the sending network identity to uniquely identify a MAP Security Association (MAP SA). Just as IPSec SAs do, the MAP SAs specify the parameters needed to protect the communication between two network elements over the so-called Z_C interfaces. In contrast to IPSec SAs, MAP SAs are network-wide SAs, i.e. the SAs are valid for a specific pair of networks for a certain period. Network-wide SAs are necessary because, in general, it is not possible for a sending MAP network entity in a network A to determine the address of the receiving network entity in a network B. This is due to the particularities of routing for MAP over SS7 which is done by intermediate gateways based on the user identity IMSI.

The proposed mechanism for key management consists of a two-tiered architecture with a new network element, the Key Administration Center (KAC), in every network. KACs communicate with each other over the IP-based Z_A interface and negotiate MAP-SAs by using IKE, the Internet Key Exchange mechanism. The KACs then distribute the MAP-SAs further to the network elements.

7.3 Securing IP-based Communication

All IP communication that requires to be protected is routed in a hop-by-hop fashion through protected tunnels. To support this approach between different networks, a new logical entity called Security Gateway (SEG) has been added to the architecture. SEGs operate at the border of a network, providing IP security for inter-network IP traffic. SEGs establish and maintain IPSec tunnels with any network entity of their own network that uses this SEG to secure intra-network IP traffic destined for other networks. Similarly, IPSec tunnels may be established between two network elements residing in the same network. Depending on the network configuration the SEG entities support a single, uniform IPSec tunnel to another network that tunnels all types of IP communication, or they establish several tunnels applying different security services for different protocols, ports or even hosts. Policy information for these secure tunnels has to be exchanged in advance, as part of the roaming agreement, between the operator's SEG entities.

With respect to key management, the initial idea within the 3GPP security group was to design a unified key management where the KACs also provide security associations for IPSec to support the IP-based network elements. This approach proved to be difficult, because, for IPSec, individual SAs need to be established peer-to-peer between two network elements. On the other hand, SA negotiation in the IPSec standards is intended not to take place remotely by a third party, but directly between the IPSec peers that use these SAs subsequently. As a consequence, 3GPP decided not to use the KACs for IPSec SA negotiation, but to support direct SA negotiation between IPSec hosts.

Between different networks, it is mandated that all IP traffic passes an SEG at each network border. SAs between two networks are therefore only required between specific SEGs that connect the networks. These SEGs support the internet key exchange protocol IKE, which is the default key management protocol for IPSec. With IKE, the SEGs can negotiate their IPSec SAs directly. Standard IPSec implementations can be used here. For further details concerning the IPSec configuration, see [CMS2001].

8 Conclusion

The security architecture of the 3G mobile radio system UMTS has now reached a reasonably stable state. Since some open issues remain in the area of Internet Multimedia Security (IMS), this field has not been discussed in the present contribution. However, with the security features now being on the table, it can be concluded that UMTS security will improve greatly on 2G security and provide its users with a level of security formerly unknown in public telephony systems. In order to reach this goal, completely new security features were included into the UMTS security architecture, such as the authentication of HE towards the USIM. But also the design and evaluation process of the UMTS security algorithms was based on a new philosophy: After having its algorithms evaluated by internal and external experts, 3GPP made all specifications and evaluation reports publicly available and open to public scrutiny.[13] This will not only further improve on the overall security of the UMTS system, but will also foster public trust in its security, thereby contributing to the commercial success of the 3G mobile radio system UMTS.

References

[3G2000]   Pütz, S.; Schmitz, R.: *Secure Interoperation between 2G and 3G Mobile Radio Networks*. Proc. of 3G2000. First International Conference on Mobile Communications Technologies. IEE CP 471, 2000.

[CMS2001]   Horn, G.; Kröselberg, D.; Pütz, S.; Schmitz, R.: *Security for the core network of third generation mobile system*. Proc. of Communications and Multimedia Security (CMS 2001), pp. 297 – 312, Kluwer Academic Publisher, 2001.

[DuD1996]   Pütz, S.: *Zur Sicherheit digitaler Mobilfunksysteme*. Datenschutz und Datensicherheit (DuD) 6/97, S. 321-327.

[DuD2001]   Pütz, S.; Schmitz, R.: *UMTS Sicherheitsdienste*. Datenschutz und Datensicherheit (DuD) 4/2001, S. 205-207.

[GSM 02.09] ETSI Standard GSM 02.09: GSM Security Aspects.

[GSM 03.20] ETSI Standard GSM 03.20: GSM Security Architecture.

[ISSE2000] Horn, G.; Howard, P.: *Review of Third Generation Mobile System Security*. Proc. Information Security Solutions Europe (ISSE) 2000.

[MISTY]   Matsui, M.: *New Block Encryption Algorithm MISTY*. Proc. of 4th International Workshop on Fast Software Encryption. Lecture Notes in Computer Science 1267, pp. 54 - 68, Springer, 1997.

[TR 31.900] 3GPP Technical Report 31.900: SIM/USIM Int. and Ext. Interworking Aspects.

---

[13] 3GPP specifications are available from www.3gpp.org.

[TR 33.901]   3GPP Technical Report 31.901: Criteria for cryptographic algorithm design process.

[TR 33.902]   3GPP Technical Report 33.902: Formal analysis of the 3G authentication protocol.

[TR 33.909]   3GPP Technical Report on the evaluation of 3G standard confidentiality and integrity algorithms.

[TS 29.002]   3GPP Technical Specification 29.002: Mobile Application Part (MAP) for UMTS.

[TS 33.102]   3GPP Technical Specification 33.102: UMTS Security architecture.

[TS 33.105]   3GPP Technical specification 33.105: UMTS Cryptographic algorithm requirements.

[TS 33.120]   3GPP Technical specification 33.120: UMTS Security principles and objectives.

[TS 35.201]   3GPP Technical Specification 35.201: Design of the UMTS Cipher and Integrity Functions.

[TS 35.202]   3GPP Technical Specification 35.202: Design of the KASUMI Block Cipher.

Zur Sicherheit von DNS (DNSSEC)

Stefan Kelm

Secorvo Security Consulting GmbH, Albert-Nestler-Straße 9, D-76131 Karlsruhe
http://www.secorvo.de, kelm@secorvo.de

Zusammenfassung

Bereits seit einigen Jahren werden innerhalb einer internationalen Arbeitsgruppe der IETF verschiedene sicherheitsrelevante Erweiterungen zum Domain Name System („DNS") spezifiziert – diese Erweiterungen werden unter dem Begriff DNS Security („DNSSEC") zusammengefasst und beinhalten:
- die Authentizität und Integrität *einzelner Informationen* durch digital signierte DNS-Einträge;
- die Authentizität und Integrität von *vollständigen DNS-Antworten* durch digital signierte Antworten der Nameserver.

Bis heute werden diese Erweiterungen jedoch kaum eingesetzt. Darüber hinaus sind bis heute nur sehr wenige DNSSEC-Implementierungen verfügbar, obwohl bereits jetzt absehbar ist, daß der Bedarf an solchen Anwendungen stark zunehmen wird.

Dieser Beitrag gibt einen Überblick über die zentralen Mechanismen von DNSSEC. Grundlage dabei ist die Behandlung der folgenden DNSSEC-zentralen Fragestellungen:
- Welche Aufgaben fallen bei der *organisatorischen Einbindung* von DNSSEC in das bereits bestehende Umfeld an?
- Wie gestaltet sich die *technische Konzeption* bei der Software-Umstellung von Nameservern auf DNSSEC?

Diese Fragestellungen sollen dabei insbesondere aus dem Blickwinkel einer sehr großen Domain (z.B. .de) betrachtet werden.

1 Die Sicherheit des Domain Name System

Das DNS-Protokoll beinhaltet keinerlei Sicherheitsmechanismen, so daß den Antworten beliebiger Nameserver aus dem Internet prinzipiell kein Vertrauen entgegen gebracht werden kann. Dies ist insbesondere im Hinblick auf die wachsende kommerzielle Bedeutung des Internets („Electronic Commerce") und seiner Dienste problematisch: bereits beobachtete Angriffe wie „DNS Spoofing", „Cache Poisoning", „Replay-Attacken", Schwachstellen im „Dynamic Update" Protokoll des DNS und andere Sicherheitslücken bilden eine ernsthafte Bedrohung (vgl. [Bell_95], [Vixi_95], [Davi_99]). Da alle gängigen Internet-Prokotolle auf die Informationen des weltweiten DNS vertrauen, ist die Absicherung dieses Dienstes von größter Wichtigkeit.

Derartige Schwachstellen im Design des DNS-Protokolls führten dazu, daß innerhalb des für das Internet verantwortlichen Standardisierungsgremiums IETF (Internet Engineering Task Force) eine Arbeitsgruppe „DNSSEC" gegründet wurde, deren Aufgabe es war und ist, das DNS-Protokoll um einfache aber wirkungsvolle Sicherheitsmechanismen zu ergänzen.[1] Eine der zentralen Prämissen bei der Bildung dieser Arbeitsgruppe ist dabei die volle Interoperabilität zum bestehenden DNS-System.

---

[1] Die IETF-Arbeitgruppe „DNSSEC" wurde im Jahre 1999 mit einer anderen IETF-Arbeitsgruppe zu der aktuellen Arbeitsgruppe „DNSEXT" zusammengeführt, deren Aufgabe es ist, das DNS-Protokoll in verschiedene Richtungen zu erweitern.

2 Einführung in DNS

Für das bessere Verständnis der Sicherheitsmechanismen von DNSSEC soll an dieser Stelle eine kurze Einführung in das DNS-Protokoll gegeben werden, bevor dann im nachfolgenden Abschnitt die in DNSSEC spezifizierten Sicherheitserweiterungen vorgestellt werden.

2.1 Der Namensraum des DNS

Das zentrale Element des DNS ist sein hierarchischer Namensraum. Dieser Namensraum bildet eine Baumstruktur, deren Knoten mit Namens-Labels versehen sind. Der vollständige Name eines Knotens ergibt sich dadurch, daß dessen Namens-Label – jeweils durch Punkte getrennt – die Namens-Label aller Vorgängerknoten bis zur Wurzel hin angefügt werden. Die Wurzel („Root") des Namensbaumes hat ein leeres Namens-Label und wird meist durch einen einzelnen Trennpunkt „." dargestellt [RFC1034_87, RFC1035_87, RFC1591_94].

So hat beispielsweise der linke untere Knoten in Abbildung 1 den vollständigen DNS-Namen „dns.nic.de.". In vielen Anwendungen kann der letzte Trennpunkt vor der obligatorischen Root auch weggelassen werden, also im Beispiel „dns.nic.de".

Eine **Domain** im DNS repräsentiert einen vollständigen Teilbaum des DNS-Namensraums. Die Wurzel-Domain umfaßt also den gesamten Namensraum. Die Knoten direkt unterhalb der Wurzel stellen die sogenannten Top-Level Domains (TLD) dar.

Teilbäume, deren Wurzel die Knoten bilden, die unmittelbar unterhalb des Wurzelknotens einer betrachteten Domain liegen, werden als deren **Subdomains** bezeichnet. So sind im Beispiel aus Abbildung 1 die Domains „nic.de." und „secorvo.de." Subdomains von „de.". Die TLDs sind die Subdomains der Root-Domain.

Um die Eindeutigkeit von DNS-Namen zu gewährleisten, müssen alle Kind-Knoten direkt unterhalb eines jeden Knotens im Namensraum lokal untereinander eindeutige Namen haben. Beispielsweise ist eine weitere Subdomain „nic" unterhalb von „de." verboten, während eine (einzige) Subdomain „nic" unterhalb von „net." zulässig ist.

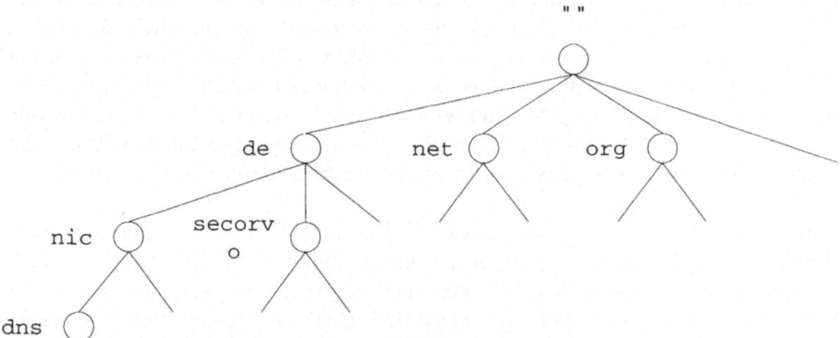

Abbildung 1: *Der baumförmige DNS-Namensraum*

2.2 Nameserver, Autorität und Delegation

Zuständig für die Bereitstellung von Informationen über die Knoten des DNS-Namensraums sind die **Nameserver**. Die Gesamtheit aller Nameserver eines Namensraums realisiert eine verteilte Datenbank.

Ein Nameserver hat **Autorität** über bestimmte Informationen (gebräuchliche Sprechweise: „ist **autoritativ**" in Hinblick auf diese Informationen) , wenn diese ihm aufgrund seiner Konfiguration bekannt sind. Bezüglich aller anderen Informationen ist er nicht autoritativ und muß diese wenn benötigt von anderen Nameservern abfragen.

Die Autorität eines Nameservers bezieht sich zunächst auf eine oder mehrere Domains. Er kann aber die Autorität über einzelne Subdomains an andere Nameserver **delegieren**[2]. Dadurch verliert er selbst die Autorität über die betreffende Subdomain und der Nameserver, an den delegiert wurde, wird autoritativ.

Daraus ergibt sich der Begriff der **Zone** als Bereich der Autorität eines Nameservers. *Eine DNS-Zone umfaßt eine Domain abzüglich aller delegierten Subdomains.* Üblicherweise werden die Informationen bezüglich einer Zone in DNS-Implementierungen in einer lokalen Datei zusammengefaßt.

Wichtig sind in diesem Zusammenhang folgende Punkte:

- Ein Nameserver kann für mehrere Zonen autoritativ sein.
- Autoritative Nameserver haben die vollständige Information über die betreffende Zone.
- Für eine bestimmte Zone können ein oder mehrere Nameservern autoritativ sein.

2.3 Ressourceneinträge

Die Informationen über eine bestimmte Zone sind in Form von **Ressourceneinträgen** (Ressource Records, RR) in einer **Zonentabelle** zusammengefaßt.

Jeder dieser Ressourceneinträge hat dabei die folgende Struktur:

<name> [<ttl>] [<class>] <type> <data>

Die Bedeutung dieser Felder ist die folgende:

- *<name>*
  ist der Name innerhalb des DNS-Namensraums, auf die sich die Information bezieht. In konkreten Implementierungen kann der Name auch weggelassen werden, dann wird der Name des vorhergehenden RRs verwendet. Oder es kann ein relativer Name verwendet werden, dann wird implizit der Name der Zone angefügt.

- *<ttl>*
  TTL bedeutet „Time to live". Der TTL-Wert spezifiziert, wie lange die Information von einem anfragenden System in einem lokalen Cache gehalten werden darf, ehe wieder bei einem autoritativen Nameserver nachgefragt werden muß. Falls dieses Feld leer bleibt, wird der Vorgabewert aus dem SOA Ressourceneintrag (siehe unten) der Zone verwendet. Ansonsten wird die TTL als Zahl der Sekunden angegeben.

- *<class>*
  Die Klasse referenziert eine Gruppe von Netzwerkprotokollen, auf die sich die Information des RR bezieht. Die heutzutage praktisch einzig relevante Klasse ist IN für die Internet-Protokollfamilie. Wenn dieses Feld leer bleibt, wird die letzte in der Zonentabelle angegebene Klasse verwendet.

- *<type>*
  Innerhalb jeder Klasse gibt es mehrere Recordtypen für unterschiedlichen Arten der Information. In Listing 1 sind die gebräuchlichsten Recordtypen angegeben.

- *<data>*
  Dieses Feld enthält abhängig vom Recordtyp die eigentliche Information. Insbesondere kann dieses Feld eine numerische Internet-Adresse (z.B. 188.10.10.1), auch IP-Adresse genannt, enthalten. Die Hauptanwendung des DNS ist gerade die Auflösung von Domain-Namen zu IP-Adressen, da diese im Gegensatz zu den Namen zur eigentlichen Kommunikation zweier Rechner im Internet verwendet werden.

---

[2] Meist spricht man der Kürze halber davon, daß die (Sub-)Domain delegiert wurde.

Listing 1 stellt die charakteristischen Ressourceneinträge einer Zone `beispiel` innerhalb des DNS dar.[3]

```
beispiel.        SOA    ...
beispiel.        NS     ns2.beispiel.
a.beispiel.      A      188.10.10.1
d.beispiel.      A      188.10.10.4
y.beispiel.      A      188.10.10.55
...
```

Listing 1: *Eine typische Zone*

2.4 Resolver, Anfragen und Auflösung

Während die Nameserver in der Client/Server-Struktur des DNS den Server-Teil darstellen, werden die Clients, die die Information im DNS abfragen, als **Resolver** bezeichnet.

Ein Resolver ist üblicherweise Teil der Betriebssystem-Bibliothek von Endsystemen. Beispielsweise findet sich Resolver-Funktionalität als Teil der WinSock-Library unter Windows. Aber auch Nameserver können Ihrerseits als Resolver auftreten, indem sie Anfragen Ihrer Clients an andere Nameserver weiterleiten.

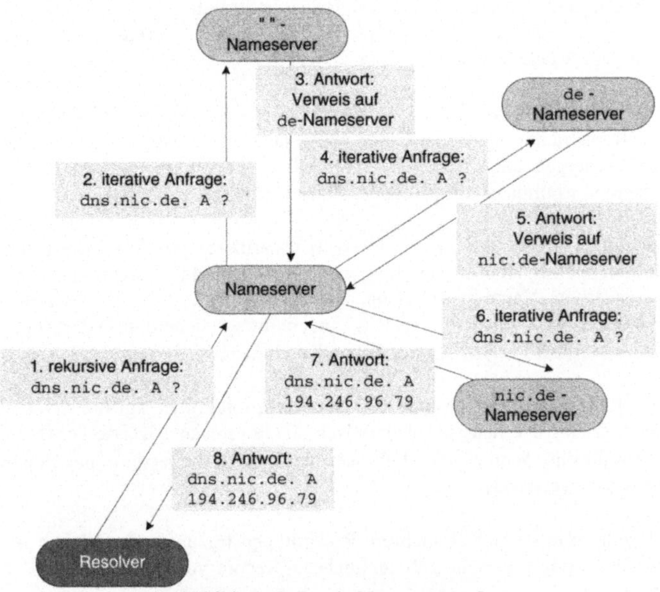

Abbildung 2: *Der Auflösungsprozeß*

Grundsätzlich kann man zwischen **rekursiven** und **nicht-rekursiven** bzw. **iterativen** Anfragen unterscheiden.

Bei rekursiven Anfragen erwartet der Resolver vom Nameserver, daß er die angefragte Information exakt zurückliefert. Dazu muß der Nameserver gegebenenfalls seinerseits Anfragen an mehrere andere Nameserver richten und auswerten. Dieser Prozeß wird rekursive **Auflösung** genannt und ist in Abbildung 2 dargestellt.

---

[3]   Bedeutung der Abkürzungen: SOA="Start of Authority"; NS="Name Server"; A="(IP-)Adresse"

Im Gegensatz dazu liefert ein Nameserver auf eine iterative Anfrage hin nur dann ein exaktes Ergebnis zurück, wenn er dies bereits vorliegen hat – sei es, daß der Nameserver autoritativ für die Zone ist, auf die sich die Anfrage bezieht, sei es daß er das Ergebnis einer gleichartigen Anfrage noch im lokalen Cache liegen hat. Im anderen Fall liefert ein Nameserver bei der iterativen Auflösung nur die beste Information zurück, die er hat, um dem Resolver weiterzuhelfen. In der Regel sind das Domain-Namen und Adressen von Nameservern die im DNS-Namensbaum möglichst knapp „oberhalb" der gesuchten Information liegen.

2.5 Zusammenspiel von Nameservern

Resolver-Bibliotheken verwenden praktisch ausschließlich die rekursive Form der Anfrage. Die Nameserver, die diese Anfragen bearbeiten, dagegen in der Regel die iterative Form, wie in Abbildung 2 dargestellt.
Eine besondere Rolle spielen die **Root-Nameserver**, die für die Zone „. " autoritativ sind. Sie bilden die Basis für eine jede Auflösung. Daher muß jeder Nameserver beim Start die IP-Adressen zumindest einiger Root-Nameserver kennen, von denen er dann eine aktuelle Zoneninformation der Root-Zone bekommen kann.

2.6 Rückwärtsauflösung

Neben der eigentlichen Auflösung von einem Domain-Namen zu einer IP-Adresse ist im DNS auch die umgekehrte Richtung ist möglich und wird mit **Rückwärtsauflösung** bezeichnet. Die Rückwärtsauflösung wird prinzipiell über dieselben Mechanismen wie die normale Auflösung realisiert. Dazu wird eine spezielle Domain `in-addr.arpa` sowie PTR- („Domain Name Pointer") anstelle von A-Records verwendet. Zu beachten ist, daß die Bytes der IP-Adresse aufgrund der unterschiedlichen Richtung der Wertigkeit in umgekehrter Reihenfolge angegeben werden müssen. So darf man beispielsweise in der Zone
        `96.246.194.in-addr.arpa`
die PTR-Records mit den kanonischen Domain-Namen für die Systeme aus dem Subnetz 194.246.96.0 bis 194.246.96.255 erwarten.

3 Das Protokoll DNSSEC

Die in [RFC2535_99] definierten sicherheitsrelevanten Erweiterungen werden in der Literatur i.d.R. als *DNSSEC* bezeichnet[Well_99]. Seit der Spezifikation dieses Standards hat es jedoch zahlreiche Erweiterungen zu und Verbesserungen an der ursprünglichen Spezifikation gegeben – diese werden i.d.R. dennoch unter der gleichen Bezeichnung zusammengefasst.[4]
Die DNSSEC-Spezifikation erweitert das DNS-Protokoll um drei grundlegende Dienste:

- die **Verteilung von Schlüsseln** („key distribution"),
- die Sicherung von **Integrität** und **Authentizität** der DNS-Daten, sowie
- die **Absicherung von DNS-Anfragen** und DNS–Antworten.

Das DNSSEC-Protokoll vermag also, die internen Daten des DNS-Systems abzusichern, nicht jedoch, einen rundum sicheren DNS-Dienst zu gewährleisten. Ferner geht es auch nicht um die Qualität der DNS-Daten oder die Sicherheit der Nameserver (z.B. Zugangsschutz).[5]

---

[4] So enthalten insbesondere [Lewi_00a] und [RFC3008_00] einige Erweiterungen und wichtige Änderungen an RFC 2535, die aber größtenteils noch nicht implementiert worden sind.
[5] Auch ändert DNSSEC nichts an der nicht-vertraulichen Natur der DNS-Daten.

3.1 Überblick über DNSSEC

Die wesentliche Erweiterung von DNSSEC gegenüber DNS besteht in der Definition zweier neuer Ressourceneinträge (RRs) dar. Diese beiden Einträge enthalten einen Public Key (KEY) bzw. die digitale Signatur (SIG) über bestimmte Daten. Ein weiterer neuer RR (NXT) ermöglicht die „Verkettung" von RRs innerhalb einer Zone. Durch diese Integration neuer RRs bleibt die Gesamtstruktur des DNS weiterhin erhalten; durch DNSSEC erweiterte Zonen sind generell kompatibel zu nicht abgesicherten Zonen, bzw. zu Resolvern, die nicht DNSSEC-fähig sind.

Generelles Ziel von DNSSEC ist es, Domain-Namen durch den Einsatz digitaler Signaturen kryptographisch an ihre einzelnen Ressourceneinträge zu binden. Das erforderliche Schlüsselpaar zur Bildung und Verifikation der Signatur ist dabei **zonengebunden**; es gibt i.d.R. ein Schlüsselpaar für eine Zone, unabhängig von der Anzahl der DNS-Server in dieser Zone.[6] Damit findet durch die Einführung von DNSSEC eine funktionale Rollentrennung zwischen dem Zonenadministrator und dem Serveradministrator statt.[7]

3.2 Der KEY-RR

DNS verwendet den neu definierten KEY-RR zur Speicherung und Verteilung von (öffentlichen) Schlüsseln. Es handelt sich hierbei nicht um ein Public Key-Zertifikat im Sinne von X.509 [ITU_97];[8] der Inhaber des Public Keys aus dem KEY-RR ist gleichzeitig der Eigner des KEY-RR.

Abbildung 3 zeigt den Aufbau des KEY-RR:

Abbildung 3: Der KEY-Ressourceneintrag

Im Feld „**protocol**" wird das Protokoll spezifiziert, mit dem der in diesem Ressourceneintrag enthaltene Schlüssel verwendet werden kann. Somit kann der KEY-RR prinzipiell auch von anderen Protokollen zur Verteilung von Schlüsseln genutzt werden: Neben DNSSEC wurde hier an Protokolle wie TLS, E-Mail, IPSEC und weitere Protokolle gedacht. Die eigentlichen DNSSEC-Schlüssel sollen durch den Wert „3" repräsentiert werden.

Das Feld „**algorithm**" gibt den Algorithmus an, mit dem dieser Schlüssel genutzt werden kann. RFC 2535 schreibt hier DSA zwingend vor und empfiehlt weiterhin die Unterstützung von RSA/MD5.

Das Feld „**Public Key**" enthält den Schlüssel selbst.

Das Feld „**flags**" beinhaltet eine Kombination aus 16 Bits, durch die weitere Merkmale des Public Keys gekennzeichnet werden können:

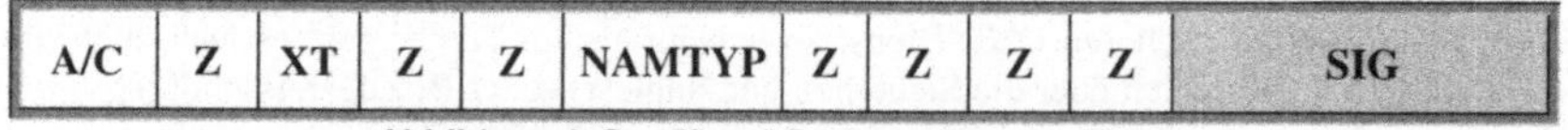

Abbildung 4: Das "flags" Feld aus dem KEY-Eintrag

---

[6] Es ist auch denkbar, mehrere Schlüsselpaare für eine Zone zu verwenden.

[7] Diese Rollentrennung ist in der DNS-Praxis bereits realisiert; DNSSEC führt die Trennung jedoch auch konzeptionell ein.

[8] Für die Verteilung von X.509- und anderen Zertifikaten wurde ein separater Ressourceneintrag definiert: der CERT-RR [RFC2538_99].

Wichtig sind hier insbesondere die folgenden Felder:

- **A/C**

  Diese beiden Bits kennzeichnen den Verwendungszweck des Schlüssels:

00	keine Beschränkung
01	Schlüssel darf nicht zur Verschlüsselung eingesetzt werden.
10	Schlüssel darf nicht zur Authentisierung eingesetzt werden.
11	kein Schlüssel vorhanden („**no key**")[9]

- **NAMTYP**

  Diese beiden Bits geben an, ob es sich bei dem Public Key um einen Benutzer-, Host-oder Zonenschlüssel handelt. Die üblicherweise eingesetzten Zonenschlüssel werden durch den Wert „01" markiert.

- **SIG**

  Falls diese vier Bits nicht alle auf den Wert „0" gesetzt sind, ist der dem Public Key zugehörige Private Key berechtigt, andere Ressourceneinträge zu signieren.

Ein Beispiel für einen KEY-Eintrag innerhalb einer Zonendatei könnte dabei folgendermaßen aussehen (aus der BINDv9-Distribution [Bind_00]; BIND ist die im Internet am häufigsten eingesetzte Nameserver-Implementation [AlLi_99]):

```
key01 KEY   512 255 1 (
                AQMFD5raczCJHViKtLYhWGz8hMY9UGRuniJDBzC7w0aR
                yzWZriO6i2odGWWQVucZqKVsENW91IOW4vqudngPZsY3
                GvQ/xVA8/7pyFj6b7Esga60zyGW6LFe9r8n6paHrlG5o
                jqf0BaqHT+8= )
```

Erzeugt der Administrator einer Zone also ein oder mehrere Schlüsselpaare für diese Zone, wird der Public Key innerhalb eines oder mehrerer KEY-RRs *in genau dieser Zone* abgelegt.

3.3 Der SIG-RR

Der zweite neu definierte Ressourceneintrag innerhalb von DNSSEC spezifiert den SIG-RR. Dieser Eintrag ähnelt von der Struktur und dem Inhalt einem digitalen Zertifikat; signiert werden durch diesen RR jedoch keine Public Keys sondern beliebige andere DNS-RRs. Abbildung 5 zeigt den Aufbau des SIG-RR:

type covered		algorithm	labels
original TTL			
signature expiration			
signature inception			
key tag			
signer's name			
signature			

***Abbildung 5**: Der SIG-Ressourceneintrag*

---

[9] Mit diesem Wert kann eine Zone eine untergeordnete Zone authentisch als „nicht DNSSEC-gesichert" kennzeichnen. Dieser Eintrag wird häufig auch als „NULL KEY" bezeichnet.

Das Feld „**type covered**" beschreibt die RRs, die durch die Signatur abgedeckt sind (z.B. NS, A, PTR, KEY, etc.). Nicht alle zu einem bestimmten Label (s.o.) gehörenden RRs müssen signiert werden; weiterhin ist es möglich, bestimmte Ressourceneinträge durch mehrere SIG-Einträge zu schützen, wenn beispielsweise unterschiedliche Algorithmen zum Einsatz kommen.

Das Feld „**algorithm**" gibt Auskunft über den Algorithmus, welcher die Signatur erzeugt hat. RFC 2535 schreibt hier DSA zwingend vor und empfiehlt weiterhin die Unterstützung von RSA/MD5.

Das Feld „**labels**" enthält einen Zähler, der es einem Resolver ermöglicht, eine eventuell durch den Server vorgenomme Substitution von Platzhaltern („wildcards") in der Antwort zu erkennen und die Signatur zu verifizieren.

Das Feld „**original TTL**" (Time To Live) beinhaltet den ursprünglichen TTL-Wert eines Ressourceneintrags vor der Signaturerzeugung. Da der TTL-Wert durch einen Cache (bzw. durch einen Angreifer) geändert werden könnte, muß der ursprüngliche Wert durch diesen Mechanismus gesichert werden.

„**signature inception**" und „**signature expiration**" definieren den Gültigkeitszeitraum der digitalen Signatur. Unabhängig von der mathematischen Korrektheit der Signatur gilt ein SIG-RR als grundsätzlich ungültig, falls der Zeitpunkt der Überprüfung der Signatur *außerhalb* des (also vor *oder* nach dem) hier definierten Gültigkeitszeitraums liegt.

Das „**key tag**" Feld enthält eine einfache Prüfsumme des zugehörigen KEY-Ressourceneintrags. Dieses Feld dient der effizienten Identifikation von Public Keys, falls mehrere Schlüssel innerhalb einer Zone verwendet werden.

Das Feld „**signer's name**" enthält den Namen der signierenden Domain bzw. Zone. Der zu diesem Namen gehörende KEY-RR kann zur Überprüfung der digitalen Signatur verwendet werden.

Die „**signature**" schließlich bindet den gesamten SIG-Eintrag kryptographisch an den RR, welcher im Feld „type covered" angegeben ist. Zur Erzeugung der digitalen Signatur wird der private Schlüssel des „signers", also des Inhabers der Zone verwendet.

Ein Beispiel für einen SIG-Eintrag innerhalb einer Zonendatei könnte dabei folgendermaßen aussehen (aus der BINDv9-Distribution [Bind_00]):

```
sig01 SIG   NXT 1 3 3600 20000102030405 (
              19961211100908 2143 foo
              MxFcby9k/yvedMfQgKzhH5er0Mu/vILz45IkskceFGgi
              WCn/GxHhai6VAuHAoNUz4YoU1tVfSCSqQYn6//11U6Nl
              d80jEeC8aTrO+KKmCaY= )
```

Dieses Beispiel beinhaltet die Signatur der Domain „foo" über einen NXT-Eintrag. Der ursprüngliche TTL-Wert dieses Eintrags beträgt eine Stunde (3600 Sekunden); die Signatur ist gültig vom 11.12.1996, 10:09:08 Uhr bis einschließlich 02.01.2000, 03:04:05 Uhr.

Das nachfolgende Listing enthält die im zuvor dargestellte Zone beispiel, ergänzt um einen KEY- und die enstprechenden SIG-Einträge nach der Zonengenerierung[10]:

```
beispiel.        SOA      ...
beispiel.        SIG      SOA ...
beispiel.        NS       ...
beispiel.        SIG      NS ...
beispiel.        KEY      .......
beispiel.        SIG      KEY ...
a.beispiel.      A        ...
a.beispiel.      SIG      A ...
```

---

[10] Die durch DNSSEC neu hinzugekommenen Ressourceneinträge (Resource Records) sind in dieser Liste **fett** hervorgehoben.

```
d.beispiel.      A     ...
d.beispiel.      SIG   A ...
y.beispiel.      A     ...
y.beispiel.      SIG   A ...
```

Listing 2: *Signierte Zone mit* KEY- *und* SIG-*Einträgen*

Die einzelnen SIG-Einträge werden dabei üblicherweise beim Aufbau bzw. bei der Aktualisierung der DNS-Datenbank einer Zone automatisch erzeugt. Damit kann der geheime Schlüssel der Zone off-line gehalten werden, da die Signaturen niemals im laufenden Betrieb des Servers generiert werden müssen.

Von besonderer Bedeutung ist hier die zu dem KEY-RR gehörende digitale Signatur. Handelt es sich bei der Zone um eine *delegierte Zone*, so muß der KEY-RR – im Gegensatz zu allen anderen Ressourceneinträgen einer Zone – von der übergeordneten Zone („Superzone") signiert werden, falls diese DNSSEC unterstützt. *Damit ist die Superzone autoritativ für einen Zonenschlüssel, nicht jedoch die Zone selbst.*[11] Existiert keine Superzone, oder unterstützt diese nicht DNSSEC, so muß der KEY-RR vom eigenen Zonenadministrator signiert werden – man spricht in diesem Fall von einem „selbst-signierten" Eintrag [Lewi_00b].

Ein DNSSEC-fähiger Nameserver wird dann bei der Erzeugung einer DNS-Antwort neben den angefragten Ressourceneinträgen auch alle entsprechenden SIG-Einträge sowie die relevanten KEY-Einträge an den Resolver übermitteln.[12]

3.4 Der NXT-RR

Das DNS-Protokoll erlaubt zusätzlich zum Caching erfolgreicher Auskünfte auch ein Caching von negativen Antworten, falls ein angefragter Ressourceneintrag nicht existiert [RFC2308_98]. Analog bietet das DNSSEC-Protokoll einen Mechanismus, mit der ein Server authentisch die Existenz eines Namens bzw. eines RRs verneinen kann. Dies wird durch einen weiteren RR realisiert: den NXT-RR („next").

Innerhalb einer Zone wird für jeden bereits existierenden DNS-Eintrag ein NXT-Ressourceneintrag eingefügt, der angibt, welche RRs in diesem DNS-Eintrag vorhanden sind und welcher DNS-Eintrag als „nächstes" folgt. Zur Feststellung, welcher DNS-Eintrag der „Nächste" ist, werden alle Einträge einer Zone in eine sog. „kanonische" Reihenfolge gebracht, die einer alphabetischen Reihenfolge sehr ähnlich ist.

Es werden also zu der bereits erweiterten Zone beispiel weitere Ressourceneinträge hinzugefügt, wie das nachfolgende Listing verdeutlicht:

```
beispiel.      SOA    ...
beispiel.      SIG    SOA ...
beispiel.      NS     ...
beispiel.      SIG    NS ...
beispiel.      KEY    ...
beispiel.      SIG    KEY ...
beispiel.      NXT    a.beispiel      SOA NS KEY SIG NXT
beispiel.      SIG    NXT ...
a.beispiel.    A      ...
a.beispiel.    SIG    A ...
a.beispiel.    NXT    d.beispiel      A SIG NXT
a.beispiel.    SIG    NXT ...
d.beispiel.    A      ...
```

---

[11] RFC 2535 erlaubt auch eine Mischform, in der ein KEY-RR sowohl von der eigenen als auch von der übergeordneten Zone signiert wird.

[12] Gegebenenfalls sind weitere Anfragen an den DNSSEC-fähigen Nameserver notwendig, falls zur Überprüfung der digitalen Signaturen nicht genügend Informationen zur Verfügung stehen.

```
d.beispiel.        SIG      A ...
d.beispiel.        NXT      y.beispiel           A SIG NXT
d.beispiel.        SIG      NXT ...
y.beispiel.        A        ...
y.beispiel.        SIG      A ...
y.beispiel.        NXT      beispiel             A SIG NXT
y.beispiel.        SIG      NXT ...
```

Listing 3: *Signierte Zone mit zusätzlichen* NXT-*Einträgen*

Diese Liste ist nun sortiert.[13] Erhält ein Nameserver eine DNS-Anfrage nach einem nicht existierenden Eintrag (z.B. f.beispiel) so sendet er den in der Reihenfolge davor liegenden Eintrag inklusive des NXT-Eintrags (hier: d.beispiel. NXT y.beispiel...). Da dieser Eintrag digital signiert ist, weiß der Empfänger, daß die Antwort authentisch ist und der angefragte Eintrag nicht in der Zone existiert.

3.5 „Transaction and Request Authentication"

Die bislang beschriebenen Sicherheitserweiterungen des DNSSEC-Protokolls sichern einzelne DNS-Einträge innerhalb einer Domain. Sie bieten jedoch keinerlei Schutz vor der Manipulation der eigentlichen DNS-Nachrichten oder des Nachrichtenkopfes („message header"). Da SIG-Ressourceneinträge immer nur einzelne RRs schützen, ist es beispielsweise möglich, komplette DNS-Einträge (inkl. der Signaturen) zu manipulieren oder zu löschen.

Da nicht die Kommunikation zwischen Resolver und Nameserver an sich geschützt ist, kann ein Anfragender nicht mit Gewißheit sagen, ob eine DNS-Antwort wirklich von dem Server kommt, an die er sie gestellt hat, bzw. daß der „richtige" Server die Nachricht weitergeleitet hat. Ferner läßt sich nicht feststellen, ob die DNS-Antwort während der Kommunikation manipuliert worden ist.

Daher bietet DNSSEC über die bereits vorgestellten Mechanismen hinaus die Möglichkeit, jede Antwort mit einem weiteren SIG-RR zu signieren, der sich am Ende der Nachricht befindet und diese somit in ihrer Gesamtheit schützt (Transaktionssicherheit). Der private Signaturschlüssel dazu gehört nicht der Zone, sondern ist in der Regel der Schlüssel des Nameservers, der die Antwort signiert; das Schlüsselpaar ist in diesem Fall also **hostgebunden**.

Signiert werden in diesem Fall sowohl die komplette DNS-Antwort des Nameservers als auch die vorhergehende Anfrage; das Feld „**type covered**" des SIG-RRs (vgl. Abb. 5) bleibt bei dieser Signatur leer. Auf diese Weise kann der Empfänger einer solchen DNS-Antwort sicherstellen, daß (1) die Antwort integer und authentisch ist, (2) die Antwort sich auf die korrekte Anfrage bezieht, und (3) die Anfrage vom Server integer empfangen wurde.[14]

Zwei Probleme tauchen jedoch bei diesem Verfahren auf: einerseits müsste ein Nameserver jede Antwort auf eine DNS-Anfrage signieren. Dies nimmt nicht unerhebliche Rechenzeit in Anspruch, insbesondere dann, wenn es sich um sehr große DNS-Antworten handelt.

Ferner können die Antworten nicht schon vor der Anfrage generiert werden, da die Inhalte der einzelnen Antworten äußerst unterschiedlich sind und daher dynamisch erzeugt werden müssen. Dies wäre jedoch wünschenswert, um den privaten Schlüssel nicht online verfügbar halten zu müssen.

Ein Einsatzgebiet, bei dem diese Transaktionssignaturen sehr sinnvoll und nützlich sind, ist die Absicherung kompletter Zonentransfers zu einem sekundären Nameserver [Gust_00]. Da die sekundären Server ihrerseits autoritativ für die vom primären Server übermittelten Zonendaten sind, ist die gesicherte Übertragung hier von besonderer Relevanz.

---

[13] Streng genommen ist die Zone zyklisch angeordnet, da der Name der Zone sowohl am Beginn als auch am Ende der Zone (hier: y.beispiel) auftaucht.

[14] Auch ein Resolver könnte durch die Verwendung eines solchen SIG-RR seine DNS-Anfrage schützen. Dies wird in der Praxis jedoch kaum von Bedeutung sein.

3.6 Signieren einer Zone

Nach der Schlüsselgenerierung muß der primäre Nameserver einer Domain zunächst für alle Ressourceneinträge seiner Zone die entsprechenden Signaturen (SIG) sowie die zusätzlichen NXT-Einträge erzeugen.

Hierfür wird es notwendig sein, zunächst die komplette Zone zu laden und sämtliche Einträge kanonisch zu ordnen. Anschließend werden die NXT-Einträge erzeugt und in die Zone eingefügt. Erst dann werden die RR-Einträge digital signiert und ebenfalls in die Zone eingefügt. Die so entstandene Zonendatei kann nun vom Nameserver für autoritative DNSSEC-Antworten verwendet werden.

4 DNSSEC-Erweiterungen

Seit der Veröffentlichung von RFC 2535 als zentralem Dokument für DNSSEC wurden zahlreiche weitere Spezifikationen veröffentlicht, welche RFC 2535 ergänzen, oftmals aber auch in wesentlichen Punkten abändern [Rose_00]. Viele dieser Spezifikationen befinden sich noch im Entwurfsstadium („Internet Draft"), sollen aber der Vollständigkeit halber hier kurz vorgestellt werden:

4.1 EDNS0: Extension Mechanisms for DNS

Das DNS-Protokoll legt eine maximale Nachrichtengröße für DNS-Nachrichten von 512 Bytes für UDP-Pakete fest. Diese Nachrichtengröße ist insbesondere für DNSSEC-erweiterte Nameserver kritisch, da durch das Hinzufügen von KEY-, SIG- und NXT-Ressourceneinträgen die DNS-Nachrichten erheblich größer werden. Da in der Zwischenzeit viele der an das Internet angeschlossenen Hosts auch größere UDP-Pakete transportieren und verarbeiten können, definiert [RFC2671_99] mit dem EDNS0-Mechanismus eine neue maximale Nachrichtengröße: DNS-Nachrichten können nun 1280 Bytes groß sein.[15]

4.2 TSIG: Transaction Signatures

RFC 2845 definiert einen weiteren hostgebundenen Mechanismus zur Absicherung einer kompletten DNS-Transaktion, der jedoch nicht das Signieren der kompletten DNS-Antwort beinhaltet. In diesem Fall findet die Authentisierung zwischen zwei Nameservern über kryptographische Hashsummen statt. Ferner müssen beide an der Kommunikation beteiligten Server **vor** der eigentlichen Kommunikation ein gemeinsames Geheimnis (ein sog. *„shared secret"*) austauschen, welches anschließend Teil der Kommunikation ist. Die diesem Verfahren zugrunde liegenden Algorithmen sind erheblich schneller als Signaturen nach Public Key-Verfahren. Auf der anderen Seite führt das Erzeugen und Verteilen von Shared Secrets vor der Kommunikation zu zusätzlichem administrativen Aufwand. TSIG eignet sich daher insbesondere für Zonentransfers zu „bekannten" Nameservern.

4.3 TKEY RR: Secret Key Establishment

RFC 2930 stellt eine Erweiterung zu TSIG dar. Es wird ein Verfahren definiert, mit dem die für TSIG benötigten Shared Secrets automatisch zwischen zwei Nameservern generiert werden können, so daß die manuelle Verteilung entfallen kann. Dieses Verfahren basiert auf dem bekannten „Diffie-Hellman"-Protokoll und spezifiziert einen neuen Ressourceneintrag: TKEY.

---

[15] Auch für RFC 2671 wurde bereits ein Änderungsvorschlag veröffentlicht, der jedoch nicht die maximale Länge von DNS-Nachrichten verändert [AuAl_00].

4.4 SIG(0): Request and Transaction Signatures

RFC 2931 erweitert das in RFC 2525 spezifizierte Verfahren der DNS-Transaktions-absicherung. SIG(0) ist funktional equivalent zu TSIG, basiert allerdings auf asymmetrischen Public Key-Verfahren. Die Performanz dieser Verfahren ist in der Regel schlechter als die bei TSIG eingesetzten Mechanismen.

4.5 NO RR: „not existing RR"

[Jose_00] definiert einen neuen Ressourceneintrag, der den oben beschriebenen NXT-RR ersetzen kann: der NO-RR. Auch dieser RR bietet einen Mechanismus, mit dem ein Nameserver authentisch die Nicht-Existenz eines DNS-Eintrags darstellen kann. Im Gegensatz zum NXT-RR beinhaltet dieser RR allerdings keine DNS-Namen im Klartext; die Einträge werden durch eine SHA-1-Prüfsumme des Namens ersetzt und sind damit nicht mehr direkt lesbar. Auch der Eigner des DNS-Eintrags wird durch seine Prüfsumme ersetzt. Dieses Verfahren schränkt die durch die NXT-RRs ermöglichte Abfrage aller aufeinander folgenden DNS-Einträge (unerlaubter Zonentransfer oder „chaining") erheblich ein, benötigt jedoch durch die zusätzliche Bildung kryptographischer Prüfsummen mehr Ressourcen sowohl auf Seiten der Nameserver als auch der Resolver.[16]

5 Empfehlungen für DNSSEC

Soll DNSSEC innerhalb einer sehr großen Domain bzw. Zone, wie sie beispielsweise .de darstellt, eingesetzt werden, treten bestimmte Fragestellungen auf, die nachfolgend betrachtet werden:

5.1 Sicherheits-, Aufbau- und Betriebskonzept der Zone

Die Sicherheit beim Betrieb einer Zone darf auf keinen Fall unterschätzt werden [RFC2541_99, RFC2870_00]. Insbesondere mit der Einführung von DNSSEC werden neue Komponenten (z.B. kryptographische Schlüssel) in den üblichen DNS-Prozeßablauf eingeführt, die neue Sicherheitsmaßnahmen erforderlich machen. Weiterführende Maßnahmen zur Absicherung der Infrastruktur sind inbesondere im Grundschutzhandbuch des BSI beschrieben [Grund_00].

5.2 Ressourcenplanung

Durch den Einsatz von DNSSEC steigt im gesamten DNS-System der Bedarf nach Rechner- und Netzwerkressourcen:

- Durch zusätzliche KEY-, SIG- und insbesondere NXT-Ressourceneinträge werden die Zonendateien deutlich größer.[17] Damit steigt einerseits der Bedarf nach Speicherplatz auf einer Festplatte sowie der Bedarf nach Hauptspeicher, da Zonen in der Regel komplett im RAM vorgehalten werden. Der Nameserver-Prozeß kann dabei extrem groß werden, vor allem dann, wenn der Nameserver (wie bei Top-Level-Domains der Fall) die Autorität für sehr viele Zonen besitzt. Der Prozeß kann dabei schnell größer werden als der reale

---

[16] Die NXT-RRs sind aus verschiedenen Gründen immer wieder kritisiert worden, was zur Spezifikation des NO-RRs führte. Dieser RR ist allerdings noch zu neu, um Erfahrungen aus der Praxis dokumentieren zu können.

[17] Umfangreiche DNSSEC-Tests mit sehr großen Zonen haben gezeigt, daß eine Zone durch diese neuen RRs um den **Faktor 2 bis 5** anwächst. Dieser Faktor ist in erster Linie abhängig von der Länge der eingesetzten Schlüssel, wobei längere Schlüssel auch zu längeren Signaturen führen.

Hauptspeicher, was dazu führt, daß das Betriebssystem Teile des Hauptspeichers auf die Festplatte auslagert.[18] Diese Auslagerung ist ein sehr rechenintensiver Prozeß. Darüber hinaus steigt auch die Netzwerklast, da wesentlich mehr Daten (zwischen Nameservern) transferiert werden müssen. Dies kann insbesondere bei kompletten Zonentransfers von kritischer Bedeutung sein.

- Werden beim Einsatz von BIND als Nameserver-Software die Schlüssel untergeordneter Zonen durch die (in der Programmiersprache „C" gebräuchliche) *$INCLUDE*-Direktive eingebunden, so muß ein geeignetes Verteilungsschema für die Verwaltung dieser Schlüssel definiert werden.[19]

- Da DNS-Nachrichten insgesamt größer werden, wird deutlich häufiger als bisher das TCP-Protokoll zum Austausch von Nachrichten verwendet werden (müssen). Der damit verbundene Overhead beim Aufbau von Verbindungen ist nicht unerheblich und erhöht die Gesamtlast auf einem Nameserver-System.

- Durch DNSSEC wird grundsätzlich die Anzahl der DNS-Anfragen an die Nameserver steigen. Es ist davon auszugehen, daß ein Resolver nach dem Empfang einer DNS-Antwort weitere DNS-Anfragen an die Nameserver senden muß, um beispielsweise zusätzliche Public Keys oder Signaturen abzurufen. Ferner wird es bei DNS-Anfragen zu „Wartezeiten" kommen, weil beispielsweise ein Resolver zunächst diverse Signaturen verifizieren muß, bevor die Antwort an die Anwendung weitergeleitet werden kann.

- Insgesamt wird auch die CPU-Auslastung aufgrund von DNSSEC stark ansteigen, da zusätzliche rechenintensive Operationen ausgeführt werden müssen, z.B. die Erzeugung und die Verifikation digitaler Signaturen.

Administratoren sehr großer Zonen sollten also den Ressourcenbedarf genau beobachten und die Aufrüstung der eigenen Infrastruktur rechtzeitig im Voraus planen. Neben größeren Speichermedien werden insbesondere die Erweiterung des Hauptspeichers, sowie ggf. zusätzliche CPUs notwendig werden. Auch die Kapazität der Netzwerkverbindung muß ggf. ausgebaut werden.[20] Beim Einsatz von BIND kann hierfür beispielsweise das „Debugging" eingeschaltet werden, um mehr oder weniger detaillierte Informationen über den Betrieb des Nameservers zu erhalten. Wird der Debug-Level jedoch zu hoch gesetzt, führt die Vielzahl an ausgegebenen Informationen wiederum zu Kapazitätsproblemen auf der Festplatte. Ein hoher Debug-Level kann also bestenfalls ein kurzfristig eingesetztes Mittel zur Problem-behebung darstellen.

Die Auswirkungen von DNSSEC auf die Performanz der *Resolver* läßt sich derzeit mangels Erfahrungen nur schwer vorhersehen. Auch hier kann jedoch abgeschätzt werden, daß sich die Last auf die Systeme deutlich erhöhen wird. Dies mag viele Administratoren in der Anfangszeit davon abhalten, DNSSEC zu unterstützen, sollte aber mit der zukünftig weiterhin steigenden Performanz der Systeme weniger problematisch sein.

5.3 Gültigkeitsmodell

Die Gültigkeitszeiträume aller DNSSEC-Schlüssel sind geeignet festzulegen. Im Zusammenhang mit einem Gültigkeitsmodell sind dabei die *Überlappung* von Gültigkeitszeiträumen und das Vorgehen beim Ablauf von Zertifikaten zu spezifizieren.

Die Wahl des Gültigkeitsmodells hat dabei unmittelbar Einfluß auf die Performanz des Systems. Werden beispielsweise häufige Schlüsselwechsel vorgenommen, weil die überlappen-

---

[18] Selbst wenn ausreichend Hauptspeicher zur Verfügung steht, wird das Starten und Stoppen des Nameserver-Programms sehr viel Zeit in Anspruch nehmen.

[19] Bei sehr großen Zonen kann die maximale Anzahl erlaubter Dateien innerhalb eines Verzeichnisses zu einem Problem werden. Selbst wenn diese Zahl nicht vom Betriebssystem beschränkt ist, kann das Öffnen einer Datei sehr lange dauern, falls sich zu viele Dateien in einem Verzeichnis befinden.

[20] Weitere nützliche Hinweise für die Ressourcenplanung enthält RFC 2870.

den Zeiträume zu klein gewählt wurden, wird eine Zone viele Re-Zertifizierungen untergeordneter Zonen vornehmen müssen. Sind ferner aufgrund der Überlappung von Schlüsselpaaren viele Schlüsselpaare einer Zone gleichzeitig gültig, wächst der Speicher- und Netzwerkbedarf aufgrund zusätzlicher Schlüssel und Signaturen an.

5.4 Policy

Jeder Einsatz von Public Key-Verfahren erfordert gewisse Richtlinien, nach denen die Public Keys eingesetzt und Zertifikate erstellt werden – in einer PKI spricht man deshab von Zertifizierungsrichtlinien, oder *„Certification Policy"*. Jede CA operiert anhand einer solchen Policy, die z.B. festlegt, nach welchen Richtlinien Zertifikate und Sperrlisten ausgestellt werden, welche Anforderungen an die zu zertifizierenden Schlüssel gestellt werden (z.B. Mindestlänge, Algorithmenwahl) und wie die Identitätsprüfung durchgeführt wird.

Auch der Administrator einer DNSSEC-fähigen Zone sollte eine derartige Policy erstellen, damit andere Teilnehmer Aussagen über die Qualität der ausgestellten Signaturen treffen können.

Ein weiterer wichtiger Bestandteil der Policy ist die Beantwortung der Frage, *wer* die Dienste der Zertifizierung in Anspruch nehmen darf. Ein Zonenadminstrator muß hier i.d.R. festlegen, ob nur direkt untergeordnete (delegierte) Zonen zertifiziert werden, oder ob – beispielsweise innerhalb eines Übergangszeitraums – auch beliebige andere Zonen zertifiziert werden können, um die Verbreitung von DNSSEC zu fördern (vgl. [MaLL_99]).

Der Policy einer Zone (bzw. einer CA) gegenüber steht die Resolver-Policy. Jeder Resolver benötigt seinerseits festgelegte Richtlinien, nach denen die Signaturprüfung ablaufen muß. Eine solche Überprüfung besteht nicht nur aus der Verifikation der mathematischen Korrektheit einer Signatur; es stellt sich für einen Resolver (und die damit verbundenen Anwendungen) inbesondere auch die Frage, *wem* das Vertrauen zur Ausstellung vertrauenswürdiger Signaturen entgegengebracht wird.

Da Erfahrungen hier noch völlig fehlen, erscheint es angebracht, zunächst der Policy zu folgen, die bereits in RFC 2535 (vgl. [RFC2535_99, Abschnitt 6.3.1]) für Resolver empfohlen wurde. Diese Regeln erlauben neben der strikten DNS-Hierarchie auch Abweichungen hiervon, falls die entsprechenden Public Keys statisch konfiguriert wurden.

5.5 Laufender Betrieb der Zertifizierung

Die in der Policy festgelegten Regelungen müssen im laufenden Betrieb unbedingt eingehalten werden. Zum Schutz der eingesetzten Hard- und Software gehören hierbei insbesondere auch die Protokollierung sämtlicher sensitiver Handlungen sowie ein geeignetes Backup-Konzept.

Bei der eigentlichen Zertifizierung ist es ferner besonders wichtig, daß alle Public Keys genau überprüft werden, bevor sie signiert werden. Ausnahmen von der Identitäts- und Korrektheitsprüfung darf es niemals geben. Auch wenn dies einen zusätzlichen administrativen Aufwand bedeutet, ist damit sichergestellt, daß die Informationen im DNS ein gewisses Niveau an Vertrauenswürdigkeit besitzen. In diesem Zusammenhang stellt sich beispielsweise auch die Frage, ob für die Zertifizierung von Schlüsseln zusätzliche Zertifizierungsanträge bereitgestellt werden, die von jedem Zonenadministrator vor einer Zertifizierung auszufüllen sind. Solche Anträge erleichtern die Überprüfung der Identität des Zertifikatnehmers.

Durch die Zertifizierung kommt der Delegierung von Zonen ein neuer Stellenwert zu, da die Signatur eine kryptographisch *gesicherte Aussage über eine delegierte Zone* trifft, die ohne die Signatur bislang nicht getroffen wird. Der Aussteller einer Signatur wird sich also u.U. für bestimmte Vorgänge innerhalb der delegierten Zone rechtfertigen müssen. Aus diesem Grund muß die Überprüfung vor der Zertifizierung gewissenhaft durchgeführt werden.

Viele der dabei anfallenden Prozesse lassen sich leicht automatisieren, z.B. durch Skripte oder E-Mail-Verteiler (vgl. [CKLW_00]).

5.6 Administration zertifizierter und nicht-zertifizierter Zonen

Die Interaktion zwischen zwei Zonen wird durch DNSSEC gegenüber DNS vermehrt. Ohne DNSSEC ist nach der Delegierung an eine untergeordnete Zone keine Kommunikation zwischen den beiden Zonen notwendig, es sei denn, der oder die Nameserver der untergeordneten Zone ändern sich.

DNSSEC impliziert darüber hinaus bei jeder Änderung an den kryptographischen Schlüsseln eine Kommunikation zwischen zwei Zonen. Damit der damit verbundene administrative Aufwand so gering wie möglich gehalten werden kann, ist es notwendig, geeignete Regelungen für die Kommunikation zu treffen. Es ist beispielsweise sinnvoll, eine Datenbank zu pflegen, die den aktuellen DNSSEC-Status aller delegierten Zonen beinhaltet und ggf. Informationen zu den eingesetzten Schlüsseln inkl. der Signaturen und Gültigkeitszeiträume. Die Größe einer solchen Datenbank wird proportional zu der Zonengröße wachsen, kann die Kommunikation aber verbessern.

Von Interesse ist beispielsweise die Situation, in der eine nicht-gesicherte Zone (für die also ein oder mehrere NULL-Schlüssel vorliegen) anfängt, DNSSEC einzusetzen. In diesem Fall sollte die übergeordnete Zone die NULL-Schlüssel aus ihrer Zone entfernen, sobald die Sub-Zone dies wünscht. Falls die eigene Policy dies verlangt, müssen ferner die KEY-RRs der untergeordneten Zone in die eigene Zone eingefügt werden.

Eine derartige Datenbank würde ferner helfen, automatisiert nach abgelaufenen oder in Kürze ablaufenden Signaturen zu suchen, ohne hierfür die DNSSEC-Software selbst einzusetzen. Die Administratoren dieser Zonen könnten automatisiert darüber informiert werden, daß die Zertifizierung ablaufen wird; wird innerhalb einer bestimmten Frist keine Antwort empfangen, könnte ein automatisiertes Skript NULL-Schlüssel für diese Zone erzeugen, so daß sich der DNSSEC-Status bei der nächsten Zonengenerierung ändert. Andernfalls könnte ein Mechanismus für eine automatisierte Re-Zertifizierung der untergeordneten Zone (z.B. über den TSIG-Mechanismus) gestartet werden.[21]

6 Zusammenfassung und Ausblick

Bei der Umsetzung von DNSSEC in den praktischen Betrieb sind drei wesentliche Gestaltungspunkte zu berücksichtigen:

- **Die technische Ausgestaltung nach der DNSSEC-Spezifikation**
  Die aktuelle Spezifikation enthält die grundlegenden Verfahren zur Signaturerzeugung und –verifikation, läßt jedoch gleichzeitig etliche Fragen unbeantwortet. Einige Probleme mit DNSSEC wurden in Pilotprojekten bereits zur Kenntnis genommen; dies hat dazu geführt, daß in der entsprechenden Arbeitsgruppe der IETF zahlreiche weitere Entwürfe entstehen, die insbesondere RFC 2535 erweitern bzw. ändern.

- **Die organisatorische Umsetzung des Public Key-Konzepts**
  DNSSEC basiert im Wesentlichen auf der Public Key-Technologie. Dennoch wurden bei der Entwicklung des DNSSEC-Protokolls entsprechende PKI-Konzepte nicht berücksichtigt. Insbesondere fehlen derzeit sämtliche Protokolle für die Kommunikation zwischen

---

[21] Die Administration delegierter Subzonen könnte weiter minimiert werden, indem eine Zone nicht die KEY-RRs der untergeordneten Zone signiert, sondern ausschließlich die NS-Ressourcen-einträge (vgl. [MaLL_99]). Da sich die Nameserver einer Zone i.d.R. deutlich seltener ändern als die Schlüssel und Signaturen, würde selbst bei einem Schlüsselwechsel der untergeordneten Zone keinerlei Kommunikation zu der Superzone notwendig werden. Dieses Verfahren wird jedoch von RFC 2535 nicht empfohlen.

den Beteiligten, was einer Realisierung noch entgegenspricht. Vor dem Einsatz von DNSSEC müssten derartige Protokolle und Verfahren zunächst spezifiziert werden.

- **Die Performanz aller beteiligten Systeme**
  Das DNSSEC-Protokoll beinhaltet zahlreiche äußerst rechenintensive Operationen, die die übliche, sehr performante DNS-Kommunikation stark einschränken. Insbesondere für große Zonen, wie sie beispielsweise von TLDs administriert werden, ergeben sich hier Probleme bei der Planung von Ressourcen.

Obwohl sich DNSSEC bereits seit einigen Jahren in der internationalen Standardisierung befindet, ist eine flächendeckende Anwendung dieses Protokolls noch immer nicht absehbar. Technisch scheint das Protokoll inkl. der Erweiterungen mittlerweile relativ ausgereift zu sein; auch die einzige Implementation (BINDv9) hat viele der anfänglichen Schwächen in der Zwischenzeit abgelegt.

Ob allerdings der flächendeckende Einsatz innerhalb einer TLD bereits heute empfohlen werden kann, bleibt weiterhin fraglich. Problematisch sind insbesondere die extrem großen Ressourcen, die benötigt werden, sowohl auf Seiten der Nameserver als auch auf Seiten der Resolver.

Ein erheblich größeres Problem scheint allerdings noch immer das **Schlüsselmanagement** zu sein [Schw_00]. Da es nicht Teil des DNSSEC-Protokolls ist, sind keine zentralen Vorgaben vorhanden. Jeder Zonenadministrator kann und muß also *eigene, innovative Prozesse* für das Schlüsselmanagement definieren, will er DNSSEC einsetzen. Dennoch müssen gerade in diesem Zusammenhang noch viele Fragen offen bleiben, bevor sich DNSSEC in der Praxis wird durchsetzen können. So ist einerseits unklar, ob Anwendungen wie Nameserver und Resolver mit proprietären Prozessen umgehen können. Fraglich ist ferner auch die Interoperabilität zwischen Zonen, falls unterschiedliche Prozesse für das Schlüsselmanagement zum Einsatz kommen.

In diesem Zusammenhang ist ferner bedenklich, daß die aktuelle Protokollspezifikation keine Möglichkeit des Widerrufs von Schlüsseln (bzw. Zertifikaten) vorsieht. Sollte also der Signaturschlüssel einer Zone kompromittiert werden, führt dies zu weiteren operationellen Problemen, insbesondere für hierarchisch direkt unter der Wurzel operierende Zonen (TLDs). Auch dieser Problematik muß im Vorfeld unbedingt durch die Definition geeigneter Prozesse begegnet werden.

Ein weiteres, aktuell äußerst kontrovers diskutiertes Problem ist die Frage, in welcher Zone die einzelnen KEY-Einträgen zugeordneten Signaturen (SIG-RRs) abgelegt werden sollen. Die hierarchische Zuordnung (entsprechend der DNS-Spezifikation) verlangt die Speicherung *aller* Ressourceneinträge im Namensraum der delegierten Zone. In der Praxis erschwert dies allerdings die Handhabung mit Schlüsseln und Signaturen erheblich, da nach jedem Signiervorgang durch einen Zonenadministrator neue SIG-RRs in der *untergeordneten* Zone abgelegt werden müssten. Es gibt daher an dieser Stelle Bestrebungen, von der DNS-Spezifikation abzuweichen, um Signaturen nur in der delegierenden („zertifizierenden") Zone abzulegen [GiLi_01, Gudm_01].

Zum jetzigen Zeitpunkt sollte eine TLD noch abwarten, bis einige der dringend notwendigen Änderungen an RFC 2535 standardisiert und implementiert wurden und sich dann auch flächendeckend durchgesetzt haben (z.B. durch eine größere Verbreitung von BINDv9). Erst wenn Nameserver-Software wie BINDv9 in einer endültigen Version vorliegen und im breiten Einsatz *stabil* laufen, kann ein TLD-weiter Einsatz (oder gar für die Rootserver) bedenkenlos empfohlen werden und die entsprechende Nutzung sinnvoll auch für alle Anwender sein. Bis dahin sind insbesondere die zahlreichen intensiven Diskussionen und einige Pilotprojekte von entscheidender Bedeutung [Lewi_01].

Unklar sind momentan ferner auch noch alle Fragestellungen, die sich mit der zunehmenden Verbreitung von Windows 2000 im Internet ergeben werden. Es ist jedoch bereits jetzt absehbar, daß es aufgrund der stark abweichenden Implementationen eine Vielzahl von Interoperabilitätsproblemen geben wird. Inwiefern dies den Einsatz von DNSSEC innerhalb einer TLD betreffen wird, muß bei Bedarf untersucht werden.

Literaturverzeichnis

AlLi_99   Albitz, P.; Liu, C.: *DNS und BIND*; O'Reilly Verlag; 1999.

AuAl_00   Austein, R.; Alvestrand, H.: *A Proposed Enhancement to the EDNS0 Version Mechanism*; draft-ietf-dnsext-edns0dot5-02.txt; November 2000.

Bell_95   Bellovin, S.: *Using the Domain Name System for System Break-ins*; 5th USENIX UNIX Security Symposium; Juni 1995.

Bind_00   *BIND (Berkeley Internet Name Daemon) v9 Programmdokumentation*; Internet Software Consortium; 2000.

CKLW_00   Camphausen, I.; Kelm, S.; Liedtke, B.; Weber, L.: *Aufbau und Betrieb einer Zertifizierungsinstanz – Das DFN-PCA Handbuch*; DFN-Bericht Nr. 89; Mai 2000.

Davi_99   Davidowicz, D.: *Domain Name System (DNS) Security*; 1999.

GiLi_01   Gieben, R.; Lindgreen, T.: *Parent stores the child's zone KEYs*; draft-ietf-dnsext-parent-stores-zone-keys-01.txt; Mai 2001.

Grund_00   BSI: *IT-Grundschutzhandbuch*, Januar 2000.

Gudm_01   Gudmundsson, O.: *Delegation Signer record in parent*; draft-ietf-dnsext-delegation-signer-00.txt; Mai 2001.

Gust_00   Gustafsson, A.: *DNS Zone Transfer Protocol Clarifications*; draft-ietf-dnsext-axfr-clarify-01a.txt; November 2000.

ITU_97   International Telecommunication Union: *Information Technology – Open Systems Interconnection – The Directory: Authentication Framework*; ITU-T Recommendation X.509; Juni 1997.

Jose_00   Josefsson, S.A.: *Authenticating denial of existence in DNS with minimum disclosure (or; An alternative to DNSSEC NXT records)*; draft-ietf-dnsext-not-existing-rr-01.txt; November 2000.

Lewi_00a   Lewis, E.: *DNS Security Extension Clarification on Zone Status*; draft-ietf-dnsext-zone-status-05.txt; Februar 2001.

Lewi_00b   Lewis, E.: *Handling of DNS Zone Signing Keys*; draft-ietf-dnsop-keyhand-04.txt; März 2001.

Lewi_01   Lewis, E.: *Notes from the State-Of-The-Technology: DNSSEC*; draft-lewis-state-of-dnssec-01.txt; März 2001.

MaLL_99   Massey, D.; Lehman, T.; Lewis, E.: *DNSSEC Implementation in the CAIRN Testbed*; draft-ietf-dnsop-dnsseccairn-00.txt; Oktober 1999.

RFC1034_87 Mockapetris, P.: *Domain Names – Concepts and Facilities*; RFC 1034; November 1987.

RFC1035_87 Mockapetris, P.: *Domain Names – Implementation and Specification*; RFC 1035; November 1987.

RFC1591_94 Postel, J.: *Domain Name System Structure and Delegation*; RFC 1591; März 1994.

RFC2308_98 Andrews, M.: *Negative Caching of DNS Queries (DNS NCACHE)*; RFC 2308; März 1998.

RFC2535_99 Eastlake, D.: *Domain Name System Security Extensions*; RFC 2535; März 1999.

RFC2538_99 Eastlake, D.; Gudmundsson, O.: *Storing Certificates in the Domain Name System (DNS)*; RFC 2538; März 1999.

RFC2541_99 Eastlake, D.: *DNS Security Operational Considerations*; RFC 2541; März 1999.

RFC2671_99 Vixie, P.: *Extension Mechanisms for DNS (EDNS0)*; RFC 2671; August 1999.

RFC2845_00 Vixie, P.; Gudmundsson, O.; Eastlake, D.; Wellington, B.: *Secret Key Transaction Authentication for DNS (TSIG)*; RFC 2845, Mai 2000.

RFC2870_00 Bush, R.; Karrenberg, D.; Kosters, M.; Plzak, R.: *Root Name Server Operational Requirements*; RFC 2870; Juni 2000.

RFC2930_00 Eastlake, D.: *Secret Key Establishment for DNS (TKEY RR)*; RFC 2930; September 2000.

RFC2931_00 Eastlake, D.: *DNS Request and Transaction Signatures (SIG(0)s)*; RFC 2931; September 2000.

RFC3008_00 Wellington, B.: *Domain Name System Security (DNSSEC) Signing Authority*; RFC 3008; November 2000.

Rose_00   Rose, M.: *DNS Security Document Roadmap*; draft-ietf-dnsext-dnssec-roadmap-03.txt; April 2001.

Schw_00   Schwinn, A.: *Keymanagement mit DNSSec*; Projektarbeit an der Ludwig-Maximilians-Universität München; Juni 2000.

Vixi_95   Vixie, P.: *DNS and BIND Security Issues*; 5th USENIX UNIX Security Symposium; Juni 1995.

Well_99   Wellington, B.: *An Introduction to Domain Name System Security*; Januar 1999.

Optimistisch Faire Transaktionen mittels zeitlich beschränkter Münzen

Matthias Baumgart[1], Heike Neumann[1], Niko Schweitzer[2]

[1]Universität Gießen, Mathematisches Institut, Arndtstrasse 2, 35392 Gießen
{Matthias.Baumgart,Heike.B.Neumann}@math.uni-giessen.de
[2]Universität-Gesamthochschule Siegen, Institut für Datenkommunikationssysteme,
Hölderlinstraße 3, 57068 Siegen, schweitzer@nue.et-inf.uni-siegen.de

Zusammenfassung

Wir stellen ein neues Protokoll für den fairen Austausch digitaler Güter vor. Fairness bedeutet in diesem Fall, dass ein Kunde, der eine bestimmte Ware gekauft hat, diese Ware auch mit Sicherheit erhält und zwar selbst dann, wenn der Händler sich nachträglich weigert, die Ware zu liefern. Unser Protokoll basiert im wesentlichen auf einem off-line Zahlungssystem mit digitaler Münzen, die für die Umsetzung der Fairness mit einer zusätzlichen Eigenschaft ausgestattet werden.
Wir entwerfen das Konzept *zeitlich beschränkter* Münzen. Diese Münzen können nur innerhalb einer vorher festgelegten Zeit eingelöst werden. Das Interessante hieran ist, dass der Kunde selbst diese Zeit festlegt und zwar erst während der Bezahlung und nicht bereits während der Abhebung der Münzen. Das heißt insbesondere, dass der Kunde sich nicht bereits während der Abhebung entscheiden muss, welche seiner Münzen er für welchen Zeitraum einschränken will, wie dies in anderen Münzsystemen der Fall ist (vgl. [Sch97]).
Wir betrachten in unserem System ausschließlich digitale Waren, die sich durch Bits darstellen lassen und daher (dies ist der wichtigere Aspekt) verschlüsselt werden können. Unser Vorschlag bietet den Kunden außerdem die volle Anonymität, das heißt weder der Händler noch die Bank können die Identität des Kunden aufdecken, solange dieser nicht eine Münze mehr als einmal ausgibt.

1 Einleitung

In E-Commerce Szenarien sind der Schutz der Privatsphäre der Kunden und der faire Austausch von Geld und Ware wichtige Aspekte. Zum Schutz der Privatsphäre verlangen wir die *Anonymität* von Transaktionen, das heißt, dass der Kunde Waren kaufen kann, ohne gegenüber dem Händler oder über das Zahlungsmittel gegenüber der Bank seine Identität preisgeben zu müssen. Die Grundidee zur Umsetzung digitaler anonymer Münzen, das Konzept der *blinden Signatur*, stammt von D. Chaum, [Chaum85].
Wir nehmen an, dass der Kunde eine digitale Ware kaufen will. In vielen Fällen wird dies dadurch realisiert, dass eine verschlüsselte Version der Ware publiziert wird und der Kunde nur noch den passenden Schlüssel kaufen muss. Genauer gesagt, wählt der Händler zufällig einen Sitzungsschlüssel für ein symmetrisches Verschlüsselungsverfahren, verschlüsselt die Ware und publiziert das Chiffrat zusammen mit der Information, mit welcher Chiffre er verschlüsselt hat. Dem Kunden muss er dann nach der Bezahlung nur noch den Schlüssel schicken an Stelle des gesamten Datensatzes. Ein bekanntes Zahlungssystem, das in dieser Weise vorgeht, ist Netbill, [CTS95]. Netbill ist im eigentlichen Sinne kein digitales Münzsystem, sondern basiert auf einem Ticket-Authentifikationsverfahren, das Kerberos nicht unähnlich ist. Insbesondere bedeutet das, dass das Verfahren keinerlei Anonymität für die Kunden bietet.

Eine weitere Möglichkeit, Waren und Geld fair auszutauschen, besteht darin, Signaturen fair auszutauschen. Dieser Vorschlag stammt von Asokan, Shoup und Waidner, [ASW98]. Das Protokoll ist gut geeignet für identitätsbasierte Zahlungsmittel wie Kreditkarten oder Schecks, lässt sich jedoch nicht für ein anonymes Zahlungssystem verwenden.

Daneben gibt es weitere generische Protokolle für den fairen Austausch von digitalen Daten wie zum Beispiel [ASW97].

Unser Vorschlag hingegen ist eine spezielle Lösung, die als Grundlage ein digitales Münzsystem benötigt, das die vollständige Anonymität der Kunden gewährleistet. Weiterhin garantiert es den fairen Austausch von Waren und Münzen. Ein Kunde, der eine Ware bezahlt hat, erhält diese Ware auch, wenn der Händler die weitere Mitarbeit verweigert. Die Fairness ist in optimistischer Weise umgesetzt, das bedeutet, dass im Normalfall keinerlei dritte Partei benötigt wird. Nur im Streitfall greift eine vertrauenswürdige Instanz (TTP) ein.

Wir setzen dies um, indem der Kunde den symmetrischen Sitzungsschlüssel, mit dem er die Ware entschlüsseln kann, nach der Bezahlung aus gewissen öffentlich zugänglichen Informationen rekonstruieren kann. Diese Informationen sind für den Kunden genau von dem Zeitpunkt ab verfügbar, in dem der Händler die Münzen bei der Bank einlöst. Die TTP muss nur dann eingreifen, wenn der auf diese Weise rekonstruierte Schlüssel nicht der richtige ist, um die Ware zu entschlüsseln. In diesem Fall entscheidet die TTP den Streit.

Im Abschnitt 2 werden wir zunächst an die Definitionen und Eigenschaften eines digitalen Münzsystems erinnern. Im Kapitel 3 präsentieren wir die Grundidee unseres Verfahrens. Das dort angegebene erste Protokoll liefert jedoch noch nicht die volle Anonymität der Kunden. Dieses Problem wird in Abschnitt 4 gelöst.

2 Digitale Off-line Münzen

In der Literatur sind zahlreiche Vorschläge bekannt, die die Eigenschaften von herkömmlichen Münzen modellieren, [CFN88], [Br93], [Fer93a], [ST99]. Ein „normales" Münzsystem verfügt über Fälschungssicherheit, off-line Verifizierbarkeit und Unverfolgbarkeit der Münzen.[1]

Diese Eigenschaften lassen sich kryptographisch leicht umsetzen:

- Die Fälschungssicherheit realisiert man durch eine authentifizierte Nachricht der Bank, zum Beispiel durch eine digitale Signatur. Dadurch kann niemand eine Münze fälschen, aber jeder ist in der Lage, die Echtheit einer Münze zu verifizieren.

- Die Unverfolgbarkeit (Anonymität) der Münzen erreicht man, indem man die Bank die digitale Signatur „blind" leisten lässt. Das bedeutet, dass der Kunde und die Bank gemeinsam einen Datensatz und eine passende Signatur erzeugen, wobei die Bank am Ende des Protokolls weder den Datensatz noch die Signatur kennt.

Das zentrale kryptographische Problem eines off-line Münzsystems ist das *Double-Spending*, das heißt die fehlende Originalität der Münzen. Hat ein Kunde eine Abhebung durchgeführt und besitzt er damit eine gültige Münze, so kann er Kopien davon anfertigen und diese bei unterschiedlichen Händlern ausgeben. Die Händler können zwar an Hand der Signatur feststellen, ob eine Münze gültig ist oder ist, sie können aber nicht bestimmen, ob ihnen das Original oder eine Kopie vorliegt. Und da die Münzen eine bedingungslose Anonymität der Kunden gewährleisten, kann nicht einmal die Bank feststellen, welcher Kunde eine Münze mehr als einmal ausgegeben hat.

Die grundlegende Idee, dieses Problem zu lösen, stammt von D. Chaum, A. Fiat und M. Naor, [CFN88], und besteht darin, eine Kundenidentifikationsnummer so in die Münze einzubetten, dass die Bank diese Nummer nach einem Double-Spending (und auch nur dann) berechnen kann. Das impliziert, dass eine Bezahlung nicht einfach darin bestehen kann, dass der Kunde die Münze an einen Händler sendet. Vielmehr muss der Kunde bei jeder Bezahlung einen Teil seiner Identifikationsnummer preisgeben. In den meisten Systemen geschieht das mit einem Challenge-and-Response-Protokoll zwischen dem Händler und dem Kunden.

---

[1]   Eine andere typische Eigenschaft von Münzen, nämlich ihre Übertragbarkeit, kann nur mit einem signifikanten Verlust an Effizienz erreicht werden, [CP92].

Um diese Technik zu illustrieren, skizzieren wir kurz das Münzsystem, das von Stefan Brands 1993, [Br93], vorgestellt worden ist. Die Sicherheit des Systems beruht auf der Schwierigkeit, diskrete Logarithmen zu berechnen.

Wir nehmen an, dass jeder Kunde eine persönliche Identifikationsnummer *ID* (zum Beispiel die Kontonummer) hat, die die Bank und der Kunde kennen. Sei G_q eine zyklische Gruppe der Ordnung q und g ein erzeugendes Element von G_q. Die Gruppe sei so gewählt, dass es keinen effizienten Algorithmus gibt, der in dieser Gruppe diskrete Logarithmen berechnen kann. Die Bank veröffentlicht G_q und g.

Um seine Identifikationsnummer aufzuteilen, wählt der Kunde zwei Polynome vom Grad eins, wobei er mit dem einen Polynom seine geblendete Identifikationsnummer aufteilt, während er das andere dazu verwendet, eben diesen Blendungsfaktor aufzuteilen. Der Blendungsfaktor wird mit s bezeichnet:

$$f(x) := ID \cdot s \cdot x + b_1$$

$$g(x) := s \cdot x + b_2$$

Während der Abhebung generieren die Bank und der Kunde eine blinde Signatur auf $\left(g^{ID \cdot s}, g^{b_1}, g^{s}, g^{b_2}\right)$.

Präziser formuliert, erzeugt die Bank keine blinde Signatur, sondern eine *eingeschränkt* blinde Signatur. Am Ende des Protokolls weiß sie nichts über den unterschriebenen Inhalt und die Signatur außer der Tatsache, dass die Münze eine korrekte Aufteilung der Kundenidentifikationsnummer enthält, vgl. [Br93].

Die Münze besteht aus drei Teilen:

- $\left(g^{ID \cdot s}, g^{b_1}\right)$ ist ein Commitment des Kunden für eine Aufteilung seiner geblendeten Identifikationsnummer.

- $\left(g^{s}, g^{b_2}\right)$ ist ein Commitment des Kunden für eine Aufteilung seines Blendungsfaktors.

- Signatur der Bank, die wir im Folgenden mit *sig* bezeichnen. Diese Signatur bestätigt und verbindet die beiden oben genannten Commitments.

Bei einer Bezahlung schickt der Kunde die Münze $\left(g^{ID \cdot s}, g^{b_1}, g^{s}, g^{b_2}, sig\right)$ an den Händler. Der Händler verifiziert die Signatur der Bank und wählt eine Challenge c. Die Antwort des Kunden besteht aus den Funktionswerten der Polynome an der Stelle c.

Bei diesem Vorgehen sind $\left(g^{ID \cdot s}, g^{b_1}, g^{s}, g^{b_2}\right)$ Prüfwerte, an Hand derer der Händler feststellen kann, ob die Antworten des Kunden korrekt sind, ohne dass er aus ihnen Informationen über die in den Polynomen versteckten Geheimnisse ableiten kann.

2.1 Zeitlich beschränkte Münzen

Wir wollen jetzt die zeitliche Gültigkeit der Münzen beschränken. In unserem Verfahren in Kapitel 3 wird es so sein, dass der Kunde nicht mehr auf die Mithilfe des Händlers angewiesen ist, weil er den Schlüssel allein rekonstruieren kann, sobald der Händler die entsprechenden Münzen eingelöst hat. Um sicherzustellen, dass er an die Ware herankommt, solange diese noch von Wert für ihn ist (was eine sehr kurze Zeit sein kann, man denke zum Beispiel an digitale Zeitungen), wird der Kunde wollen, dass der Händler die Münzen möglichst schnell einlöst. Er wird daher bei der Bezahlung einen Zeitraum festlegen wollen, in dem die Münzen dieser Bezahlung bei der Bank eingelöst werden müssen.

Zeitlich beschränkte Münze: Wir nennen eine digitale Münze *zeitlich beschränkt*, wenn mit der Münze ein Zeitparameter t_0 verknüpft ist, so dass die Münze nur dann eingelöst werden kann, wenn der Zeitpunkt der Einlösung t_d vor dem Zeitpunkt t_0 liegt. Danach wird die Bank das Einlösen der Münze verweigern.

Eine Möglichkeit, zeitlich beschränkte Münzen zu konstruieren, ist die regelmäßige Änderung des Signaturschlüssels durch die Bank. Münzen, die mit einem bestimmten Schlüssel signiert sind, werden dann nur in einem öffentlich bekannten, vorher festgelegten Zeitraum akzeptiert. Dieses Vorgehen mag in einem on-line System angemessen sein, weil sich dort der benötigte Speicherplatz reduzieren lässt. Ein Beispiel für ein solches Vorgehen findet sich in [Sch97]. Ein wesentliches Problem bei diesem Vorschlag ist, dass alle Münzen, die nicht bis zu einem bestimmten Zeitpunkt eingelöst wurden, wertlos werden.

Für die von uns beschriebene Situation ist dieses Vorgehen grundsätzlich nicht sinnvoll, denn wir wollen, dass die Münzen nur innerhalb eines sehr kurzen Zeitraumes eingelöst werden können. Muss die Bank hierfür jedes Mal ihren Schlüssel wechseln, so wird das System schnell ineffizient. Außerdem ist es nicht notwendig, dass die Bank bestimmt, bis zu welchem Zeitpunkt die Münzen gültig sein sollen. In dem oben beschriebenen Szenario ist es sinnvoller, dass der Kunde selbst bestimmen kann, in welcher Zeit die Münzen eingelöst werden müssen.

Da die meisten Münzsysteme in dem Bezahlvorgang ein Challenge-and-Response-Protokoll verwenden, um mit den Antworten des Kunden ein Double-Spending-Detection-Mechanismus zu konstruieren, nutzen wir dieses Protokoll, um einen Zeitparameter mit der Münze zu assoziieren.

Im ersten Schritt sendet der Kunde seine Münzen zusammen mit einer Zeitangabe t_0 über den maximalen Einlösezeitpunkt an den Händler. Der Händler prüft die Gültigkeit der Münzen und stellt fest, ob er die Münzen in der angegebenen Zeit einlösen können wird. Falls dem nicht so ist, weil zum Beispiel der Zeitraum zu kurz bemessen ist, so lehnt er die Münzen mit einer entsprechenden Fehlermeldung ab.

Nimmt er die Münzen an, so berechnet er im nächsten Schritt die Challenge für den Kunden. Um die Betrugsmöglichkeiten möglichst gering zu halten, geschieht das in den meisten Geldsystemen durch das Hashen verschiedener relevanter Daten wie der Händleridentifikationsnummer, einer Beschreibung der Ware, der Münzen etc. In unserem Fall hasht er dazu noch den Zeitparameter t_0. Die Challenge sendet der Händler an den Kunden. Der Kunde überprüft die Korrektheit der Challenge, insbesondere prüft er, ob die korrekte Einlösezeit verwendet wurde. Ist dem so, so berechnet er die passenden Antworten und schickt sie an den Händler.

Der Rest der Transaktion und das Einlösen der Münzen geschieht mehr oder minder unverändert. Beim Einlösen der Münzen muss die Bank lediglich zusätzlich darauf achten, dass der zugehörige maximale Einlösungszeitpunkt noch nicht überschritten ist.

3 Das Basisprotokoll

3.1 Initialisierung

Die Bank veröffentlicht alle Parameter eines digitalen off-line Münzsystems. Wir nehmen an, dass die Bezahlung des Münzsystems ein Challenge-and-Response-Protokoll beinhaltet, wie das bei fast allen Systemen wie [CFN88], [Br93], [Fer93a], [OO91]} und [ST99] der Fall ist. Die Bank gibt außerdem eine Hashfunktion H vor, mit der die Challenge berechnet werden muss.

Wir setzen weiterhin voraus, dass es eine etablierte Public-Key-Infrastruktur gibt. Insbesondere besitzt jeder Händler ein Signaturschema und ein dazugehöriges Zertifikat für den öffentlichen Verifikationsschlüssel, ausgestellt von einer vertrauenswürdigen CA.

Jeder Händler publiziert ein symmetrisches Verschlüsselungsverfahren E und eine homomorphe Einwegfunktion f auf der Schlüsselmenge der Verschlüsselung E, das heißt es gilt: $f(K_1) \otimes f(K_2) = f(K_1 \oplus K_2)$.

Bilden die symmetrischen Schlüssel beispielsweise eine additive Gruppe, so ist die diskrete Exponentialfunktion über einer passenden Gruppe eine mögliche Wahl für die homomorphe Einwegfunktion.

Der Händler wählt einen Schlüssel K und verschlüsselt die Ware unter diesem Schlüssel mit seinem symmetrischen Verschlüsselungsverfahren. Dann berechnet er ein Commitment $f(K)$ des Schlüssel mit der von ihm gewählten homomorphen Einwegfunktion. Zusätzlich signiert er eine Beschreibung der Ware zusammen mit dem Chiffrat und dem Commitment.

Er veröffentlicht die verschlüsselten Daten, eine Identifikationsnummer der Ware ID_W und das Commitment des Schlüssels $f(K)$ zusammen mit der dazugehörigen Signatur $Sig(E_K(Ware)$, *Beschreibung*, $f(K))$.

Im Falle eines Streites - der Kunde behauptet, dass er die Ware nicht mit dem im Commitment enthaltenen Schlüssel entschlüsseln kann – dienen diese Werte als Vergleich. Durch die Signatur hat der Händler sich verbindlich festgelegt, so dass die TTP im Falle, dass der Händler nicht die korrekten Angaben veröffentlicht hat, rechtliche Schritte gegen den Händler unternehmen kann.

3.2 Bezahlung

Will der Kunde etwas kaufen, so beschafft er zunächst die öffentlichen Werte ID_W, $E_K(Ware)$, $f(K)$ und $Sig(E_K(Ware)$, *Beschreibung*, $f(K))$. Er nimmt Kontakt zum Händler auf und führt mit ihm ein Bezahlungsprotokoll des zugrunde liegenden Münzsystems durch. Im wesentlichen kauft er nur noch den symmetrischen Schlüssel, mit dem die Ware verschlüsselt ist. Das heißt, dass das Protokoll abschließt, indem der Händler dem Kunden den Sessionkey sendet.

Da der Händler für jede Kopie des Schlüssel bezahlt werden möchte, müssen wir an dieser Stelle annehmen, dass die Kommunikation zwischen Kunde und Händler vertraulich ist. Einem Angreifer darf es nicht möglich sein, den Sitzungsschlüssel abzuhören.

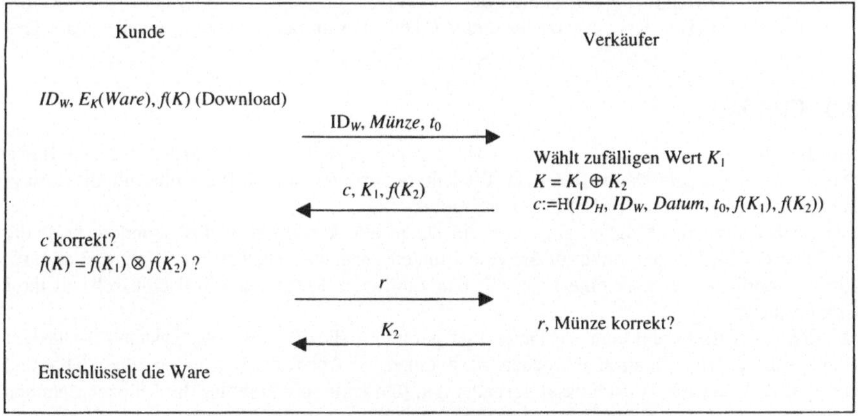

Abbildung 1: Bezahlung (Die Kommunikationskanäle sind gesichert.)

Ein authentischer Kanal zwischen Kunde und Händler ist nicht nötig. Ganz im Gegenteil: da die Zahlung des Kunden anonym sein soll, ist es an dieser Stelle wichtig, einen anonymen Kanal zu haben.

Zur kryptographischen Absicherung des Kanals zwischen Kunde und Händler verschafft sich der Kunde zunächst eine zertifizierte Kopie des öffentlichen Schlüssels des Händlers. Der Kunde wählt einen Sitzungsschlüssel, der ausschließlich für diese Transaktion verwendet wird, und sendet ihn verschlüsselt unter dem öffentlichen Schlüssel des Händlers an diesen. Jede weitere Kommunikation zwischen den beiden wird mit diesem Sitzungsschlüssel chiffriert. Obwohl dieser Sitzungsschlüssel nur die Authentifizierung des Händlers sichert, garantiert er doch, dass derselbe Kunde, der die Challenge in der Bezahlung beantwortet, auch derjenige ist, der den Warenschlüssel erhält.

Gibt es keine symmetrische Chiffre, die global von allen Beteiligten verwendet wird, so ist es notwendig, vor der Transaktion eine Handshake-Phase durchzuführen, um die Chiffren auszuhandeln.

Um die Bezahlung abzuwickeln, sendet der Kunde die Produktnummer, die entsprechenden Münzen und eine Zeitschranke t_0 an den Händler.

Der Händler teilt zunächst den Schlüssel, mit dem die Ware verschlüsselt ist, in zwei Teile K_1 und K_2 auf, und zwar so, dass der Schlüssel mit diesen beiden Teilen eindeutig rekonstruiert werden kann. Mittels der homomorphen Einwegfunktion f berechnet er für beide Teilschlüssel jeweils ein Commitment: $f(K_1)$ und $f(K_2)$. Dann generiert er eine Challenge nach den Vorgaben des zugrunde liegenden Münzsystems. Eingehen müssen in diese Challenge seine eigene Identifikationsnummer, die Produktnummer, eine Zeitangabe, die Münzen des Kunden, die maximale Einlösezeit t_0 und die beiden Commitments.

Der Kunde erhält neben der Challenge auch den ersten Teil des aufgeteilten Warenschlüssels und die beiden Commitments (siehe Abbildung 1).

Da dem Kunden bekannt ist, wie die Challenge berechnet werden muss, und er auch alle Eingabewerte kennt, kann er die Korrektheit der Challenge überprüfen. Da ihm auch die Einwegfunktion f bekannt ist, kann er die Korrektheit seines Teilschlüssels überprüfen. Da die Funktion außerdem homomorph ist, kann er auch testen, ob die beiden Teilschlüssel den vom Händler in seiner Produktbeschreibung angegebenen und signierten Schlüssel rekonstruieren. Gelingen alle Verifikationen, so berechnet der Kunde seine Antwort gemäß dem zugrunde liegenden Münzsystem.

Der Händler verifiziert die Korrektheit der Antworten und sendet dem Kunden den zweiten Teilschlüssel zu. Der Kunde setzt die beiden Teile zusammen und kann so die Ware entschlüsseln.

3.3 Einlösen

Um die Münzen einzulösen, schickt der Händler die „Geschichte" der Münzen an die Bank. Das heißt, dass er alle Daten, die in der Bezahlung auftreten, an die Bank übermittelt. Zusätzlich muss er den zweiten Teilschlüssel preisgeben.

Die Bank nimmt die Münzen an, wenn die Daten alle korrekt sind. Insbesondere prüft die Bank, ob der Einlösezeitpunkt vor der vom Kunden genannten Höchstgrenze liegt. Ist dem so, so veröffentlicht die Bank eine Liste mit den Einträgen der zweiten Teilschlüssel und ihrer Commitments:

$(K_2, f(K_2))$ (Siehe Abbildung 2). Diese List garantiert die Fairness des Systems. Sollte der Händler die Kommunikation abbrechen, nachdem er die Antwort des Kunden erhalten hat und bevor er den zweiten Teilschlüssel gesendet hat, und sollte der Händler die Münzen dennoch einlösen, so kann der Kunde seinen zweiten Teilschlüssel in der öffentlichen Liste heraussuchen und damit die Ware entschlüsseln. Da die Liste öffentlich ist, bleibt die Anonymität des Kunden erhalten.

Die im Hashwert eingebaute Zeitschranke für die Einlösung im Bezahlungsprotokolle hat zwei Vorteile: auf der einen Seite sichert sie, dass der Händler die Münzen vor diesem Zeitpunkt einlöst. Daher erhält der Kunde seinen zweiten Teilschlüssel spätestens zum Zeitpunkt t_0. Auf der anderen Seite kann der Kunde für jede einzelne Transaktion eine eigene Schranke angeben, je nach dem, welche Waren er kaufen will.

Damit ist die Fairness unseres Vorschlags gegeben, denn spätestens bei der Einlösung der Münzen muss der Händler den zweiten Teilschlüssel preisgeben, der es dem Kunden ermöglicht, die gekaufte Ware zu entschlüsseln. Wir brauchen hierfür keine TTP.

Eine dritte Partei wird nur dann gebraucht, wenn es dem Kunden mit dem rekonstruierten Schlüssel nicht gelingt, die Ware zu entschlüsseln. Das kann nur bedeuten, dass der Händler zwei verschiedene Schlüssel verwendet hat, einen um die Ware zu verschlüsseln, und einen für das Bezahlungsprotokoll. Ein Richter muss in diesem Fall entscheiden, ob der Händler den Protokollen korrekt gefolgt ist oder nicht. Dazu vergleicht er die vom Händler mit der Ware veröffentlichten Angaben mit denen des Kunden. Eine Kooperation mit dem Händler ist hier nicht erforderlich!

Unser Vorschlag lässt sich auch dahingehend erweitern, dass er die Möglichkeit einer on-line Verifikation bietet. Dazu veröffentlicht die Bank nicht nur die Liste der Teilschlüssel (K_2, $f(K_2)$), sondern auch die zughörigen Münzen. Das versetzt die Händler in die Lage festzustellen, ob eine vorliegenden Münze bereits ausgegeben wurde.

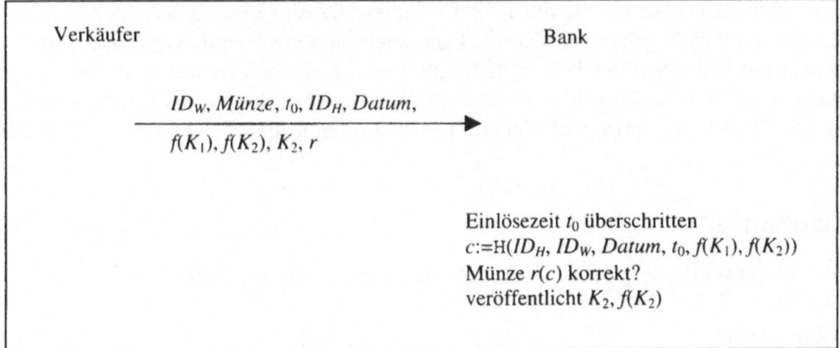

Abbildung 2: Einlösen

3.4 Eigenschaften des Basisprotokolls

Das Basisprotokoll erreicht den fairen Austausch von Waren und Geld mittels der zeitlich beschränkten Münzen. Löst der Händler die Münzen ein, bevor sie ungültig werden, so erhält der Kunde mit Sicherheit den zweiten Teilschlüssel, den er zum Entschlüsseln der Ware braucht. Der Kunde erhält den zweiten Schlüssel nur dann nicht, wenn der Händler die Münzen nicht einlöst. Dieser Fall stellt für den Kunden jedoch keinen Verlust dar, weil er die Münzen dann noch einmal ausgeben kann. Allerdings bleibt in diesem System die Anonymität nicht unter allen Umständen gewahrt.

Angenommen, der Händler versucht die Münzen zu spät einlösen, dann wird die Bank die Münzen zwar ablehnen, ihr sind dann aber alle Daten der Bezahlung bekannt, insbesondere die Challenge und die Response. Sie kann beides speichern. Da auch der Kunde verfolgen kann, dass der Händler die Münzen nicht rechtzeitig eingelöst hat, weil der entsprechende zweite Teilschlüssel nicht in der öffentlichen Liste auftaucht, wird er die Münzen vermutlich ein zweites Mal ausgeben. In diesem Fall hat die Bank zweimal die gleichen Münzen erhalten mit den jeweiligen Challenges und Responses, was dazu führt, dass sie die Anonymität des Kunden aufheben kann, obwohl im eigentlichen Sinne kein Double-Spending statt gefunden und der Kunde sich korrekt verhalten hat.

Um dieses Problem zu lösen, werden wir im nächsten Abschnitt unser System erweitern.

Mit dem oben genannten Angriff geht auch die *Betrugssicherheit* des Systems verloren. Obwohl der Kunde sich korrekt verhalten hat, kann die Bank seine Identität berechnen, an seiner Stelle Münzen erzeugen und ausgeben. Ein allgemein anwendbares Verfahren, das dieses Problem löst, findet sich in [PW91].

4 Faire sichere anonyme Transaktionen

Um die Anonymität der Transaktionen zu gewährleisten, fügen wir unserem bisherigen Vorschlag einen sicheren Zeitstempel-Dienst hinzu. Die TTP, die bisher nur in Streitfällen auftrat, erhält eine zusätzliche Funktion. Sie ist die einzige Instanz, die in der Lage ist, die Identität eines Kunden aufzuheben.

4.1 Initialisierung

Die Initialisierung ist im wesentlichen die gleiche wie im Basisprotokoll. Der wichtigste Unterschied besteht darin, dass nicht mehr die Identifikationsnummer des Kunden in die Münzen eingebettet wird, sondern ein Pseudonym.
Zunächst kontaktiert der Kunde die TTP. Er authentifiziert sich und lässt sich von der TTP ein signiertes Pseudonym geben. Ein Kunde kann auch mehrere Pseudonyme besitzen.
Gegenüber der Bank tritt der Kunde nicht unter seiner eigenen Identität, sondern unter seinem Pseudonym auf. Die Bank prüft die Signatur des Pseudonyms, um sicher zu stellen, dass im Falle eines Double-Spendings die Identität des Kunden mit Hilfe der TTP aufgedeckt werden kann.

4.2 Bezahlung

Die Bezahlung wird wie im Basisprotokoll beschrieben durchgeführt.

4.3 Einlösen

Das Einlösen der Münzen geschieht im wesentlichen auch wie im Basisprotokoll, nur wird es abgesichert durch ein Zeitstempelprotokoll. Für jede Einlösung von Münzen lässt sich die Bank den gesamten Datensatz zeitstempeln. Erhält die Bank zweimal dieselben Münzen mit unterschiedlichen Challenges und Responses, so kann sie das Pseudonym extrahieren. Soll die Identität des Kunden ermittelt werden, so muss die Bank die TTP nach der Aufdeckung des Pseudonyms fragen. Die TTP lässt sich von der Bank die Transskripte der beiden Bezahlprotokolle geben und überprüft an Hand der Zeitstempel, ob die Münzen jeweils im richtigen Zeitintervall eingelöst worden sind. Denn nur in diesem Fall handelt es sich um ein echtes Double-Spending und der Kunde hat tatsächlich zweimal Ware mit diesem Geld bezahlt.
In diesem Fall gibt die TTP die Identität des Kunden preis, in allen anderen Fällen lehnt sie dies ab.

Literatur

[ASW97]　　N. Asokan, M. Schunter, M. Waidner: „Optimistic Protocols for Fair Exchange", *4th ACM Conference on Computer and Communications Security*

[ASW98]　　N.Asokan, V.Shoup, M. Waidner: „Optimistic fair Exchange of Digital Signatures", *Proc. of Eurocrypt '98*, Lectures Notes in Computer Science 1403, Springer-Verlag, 591-606

[Br93]　　　S. Brands: „Untraceable off-line cash in wallets with observers", *Proc. of Crypto '93*, Lecture Notes in Computer Science 773, Springer-Verlag, 302-318

[Chaum85]　D. Chaum: „Security without Identification: Transaction Systems to make Big Brother obsolete", *Comm. of the ACM*, 1985

[CFN88]　　D. Chaum, A. Fiat, M. Naor: „Untraceable Electronic Cash", *Proc. of Crypto '88*, Lecture Notes in Computer Science 403, Springer-Verlag, 319-327

[CP92]   D. Chaum, T.P. Pedersen: „Transferred Cash grows in size", *Proc. Eurocrypt '92*, Lecture Notes in Computer Science, Springer-Verlag

[CTS95]   „Netbill Security and Transaction Protocol", *First Usenix Workshop of Electronic Commerce*, 1995

[Fer93a] N. Ferguson: „Single Term Off-Line Coins", *Proc. of Eurocrypt '93*, Lecture Notes in Computer Science 765, Springer-Verlag, 318-328

[Fer93b] N. Ferguson: „Extensions of Single-term Coins", *Proc. of Crypto '93*, Lecture Notes in Computer Science 773, Springer-Verlag, 292-301

[OO91]   T. Okamoto, K. Ohta: „Universal Electronic Cash", *Proc. of Crypto '91*, Lecture Notes in Computer Science 576, Springer-Verlag, 324-337

[PW91]   B. Pfitzmann, M.Waidner: „How to Break and Repair a Provably Secure Untraceable Payment System," *Proc. of Crypto '91*, LNCS 576, Springer Verlag

[Sch97]   B. Schoenmakers: „Basic Security of the ecash^{TM} Payment System", *State of the Art in Applied Cryptography*, Course on Computer Security and Industrial Cryptography, 1997 Revised Lectures, volume 1528 of Lecture Notes in Computer Science, Berlin, 1998. 16 pages.

[ST99]   T. Sander, A. Ta-Shma: „Auditable, Anonymous Electronic Cash", *Proc. of Crypto '99*, Lecture Notes in Computer Science 1666, Springer-Verlag

Sicherheit moderner Frankiersysteme

Gerrit Bleumer, Heinrich Krüger-Gebhard

Francotyp-Postalia AG&Co, g.bleumer@francotyp.com,
Rohde & Schwarz SIT GmbH, Heinrich.Krueger-Gebhard@sit.rohde-schwarz.com

Zusammenfassung

In den USA und mit Abwandlungen auch in Kanada wird seit 1996 ein technisches Programm in die Praxis umgesetzt, das den Markt von mechanischen auf elektronische Lösungen umstellen sowie Manipulation und den Mißbrauch von Frankiersystemen signifikant eindämmen soll. Dieses Programm (Information Based Indicia Program IBIP) umfasst sowohl stand-alone Frankiermaschinen als auch PC-Frankierlösungen und schreibt für beide den Einsatz starker Authentisierungstechniken auf der Basis von Public-Key Kryptographie vor. Inzwischen haben erste europäische Postbehörden, z.B. die DPAG, ähnliche Frankiersysteme spezifiziert. Unsere Firmen entwickeln gemeinsam die Software für ein manipulationsgeschütztes kryptographisches Hardwaremodul (Postal Security Device), wie es von den Postbehörden der USA und Kanada gefordert wird.

Wir zeigen am Beispiel des US Frankiersystemmarkts, wie Public Key Kryptographie eingesetzt werden kann, um den gesamten Lebenszyklus der kryptographischen Module von der Fertigung über die Einbettung in das jeweilige Hostsystem (Frankiermaschine) und den anschließenden weltweiten Vertrieb bis zum üblicherweise mehrere Jahre währenden Gebrauch beim Endkunden zu schützen. Die Herausforderung der Gesamtlösung liegt darin, die postalischen Vorgaben aller Zielländer zu erfüllen, dennoch ein für alle Länder einheitliches und sicheres logistisches Vertriebskonzept aufzubauen, und dennoch die Kosten zu begrenzen.

1 Technischer Überblick

Trotz moderner elektronischer Kommunikationssysteme wie Email und Fax spielt das Versenden von materiellen Poststücken noch immer eine zentrale Rolle im privaten und wirtschaftlichen Leben. In den Aufsätzen [Tygar_96] und [Pintsov_98] und offiziellen Geschäftsberichten der US Post werden dazu die folgenden Informationen gegeben:

➢ Die US-Postbehörde (US Postal Service, USPS) stellt jährlich etwa 197 Milliarden Poststücke zu (Stand 1998).

➢ Ungefähr 80 % der Briefpost wird dabei von computergestützten Systemen versendet.

➢ In den USA existieren ca. 1,5 Millionen Frankiermaschinen, über die jährlich Post mit einem Portowert von insgesamt ca. 20 Milliarden Dollar versendet wird.

In Deutschland wurden nach Angaben der Deutschen Post 1998 etwa 20 Milliarden Briefe und 4,5 Milliarden Pakete zugestellt, bei einer jährlichen Wachstumsrate von 4 bis 6 %.

Die betrügerische Verwendung von Frankiermaschinen ist für die Postbehörden ein signifikantes Problem:

➢ 1996 waren in den USA ca. 82.000 Frankiermaschinen als gestohlen gemeldet.

➢ Die USPS schätzt, daß ihr pro Jahr ca. 100 Millionen Dollar Verlust durch gestohlene und/oder manipulierte Frankiermaschinen entsteht.

Bisher werden Frankiermaschinen mit traditionellen Techniken wie Siegeln etc. geschützt. Gedruckt wird üblicherweise mit weniger zugänglichen Druckfarben, etwa fluoreszierender Tinte. Der Frankierabdruck selbst (engl.: indicium) enthält Angaben über den Portowert, Ort und Datum des Drucks, ggf. Werbelogos, den Hersteller der Frankiermaschine und weitere Informationen (siehe Abbildung 1).

Abbildung 1: Beispiel eines konventionellen Frankierabdrucks

Die bisherigen Verfahren bieten relativ geringen Schutz gegen die folgenden Angriffs-Szenarien:

➢ Mechanische Manipulation von Frankiermaschinen so dass kostenlose Frankierabdrücke erzeugt werden können (Manipulation interner Zählerstände),

➢ Fälschen gültiger Frankierabdrücke (Selbstgemachte Stempel und Stempelfarbe),

➢ Benutzung einer Frankiermaschine durch nicht autorisierte Personen,

➢ Diebstahl von Frankiermaschine.

In den USA und Kanada wurden daher seit Mitte der 90er Jahre Verfahren entwickelt, die eine erheblich größere Sicherheit vor betrügerischem Mißbrauch von Frankiersystemen bieten. Jede neu in den Markt gestellt Frankiermaschine muß mit einem kryptographischen Hardwaremodul (Postal Security Device, PSD) ausgerüstet sein, das manipulationsgeschützten permanenten Speicher, RAM und Prozessor besitzt und gemäß [FIPS 140-1_94] evaluiert ist. Wir skizzieren seine Arbeitsweise grob:

➢ Das PSD kann sich über eine Modemverbindung mit einem Datenzentrum gegenseitig kryptographisch stark authentisieren. Sofern der Kunde zuvor ein Guthaben bei diesem Datenzentrum aufgebaut hat, kann das PSD seiner Frankiermaschine daraufhin Portowerte vom Datenzentrum in den manipulationsgeschützten Speicher des PSDs laden.

➢ Das PSD erzeugt bei Bedarf die Daten für einen Frankierabdruck. Dabei verringert es seinen intern gehaltenen Portowert um den Wert des aktuell erzeugten Frankierabdrucks. Aus historischen Gründen wird der Portowert jedes PSD intern von drei Registern gehalten, dem „ascending register" (AR), dem „descending register" (DR) und dem „total settings register" (TS). Das total settings register hält die Summe aller Portowerte, die das PSD seit Fertigung vom Datenzentrum geladen hat. Das ascending register hält die Summe der Werte aller seit Fertigung erzeugten Frankierabdrücke, und das descending register hält den zu jedem Zeitpunkt im PSD verbliebenen Portowert. Die Redundanz der drei postalischen Register ist durch folgende Gleichung beschrieben: AR + DR = TS.

➢ Die Frankiermaschine kodiert die Daten des Frankierabdrucks in einen 2-dimensionalen Barcode

➢ PDF417 http://www.pdf417.com/ oder

➢ DataMatrix http://www.rvsi.com/cimatrix/DataMatrix.html.

➢ Diese Daten können in Briefverteilzentren mit preiswerten Scannern eingelesen und automatisch verarbeitet werden.

➢ Das ECDSA-Signaturverfahren (elliptic curve digital signature algorithm) [ANSIX9.62_98] und [Johnson_99] bietet nach heutigem Wissensstand bei Signaturlängen von 160-200-bit eine vergleichbare oder höhere Sicherheit als 1024-bit-RSA. Der Standardisierungs-Prozess für ECDSA ist sowohl bei [ANSIX9.62_98] als auch bei [IEEEP1363_99] in der Endphase.

In den Frankierabdruck werden weitere Daten einbezogen, etwa eine Identifikation der Frankiermaschine, eine Zählvariable sowie der aktuelle Stand der Postregister der Frankiermaschine. Der gesamte Frankierabdruck einschließlich einer digitalen Signatur wird als Barcode kodiert — ein Teil der Informationen wird außerdem in menschenlesbarer Form gedruckt. Dadurch wird unter anderem folgendes erreicht:

➢ Das Fälschen von Frankierabdrücken ist praktisch unmöglich, da ohne Kenntnis des für eine Frankiermaschine registrierten Signierschlüssels keine gültige Signatur erzeugt werden kann.

➢ Das mehrfache Kopieren eines gültigen Frankierabdrucks kann anhand des konstanten Zählerstandes schnell erkannt werden.

➢ Wenn eine Frankiermaschine gestohlen und nicht sofort telefonisch vom Kunden gesperrt wird, so führt dies nicht ohne weiteres zu einem Verlust für die jeweilige Postbehörde. Gegen ein Abfrankieren der verbliebenen Portowerte kann sich der Kunde schützen, indem er bei Inbetriebnahme seiner Maschine einen Passwortschutz aktiviert.

In den folgenden Abschnitten wird das verwendete kryptographische Hardwaremodul genauer beschrieben.

2 Das Sicherheitsmodul (Postal Security Device)

Kernstück der beschriebenen Techniken ist ein Sicherheitsmodul (postal security device, *PSD*), das in die Frankiermaschine eingebaut wird und das ein sicheres Laden und Verwalten von Portowerten auch in einer vom Benutzer—und nicht von einer Postbehörde—kontrollierten Umgebung ermöglicht. Francotyp-Postalia fertigt für diesen Zweck spezielle kryptographische Hardwaremodule etwa von der Größe einer Zigarettenschachtel, die in Epoxit-Harz eingegossene auslesegeschützte Speicher und Micro-Controller (ARM7) für die kryptographischen Funktionen enthalten.

Der weltweit bekannteste Standard für Sicherheitsmodule dieser Art ist [FIPS140-1_94] der amerikanischen Standardisierungsbehörde NIST (National Institute of Standards and Technology). Dieser Standard beschreibt vier Sicherheitsstufen. Die niedrigste Stufe 1 kann auch von softwarebasierten Systemen erreicht werden. Die USPS verlangt, dass PSDs in Frankiermaschinen auf Stufe 3 mit einigen Zusatzanforderungen evaluiert werden müssen („Level 3+"). Einen regelmäßig aktualisierten Überblick über erfolgreich evaluierte kryptographische Hardwaremodule veröffentlicht das NIST unter http://csrc.nist.gov/encryption.

Die Zertifizierung erfolgt durch ein NIST-akkreditiertes Testlabor. Mit diesem Labor besteht schon während der Entwicklungs-Phase regelmäßiger Kontakt. Im folgenden beschreiben wir einige Elemente des Zertifizierungsprozesses etwas genauer — weitere Informationen findet man bei Smith, Weingart und anderen [Smith1_99, Smith2_99], die den Zertifizierungsprozess am Beispiel des Crypto-Coprocessor *IBM 4758* beschreiben, das erste Sicherheitsmodul, das eine Evaluierung der Stufe 4 erreicht hat.

2.1 Manipulationssichere Ummantelung

Das PSD muss vollständig umgeben sein von einer nicht ablösbaren und undurchsichtigen Hülle, die aktiv auf Manipulationsversuche reagieren kann. Manipulationsversuche durch Anbohren, Feilen, Sägen oder chemische Auflösung müssen erkannt werden. Außerdem wird gefordert, dass Temperatur- und Spannungsschwankungen erkannt werden (Environment Failure Protection). Bei einem Manipulationsversuch müssen alle sicherheitsrelevanten Parameter gelöscht (auf Null gesetzt) werden. Die postalischen Register hingegen dürfen nicht gelöscht werden, damit bei einer späteren Untersuchung unter anderem geklärt werden kann, welche Auswirkungen mögliche Betrugsversuche auf das Datenzentrum gehabt haben, das dieses

PSD mit Portowerten versorgt hat. Außerdem müssen PSDs ausreichend robust sein gegen „linear and differential timing and power attacks".

Die Zertifizierungslabore verfügen über Ausrüstung (zum Beispiel Präzisionsfräsen, Bohrer im $^1/_{10}$-mm-Bereich, chemisches Labor), um alle relevanten Angriffe selbst durchzuführen und auszuwerten.

Für das Erreichen dieser Anforderungen wird die Platine des PSD mit einer 7 mm dicken, von Serpentinenkontakten durchzogenen Schicht aus Epoxit-Harz umgossen. Auf der Platine sind Spannungs- und Temperatursensoren sowie eine Batterie untergebracht, um das Löschen der sicherheitsrelevanten Parameter auch bei Abfall der äußeren Spannung zu gewährleisten.

2.2 Software, Schnittstellen

Für das PSD muß eine Sicherheitspolitik aufgestellt werden. Der Lebenszyklus des PSD muß in Form eines endlichen Automaten spezifiziert werden. Die wesentlichen Teile der PSD-Software müssen in einer Hochsprache geschrieben sein – in unserem Fall C++. Diese Software muss so dokumentiert sein, dass ihr Zusammenhang mit dem Finite-State-Machine Modell klar und eindeutig ersichtlich ist und zum Testen der Software herangezogen werden kann.

Nach außen muss das Modul eine Anzahl von abgrenzbaren Diensten bieten, für die eine rollen-basierte Autorisierung gefordert wird.

In unserem Fall sind wesentliche Dienste – etwa das Laden von Portowerten etc. – durch Public-Key Methoden gesichert. Das ließ sich nicht immer einfach auf die passwort-orientierten Vorstellungen aus [FIPS140-1_94] abbilden.

2.3 Validierung kryptographischer Algorithmen

Der Standard [FIPS-140-1_94] verlangt spezielle Konformanz-Testreihen für die Implementierung von offiziellen FIPS-Algorithmen – z. Zt. sind dies DES, Triple-DES, AES, RSA Signieren und ECDSS (Elliptic Curve Digital Signature Standard). Für uns ergaben sich daraus Konformanztests für die Implementierungen von DES, Triple-DES und SHA-1.

Die Testbeschreibungen umfassen jeweils einige hundert Seiten und sind nicht immer eindeutig, so dass es einige Iterationen kostete, um zu einer akzeptierten Implementierung der Testrahmen zu kommen – besser wäre wenn das NIST die Testrahmen selber stellte. Für die mindestens eben so wesentlichen Public-Key Algorithmen – RSA, Diffie-Hellman, ECDSA – gibt es bislang überhaupt keine speziellen Anforderungen (RSA in Vorbereitung).

3 Zweidimensionale Barcodes

Traditionelle Barcodes werden seit Jahrzehnten zur Kennzeichnung von Einzelhandelsartikeln, Transportstücken, Medikamenten, Bibliotheksbüchern, etc. eingesetzt. Solche Barcodes heißen eindimensional, da die Information nur in einer Dimension kodiert ist.

Abbildung 2: Beispiel eines eindimensionalen Barcodes

Größere Datenmengen können zum Beispiel in zweidimensionalen (2D) Barcodes kodiert werden. Zwei weit verbreitete 2D-Barcodes sind PDF417 (PDF417 steht für „Portable Data File", nicht zu verwechseln mit Adobes „Portable Document Format") und DataMatrix.

2D-Barcodes erreichen erheblich höhere Informationsdichten als traditionelle Barcodes: Ein häufig verwendeter 2D-Barcode im Bereich Transport, Logistik und Gesundheitswesen ist PDF 417, erfunden 1991 von Ynjiun Wang bei Symbol Technologies http://www.symbol.com/. Ein PDF417 Abdruck kann maximal 2000 8-bit Zeichen enthalten.

Ein typischer Abdruck ist 3-4 square inch groß und erzielt eine typische Datendichte von 100 bis 300 Byte per square inch (entspricht 15,5 bis 46,5 Byte je cm^2).

Abbildung 3: Beispiel eines PDF417 2D-Barcodes

Besonders bei der Produktion von elektronischen Bauteilen, wo weniger Platz für den Abdruck zur Verfügung steht, kommt häufig der DataMatrix ECC-200 zum Einsatz. Er wurde 1995 bei RVSI entwickelt (http://www.rvsi.com/). Ein Abdruck kann maximal 2335 8-bit Zeichen enthalten und erzielt eine typische Datendichte von 5000 Byte per square inch (entspricht 775 Byte je cm^2). Ein Beispiel eines DataMatrix Barcodes zeigt Abbildung 4.

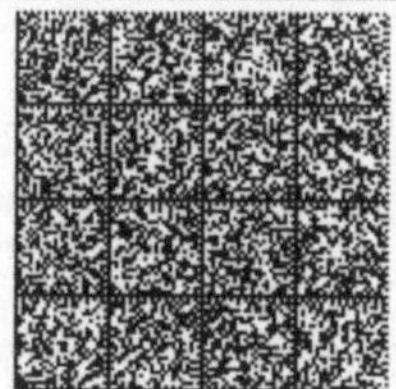

Abbildung 4: Beispiel eines DataMatrix ECC-200 2D-Barcodes

Durch Fehlerkorrekturverfahren kann bei beiden 2D-Barcodes erreicht werden, dass noch Abdrücke gelesen werden können, von denen bis zu 40% der Fläche unlesbar sind. (Technische Angaben gemäß Russ Adams Bar Code Homepage [Adams_01])

Die USPS unterstützt als Bestandteil des Frankierabdrucks die 2D-Barcodes *PDF417*, *DataMatrix* und andere, die kanadische Post die Barcodes *DataMatrix* und *Aztec*. Gedruckt wird mit einer Auflösung von mindestens 200 dpi. Die Lesefehlerrate muss unter 0,5 % liegen.

4 Postalische Transaktionen und die Struktur des Frankierabdrucks

4.1 Portoladen, Postalische Register

Die wesentlichen finanziellen Transaktionen einer Frankiermaschine sind das sichere Portoladen (postage value download) und das Erzeugen von Frankierabdrücken.

Das Portoladen geschieht in folgenden Schritten:

➢ Der Kunde zahlt einen Geldbetrag ein auf ein Konto, das entweder dem Frankiersystembetreiber oder der Postbehörde gehört. Die Bank benachrichtigt den Frankiersystembetreibers über der erfolgten Einzahlung.

➢ Der Hersteller erhöht daraufhin den Kontostand eines speziellen Portokontos des Kunden. Gleichzeitig wird ggf. der entsprechende Betrag auf ein Konto der Postbehörde eingezahlt.

➢ Der Kunde stellt nun durch Knopfdruck an der Frankiermaschine eine Modemverbindung zu dem Sicherheitsmodul der betreffenden Frankiermaschine her und führt das Portoladen durch.

➢ Es findet eine gegenseitige Authentisierung statt; gleichzeitig werden Sitzungsschlüssel für die Authentisierung von Nachrichten sowie zum Verschlüsseln von Daten vereinbart.

> Schließlich wird der gewünschte Portowert dem Kundenkonto im Datenzentrum belastet und gleichzeitig im PSD gutgeschrieben. Dies geschieht durch entsprechende Inkrementierung des Total Settings Register (TS) und des Descending Register (DR).

4.2 Frankierabdruck USA

Abbildung 5 zeigt die Struktur und die enthaltenen Daten eines Frankierabdrucks, wie er von der USPS für das IBI-Programm gefordert wird [PCIBI-C_99].).

Abbildung 5: Beispiel eines Frankierabdrucks gemäß IBI-Programm

Gemäß IBI-Programm enthält der Barcode-Teil des Frankierabdrucks die folgenden Daten:

Feld	Indicium Version	Algorithmus-OID	Zertifikats-Serien-Nummer	Geräte-ID (PSD)	Ascending Register (AR)	Portowert	Frankier-Datum	Ursprungs-ZIP	(unspezifiziert)	Software ID	Descending Register (DR)	Porto-Kategorie	Signatur (ECDSA)	(unspezifiziert)
	Barcode-Daten, USA													
Länge [Bytes]	1	1	4	8	5	3	4	4	5	6	4	4	42	?
	49												42	

Abbildung 6: Dateninhalt eines Indicium nach IBI-Programm

Ein Teil dieser Daten wird auch in menschenlesbarer Form aufgedruckt. Die Signatur erstreckt sich über die grau markierten Daten – die signierten Daten erlauben die eindeutige Identifikation des PSD sowie des einzelnen Frankiervorgangs (durch den Wert des ascending register (AR)).

Der (geheime) Signierschlüssel wird im Sicherheitsmodul erzeugt. Der zugehörige Verifizierschlüssel wird von der Frankiersystembetreiber zertifiziert. Der Signierschlüssel hat eine Lebensdauer von drei Jahren.

Das Zertifikat des Verifizierschlüssels wird an die postalische Infrastruktur übertragen. Die Postverteilzentren müssen auf die Zertifikate aller Sicherheitsmodule zugreifen können, denn ein Poststück kann grundsätzlich von jeder im Markt befindlichen Frankiermaschine freigemacht worden sein.

4.3 Frankierabdruck, Kanada

Gemäß der kanadischen Spezifikation für elektronische Frankiermaschinen [CPC_00] enthält der Barcode-Teil des Frankierabdrucks die folgenden Daten:
Ein Teil dieser Daten wird auch in menschenlesbarer Form aufgedruckt. Die Signatur erstreckt sich die in Abbildung 7 grau markierten Datenfelder sowie 31 Padding-Bytes. Unterschiede zum IBI-Programm der USPS:

➢ Der Signierschlüssel wird mit dem zugehörigen (öffentlichen) Verifizierschlüssel vor jedem Portoladen neu erzeugt.

➢ Der Verifizierschlüssel wird – zusammen mit einem Datensatz, der das PSD sowie den momentanen Stand der Postregister eindeutig beschreibt – an die Frankiersystembetreiber übermittelt.

➢ Der Frankiersystembetreiber signiert den Verifizierschlüssel und die genannten Daten mit seinem Signierschlüssel. Ein von der Postbehörde signiertes Zertifikat für den zugehörigen Verifizierschlüssel ist frei verfügbar.

Feld	Country Code	Indicium Kenner	Algorithmus-OID	Zählnummer	Frankier-Datum	Absende-Datum	Ascending Register (AR)	Descending Register (DR)	Porto-Kategorie	Portowert	Zertifikats-Serien-Nummer	Zertifikats-Gültigkeitsende	MAC über die lesbaren Daten	Signatur (ECDSA)	Public ECDSA Key	Signature der Hersteller-CA
Länge [Bytes]	2	1	1	3	2	1	5	4	2	3	4	2	5	42	22	42/ 48
	2	33													112 max	

Abbildung 7: Dateninhalt eines Indicium nach kanadischer Spezifikation

Bei diesem Verfahren muss jedes Postverteilzentrum lediglich über das Zertifikat des Frankiersystembetreibers verfügen; in den USA hingegen muss für jedes PSD ein eigenes Zertifikat vorhanden sein.

5 Infrastruktur des Frankiersystembetreibers

Hinsichtlich der Sicherheit moderner Frankiersysteme verlassen sich die Postbehörden der USA und Kanadas in erster Linie auf den Manipulationsschutz unabhängig evaluierter kryptographischer Hardwaremodule. Stünden nicht enorme Kosten dagegen, würden die Postbehörden einen durchgehenden Ende-zu-Ende Schutz von der Bank bis zum PSD in jeder Frankiermaschine einfordern und zwar so, daß auch in den Datenzentren der Frankiersystembetreiber die Kundendatenbanken durch entsprechende FIPS 140-1 evaluierte kryptographische Hardwaremodule eingesetzt werden. Ganz bewußt und aufgrund einschlägiger Erfahrung vertrauen die Postbehörden den Datenzentren der Frankiersystembetreiber nicht wirklich, sondern erfordern sauber dokumentierte Systemabläufe und führen regelmäßige Inspektionen vor Ort durch. Noch stärker misstrauen die Postbehörden den Unterauftragnehmern und den Kunden der Frankiersystembetreiber; sicher mit Recht, denn diese sind nur den Betreibern bekannt, nicht den Postbehörden.

Üblicherweise betreibt jeder Frankiersystembetreiber ein eigenes Datenzentrum für seine Frankiermaschinen und bietet speziell auf seine Maschinen abgestimmte Zusatzdienste an. Das Datenzentrum versorgt die elektronischen Frankiermaschinen mit Portokontingenten, auditiert sie in regelmäßigen Zeitabständen und bietet weitere Zusatzdienste, wie z.B. das Abfragen der Kundenkontenstände oder Bestellen neuer Druckköpfe, Farbbänder, Werbeklischees, etc.

5.1 Sicherheit als Kostenfaktor

Die Postbehörde muss vermeiden, dass sich das elektronische Porto im Datenzentrum eines Frankiersystembetreibers oder in einer Frankiermaschine erhöht, ohne dass vorher eine Einzahlung in derselben Höhe vorausgeht. Dieses Schutzziel der finanziellen Integrität ist von einem Frankiersystembetreiber durch eine geeignete Spezifikation, Dokumentation und Implementierung seines Frankiersystems zu beantworten. Um die postalische Zulassung zu bekommen, muß die Postbehörde „überzeugt" werden, daß das vorgeschlagene Frankiersystem nach dem Stand der Technik entwickelt wurde und ein hinreichend geringes Betrugsrisiko verbleibt. Dieser Überzeugungsprozeß ist wenig formalisiert, er orientiert sich teilweise an Sicherheitsstandards aus dem Bankenbereich und bleibt letztlich ein wirtschaftspolitischer Verhandlungsprozeß, bei dem sich die Postbehörde von hohen Sicherheitsforderungen und der Frankiersystembetreiber von kostengünstigen Sicherheitsangeboten ausgehend aufeinander zubewegen, bis eine für beide Seiten gerade noch erträgliche Lösung gefunden ist. Dabei treibt beide das Bemühen um ein kurzes time-to-market und die Postbehörde zusätzlich das Bemühen, alle Frankiersystembetreiber im Wettbewerb zu halten.

Gegenüber dem Endkunden wird die Forderung nach finanzieller Integrität durch das PSD gelöst. Dem Datenzentrum selbst kann jedoch auch nicht bedingungslos vertraut werden. Ein Systemadministrator hat üblicherweise Zugriffsrechte auf alle Tabellen seines Datenbanksystems und könnte dafür sorgen, dass bestimmte Konten gelegentlich aufgefüllt werden, ohne dass eine entsprechende Einzahlung erfolgt ist. Die USPS hat seit Auflegung ihrer IBIP Spezifikation die Sicherheitsanforderungen immer wieder erhöht, um den bekannt gewordenen Missbrauchsfällen zu begegnen. Dazu gehört, dass verschiedene Transaktionen innerhalb des Datenzentrums des Frankiersystembetreibers ebenfalls durch kryptographische Module geschützt werden sollen.

Die USPS inspiziert darüber hinaus die Fertigung und den Vertrieb der PSDs aller Frankiersystembetreiber sowie das Schlüssel-Management ihrer Frankiersysteme. Dies führt zu erhöhten Kosten, denen kein Nutzen für den Endkunden oder den Frankiersystembetreiber gegenübersteht: Ein typisches Problem in einem stark regulierten Markt-Segment.

5.2 Weltweite Infrastruktur

Ein weltweit agierender Frankiersystembetreiber unterhält typischerweise eine Public-Key Infrastruktur mit folgenden Hierarchie-Ebenen:

➢ Die Stamm-Niederlassung des Frankiersystembetreibers oder ein beauftragtes Trust Center dient typischerweise als Wurzel-CA (Certification Authority).

➢ Die Datenzentren der Niederlassungen in den verschiedenen nationalen Zielmärkten dienen als CA für das betreffende Land.

➢ Die unterste Hierarchiestufe bilden die PSDs.

Die PSDs müssen während ihrer gesamten Lebensdauer lückenlos verfolgt werden. Dies umfasst:

➢ Die kryptographische Initialisierung gleich nach der Herstellung,

➢ den Vertriebsweg ins Zielland und zum Kunden,

➢ die (evtl. wiederholte) Zuordnung zu neuen Kunden bzw. Leasing-Partnern,

➢ den normalen Frankierbetrieb,

➢ die dokumentierte Außerbetriebnahme.

Zum Schutz vor Manipulation, Diebstahl von PSDs sowie dem Einschleusen unauthorisierter PSDs werden ähnliche organisatorische Maßnahmen eingesetzt, wie zur Verteilung von Kreditkarten.

5.3 Prä-Initialisierung von PSDs

Damit PSDs bereits während des Transports zur Produktionsstätte ihres späteren Hosts – hier einer Frankiermaschine – und von dort zum Kunden sicher verfolgt werden können, wird direkt nach der Produktion ihre eindeutige und fälschungssichere kryptographische Identität vom PSD Hersteller registriert, wobei der PSD Hersteller wiederum von der (Francotyp-Postalia) Wurzel-CA zertifiziert ist. Hier werden Standardverfahren nach X.509 benutzt. Diese Prä-Initialisierung ist ein sicherheits-kritischer Prozess, weil diese erste Übertragung von public keys und public-key Zertifikaten nicht kryptographisch, sondern nur durch organisatorische Maßnahmen geschützt werden kann.

Wie in der Einführung zu Kapitel 5 beschrieben misstraut die USPS den Frankiersystembetreibern, besonders ihren Unterauftragnehmern und in verschärfter Weise PSD-Herstellern, die keine US-Unternehmen sind. Sie besteht in jedem Fall auf Inspektionen der PSD-Fertigung. Um den Aufwand und die Kosten solcher Inspektionen, die voll zu Lasten des Frankiersystembetreibers gehen, gering zu halten, entschärft Francotyp-Postalia das inhärente Sicherheitsproblem der Prä-Initialisierung durch eine Sichtkontrolle jeder Frankiermaschine, die in den US-Markt gestellt werden soll, und eine Nachinitialisierung des eingebetteten PSDs. Sichtkontrolle und Nachinitialisierung geschehen bei Francotyp-Postalia US in den USA unter stichprobenweiser Aufsicht der USPS. Dabei generiert sich jedes PSD ein weiteres Signierschlüsselpaar und läßt es vom Datenzentrum seines Ziellandes (im Beispiel USA) zertifizieren. Die Rolle der Wurzel-CA wird im nächsten Unterkapitel betrachtet.

Die Nachinitialisierung im Zielland ist nur für mittlere Stückzahlen praktikabel, weil die bereits zuvor kundenfertig verpackten Kartons geöffnet werden müssen, um das in seine Frankiermaschine eingebettete PSD über eine vorbereitete Schnittstelle an den Nachinitialisierungsrechner anzuschliessen. Dieser Prozess kann bei größeren Stückzahlen leicht zum Flaschenhals werden. Daher hat Francotyp-Postalia ein kryptographisches Verfahren entwickelt, das die inhärente Unsicherheit des Prä-Initialisierungsprozesses entschärft, ohne dass im Zielland eine Kommunikationsverbindung zu jedem PSD aufgebaut werden muß, bevor es mit seiner Frankiermaschine zum Kunden ausgeliefert wird.

Es funktioniert so, daß der Verifizierschlüssel eines PSDs z.B. mittels einer Speicherchipkarte in einer Känguruhtasche am Karton seiner Frankiermaschine befestigt wird, bevor der Karton die Frankiermaschinenfertigung verläßt. Kommt eine Lieferung bei Frankotyp-Postalia im Zielland an, so wird eine individuelle und gleichverteilt zufällig erzeugte BoxID erzeugt. Der Verifizierschlüssel und die dafür erzeugte BoxID werden in einer Datenbank registriert, der Verifizierschlüssel auf der Speicherchipkarte wird zuverlässig gelöscht und durch die BoxID ersetzt. Sobald der Kunde seine Frankiermaschine ausgepackt und angeschlossen hat, führt er die Speicherchipkarte in das Lesegerät seiner Frankiermaschine ein, die Frankiermaschine wählt sich zum Datenzentrum bei der Tochter von Francotyp-Postalia ein und sendet nun als erstes eine Signatur der BoxID. Das Datenzentrum prüft, ob diese Signatur gültig ist gegen den Verifizierschlüssel, den es zuvor für diese BoxID registriert hat.

Dieses Verfahren vereitelt die bekannten man-in-the-middle Attacken bei der Prä-Initialsierung, weil der Angreifer seine Frankiermaschine am Datenzentrum des Ziellandes nicht erfolgreich registrieren lassen kann, selbst wenn er den gesamten Prä-Initialisierungsprozess beim PSD-Hersteller unterwandert hat und sämtliche geheimen Signierschlüssel aller ausgelieferten PSDs kennt.

5.4 Vertrauensbereich der Wurzel-CA

Die USPS verlangt, dass der Betrieb der Datenzentren von Frankiersystembetreibern im US-Markt nicht von übergeordneten Wurzel-CAs der Betreiber abhängen soll. In diesem Fall könnte der Zertifizierschlüssel des Betreibers außerhalb der USA kompromittiert werden und dadurch Dienste für US Kunden beeinträchtigt werden.

In unserem konkreten Fall hält das Datenzentrum USA zu jedem Zeitpunkt zwei unabhängige öffentliche Schlüssel bereit, die von der Root-CA zertifiziert sind (Lebensdauer 6-12 Jahre). Einer der Schlüssel ist aktiv, der andere dient als Ersatzschlüssel. Wenn ein neues PSD registriert wird, so erhält es Zertifikate beider Schlüssel.

Das PSD verifiziert jedes der beiden Zertifikate genau einmal in seinem Lebenszyklus und kann anschließend nur noch mit dem Datenzentrum der USA kommunizieren. Sobald die Registrierung erfolgreich abgeschlossen ist, verhält sich das Datenzentrum USA zu dem neu registrierten PSD wie eine Wurzel-CA.

6 Postalische Infrastruktur USA

Die Postbehörden der USA und Kanadas betreiben Public-Key Infrastrukturen, mit denen die Public-Key-Infrastrukturen der Frankiersystembetreiber interoperieren müssen. Die postalische Public-Key Infrastruktur dient dazu, die Prüfschlüssel aller registrierten Frankiermaschinen aller Frankiersystembetreiber einzusammeln, zu zertifizieren, sicher zu verwalten (inkl. Aktualisierung und Sperrung), und sie allen Postverteilzentren zeitnah zur Verifizierung von Frankierabdrücken bereitzustellen.

Im Endausbau der Postverteilzentren wird ein vollständiges und automatisches Screening aller Frankierabdrücke erfolgen müssen, um die individuellen Signaturen zu verifizieren. In der Anlaufphase des IBI-Programms, in der das Aufkommen der neuen IBI Frankierabdrücke noch sehr begrenzt ist, werden kostengünstigere Mechanismen eingesetzt, wie Stichprobenkontrolle, Handscanner und/oder Überprüfung von Poststücken, die bei konventioneller Behandlung verdächtig auffallen.

7 Kryptographische Mechanismen

In unserem PSD kommen u.a. die folgenden kryptographischen Algorithmen und Standards zur Anwendung:

➤ Für Signaturen und Authentisierung innerhalb der PKI des Frankiersystembetreibers wird das RSA-Verfahren mit SHA-1 gemäß PKCS #1 und [IEEEP1363_99] verwendet. Die Schlüssellänge beträgt für das PSD 1024 Bits, für alle anderen Instanzen 2048 Bits.

➤ Für die Authentisierung zwischen PSD und Frankiersystembetreiber wird X.509 *three-way-authentication* in Verbindung mit RSA-Signierschlüsseln verwendet.

➤ Zertifikats-Requests werden nach PKCS #10 formatiert.

➤ Für den Austausch von Sitzungsschlüsseln zwischen dem PSD und Datenzentrum wird Diffie-Hellman gemäß [ANSIX9.42_98] verwendet.

➤ Für die Integrität der zwischen PSD und Datenzentrum übertragenen Daten wird SHA-1 und HMAC gemäß RFC 2104 verwendet.

Schlüssellängen vergleichbarer Sicherheit [Lenstra_99]			
	Äquivalente Schlüssel-Längen [Bits]		
Jahr	Symm. Algorithmen	RSA, DH, El-Gamal	ECC
1982	56	417	
1990	63	622	
2000	70	952	132
2010	78	1369	160
2020	86	1881	188

Abbildung 8: Vergleich empfohlener Schlüssellängen

➤ Für die Verschlüsselung von Datenfeldern während einer Verbindung zwischen PSD und Datenzentrum wird Triple-DES verwendet. Tatsächlich werden nur wenige Daten verschlüsselt – die für das PSD entscheidenden kryptographischen Dienste sind Authentisierung und Datenintegrität.

Für das Signieren der Barcode-Daten wird der ECDSA gemäß [ANSIX9.62_98] verwendet. [PCIBI-C_99] und [CPC_00] enthalten jeweils eine Liste zulässiger Kurven aus [ANSIX9.42_98]. Wir verwenden eine Kurve über GF(2^{163}) mit zufällig erzeugten Punkten (Schlüssellänge 163 Bits; Signaturlänge 42 Bytes). Die nebenstehende Tabelle gibt einen vergleichenden Überblick, in welchem Jahr man für verschiedene kryptographische Verfahren welche Schlüssellänge planen sollte, um gegen schlüsselbezogenes Brechen sicher zu sein.

8 Ausblick: PC Frankier-Systeme

In den USA und Kanada sind auch sogenannte PC Frankiersysteme spezifiziert worden, mit denen Privatpersonen oder kleine Firmen Frankierabdrücke auf einem PC-Drucker erzeugen können. Hierfür werden ebenfalls 2D Barcodes und digitale Signaturen verwendet. Das Portoladen erfolgt in diesem Fall via Internet. Die Firma E-stamp verwendete ein PSD in Form eines kryptographisch aufgerüsteten Dongles am PC. Die Firma *stamps.com* bietet eine online-Lösung an, die auf spezielle Hardware beim Kunden ganz verzichtet. Hier sind die individuellen PSDs in Form eines online Datenbanksystems bei *stamps.com* realisiert. Beide Systeme sind von der USPS zugelassen, allerdings mit Auflagen, die für viele Benutzer nicht akzeptabel sind.

Während Frankiermaschinen mit fluoreszierender Tinte drucken, die einen gewissen Schutz vor schlichtem Kopieren bietet, sind Frankierabdrücke aus Laserdruckern oder Tintenstrahldruckern einfach zu reproduzieren. Die IBIP Spezifikation für PC Frankiersysteme sieht daher vor, im Frankierabdruck eine Reihe weiterer Merkmale aufzunehmen und unterschreiben zu lassen, die ein Kopieren von Frankierabdrücken weniger attraktiv machen. So wird z.B. eine knappe Gültigkeitsdauer definiert. Diese muss zusammen mit der Postleitzahl des Empfängers im Frankierabdruck enthalten sein und vom PSD unterschrieben werden.

Das Kopieren eines gültigen Frankierabdrucks ist dann nutzlos: Poststücke mit kopiertem Abdruck können immer nur an den gleichen Empfänger gesendet werden. Durch den Zeitstempel kann dies nur innerhalb eines kleinen Zeitfensters geschehen.

Für Kunden bedeutet dies aber, dass ein Brief innerhalb von 24 Stunden nach Erzeugen des Frankierabdrucks abgeschickt werden muss. Außerdem verlangt die USPS, dass nur solche Empfängeradressen angegeben werden dürfen, die in einem von der USPS vierteljährlich bereitgestellten Adressverzeichnis enthalten sind (AMS CD ROM). Auslandsadressen sind überhaupt nicht enthalten. Durch die hohe Mobilität in den USA sind diese Restriktionen für Kunden unbequem.

Hier zeigt sich, dass der Interessenkonflikt zwischen Sicherheitsbedürfnis der Postbehörden und Wirtschaftlichkeitsbedürfnis der Frankiersystembetreiber bei PC Frankiersystemen verschärft auftritt. Die Risiken für die jeweilige Postbehörde sind größer, weil die Frankierabdrücke leichter zu reproduzieren sind und weil die Datenzentren der Frankiersystembetreiber am Internet betrieben werden müssen, was weitere Angriffsszenarien ermöglicht.

Technisch gesehen müßte die Integrität der Kundenkonten auf Applikationsschicht (im Sinne von ISO7498) gesichert werden – das ist bis heute in fast keinem Datenzentrum im kommerziellen Bereich realisiert. In [Bleumer_00] wurde gezeigt, wie in einem Frankiersystem die Integrität von elektronischem Porto auf Applikationsschicht durchgängig kryptographisch sichergestellt werden kann, ohne einem Systemadministrator hinsichtlich integrer Verwaltung von Kundenkonten vertrauen zu müssen.

In jüngster Vergangenheit ist der Pionier E-stamp an dem oben beschriebenen Interessenkonflikt gescheitert und hat sein Geschäft mit PC-Porto im November 2000 an einen Mitbewerber verkauft. E-stamp droht nun der Ausschluß aus dem NASDAQ Index.

Die Deutsche Post will im Jahr 2001 ebenfalls ein PC Frankiersystem anbieten und versucht, den beschriebenen Interessenkonflikt von Anfang an dadurch zu entschärfen, dass sie beim Betrieb von Datenzentren für PC Frankiersystem keine Mitbewerber zulässt, sondern ihr Monopol bei der Beförderung von Briefen auf den Verkauf von elektronischem Porto ausdehnt [DPAG_00].

Literatur

Adams_01   http://www.adamsl.com/pub/russadam/stack.html

ANSIX9.42_98 Public Key Cryptography For The Financial Services Industry: *Agreement of Symmetric keys on Using Diffie-Hellman and MQV Algorithms.* Working Draft, Oct 2, 1998

ANSIX9.62_98 Public Key Cryptography For The Financial Services Industry: *The Elliptic Curve Digital Signature Algorithm (ECDSA).* Working Draft, Sep 20, 1998

Bleumer_00 Gerrit Bleumer: *Secure PC-Franking for Everyone.* Proceedings of EC-WEB'00, LNCS 1875, Springer-Verlag, Berlin 2000, S. 94-109

CPC_00   Canada Post: *Digital Postage Indicia Standard for Canada Post.* Draft Version 2.0, März 2000

DPAG_00   Deutsche Post AG: *Voraussetzungen zur Einführung von Systemen zur PC-Frankierung.* Version 1.1, 20.09.2000, http://www.dpag.de/pc-frankierung/

FIPS140-1_94 National Institute of Standards and Technology: *Security Requirements for Cryptographic Modules.* FIPS-PUB 140 Version 1, 1994 http://www.itl.nist.gov/fipspubs/fip140-1.htm

IEEEP1363_99 IEEE: *Standard Specifications for Public Key Cryptography.* Draft Version 13, Nov 1999, http://grouper.ieee.org/groups/1363/

Johnson_99 Don Johnson, Alfred Menezes: *The Elliptic Curve Digital Signature Algorithm.* Technical Report CORR 99-31, Dept. of C&O, University of Waterloo, Canada, http://www.cacr.math.uwaterloo.ca/

Lenstra_99 Arjen. K. Lenstra, Eric R. Verheul: *Selecting Crytographic Key Sizes.* Oct 1999, http://www.cryptosavvy.com/

PCIBI-C_99 The United States Postal Service (USPS): *Information-Based Indicia Program (IBIP) – Performance Criteria for Information-Based Indicia and Security Architecture for closed IBI Postage Metering Systems (PCIBI-C).* Draft, Jan 1999, http://www.usps.gov/ibip/

Pintsov_98 Leon A. Pintsov, Scott A. Vanstone: *Postal Revenue Collection in the Digital Age.* 1998, http://www.cacr.math.uwaterloo.ca/

Smith1_99   Sean W. Smith, Steve. Weingart: *Building a High Performance, Programmable Secure Coprocessor.* Computer Networks 31, Apr 1999, http://www.research.ibm.com/secure_systems/scop.htm

Smith2_99   Sean W. Smith, Ron Perez, Steve Weingart, Vernon Austel: *Validating a High-Performance, Programmable Secure Coprocessor.* Secure Systems and Smart Cards, IBM T.J. Watson Research Center, Oct 1999, http://www.research.ibm.com/secure_systems/scop.htm

Tygar_96   J. Douglas Tygar, Bennett S. Yee, Nevin Heintze: *Cryptographic Postage Indicia.* 1996, http://www.cse.ucsd.edu/users/bsy/papers.html

Experiences in the Formal Analysis of the Group Domain of Interpretation Protocol (GDOI)

Catherine Meadows

US Naval Research Laboratory; meadows@itd.nrl.navy.mil

Abstract

Although research in the application of formal methods to cryptographic protocol analysis has been growing rapidly, it has of yet had little influence on the design and implementation of protocols intended for actual use. This is not because the designers of cryptographic protocols do not recognize the important of assurance, but rather seems the result of the fact that currently there are no good pathways for introducing formal analysis into the design process. In this paper we describe how we are attempting to help remedy this lack by working with the MSec working group in the Internet Engineering Task Force on the design and analysis of the Group Domain of Interpretation Protocol (GDOI), a secure multicast protocol intended to work with the Internet Key Exchange protocol. The purpose of our work has been two-fold: first, to identify and correct errors and ambiguities early on, and secondly to speed up the standardization process by providing increased evidence of GDOI's soundness. In this paper we give a brief description of our ongoing work in the analysis of GDOI, and point both the benefits realized by the analysis and some of the open questions that raised by our experiences.

1 Introduction

Although research in the application of formal methods to cryptographic protocol analysis has been growing rapidly, it has of yet had little influence on the design an.d implementation of protocols intended for actual use. This is not because the designers of cryptographic protocols do not recognize the importance of assurance, but rather because there are currently no good pathways for introducing formal analysis of protocols into the design process. Using the formal analysis tools usually requires skills that are rather different from the skills currently required for system design and implementation, nor do design teams currently have formal methods experts on their staff. In this paper we describe how we are attempting to remedy this problem by working with the MSec Working Group in the Internet Engineering Task Force on the design and analysis of the Group Domain of Interpretation Protocol (GDOI) [BA_01], a secure multicast protocol intended to work with the IETF's Internet Key Exchange (IKE) protocol [HA_98]. The purpose of our work has been two-fold. First, we wanted to demonstrate the usefulness of our approach in identifying and correcting errors early on in the design process. Secondly, the GDOI designers welcomed the opportunity to speed up the standardization process by using the results of the formal analysis as evidence of the soundness of GDOI.

In this paper we describe the current state of our formal analaysis of GDOI, outlining the strategy we took and the results that we have found so far. We also describe the lessons we have learned, and our plans for the future.

2 History of the Analysis

We began our analysis as the result of our participation in the SMuG working group, an IRTF working group that was formed to work on focussed research problems of interest to secure multicast. The early SMuG meetings were devoted more to the discussion of general architectural and requirements issues than to the development of specific protocols; this helped give us a good understanding of the background of the problem. GDOI was not the only protocol put forth by SMuG, but we chose it for our test case because its close ties with IKE meant we had a very concrete picture of the environment that it would be working in, and this made it more straightforward to specify and analyze.

GDOI is a secure multicast protocol that describes a way in which a key distribution center may distribute keys to group members. The keys may be of two varieties: traffic encryption keys that are used to encrypt data that is sent to the group, and key encryption keys, that are used to encrypt traffic encryption keys.

GDOI consists of two subprotocols. The first, or groupkey-pull protocol, describes the means by which a member can request to join the group and receive keying material. It is a fairly straightforward key distribution protocol; the main difference is the nature of the keying material distributed. In order to make it impossible for former members to learn new key encryption keys, it is necessary to use some form of *key hierarchy*. In a key hierarchy, keys are organized in a tree structure so that each key is encrypted by the keys below it, with the group key acting as the root. Each group members is given its own path in the tree. When a group member leaves, it is necessary only to update the keys lying above its leaf node. We do not have the space here to discuss key hierarchies further, but more information can be found in [CA_99], which gives a survey of the various schemes.

The second protocol, or groupkey-push message, consists of a single message sent by the key distribution center that is used to distribute new keying material to current group members. This message can itself be sent out via multicast.

The tool we are using for the analysis is the NRL Protocol Analyzer [ME_96], a crypto protocol analysis tool that uses backward search from insecure states defined by the user to find attacks if they exist, and that can also be used to prove security results by proving the insecure states are unreachable. We are also using the NPATRL specification language, a temporal logic language designed to work with the NRL Protocol Analyzer. NPATRL can be used to specify security requirements in terms of conditions on sequences of events; the negation of these requirements can be used as descriptions of insecure states to be given the the NRL Protocol Analyzer. A description of NPATRL and its use in the GDOI analysis can be found in [ME_01].

Normally, one would expect to proceed from requirements to specification. However, as is typical for standards documents, much more attention was given in the GDOI specification to describing the protocol itself than the goals it was supposed to accomplish. Thus we decided to proceed with the formal specification of the protocol first, and then to reverse engineer the requirements in consultation with the GDOI designers. Once this was done, we were able to begin the actual verification that our formal specification satisfies the requirements.

Along the way, we had to face a number of technical challenges. First of all, it was necessary to modify the NRL Protocol Analyzer, which had been designed with two and three-party protocols in mind, to accommodate protocols that involved an unlimited number of participants. This turned out to be somewhat easier than we expected. The only real challenge that we have faced so far is the modeling of the key hierarchies. Most two and three-party protocols use data types of fixed size and complexity, and the fact that key hierarchies can become arbitrarily large poses a new challenge. However, GDOI, although it is intended to be compatible with key hierarchy schemes, can be specified independently of them. Thus we have been able to proceed with our specification and analysis while leaving the verification of properties dependent upon key hierarchy schemes until later. At the same time, we are investigating appropriate abstractions of key hierarchy schemes that can be used in our analysis.

On the other hand, the requirements specification turned out to be surprisingly difficult. We had originally thought that, since the requirements for secrecy, authentication, and freshness were analogous to those for pairwise protocols, it should be straightforward to adapt them to group protocols. This however turned out not to be the case. For pairwise protocols, the notion of both freshness and secrecy are tied very closely to the notion of a session. A key distributed for a given session is secret if it is known only to the principals involved in that session, and a key is fresh if it is only used in that session. However, for group protocols no such notion of a session applies. This is especially the case for secrecy, for which the GDOI document defines several different varieties: forward access control, that is, new members should not learn old keys, backwards access control, that is, departing members should not learn keys distributed after they leave the group, and perfect forward secrecy, that is, that if a master key used to distribute a group key in the groupkey-pull protocol is compromised, only keys distributed in the future using that key should be compromised. These requirements can be combined as desired by the protocol implementer, but are not always independent.

Our solution to the requirements specification problem for secrecy was to specify a set of sequences of events that could lead to an intruder learning a group key. In order to verify that a protocol satisfied a certain set of secrecy properties, we could then pick a subset of event sequences and attempt to show that, if the attacker learned a key, then one of those sequences must have occurred. This allows the verifier to mix and match security requirements. More details on this are given in [ME_01].

We are now in the process of performing the actual verification of GDOI, that is, we are using the NRL Protocol Analyzer to show that each of the NPATRL requirements that we have defined are satisfied. Although our verification is not complete at the time of the writing of this paper, we hope to have it complete by the time it is published.

3 Results and Lessons Learned

We found that, even in the early stages of the analysis, we were able to provide useful feedback to the GDOI designers. For example, in the process of writing the formal specification we turned up a number of omissions and ambiguities. Most of these were minor but one might have caused more serious problems if had not been caught early on. This had to do with the way freshness was guaranteed. The freshness of the groupkey-push messages are guaranteed by sequence numbers. Originally, sequence numbers were only updated every time a new key-encryption key was created. However, it was possible to send groupkey push messages that contained only traffic emcryption keys. This problem was fixed by having the sequence number updated every time a new groupkey push message was sent, instead.

We also identified several errors in the requirements formalization phase. The groupkey-pull protocol allows for an optional proof-of-possession component, in which the principals verify possession of signature keys by signing nonces. Originally, the GDOI document required that only a principal's own nonce be signed, forcing the protocol to rely on the soundness of the pairwise shared key to enforce freshness. This has now been changed so that a principal signs both the nonce generated by the other principal and a nonce that he or she created (to prevent oracle attacks). We also found that, under certain circumstances, a group member could be tricked into accepting a key that predated the one that he or she currently had if the groupkey-pull protocol was implemented a certain way. The document is being changed to include implementation requirements that will rule out this attack.

We did encounter some difficulties that arose from the fact that we are working with a document that is changing and evolving. First, the complexity of the requirements and the fact that we often needed to modify them after we first defined them made formal specification more difficult. We were able to mitigate this problem be developing a fault-tree notation for our requirements. All our requirements take the form of a statement saying that, if a certain events happen, then certain sequences of events should or should not have happened previously. Such a requirement can easily be represented in terms of fault trees, which are more convenient to read, modify, and discuss, than the temporal logic requirements. We also found that the fault trees could be helpful in providing a semantics for our requirements language, so that we could reason about our requirements by manipulating the fault trees.

We encountered some more serious difficulties in the use of the NRL Protocol Analyzer itself on the changing document. The NRL Protocol Analyzer, like many model checkers, works in two phases. In the first phase, one creates a finite-state abstraction and proves that the abstraction is a sound representation of the original infinite-state model. In the second stage, one checks the finite-state model. The second stage is usually completely automated (although this is not necessarily the case with the NRL Protocol Analyzer), so that rerunning it on a changed specification does not add too much labor. However, the first stage is not as easily automated, and there are not many general techniques available for designing a specification so that only part of the abstraction needs to be re-verified, thus reducing the amount of work. However, we are investigating some ways in which the amount of reverification could be reduced for the class of problems handled by the NRL Protocol Analyzer.

4 Conclusion

We are currently continuing with our analysis of GDOI. We have found so far that our work has had benefits both to the GDOI designers in identifying potential problems early on, and to ourselves in pointing our directions for further research. We also believe that we have taken the first step in demonstrating to the community that formal protocol analysis can be successfully integrated into the design of authentication and key distribution protocols by showing how it can be used to clarify requirements and catch errors early on.

5 Acknowledgments

We would like to thank the members of the SMuG working group for their comments and assistance in this project, particularly, the authors of the GDOI protocol: Mark Baugher, Thomas Hardjono, Hugh Harney, and Brian Weis, as well as Ran Canetti for many helpful discussions of protocol requirements,

This work was supported by the Office of Naval Research.

References

BA_01   Baugher, Mark, Thomas Hardjono, Hugh Harney, and Brian Weis: *Group Domain of Interpretation for ISAKMP*, Internet Draft smug-irtf-gdoi-01.txt, January 4, 2001.

CA_99   Canetti, R., J, Garay, G. Itkis, D. Micciancio, M. Naor, and B. Pinkas: *Multicast security: a taxonomy and some efficient constructions*, Proceedings of INFOCOM 99, March 1999, pp. 708-716.

HA_98   Harkins, D. and D. Carrel: *The Internet Key Exchange (IKE)*, RFC 2409, November 1998.

ME_96   Meadows, Catherine: *The NRL Protocol Analyzer: an overview*, Journal of Logic Programming, vol. 26, no. 2, 1996, pp. 113-131.

ME_01   Meadows, Catherine, Paul Syverson and Iliano Cervesato, *Formalizing GDOI group key management requirements in NPATRL*, Proceedings of the ACM Conference on Computer and Communications Security 2001, to appear, November 2001.

Developing Secure Systems with UMLsec – From Business Processes to Implementation

Jan Jürjens[1]

Computing Laboratory, University of Oxford, GB
jan@comlab.ox.ac.uk – http://www.jurjens.de/jan

Abstract

In practice, security of computer systems is compromised most often not by breaking dedicated mechanisms (such as security protocols), but by exploiting vulnerabilities in the way they are employed. We show how UML (the industry standard in object-oriented modelling) can be used to encapsulate rules of prudent security engineering to make them available to developers without a background in security. UML diagrams can be evaluated wrt. these rules, violations indicated and suggestions for modifications derived. We also show how to use transformations between UML models to introduce patterns by refinement.

1 Introduction

Many problems with security-critical systems arise from the fact that their developers do not always have a strong background in computer security. This is problematic since in practice, security is compromised most often not by breaking the dedicated mechanisms (such as encryption or security protocols), but by exploiting weaknesses in the way they are being used [And01]. Security mechanisms cannot be "blindly" inserted into a security-critical system, but the overall system development must take security aspects into account.

For instance, in the case of GSM security [Wal00], some examples for security weaknesses arising in this way are

- the failure to acknowledge limitations of the underlying physical security (misplaced trust in terminal identity; false base stations),
- an inadequate degree of flexibility to upgrade security functions over time and
- lack in the user interface wrt. communicating security-critical information (no indication to the user that encryption is on).

We aim to draw attention to such design limitations during the design phase, before a system is actually implemented.

More specifically, we use a formal core of the Unified Modeling Language (UML [RJB99], the industry-standard in object-oriented modelling) to encapsulate knowledge on prudent security engineering and thereby make it available to developers which may not be specialized in security. Object-oriented systems offer a very suitable framework for considering security due to their encapsulation and modularisation principles.

Currently a large part of effort both in implementing and verifying security-relevant specifications is wasted since these are often formulated imprecisely and unintelligibly [Pau98]. Being able to express security-relevant information in a widely used design notation helps alleviate this problem. Also, this approach can be usefully employed in the context of security certification (e.g. Common Criteria).

For space limitations, we present our results in the framework of a simplified part of UML (in its current version 1.3 [OMG99]), for more details cf. [Jür01c].

---

[1]   Supported by the Studienstiftung des deutschen Volkes and the Computing Laboratory.

After presenting some background and related work in the following subsection, we summarise our use of UML in the next section.

We end with a conclusion and indicate future work.

2 UMLsec Walkthrough

We describe a simplified fragment of UMLsec. For more details and a (preliminary[2]) formal semantics cf. [Jür01c]. UML consists of diagram types describing different views on a system (an excellent introduction is [SP00]).

* **Use case diagrams** describe typical interactions between a user and a computer system (or between different components of a computer system).
* **Activity diagrams** can be used e.g. to model workflow and to explain use cases in more detail.
* **Class diagrams** define the static structure of the system: classes with attributes and operations/signals and relationships between classes.
* **Interaction diagrams**, which may be sequence diagrams or collaboration diagrams, describe interaction between objects via message exchange. Here we consider sequence diagrams; collaboration diagrams are very similar.
* **Statechart diagrams** give the dynamic behaviour of an individual object: events may cause state in change or actions.
* **Package diagrams** can be used to group parts of a system together into higher-level units.
* **Deployment diagrams** describe the underlying physical layer, we use them to ensure that security requirements on communication are met by the physical layer.

UML offers rich extensions mechanisms in form of labels. These can be either stereotypes (written in double angle brackets such as <<*stereotype*>>) or tag-value pairs (written in curly brackets such as {tag, value}). Using *profiles* or *prefaces* [CKM+99] one can give a specific meaning to model elements marked with these labels. Here we extend the approach in [Jür01c] to give an extension UMLsec of UML making use of such labels to express security requirements. Our results may be used with any process; security-critical systems usually require an iterative approach (e.g. the "Spiral") [And01].

We stress that the aspects not mentioned here (such as association and generalisation in the case of class diagrams) can and should be used in the context of UMLsec; they do not appear in our presentation simply because they are not needed to specify the considered security properties.

Since we are using a formal fragment of UML, we may reason formally, showing e.g. that a given system is as secure as certain components of it (following the simulatability approach, e.g. in [PW00, PW01]). This way, we can reduce security of the system to the security of the employed security mechanisms (such as security protocols). Similarly to work showing to which extent the formal approach to reasoning about security protocols is valid [AJ01], we aim to exhibit the conditions under which protocols can be used securely in the system context. Work on refining security properties [Jür01d] aids in verification applied within the design process.

As a running example we consider an Internet-based business application.

2.1 Security Requirements Capture with Use Case Diagrams

Use case diagrams describe typical interactions between a user and a computer system (or between different components of a computer system). We use them to capture requirements (in particular security requirements).

---

[2]   Note that an official formal semantics for UML is still under development.

To start with our example, Figure 1 gives the use case diagram describing the situation to be achieved: a customer buys a good from a business. The semantics of the stereotype <<*fair exchange*>> is, intuitively, that the actions "buys good" and "sells good" should be linked in the sense that if one of the two is executed then eventually the other one will be (where these actions are specified on the next more detailed level of specification). This kind of diagram had not been considered in [Jür01c] yet; one can give it a formal semantics following [Ste01] which has to be omitted here.

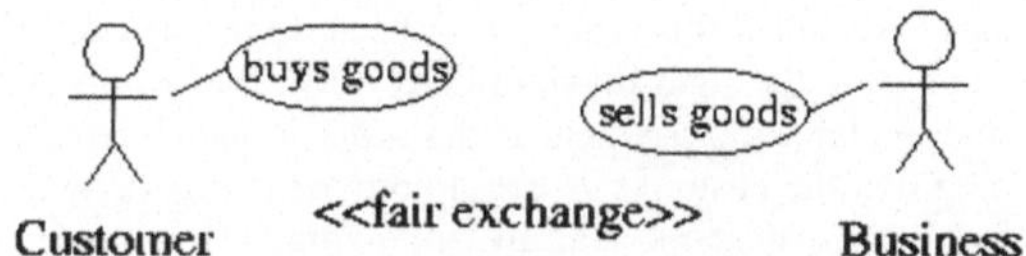

Figure 1: Use case diagram for business application

2.2 Secure Business Processes with Activity Diagrams

Activity diagrams are especially useful to model workflow and to explain use cases in more detail.

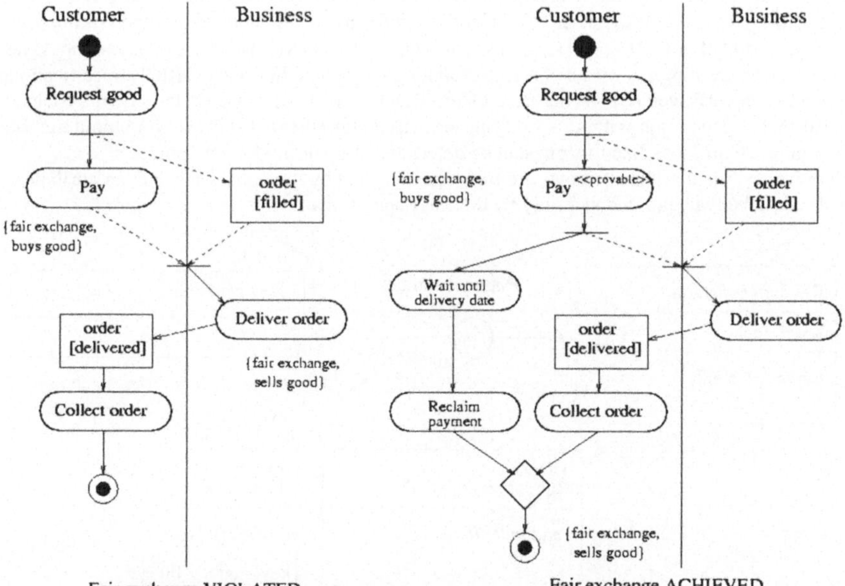

Figure 2: Activity diagram for business application

Following our example, Figure 2 explains the use case in Figure 1 in more detail. To demonstrate the connection between this diagram and the one in Figure 1, we give two possible diagrams. Both are separated in two *swim-lanes* describing activities of different parts of a system (here Customer and Business). Round boxes describe actions (such as Requestgood) and rectangular boxes describe the object flow (such as order[filled]). Horizontal bars (*synchronisation bars*) describe a required synchronisation between two different strands of activity. A diamond describes the merging of two strands of activities. The start state is marked by a full circle, the final state by a small full circle within a circle. In each diagram, two tag-value pairs {fair exchange, buys goods} and {fair exchange, sells goods} are used to mark certain actions. Now any such diagram fulfills the security requirement fair exchange given in the diagram in Figure 1 if for both actions marked with these tag-value pairs it is the case that if one of the actions is executed, then eventually the other will be. As one can demonstrate on the level of the formal semantics (such as [BD00], which has to be omitted here), the left diagram does not fulfill this requirement because the Business may never Deliver order. Also one can show that the right diagram does fulfill the requirement (intuitively, because the customer may reclaim the payment if the order is undelivered after the scheduled delivery date), assuming that the customer is able to prove having made the payment (indicated by the stereotype <<*provable*>>), e.g. by following a fair exchange protocol (e.g. [ASW98]). The use of this kind of diagram in the context of UMLsec is also new here.

2.3 Preservation of sensitivity levels with class diagrams

Class diagrams define the static structure of a system.

As an example, Figure 3 gives a class-level description of a key generator (such as possibly used in the above business application example). The key generator offers the method newkey() which returns a Key for which it guarantees confidentiality and integrity.[3] On the other hand, it calls methods random() supposed to return a random number that is required to fulfill integrity and confidentiality (as specified in the model element stereotyped <<*outgoing actions*>> added in UMLsec). Here, this requirement is however not met by the random generator. As an example, consider the Homebanking-Computer-Interface (HBCI) specifications which in an early version (in the case of the RDH procedure) required the client system to perform key generation without specifying security requirements for the used random number generators. Omissions like this one can be detected using our modelling approach.

Here we assume that the attributes are fully encapsulated by the operations, i. e. an attribute of a class can be read and updated only by the class operations.

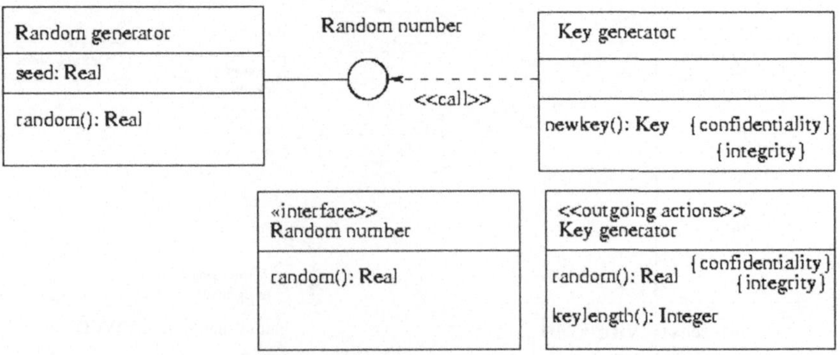

Figure 3: Class diagram for key generator

---

[3] Here we use the convention that where the values are supposed to be boolean values, they need not be written (then presence of the label denotes the value true, and absence denotes false).

2.4 Security-critical message exchange with sequence diagrams

The importance of the underlying physical layer for the security of protocols has been exemplified e.g. in [Gol96]. Thus one should investigate the way security mechanisms (such as protocols) are employed in the system context [Aba00], which in practice offers more vulnerabilities than the mechanisms themselves [And01]. Also one sometimes has to adjust protocols to specific situations, e.g. for resource-bounded applications. As an example, [APS99] adjusts TLS (the successor of the Internet protocol SSL) such that the server has to perform less computation. The adjusted protocol contains a drastic flaw (demonstrated in [Jür01d]).

As an example for a situation where the security of a system depends on unstated assumptions on the protocol environment, the security of CEPS transactions depends on the fact that in the immediately envisaged scenario (use of the card for purchases in shops) it is not feasible for the attacker to act as a relay between an attacked card (in a modified terminal) and an attacked terminal. However, this is not explicitly stated, and it is furthermore planned to use CEPS over the Internet [CEP01, Bus.Req.], where an attacker could easily act as such a relay (as demonstrated in [JW01a]).

Sometimes such assumptions are actually made explicit, if rather informally (such as "R_1 should never leave the LSAM in the clear." [CEP01, Tech. Sp. p.187]). Being able to formulate precisely the assumptions on the protocol context, to reason about protocol security wrt. them, and to be able to communicate them to developers and clients would thus be useful.

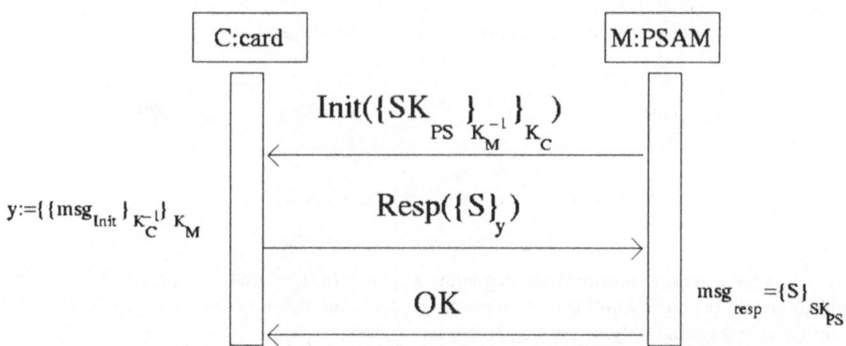

Figure 4: Sequence diagram for CEPS purchase transaction

In our UML-based approach, security protocols can be specified using message sequence charts. An example from [JW01a] is given in Figure 4. Assumptions on the underlying physical layer (such as physical security of communication links) can be expressed in implementation diagrams (cf. below), and the behaviour of the system context surrounding the protocol can be stated using statecharts and reasoned about as indicated below. In Figure 4, two objects in the system (a card C and a purchase security application module (PSAM) M) exchange messages that involve cryptographic operations such as public-key encryption and signing. The encryption of the value d (or verification of signature) with the public key K is denoted by $\{d\}_K$, the decryption (or signing) with the private key K^{-1} by $\{d\}_{K^{-1}}$ (for simplicity we assume use of RSA type encryption). Thus M starts by sending to C the message Init with argument a value SK_{PS} (the session key created by the PSAM) signed with M's private key and encrypted with C's public key. C decrypts the received message with its private key and verifies the signature with M's public key. C uses the resulting session key to encrypt a secret S which is then sent back as an argument of the message Resp M decrypts the received message using the session key and sends back the message OK.

Again one can make use of a formal semantics to reason about such protocol descriptions (for details cf. [Jür01c]).

2.5 Secure state change with statechart diagrams

Statechart diagrams give the dynamic behaviour of an individual object: events may cause state in change or actions.

We demonstrate how this kind of diagram can be used in the context of UMLsec with an example involving guards (such as used in Java security) from [Jür01e], in Figure 5. Statechart diagrams consist of states (written as boxes) and transitions between them. The initial state is marked with a transition leading out from a full circle. Transitions between states can be labelled with events, conditions (in square brackets) and actions (preceded by a backslash). An event can be a method of the specified object called by another object (e.g. the transition labelled checkGuard in Figure 5), and the interpretation is that the transition labelled with an event is fired if the event occurs while the object is in the state from which the transition goes out. If a transition is labelled by a condition (formulated in the UML-associated object constraint language (OCL) or otherwise) then it is only fired if the condition is true at the respective moment. If a transition is labelled with an action (which can be to call a method of another object or to assign a value to a local variable), then this action is executed whenever the transition is fired.

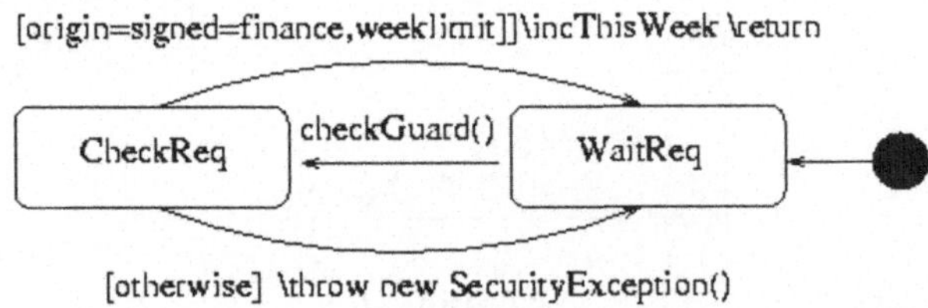

Figure 5: Statechart for guard object

Suppose that a certain micropayment signature key may only be used by applets originating at and signed by the site **Finance** (e.g. to purchase stock rate information on behalf of the user), but this access should only be granted five times a week.

The Java 2 security architecture allows the use of guard objects for this purpose which regulate access to an object [Gon99]. In our example, the guard object can be specified as in Figure 5 (where **ThisWeek** counts the number of accesses in a given week and **weeklimit** is true if the limit has not been reached yet). One can then demonstrate using a formal semantics that certain access control requirements are enforced by the guards (for details cf. [Jür01e]).

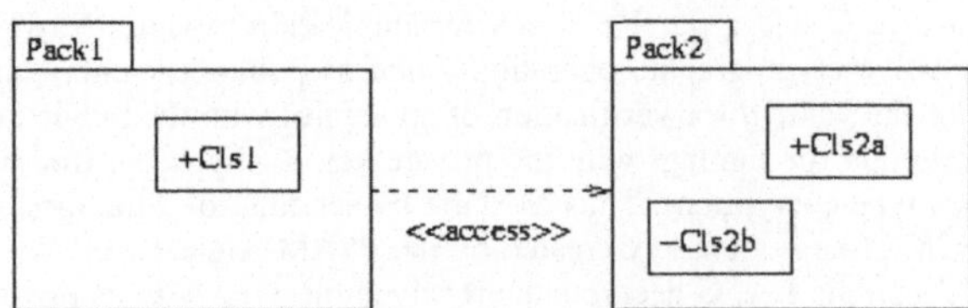

Figure 6: Package diagram with visibility

2.6 Secure visibility with package diagrams

Package diagrams can be used to group parts of a system together into higher-level units. They play a security-relevant role in so far as one can specify visibility of objects within a package wrt. objects outside the package. In Figure 6, the package Pack1 contains the class Cls1 with public visibility. The package Pack2 contains the public class Cls2a and the private class Cls2b. Thus class Cls2b cannot be accessed by the class Cls1 even though the package Pack1 is assumed to access the package Pack2.

2.7 Assumptions on the physical layer with deployment diagrams

Deployment diagrams describe the underlying physical layer; we use them to ensure that security requirements on communication are met by the physical layer.

For example, Figure 7 describes the physical situation underlying a system including a client system and a webserver communicating over the Internet. The two boxes labelled Client and Webserver denote nodes in the system (i. e. physical entities). The two rectangles labelled browser and access control represent system components residing on the respective nodes. The component browser has an interface offering the method get password. The component access control calls this method over the Internet via remote method invocation. The system specification requires the data exchanged in this invocation to be guaranteed confidentiality and integrity. However, these requirements are not met by the underlying communication link (as usual, this would be treated by using encryption).

3 Refinement for introducing Patterns

Patterns [GHJV95] encapsulate design knowledge of software engineers in the form of recurring design problems. They generally have four core elements: the *pattern name*, the *problem description*, the *solution*, and the *consequences*. We show how to use translations of UMLsec models as refinements for the introduction of patterns within the design process. This is to ensure that the patterns are introduced in a way that has previously shown to be useful and correct. Also, having a sound way of introducing patterns using transformations can ease formal verification (where desired), since the verification can be performed on the more abstract and simpler level.

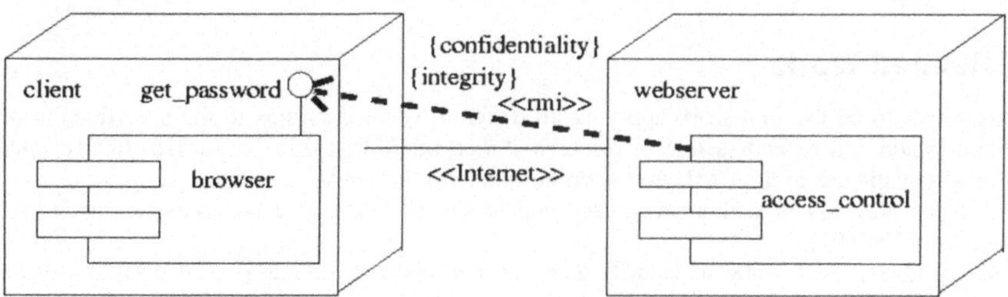

Figure 7: Deployment diagram for physical layer

As an example, we consider the specification of an entry in a multi-level database from [Jür01c]. The object in Figure 8 does not preserve security (the operation rx() leaks information on the account balance, cf. [Jür01c]).

The Wrapper pattern Wrappers are a generic way to augment the security functionality of Commercial Off-The-Shelf (COTS) applications. Here we use wrappers to ensure that objects (that may not be under control of the developer) preserve security.

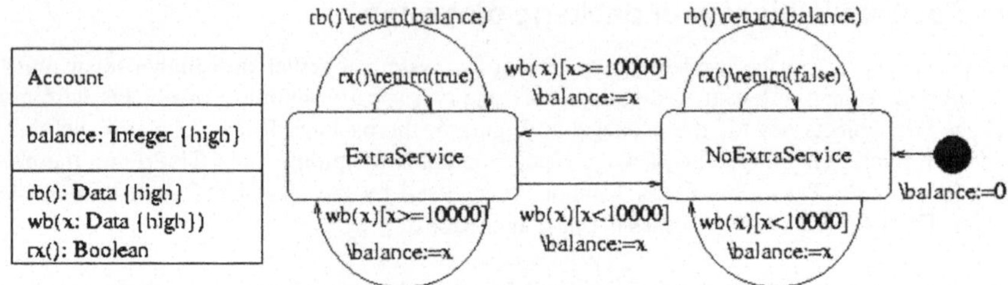

Figure 8: Entry in multi-level database

Thus the pattern takes any UML object model such as the one in Figure 8 and transforms it into a model by adding a wrapper object that controls ist interaction with other objects. One such wrapper is given in Figure 9; it ensures that there can be no low read after a high write. The way it works is that instead of calling the original object directly, other objects call the wrapper object. This wrapper objects passes the calls on to the object to be wrapped (and gives back the return values to the clients), unless a non-high read method is called *after* a high write method has been called. The *consequence* of the pattern is that the composition of the original object and the wrapper object preserve security.

Note that refinement of system specification in the presence of security requirements can be subtle [Pfi99]. Motivated by this, [Jür01d] shows that a standard secrecy notion is preserved under refinement.

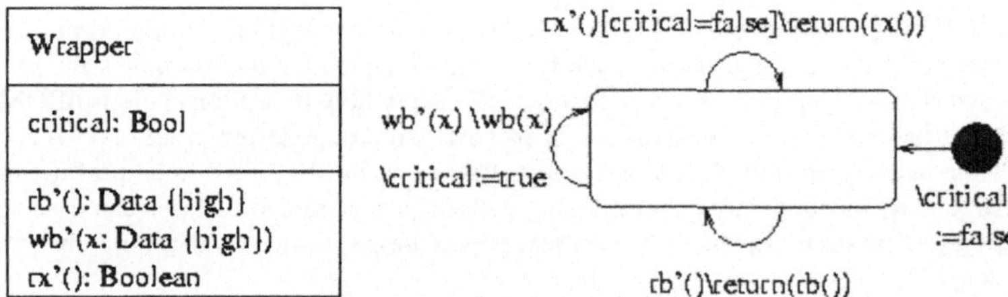

Figure 9: Wrapper Object

4 Related Work

This seems to be the first work applying all different UML diagrams to the specification of secure systems. It extends a line of research started in [Jür01a, Jür01c, Jür01b, Jür01e] making systematic use of the UML extension mechanisms to treat security aspects.

Previously, developers without a background in security depended on applying check-lists (such as in [Pom91]).

There has been much work on security using formal methods (cf. e.g. [Lot00, Jür01d, AJ01]; for an overview cf. [RSG+01]). Less work has been done using software engineering techniques (e.g. [DS00, WW01]).

For background literature on computer security cf. e.g. [Bis95, Brü97, Pfi99, Gol99, Eck00, And01].

5 Conclusion and Future Work

The aim of this work is to use UML to encapsulate knowledge on prudent security engineering and to make it available to developers not specialised in security by highlighting aspects of a system design that could give rise to vulnerabilities.

We showed how the extension UMLsec of UML (obtained using the UML extension mechanisms), can be used to express standard concepts from computer security. These definitions evaluate diagrams of various kinds and indicate possible weaknesses. It would be very desirable to have tool-support that allows the developer to express security requirements, e.g. similar to [WP00].

Work towards this goal is being undertaken by giving translations (currently being mechanised) from UML into CSP which allow use of the model checker FDR2 to check security properties [BD00, Cri01].

As a case-study we plan to apply our approach to the design of PKIs [FH99].

Furthermore one may go beyond verification and make use of techniques more feasible in practice, such as specification-based testing (cf. e.g. [JW01b]).

Acknowledgements This idea for this line of work arose when doing security consulting for a project during a research visit with M. Abadi at Bell Labs (Lucent Tech.), Palo Alto, whose hospitality is gratefully acknowledged. It has also benefitted from discussions with D. Gollmann, A. Pfitzmann, B. Pfitzmann and others.

References

[Aba00]   M. Abadi. *Security protocols and their properties*. In F. Bauer and R. Steinbrueggen, editors, Foundations of Secure Computation. IOS 2000.

[AJ01]   M. Abadi and Jan Jürjens. *Formal eavesdropping and its computational interpretation*, 2001. Submitted.

[And01]   R. Anderson. *Security Engineering: A Guide to Building Dependable Distributed Systems*. Wiley, 2001.

[APS99]   V. Apostolopoulos, V. Peris, and D. Saha. *Transport layer security: How much does it really cost?* In Conference on Computer Communications (IEEE Infocom), New York, March 1999.

[ASW98]   N. Asokan, V. Shoup, and M. Waidner. *Asynchronous protocols for optimistic fair exchange*. In IEEE Symposium on Security and Privacy, 1998.

[BD00]   C. Bolton and J. Davies. *Activity graphs and processes*. In Integrated Formal Methods, LNCS. Springer, 2000.

[Bis95]   J. Biskup. *Grundlagen von Informationssystemen*. Vieweg, 1995.

[Brü97]   H. Brüggemann. Spezifikation von objektorientierten Rechten. Vieweg, 1997.

[CEP01]   CEPSCO. *Common Electronic Purse Specifications*, 2001. Business Requirements vers. 7.0, Functional Requirements vers. 6.3, Technical Specification vers. 2.3, available from http://www.cepsco.com.

[CKM+99]   S. Cook, A. Kleppe, R. Mitchell, B. Rumpe, J. Warmer, and A. Wills. *Defining UML family members using prefaces*. In Ch. Mingins and B. Meyer, editors, TOOLS'99 Pacific. IEEE Computer Society, 1999.

[Cri01]   C. Crichton. *UML statecharts and CSP*, 2001. In preparation.

[DS00]   P. Devanbu and S. Stubblebine. *Software engineering for security: a roadmap*. In The Future of Software Engineering, 2000. Special Volume (ICSE 2000).

[Eck00]   C. Eckert. *IT-Sicherheit – Konzepte, Verfahren, Protokolle*. R. Oldenbourg Verlag, 2000.

[FH99]   D. Fox and P. Horster. *Realisierung von Public Key-Infrastrukturen*. pages 283-304. Vieweg Verlag, 1999.

[GHJV95]   E. Gamma, R. Helm, R. Johnson, and J. Vlissides. *Design Patterns -Elements of Reusable Object-Oriented Software*. Addison-Wesley, 1995.

[Gol96]   D. Gollmann. *What do we mean by entity authentication?* In IEEE Symposium on Security and Privacy, 1996.

[Gol99]   D. Gollmann. *Computer Security*. J. Wiley, 1999.

[Gon99]   Li Gong. *Inside Java 2 Platform Security -Architecture, API Design, and Implementation*. Addison-Wesley, 1999.

[Hor00]   P. Horster, editor. *Systemsicherheit*. Vieweg Verlag, 2000. Conference proceedings.

[Huß01]   H. Hußmann, editor. *Fundamental Approaches to Software Engineering FASE/ETAPS*, International Conference, volume 2029 of LNCS. Springer, 2001.

[Jür01a]   Jan Jürjens. *Encapsulating Rules of Prudent Security Engineering*. In International Workshop on Security Protocols, Springer Verlag, 2001 (to be published).

[Jür01b]   Jan Jürjens. *Modelling audit security for smart-card payment schemes with UMLsec*. In P. Paradinas, editor, IFIP/SEC 2001 -16th International Conference on Information Security. Kluwer, 2001.

[Jür01c]   Jan Jürjens. *Towards development of secure systems using UMLsec*. In [Huß01], 2001.

[Jür01d]   Jan Jürjens. *Secrecy-preserving refinement*. In Formal Methods Europe (International Symposium), volume 2021 of LNCS, pages 135-152. Springer, 2001.

[Jür01e]   Jan Jürjens. *Secure Java development with UMLsec*. 2001. Submitted.

[JW01a]   Jan Jürjens and Guido Wimmel. *Security modelling for electronic commerce: The Common Electronic Purse Specifications*. In First IFIP conference on e-commerce, e-business, and e-government (I3E). Kluwer, 2001.

[JW01b]   Jan Jürjens and Guido Wimmel. *Specification-based testing of firewalls*. In Andrei Ershov 4th International Conference "Perspectives of System Informatics" (PSI'01), LNCS. Springer, 2001. To be published.

[Lot00]   V. Lotz. *Ein methodischer Rahmen zur formalen Entwicklung sicherer Systeme*. In [Hor00], 2000.

[OMG99]   UML Revision Task Force, OMG. *UML Specification 1.3*. Available at http://www.omg.org/uml, 1999.

[Pau98]   L. Paulson. *Inductive analysis of the Internet protocol TLS* (transcript of discussion). In B. Christianson, B. Crispo, W.S. Harbison, and M. Roe, editors, Security Protocols -6th International Workshop, number 1550 in LNCS, page 13 ff., Cambridge, UK, April 1998.

[Pfi99]   A. Pfitzmann. *Sicherheit in Rechnernetzen*, 1999. Lecture Notes (in German).

[Pom91]   K. Pommenering. *Datenschutz und Datensicherheit*. BI-Wissenschaftsverlag, 1991.

[PW00]   B. Pfitzmann and M. Waidner. *Composition and integrity preservation of secure reactive systems*. In 7th ACM Conference on Computer and Communications Security, 2000.

[PW01]   Birgit Pfitzmann and Michael Waidner. *A model for asynchronous reactive systems and its applications to secure message transmissions*. In IEEE Symposium on Security and Privacy, 2001.

[RJB99]   J. Rumbaugh, I. Jacobson, and G. Booch. *The Unified Modeling Language Reference Manual*. Addison-Wesley, 1999.

[RSG+01]   P. Ryan, S. Schneider, M. Goldsmith, G. Lowe, and B. Roscoe. *Modelling and Analysis of Security Protocols*. Addison Wesley, 2001. (to be published).

[SP00]   P. Stevens and R. Pooley. *Using UML*. Addison-Wesley, 2000.

[Ste01]   P. Stevens. *On use cases and their relationships in the Unified Modelling Language*. In [Huß01], LNCS. Springer, 2001.

[Wal00]   M. Walker. *On the security of 3GPP networks*. In Advances in Cryptology - EUROCRYPT, volume 1807 of LNCS. Springer, 2000.

[WP00]   G. Wolf and A. Pfitzmann. *Charakteristika von Schutzzielen und Konsequenzen für Benutzungsschnittstellen*. Informatik-Spektrum, 23(3):173-191, 2000.

[WW01]   G. Wimmel and A. Wißpeitner. *Extended description techniques for security engineering*. In IFIP SEC, 2001.

Vermeidung von Datenspuren bei smartcard-basierten Authentisierungssystemen

Thomas Hildmann

FSP/PV PRZ Technische Universität Berlin, hildmann@prz.tu-berlin.de

Zusammenfassung

Smartcards dienen nicht nur als Schlüsseltechnologie für digitale Signaturen, sie können auch als Identifikationsmerkmal bei einem Authentisierungssystem eingesetzt werden. Dabei wird das Single-Sign-On (SSO) von vielen Experten als die Killerapplikation für Smartcards angesehen. Leider hinterlassen gängige Authentisierungsmechanismen basierend auf Smartcards Datenspuren, die das Anlegen relativ vollständiger Bewegungsprofile ermöglichen. Diese Profile werden um so vollständiger, je weiter ein organisationsübergreifendes SSO umgesetzt ist.

Müssen wir tatsächlich den Mehrgewinn an Sicherheit durch Einsatz der Smartcard-Technologie mit einem Verlust an Privatsphäre bezahlen?

Im Campuskarten-Projekt an der Technischen Universität Berlin wurde ein System basierend auf Java-Cards, einer gegenseitigen Authentisierung von Hintergrundsystem und Karte sowie einer Verteilung der jeweiligen Zuständigkeiten von Systemen (Separation-of-Duty) entwickelt. Dieses System ermöglicht die Authentisierung von Personen und bietet diesen dabei einen möglichst hohen Schutz ihrer Privatsphäre und als Nebeneffekt eine hohe Ausfallsicherheit.

Ausgehend von einem Überblick über die wichtigsten Anforderungen an das Campuskarten-System an der TU Berlin und dem geplanten hochschulübergreifenden System der Hochschulen Berlin-Brandenburg, wird das erarbeitete Datenmodell für die Chipkarte und das Hintergrundsystem erörtert. Danach wird der aktuelle Stand der Arbeit am Authentisierungssystem vorgestellt und versucht, die einzelnen Protokollabläufe zu kommentieren und deren Relevanz bezüglich der Anforderungen deutlich zu machen. Es folgt eine Übersicht über die z.Zt. bekannten Probleme bei der Umsetzung dieser Lösung sowie ein Ausblick über weitere Arbeiten auf dem Gebiet.

1 Einleitung

Oft stehen die Standardanforderungen an IT-Systeme "Sicherheit" und "Benutzungsfreundlichkeit" im Konflikt zueinander. Selbstverständlich ist es einfacher, ein Programm zu starten und sofort auf Daten zugreifen zu können, anstatt zunächst eine Benutzername-/Passwort-Abfrage beantworten zu müssen. Dieses Dilemma versucht man mit Hilfe von Single-Sign-On (SSO) Verfahren zu entschärfen. Statt sich bei jeder Applikation erneut authentisieren zu müssen, wird nur einmal der Authentisierungsprozess durchlaufen. Danach wird die Identität innerhalb des Systems weitergereicht.

Benutzername-/Passwort-Abfragen haben ihre seit langem bekannten Schwächen. Diese reichen von erratbaren Passwörtern über weitergegebene bis hin zu am Bildschirm befestigten Notizen mit allen Passwörtern des Benutzers. Passwortabfragen allein über verteilte Systeme können nicht als sicher angesehen werden, da diese ohne zusätzliche Verschlüsselung der Übertragungskanäle ausgespäht werden können.

Smartcards bieten hier eine benutzungsfreundliche Alternative. Zu den Nachteilen von Smartcards zählen u.a. entstehende Hardwarekosten für Lesegeräte und die Karten selbst, ein in der Regel zeitintensiverer Anmeldevorgang und die nötige Verwaltung von Karten.

Koppelt man die Einführung von Smartcards jedoch mit einem SSO, so relativieren sich die genannten Nachteile. Dieser Effekt kann verstärkt werden, indem nicht anwendungs- oder anwendungsklassenspezifische, sondern multifunktionale Karten eingeführt werden.

Die Kosten können auf die Sicherung einer größeren Anzahl von Diensten umgerechnet werden, die zeitintensive Anmeldung über die Karte ist nur einmal pro Sitzung nötig und die zentrale Verwaltung der Karten hat den nützlichen Nebeneffekt, dass eine Sperrung einer Karte Auswirkungen auf alle Dienste im SSO-Verbund hat.

Hinterlässt eine Anmeldung mittels Benutzername/Passwort nur Datenspuren wie Uhrzeit des An- und Abmeldevorgangs oder auch Ort, von dem aus die Anmeldung stattgefunden hat auf den Applikationsservern, so ist die Anmeldung über ein SSO mit Hilfe einer multifunktionalen Karte kritischer zu betrachten! Hier können an zentraler Stelle die Nutzungsinformationen sämtlicher Applikationen gesammelt werden, die über die Karte geschützt sind.

Ein Ausspionieren der Verhaltens- und Leistungsdaten der Karteninhaber (Arbeitnehmer) ist jedoch nicht nur durch den Arbeitgeber möglich, sondern ggf. auch durch Dritte, die z.B. Netzwerkkommunikationen abhören oder an geeigneten Stellen selbst Daten aus der Karte auslesen und zusammenführen.

Selbst wenn eine Smartcard ausschließlich als Container für Zertifikate genutzt wird, lassen sich relativ einfach Bewegungsprofile erstellen. Bei einer zertifikatbasierten Authentisierung muss die Smartcard zunächst ihre Identität preisgeben. Diese Identität kann beliebig kryptisch kodiert sein. So kann jedes Zertifikat als „Subject"-Namen eine eindeutige Nummer besitzen, die zunächst keinen Aufschluss über die dahinter befindliche Person gibt. Es kann jedoch nicht verhindert werden, dass Aufzeichnungen mit den Zeiten und Orten von Zugriffen auf verschiedene Dienste gemacht werden können. In einem letzten Schritt muss der Angreifer die zunächst anonym gesammelten Informationen dann geeignet personalisieren. Dies kann auf verschiedenen Wegen passieren. So reicht es in der Regel, den Netzwerkverkehr von einem bestimmten Netzknoten abzuhören. Findet eine Anmeldung der Chipkarte mit der ID x statt und wird kurz darauf das E-Mail-Konto von Person a abgefragt, so kann davon ausgegangen werden, dass Person a die Karte mit der ID x besitzt. Aufschluss über die ID/Personenzuordnung kann ferner über die Nutzung unverschlüsselter Angaben in HTML-Formularen stattfinden. Denkbar wäre auch ein Angriff, bei dem unter einem Vorwand eine HTTPS-Seite mit der Aufforderung Angaben zur Person zu machen vom Angreifer selbst ins Netz gestellt wird. Dieser Server muss nur einen Schlüssel besitzen, welcher von einem bekannten Trustcenter ausgestellt wurde. Der Wechsel von einem HTTPS-Server zu einem anderen wird zwar von vielen Browsern in der Standardeinstellung angemahnt, i.d.R. wird bei einem Wechsel jedoch vom Benutzer der Zertifikataussteller nicht geprüft, solange es sich um einen von einem bekannten Trustcenter ausgestelltes Zertifikat handelt. Mit diesen beiden Beispielen soll gezeigt werden, dass eine Zuordnung zwischen ID und Person keineswegs unmöglich oder mit extrem hohem Aufwand verbunden ist. Hierin steckt eine ernst zu nehmende Gefahr, der wir in unserem Projekt begegnen wollten.

2 Anforderungen an die Sicherheitsinfrastruktur

Im März 2000 wurde das "Rahmenpflichtenheft - Chipkartenbasierte Dienstleistungssysteme an den Berliner und Brandenburger Hochschulen" vom Arbeitskreis Campuskarte veröffentlicht [NAGE_2000]. In diesem Dokument werden die Rahmenbedingungen für ein hochschulübergreifendes Chipkartensystem definiert, die im weiteren Verlauf des Projektes durch Anforderungen des Datenschutzes, der Personalräte sowie weiteren Anforderungen durch die Verwaltung der Universitäten und durch die bestehenden IT-Strukturen ergänzt wurden [GEBH_2000].

Die wichtigsten Anforderungen an das Authentisierungssystem werden im Folgenden kurz zusammengestellt:

- Über einen Standard-Web-Browser findet die Anmeldeprozedur sowie die Benutzung der Anwendung statt. Als Basistechnologien stehen hier HTML, Java und spezielle Plugins zur Verfügung.

- Der Installationsaufwand von zusätzlicher Software auf den Client-Systemen soll minimal gehalten werden. Idealerweise ist nur der Treiber für den Kartenleser zu installieren.

- Der Benutzer bleibt authentisiert, bis der Browser beendet, ein konfigurierbares Zeitlimit (Inaktivität) überschritten wird oder bis sich der Benutzer explizit abgemeldet hat.
- Bei Überschreiten des Zeitlimits wird eine erneute Authentisierung gefordert.
- Das Autorisierungssystem verfügt über eine geeignete und leicht anpassbare Benutzerverwaltung.
- Die Benutzung von Smartcards mit integriertem kryptographischen Prozessor und privaten Schlüsseln, die die Karte nicht verlassen können, ist zwingend erforderlich.
- Benutzung über: PC zu Hause, Rechner im Büro, öffentliches Terminal oder PC-Pool jeweils über Standardbrowser und Smartcardreader.
- Authentisierungssoftware wird als Plugin aufgespielt oder vom Server als signiertes Applet geladen.
- Client-Software für alle gängigen Systeme verfügbar, wie MS-Windows, Linux, Mac OS, Solaris, Net/Open/FreeBSD.
- Die auf der Smartcard gespeicherten Daten werden kategorisiert. Es ist festzulegen, welche Personenkreise bzw. Systeme Zugriff auf die jeweiligen Daten erhalten müssen, um ihrer jeweiligen Tätigkeit nachzukommen.
- Es ist sicherzustellen, dass nur autorisierte Personen bzw. Systeme die jeweils für sie bestimmten Daten von der Smartcard lesen können.
- Die Campuskarte hat folgende Aufgaben:
  - Dienst- bzw. Studierenden-Ausweis: D.h. visuelle Identifizierung (Vergleich des aufgedruckten Passfotos) z.B. beim Zutritt zu Räumlichkeiten oder beim Nachweis über Berechtigung für Ermäßigungen etc.
  - Elektronischer Nachweis über den Gültigkeitszeitraum des Ausweises: Es muss elektronisch nachweisbar sein, dass der Ausweis z.Zt. gültig ist.
  - Elektronische Identifizierung von Hochschulangehörigen und Gästen der Hochschulen über Ordnungsmerkmale. Ein Ordnungsmerkmal kann z.B. aus Matrikel- bzw. Personalnummern sowie einer Hochschulkennzahl und einer Versionsnummer für die Karte bestehen.
  - Nutzung der Karte für den Zugang zu Rechnersystemen.
  - Die Karte soll zur Signierung von elektronischen Dokumenten geeignet sein.
  - Dienstliche Dokumente sollen über einen auf der Karte befindlichen Schlüssel codiert werden können.

Weitere Anforderungen und Aufgaben können den erwähnten Quellen entnommen werden. Diese Zusammenstellung dient nur dazu, einen Überblick darüber zu geben, in welchem Kontext die Campuskarte eingesetzt werden soll und auf welchen grundsätzlichen Anforderungen das Campuskartensystem basiert.

Aus den aufgestellten Anforderungen wird ersichtlich, dass die erarbeitete Lösung keineswegs nur für den Einsatz an Hochschulen relevant ist, da die Anforderungen von allgemeiner Natur sind und auf die meisten IT-Infrastrukturen übertragen werden können.

3 Das Datenmodell

Aus den gegebenen Anforderungen wurde ein Datenmodell entwickelt. Ein Teil der Daten befindet sich auf der Chipkarte, wogegen ein anderer Teil im Hintergrundsystem gehalten wird.

3.1 Daten auf der Chipkarte

Einige wenige Daten sollen elektronisch lesbar auf der Campuskarte gehalten werden, damit es auch Systemen ohne direkte Netzwerkanbindung möglich ist, Informationen über den Karteninhaber zu ermitteln. Es wurde jedoch von der Grundlage ausgegangen, dass so wenig Daten wie möglich auf der Karte gespeichert werden sollten [SUHR_2000].

Das Datenmodell teilt die zugreifenden Systeme in sechs Gruppen, die datenhaltende bzw. kartenausgebende Stelle, dazu gehören Studierenden-, Personal- und Gästeverwaltung, hochschulinterne Nutzer, Nutzer im Hochschulverbund, hochschulnahe Nutzer, hochschulferne Nutzer sowie die Karteninhaber. Der Name des Karteninhabers ist auf der Smartcard elektronisch nicht gespeichert. Allein das Ordnungsmerkmal kann an geeigneter Stelle zur Identifizierung genutzt werden. Da es sich beim Ordnungsmerkmal jedoch auch um ein personenbezogenes Datum handelt, ist auch hier der Zugriff beschränkt. Das Java-Applet auf der Karte hat dabei sicherzustellen, dass nur autorisierte Personen oder Systeme auf die jeweiligen Daten zugreifen können.

Die Tabelle 1 zeigt die verwendeten Methoden-Abkürzungen, die ausgeschriebenen Methodennamen und Erläuterungen zum Verständnis der Methode.

Abkürzung	*Methodenname*	*Erläuterung*
C	create	Datum kann einmalig initialisiert werden, d.h. die Erstellung wird auf der Karte angestoßen (z.B. Schlüsselgenerierung).
W	write	Der Wert kann auf die Karte geschrieben werden.
R	read	Der Wert kann von der Karte gelesen werden.
V	verify	Die Karte kann über den gegebenen Schlüssel eine Überprüfung einer Signatur durchführen.
d	decrypt	Über den gegebenen Schlüssel kann eine Entschlüsselung vorgenommen werden.
s	sign	Mit diesem Schlüssel kann eine digitale Signierung vorgenommen werden.
a	auth	Mit Hilfe dieses Schlüssels kann unter Verwendung eines Challenge-Response-Verfahrens eine Authentisierung durchgeführt werden.

Tabelle 1: Zugriffsmethoden auf Datenelemente der Smartcard

Unter "Hochschulinternen Nutzern" verstehen wir im Sinne des Datenmodells Verwaltungsinstanzen innerhalb der Hochschule, die die Karte ausgegeben haben und im Namen dieser Hochschule Dienste anbieten. "Nutzer im Hochschulverbund" sind entsprechend Dienstleister im Namen einer anderen Hochschule, die Mitglied im "Chipkartenverbund" ist. "Hochschulnahe Nutzer" sind Einrichtungen, wie die Mensen etc., wogegen unter die Kategorie "Hochschulferne Nutzer" alle anderen Systeme fallen.

Ein Beispiel zum Lesen des Datenmodells:

Das Ordnungsmerkmal (OM) besitzt die Methoden "create" und "read", die nach außen von der Karte zur Verfügung gestellt werden (sichtbare Methoden). Dabei darf die Methode "create" nur von der jeweiligen datenhaltenden Stelle genutzt werden. Das Ordnungsmerkmal kann nach der Initialisierung von allen Zugriffsgruppen, außer von hochschulnahen oder hochschulfernen Nutzern gelesen werden. Um das OM auslesen zu dürfen, muss es sich mindestens um ein System innerhalb des Hochschulverbundes handeln.

Datenelement	Application Profile (AP)	Karten ID (CID)	Zert. Karteninhaber - encrypt (CHE)	Zertifikat Karteninhaber -sign (CHS)	Zertifikat Karteninhaber - auth (CHA)	Zertifikat Trust Center (CTC)	Date of Expire - Begin (DEB)	Date of Expire - End (DEE)	Liste von DES-Keys (DES)	Ordnungsmerkmal (OM)	Statusgruppe (PS)	Geheimschlüssel (PIN)	Fehlversuchhszähler (FVZ)	Geheimer Schlüssel - encrypt (SKE)	Geheimer Schlüssel - sign (SKS)	Geheimer Schlüssel - auth (SKA)
Sichtbare Methoden	cwr	cr	cwrv	cwrv	cwrv	cwrv	cwr	cwr	cw	cr	cwr	cw	c	cwd	cs	cwa
Datenhaltende Stelle	cwr	cr	cwr-	cwr-	cwr-	cwr-	cwr	cwr	cw	cr	cwr	c-	c	cw-	c-	cw-
Hochschulinterne Nutzer und Nutzer im Hochschulverbund	--r	-r	----	----	----	----	--r	--r	--	-r	--r	--	-	---	--	---
Hochschulnahe und hochschulferne Nutzer	--r	--	----	----	----	----	--r	--r	--	--	---	--	-	---	--	---
Karteninhaber	--r	-r	--rv	--rv	--rv	--rv	--r	--r	--	-r	--r	-w	-	--d	-s	--a

Tabelle 2: *Datenelemente, Methoden und Zugriffsrechte der Smartcard*

3.2 Daten im Hintergrundsystem

Neben den Daten auf der Chipkarte selbst werden noch weitere Daten in Serversystemen gehalten, die über das Internet erreichbar sind. Bestimmte Anwendungen kommen ohne das Hintergrundsystem aus. Hier möchte ich jedoch, wie bereits erwähnt, nur solche Dienste behandeln, die über das Internet, insbesondere dem WWW genutzt werden können.

Das Campuskartenmanagementsystem (CKMS) besteht aus dem Kartenstatus Abfrage System (KSAS) und der Campuskarten Public-Key-Infrastruktur (CKPKI).

Eintrag	*Datentyp*	*Erläuterung*
Kartennummer	Zahl	Eindeutige Nummer der ausgegebenen Smartcard. Entspricht dem Eintrag CID auf der Karte.
Gültig_von	Datum	Ab wann beginnt die Gültigkeit der Karte. Entspricht dem Eintrag DEB auf der Karte.
Gültig_bis	Datum	Bis wann ist die Karte gültig. Entspricht DEE.
Status	Zahl	Gibt den Status der Karte an (z.B. 0=initialisiert, 1=gültig, 2=gesperrt, ...)

Tabelle 3: *Daten im Kartenstatus Abfrage System*

Physikalisch könnte das gesamte CKMS auf einem Server gehalten werden. Auch können beide Datenbasen ggf. auch auf einem Datenbanksystem gehalten werden.

Während es sich bei der CKPKI um eine PKI auf Basis von X.509v3 Zertifikaten handelt [GUTM_2000], die über LDAP (Leightweight Directory Access Protocol, [RFC_1777]) abgefragt werden können, handelt es sich bei dem KSAS um ein System, das lediglich Auskunft über den Status einer ausgegebenen Karte gibt. Die Idee dieser Trennung ist die, ein System zu haben, dass zunächst anonym Karten an Hand ihrer Nummer verwaltet und ein weiteres System, das zunächst unabhängig von den Karten Zertifikate verwaltet. Hochschulen, die nur einen Teil der Dienste im Hochschulverbund nutzen wollen und sich z.Zt. gegen den Aufbau einer PKI entscheiden, kommen allein mit dem Einrichten eines KSAS Systems aus.

Hauptvorteil der Lösung ist die Behandlung von Zwischenzuständen, die Mitarbeiterinnen und Mitarbeiter von Hochschulen oft einnehmen. So kommt es häufig vor, dass es zu ungeklärten Arbeitsverhältnissen bei der Verlängerung von Projektverträgen kommt o.ä. In diesem Fall braucht die Gültigkeit eines Zertifikats nicht verändert zu werden. Es reicht hier aus, den Kartenstatus entsprechend zu setzen. Eine Sperrung des Zertifikats findet so nur dann statt, wenn die Mitarbeiterin bzw. der Mitarbeiter die Hochschule endgültig verlässt oder die Karte als gestohlen bzw. verloren gemeldet wird.

Es fällt auf, dass im KSAS ebenfalls der Gültigkeitszeitraum für die Karte gespeichert wird. Hier entsteht das typische Problem, dass die Daten auf der Karte und im KSAS synchron gehalten werden müssen. Der Vorteil dieses Verfahrens ist, dass nur die Kartennummer bekannt sein muss, um entscheiden zu können, ob es sich um eine zum jetzigen Zeitpunkt gültige Karte handelt. So könnte eine Karte z.B. den Status "gültig" besitzen, der Gültigkeitszeitraum jedoch erst mit dem neuen Semester beginnen.

Beim Entwurf der PKI stellte sich das folgende Problem: Ein Zertifikat, das zur Verschlüsselung von E-Mails oder zur Signierung von Dokumenten dient, muss öffentlich auf einem Verzeichnisserver ablegt werden. Öffentlich zugängige Zertifikate dürfen nicht gleichzeitig Ordnungsmerkmale oder Kartennummern enthalten. Die E-Mail-Adresse gibt in der Regel direkt oder indirekt über den Mailheader Auskunft über den Namen einer Person und im TU-Kontext auch Auskünfte über das Institut bei dem die Person arbeitet oder das Fach, das sie studiert. Diese Information soll z.B. nicht mit der Matrikelnummer verknüpfbar sein, da öffentlich ausgehängte Zensurenlisten i.d.R. die Note und die Matrikelnummer enthalten. Aus diesem Grund wird ein Authentisierungszertifikat gebraucht, das weder E-Mail-Adresse, noch Namen, dafür aber die Kartennummer enthält. Wie später ersichtlich, lässt sich so zum einen sicher die Kartennummer ermitteln, zum anderen bleiben Name und Ordnungsmerkmal aber anonym.

Die drei Zertifikattypen werden in drei Unterbäumen der PKI gehalten (Abb.1). Der Zweig mit den Authentisierungszertifikaten (OU=Auth) ist zugriffsbeschränkt. Er kann nur von Authentisierungssystemen abgefragt werden.

Zu bemerken ist, dass der "Hochschulverbund Berlin-Brandenburg" (O=Campuskarte) und jede Hochschule für sich eine eigene "Server-CA" (CA: Certification Authority, [CAMP_2000]) besitzen. Es wird ferner zwischen "Server-CA" und "Person-CA" unterschieden. Der Grund hierfür ist ein rein technischer:

Während in der Regel für die CA-Schlüssel 2048 Bit RSA-Schlüssel eingesetzt werden, sind die meisten der z.Zt. erhältlichen Smartcards nur zur Überprüfung von 1024 Bit RSA-Schlüsseln in der Lage.

Die Smartcard selbst ist nicht in der Lage, LDAP-Anfragen durchzuführen. Sie kann Zertifikate nur gegen ein zuvor gespeichertes CA-Zertifikat prüfen. Wie später beim Authentisierungsverfahren im Detail zu sehen, ist durch die Trennung "CA", "Server-CA" und "Person-CA" bereits eine Kategorisierung der Zertifikate vorgenommen worden, die die Operationen auf der Karte signifikant reduzieren. Das ist nötig, weil Operationen auf der Karte sowie Übertragungen zur und von der Karte vergleichsweise lange dauern.

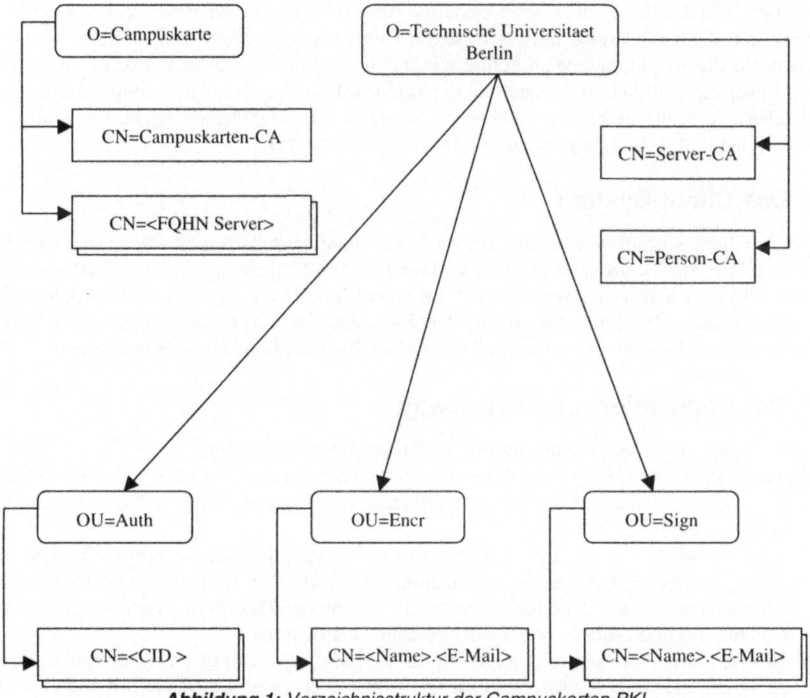

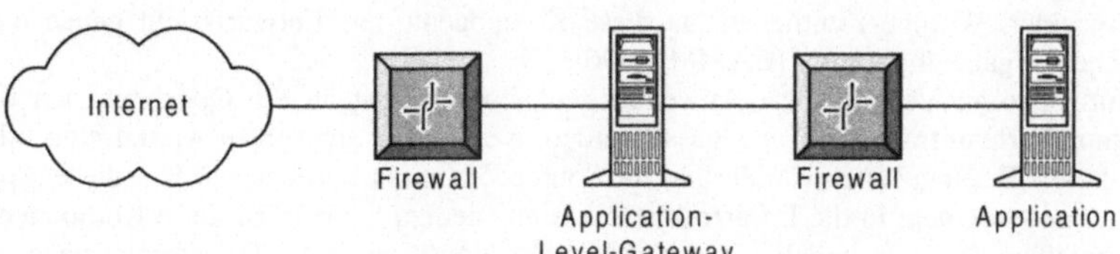

Abbildung 1: *Verzeichnisstruktur der Campuskarten PKI*

Abbildung 2: *Netzwerkarchitektur*

4 Die Systemarchitektur

Basierend auf den o.g. Anforderungen und auf dem definierten Datenschema entstand ein Authentisierungsschema, das im folgenden kurz vorstellt und erörtert wird.

Wir haben es in der Regel mit WWW-basierten Anwendungen zu tun, die bereits vor der Einführung der Authentisierung mittels Smartcard entwickelt wurden. Um den Anpassungsaufwand für die Anwendungen so gering wie möglich zu halten, rüsten wir diese mit Application-Level-Firewall-Gateways aus, die die smartcardbasierte Authentisierung kapseln. Um in gleicher Weise die Sicherheit zu erhöhen, setzen wir anwendungsbezogene Firewalls ein, so dass sich die in Abb. 2 dargestellte Netzwerkarchitektur ergibt.

4.1 Das Client-System

Auf dem Client-System werden ein Browser, ein Smartcardreader und die entsprechenden Treiber sowie eine korrekt konfigurierte Java-Laufzeit-Umgebung vorausgesetzt. Im folgenden wird davon ausgegangen, dass auf das Client-System ein signiertes Java-Applet geladen werden kann, das dann Zugriff auf den Kartenleser erhält. Dieses Applet wird Identificatore genannt. Es dient als Schnittstelle zwischen Smartcard und Hintergrundsystem.

4.2 Der Application-Level-Gateway

Auf dem Application-Level-Gateway sind fünf Komponenten installiert:

Webproxy: Beim Webproxy handelt es sich um einen einfachen Webserver mit Servlet Unterstützung, der dazu an Stelle der Applikation vom Browser auf dem Client-System angesteuert wird.

Security-Controller: Der Security-Controller ist ein Servlet, das vom Webproxy für jede Anfrage gestartet wird, die an die Applikation gehen soll. Der Security-Controller stößt die Authentisierung an, stellt für authentisierte Sitzungen Tickets in Form von signierten Cookies aus und prüft diese bei jeder eingehenden Anfrage.

Ticketserver: Der Ticketserver dient allein der Generierung und Prüfung von signierten Tickets, die die für die Anwendungen relevanten Daten von der Smartcard enthalten. In der Regel sind das: Ordnungsmerkmal und Personenstatus. Oft kommen hier jedoch noch Daten, wie programminterne Benutzergruppe etc. hinzu.

Decorator: Der Decorator dient der Abbildung der Smartcarddaten (OM und PS) auf die anwendungsspezifischen Daten, wie Benutzername, Benutzergruppe, Sitzungsnummer etc. Der Begriff Decorator ist dem Entwurfsmuster Decorator (Dekorierer, auch Gebundener Umwickler, Wrapper) entliehen, da diese Komponente aus Entwurfssicht genau eine solche Aufgabe übernimmt [GAMM_1996].

Anwendungsproxy: Verschiedene Anwendungen können nicht an die Gegebenheiten der Campuskarteninfrastruktur angepasst werden, weil sie zu schwer zu warten sind oder weil sie z.B. eingekauft wurden und ihr Sourcecode nicht vorliegt o.ä. Um diese Applikationen trotzdem in die Infrastruktur mit einbinden zu können, ist diese Komponente vorgesehen. Sie kann beliebig komplexe, applikationsspezifische Transformationen der Anfragen vornehmen. So kann der Anwendungsproxy beispielsweise gegenüber der Applikation eine einfache Benutzername-/Passwort-Authentisierung durchführen und die Antworten der Anwendung gefiltert an das Client-System weiterreichen. Über den Anwendungsproxy kann später auch eine Anbindung des Systems an ein rollenbasiertes Zugriffskontrollsystem realisiert werden. [GEBH_2000b]

4.3 Weitere Serversysteme

Außer den genannten Komponenten und dem Server, auf dem die Applikation läuft, werden zur Authentisierung ferner ein Authentisierungsserver, das bereits erwähnte Karten Status Abfrage System sowie ein Verzeichnisserver (LDAP) benötigt.

Es ist möglich, die Infrastruktur mit nur einem Authentisierungsserver aufzusetzen. Dies verringert aber nicht nur die Ausfallsicherheit des Systems, sondern stellt am Ende wieder ein Problem bei den anfallenden Logdaten auf diesem Authentisierungsserver dar. Je nach Größe der Organisation sollten mindestens drei Authentisierungsserver eingesetzt werden. Theoretisch können es jedoch beliebig viele Server sein.

KSAS und LDAP Server können auf einem Rechner betrieben werden. Auch hier ist im Sinne der Ausfallsicherheit daran zu denken, für eine möglichst hohe Redundanz zu sorgen, da bei Ausfall eines der beiden Systeme keine Anmeldung mittels Chipkarte mehr erfolgen kann. Eine Verteilung über verschiedene gespiegelte Verzeichnisserver hat ferner den Vorteil, dass über die Anfragen an den Verzeichnisdienst kaum noch Informationen gewonnen werden können.

5 Das Authentisierungsprotokoll

Im Folgenden wird ein Beispielablauf einer Authentisierung gemäß der erarbeiteten Schemata beschrieben; vergl. „Dynamische asymetrische Authentisierung" [RANK_1999]. Fehlerfälle sowie Spezialfälle u.a. zur Entdeckung von Angriffen gegen die einzelnen Komponenten werden nicht im Detail behandelt. Das Hauptaugenmerk liegt darin, auf welchen Systemen welche Datenspuren hinterlassen bzw. vermieden werden. Ich konzentriere mich in diesem Artikel auf die Frage der Nicht-Verfolgbarkeit bzw. Unverkettbarkeit. Wichtig ist jedoch, das dies nur ein Aspekt des Datenschutzes ist. Weitere Aspekte sind z.B. in [GEBH_2000c] diskutiert.

Die Authentisierung findet in drei Phasen statt, der serverseitigen Authentisierung, der Authentisierung zwischen Smartcard und Authentisierungsserver und der Ausstellung des Tikkets.

5.1 Serverseitige Authentisierung

Der Benutzer steuert die gewünschte Anwendung an. Statt direkt mit dem Webserver der Anwendung verbunden zu werden, wird eine Verbindung zum Webproxy hergestellt. Um zum einen sicher zu stellen, dass es sich um den korrekten Webproxy und nicht etwa um ein trojanisches Pferd handelt, und um die spätere Kommunikation zwischen Webserver und Webproxy, also indirekt der Applikation zu sichern, wird zunächst eine SSL (Secure Sockets Layer, [FREI_1996]) gesicherte HTTP Verbindung hergestellt. An dieser Stelle wird über das in SSL definierte Challenge-Response-Verfahren in unserem Fall nur der Server authentisiert. Die Benutzerauthentisierung folgt nun durch das Campuskarten-System.

Abb. 3 zeigt, wie der Webbrowser eine beliebige Seite *page* anfordert. Die Seitenanforderung wird an das Security Controller Servlet weitergegeben. Der Security Controller stellt fest, dass der Anforderung kein Ticket in Form eines Cookies angefügt ist. Aus diesem Grund startet er den Authentisierungsvorgang.

Der Security Controller generiert einen Sitzungsschlüssel *skSEC* (session key, SEcurity Controller). Mit dem Sitzungsschlüssel des Security Controllers werden später Ordnungsmerkmal und z.B. Personenstatus verschlüsselt. Wie wir sehen werden, läuft die weitere Kommunikation über den Authentisierungsserver, der jedoch nicht in den Besitz des Ordnungsmerkmals kommen soll.

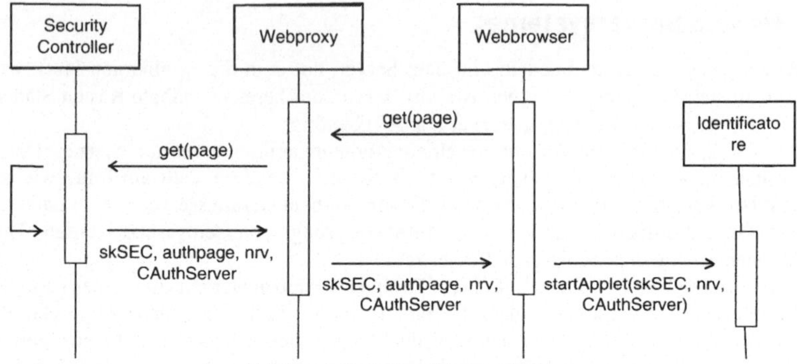

Abbildung 3: *Authentisierung Teil 1*

skSEC wird zusammen mit einer nicht wiederkehrenden Nummer *nrv* und dem Zertifikat eines Authentisierungsservers *CAuthServer* auf einer Authentisierungsseite *authpage* zuriick über den Webproxy an den Webbrowser geschickt, der dann das auf der *authpage* angegebene, signierte Applet Identificatore mit den gegebenen Parametern startet.

Die *nrv* ist nötig, um die aktuelle Authentisierungssitzung wiederzuerkennen. Im weiteren Verlauf der Authentisierung kommuniziert das Applet mit dem Authentisierungsserver. Ist diese Kommunikation abgeschlossen, so muss, wie später zu sehen sein wird, der Security Controller eine Möglichkeit haben, das Ticket an den "richtigen" Browser weiterzugeben. Alternativ könnte *skSEC* zur Identifizierung der Sitzung benutzt werden. Diese Lösung wurde jedoch als "unsauber" empfunden. Die *nrv* identifiziert die Sitzung. *skSEC* dient der Verschlüsselung von Daten, die allein der Security Controller entschlüsseln können soll.

Der Identificatore läuft auf dem Client-System. Da es sich jedoch um ein vom Server geladenes Applet handelt, ist aus Sicht des Benutzers relevant, welche Daten der Identificatore sammeln kann. Aus Sicht der Hochschule muss davon ausgegangen werden, dass mittels gefälschter Java Virtual Machine auf dem Client-System oder durch Ändern des Applets Angriffe vom Client gegen das System gefahren werden können.

5.2 Authentisierung Smartcard/Authentisierungsserver

Es wäre nun möglich, die restliche Authentisierung auch gegenüber dem Security Controller durchzuführen. Hierzu müsste die Karte jedoch ihre CID dem Security Controller mitteilen, um das Zertifikat zu prüfen. Oder die Karte müsste gleich ihr OM preisgeben. Der Security Controller bräuchte irgendeinen Wert, den er im Verzeichnisdienst als Suchmuster benutzen könnte. Die Folge wäre, dass Zertifikate mit Ordnungsmerkmalen abgelegt werden müssten, die man über CIDs suchen kann o.ä. Auf jeden Fall würden mindestens beim Security Controller CID und OM zusammen kommen.

Da die CID im KSAS benutzt wird, um den Status der Karte zu kontrollieren, aber CID und OM nicht zusammen gebracht werden dürfen[1], wird die CID dem Authentisierungsserver offen gelegt, der jedoch nicht das OM lesen kann, weil dieses mit dem Sitzungsschlüssel für den Security Controller zuvor verschlüsselt wurde.

---

[1] Die einzige Ausnahme ist hier die „Datenhaltende Stelle", weil diese in der Lage sein muss, Karten wieder zu sperren.

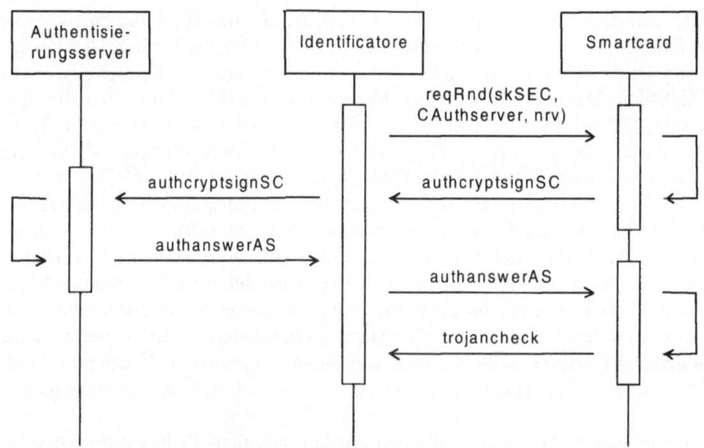

Abbildung 4: *Authentisierung Teil 2*

Abb. 4 zeigt die zweite Phase der Authentisierung. Phase 1 endete mit dem Start des Identificatore Applets. Dieses Applet ruft nun die Funktion *reqRnd()* mit den Parametern *skSEC*, *CAuthServer* und *nrv* auf.

Die Smartcard prüft zunächst die Korrektheit des *CAuthServer* Zertifikats. Die einzige Möglichkeit, die die Karte besitzt, um eine solche Überprüfung durchzuführen, ist die Verifizierung der Unterschrift der Server-CA des Hochschulverbundes. Es muss sich nicht zwangsweise um ein System der eigenen Hochschule handeln, bei dem sich der Karteninhaber authentisieren will. Hierbei ist zu beachten, dass die Smartcard keine Sperrlisten verwalten kann. Die Kompromittierung eines Authentisierungsservers einer Hochschule muss folglich die Ausstellung eines neuen Server-CA Zertifikats und das Updaten aller Smartcards zur Folge haben. Dies ist jedoch kein Problem unseres Authentisierungsverfahrens, sondern ein generelles Problem bei der Authentisierung eines Hintergrundsystems gegenüber einer Smartcard.

Die von der Server-CA unterzeichneten Zertifikate enthalten u.a. einen Security-Level. Über den Security Level ist bitweise codiert, auf welche Daten das Hintergrundsystem auf der Smartcard Zugriff hat. Die Smartcard extrahiert den Security-Level und prüft, ob das System, für das das *CAuthServer* Zertifikat ausgestellt wurde, dazu berechtigt ist, eine Authentisierung durchzuführen. Ist dies der Fall, wird eine Zufallszahl *rndSC* (RaNDom number SmartCard) generiert und ein zweiter Sitzungsschlüssel *skSC* (SessionKey SmartCard) erzeugt. Danach wird das Ordnungsmerkmal *OM* mit dem Sitzungsschlüssel des Security Controllers *skSEC* verschlüsselt. Das Ergebnis dieser Operation wird in der Variable *omcrypt* abgelegt. Anschließend wird eine Datenstruktur aus *omcrypt*, *rndSC*, *skSC*, *nrv* und *CID* gebildet, die mit dem öffentlichen Schlüssel aus *CAuthServer* verschlüsselt wird. Das Ergebnis der Verschlüsselung wird signiert. D.h. es wird ein Hashwert über den gesamten Datenblock gebildet und dieser mit dem privaten Schlüssel der Smartcard *SKA* verschlüsselt. Das Ergebnis der gesamten Operation *authcryptsignSC* wird über den Identificatore an den Authentisierungsserver gesandt.

Nur der Besitzer des privaten Schlüssels, der zum öffentlichen Schlüssel in *CAuthServer* passt, ist nun in der Lage, *authcryptSC* zu entschlüsseln. Gelingt dies, kann die CID ermittelt werden und somit auch die Signatur über *authcryptsignSC* geprüft werden. Der mögliche Angriff, der durch ein Übertragen eines gefälschten CAuthServer durchgeführt werden könnte, scheitert daran, dass bei der Verifizierung die Unterschrift der Server-CA fehlt.

Der Authentisierungsserver entschlüsselt nun *authcryptSC* mit Hilfe seines eigenen privaten Schlüssels *PrivKeyAS*. Nach der Entschlüsselung wird, zunächst beim KSAS der Status der Karte geprüft. Ist die Karte gültig, nicht gesperrt und innerhalb des Gültigkeitszeitraumes, so wird das Zertifikat *CSc* über die *CID* angefordert. Das Zertifikat wird mit Hilfe des Person-CA Zertifikats *CPersonCA* überprüft. Dann wird der gesamte *authcryptsignSC* Block gegen den öffentlichen Schlüssel aus dem *CSc* geprüft. Sind alle Überprüfungen erfolgreich wird für einen Zeitraum von einigen Minuten das Tupel (*nrv*, *omcrypt*, *rndSC*, *skSC*) gespeichert.

Die Smartcard ist nun in der Lage zu prüfen, ob bei der Entschlüsselung von *authanswerAS* mittels des zuvor generierten Sitzungsschlüssels *skSC* wieder *rndSC* entsteht. Ist dies der Fall, so ist sicher gestellt, dass es sich bei der Gegenstelle wirklich um den Authentisierungsserver handeln muss, da nur dieser im Besitz von *PrivKeyAS* ist, der zur Offenlegung des *skSC* nötig war. Attacken durch Wiedereinspielen vorher aufgezeichneter Sitzungen sind ebenfalls nicht möglich, da sehr wahrscheinlich bei jeder Sitzung eine andere *rndSC* generiert wird. Selbst Wiederholungen der selben *rndSC* können von einem Angreifer nicht erkannt werden, weil diese an den Authentisierungsserver immer im Block mit anderen Zufallszahlen gesendet werden.

Zur Bestätigung sendet die Smartcard einen Auszug aus dem Ordnungsmerkmal, wenn die Prüfung von *authanswerAS* korrekt war.

Zur Zeit ist in der Diskussion z.B. zwei Paare zurückzusenden, die jeweils eine Stelle und die entsprechende Ziffer repräsentieren. Ziel ist, dass der Identificatore eine Meldung auf den Bildschirm bringen kann:

```
          Die Authentisierung war erfolgreich!
     Zur Gegenprüfung: Die 4. Ziffer ihres Ordnungsmerkmals
            lautet 3, die 6. Ziffer lautet 0.
    Ist die Gegenprüfung korrekt, klicken sie bitte auf 'Weiter'!
```

Diese Maßnahme soll einen zusätzlichen Schutz gegen trojanische Pferde und gefälschte Webserver bieten. Das Ordnungsmerkmal kann nur von autorisierten Systemen von der Karte gelesen werden. Wird dem Benutzer ein Authentisierungsbildschirm vorgegaukelt, so ist das gefälschte Programm nicht in der Lage, zwei Ziffern des Ordnungsmerkmals zu raten. Für den Benutzer ist dies auf der anderen Seite leicht überprüfbar. Wurde bei der Authentisierung kein Kartenleser mit integriertem PIN-Eingabefeld oder z.B. eine Tastatur mit „secure PIN entry mode" benutzt, so dass die PIN direkt an die Smartcard gesendet wird und nicht von der Software ausgewertet werden kann, hätte der Trojaner in diesem Fall die PIN des Karteninhabers erlangt. Nur kann diese nicht wieder mit einer Karte in Verbindung gebracht werden, da die Karten allgemein keine Identifikationsmerkmale an nicht autorisierte Hintergrundsysteme ausgeben. Selbst mit falschen Zertifikaten präparierte öffentliche Terminals, die auf gefälschte Webseiten verweisen, können so entlarvt werden.

5.3 Ausstellung des Tickets

Der Karteninhaber wird also vom Identificatore aufgefordert, auf den „Weiter" Knopf zu drücken. Abb. 5 zeigt, wie nach dem Drücken des Weiter-Knopfes die Ticketseite beim Webproxy angefordert wird. Als Parameter wird dem Webproxy dabei die zuvor gesetzte *nrv* mitgegeben. Der Security Controller, der diese Anfrage erhält, fordert nun vom Authentisierungsserver das Ordnungsmerkmal zu der dazugehörigen *nrv*.

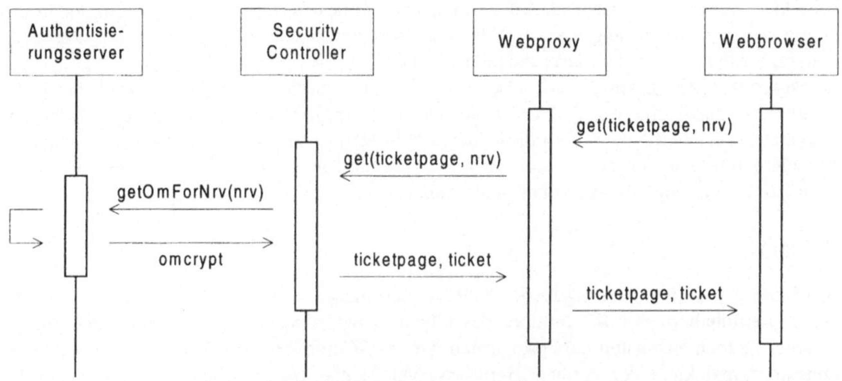

Abbildung 5: *Authentisierung Teil 3*

Über die *nrv* kann der Authentisierungsserver das *omcrypt* Datum ermitteln und dieses an den Security Controller senden. Da wir Fälle berücksichtigen, in denen Anwendungen auch schreibend auf die Karte zugreifen dürfen (wie z.B. bei der Rückmeldung), übertragen wir auch den *skSC* an die Karte und bewahren diesen Sitzungsschlüssel im Ticket auf. Die Anwendung ist dann in der Lage, ohne neue gegenseitige Authentisierung auf die Karte zuzugreifen, bis die Sitzung beendet ist.

Das Ticket ist dabei vom Ticketserver signiert, so dass sich Tickets nicht von Seiten des Benutzers fälschen lassen. Die SSL-Verbindung zwischen Webproxy und Server stellt sicher, dass keine Daten aus dem Ticket ausgespäht werden können. Bei Ausstellung des Cookies wird der Browser angewiesen, das Cookie nicht zu speichern, sondern nur im Speicher zu halten. Reichen diese Vorsichtsmaßnahmen nicht aus, ist es auch möglich, die Tickets jeweils durch den Ticketserver verschlüsseln zu lassen. In diesem Fall wird dem Benutzer allerdings die Möglichkeit genommen, nachzuprüfen, welche Daten im Cookie über ihn gespeichert sind.

Da der Security Controller im Besitz des Sitzungsschlüssels *skSEC* ist, mit dem das OM verschlüsselt wurde, ist er in der Lage, das Ordnungsmerkmal zu entschlüsseln. In den nächsten Schritten würde dann der Autorisierungsserver angesprochen werden, der zum Ordnungsmerkmal weitere anwendungsspezifische Daten hinzufügen würde. Diese Daten werden dann an den Ticketserver gesandt, der diese serialisiert und signiert. Der Security Controller setzt schließlich die Daten als Cookie und sendet eine Willkommensseite inkl. Cookie an den Browser. Damit ist die Authentisierung abgeschlossen.

6 Transparenz

Aus Benutzersicht ist nicht nur relevant, welche Daten wo anfallen, sondern auch, dass für den Benutzer erkennbar ist, wer welche Daten über ihn gespeichert hat. Leider gibt es keine verlässlichen Möglichkeiten für den Benutzer zu erkennen, welche Daten gerade von seiner Chipkarte gelesen werden. Es wäre zwar denkbar, für verschiedene Daten oder Datengruppen unterschiedliche PIN-Codes zu fordern, so dass der Benutzer eine Kontrolle darüber hätte, welche Daten gerade abgefragt werden. Nur würde das die Karte praktisch unbenutzbar machen. Ob die Daten dann von der Anwendung an Dritte weitergereicht werden, könnte der Benutzer auch in diesem Fall nicht erkennen. Wir entschieden uns aus diesem Grund, nur einen Freigabe-PIN auf die Karte zu schreiben. Wann immer der Benutzer dazu aufgefordert wird diesen einzugeben, ist für ihn zumindest erkennbar, dass nun Daten von der Chipkarte gelesen werden oder kryptographische Funktionen auf ihr angestoßen werden. Um weiterreichende Transparenz zu schaffen, können nur Protokolle, Verfahren und Programmcode offen gelegt werden. Signierung von Applets und Zertifikate von SSL geschützten Webservern können für die Richtigkeit dieser Angaben bürgen.

Selbstverständlich haben die Mitarbeiterinnen und Mitarbeiter sowie die Studierenden die Möglichkeit, über eine eigens hierfür eingerichtete Applikation die Daten, die auf der Campuskarte gespeichert sind, sofern diese ausgelesen werden können, abzurufen und anzuzeigen. Ausnahmen bilden hier die privaten Schlüssel, die die Karte niemals verlassen können, jedoch auch keine weiteren Aussagen über die Person treffen.

7 Fazit

Am Ende der Authentisierung ist der Authentisierungsserver im Besitz der Kartennummer eines Karteninhabers, der IP-Nummer des Clients sowie diverser für die Authentisierung relevanter, jedoch ansonsten nutzloser Daten wie *rndSC* und *nrv*. Mit dem verschlüsselten Ordnungsmerkmal kann der Authentisierungsserver nichts weiter anfangen. Da sich zur Kartennummer jedoch keine personenbezogenen Daten ermitteln lassen, ist eine Protokollierung hier mehr ein statistisches Problem.

KSAS und LDAP-Server kommen lediglich zu Daten darüber, dass die Karte mit einer bestimmten CID zu einer gegebenen Zeit benutzt wurde. Sie können keine Rückschlüsse auf den genutzten Dienst oder die Quelle der Zugriffe ziehen.

Der Security Controller ist am Ende im Besitz von Ordnungsmerkmal, Zugriffszeit und in Kombination mit den Daten, die der Webproxy gewinnt, auch IP-Nummer des Client-Systems. Unterstellt man jedoch, dass die Zuordnung OM zu Namen bestenfalls in der Anwendung gemacht werden kann, so sind die gewonnenen Informationen hier von nicht sehr großer Relevanz. Erst in der Anwendung können im besten Fall Ordnungsmerkmal, Name und Zeiten zusammen gebracht werden. Dafür geht hier z.B. wieder die IP-Nummer verloren.

Zusammenfassend kann festgestellt werden, dass es mit Hilfe der Teilung des Hintergrundsystems für die smartcardbasierte Authentisierung und durch die Verwendung von Smartcards, die ihre Daten nur autorisierten Gegenstellen aushändigen gelingt, die in dem System anfallenden Datenspuren weit zu verstreuen. Nur durch Zusammenlegen verschiedener Logfiles können Zusammenhänge hergestellt werden. Wird das Aufzeichnen der Daten grundsätzlich an allen Stellen untersagt, an denen eine Protokollierung nicht zwingend erforderlich ist, muss schon von einer kriminellen Vereinigung unterschiedlicher Stellen ausgegangen werden, wenn die Zusammenführung der Daten unterstellt wird.

Das vorgestellte Verfahren ist zeitlich aufwändiger als gängige Verfahren und die Anforderungen an die Smartcard sind sehr hoch. Dafür kann dem Karteninhaber und dem Betreiber des Systems in gleicher Weise eine hohe Sicherheit geboten werden.

8 Offene Probleme

Die zur Zeit noch offenen Probleme sind zumeist technischer Art. Dabei stehen Probleme mit dem Zugriff durch die Java Virtual Machine auf die jeweiligen Kartenleser, die verschiedenen Treibersorten sowie die Beschaffung geeigneter Kartenleser im Vordergrund. Auch wären die Nutzer über schnellere Cryptoprozessoren auf der Smartcard glücklich. Es darf nicht vergessen werden, dass bei der Authentisierung diverse Operationen auf der Karte durchgeführt werden, die alle ihre Zeit brauchen.

Eines der interessantesten Probleme liegt jedoch in der Begegnung der unsicheren Terminals. Manipulationen der Karteninhaber z.B. am Identificatore Applet sind weitgehend wirkungslos. Was aber ist mit Attacken Dritter gegen die Karteninhaber? Durch Kartenleser mit direkter PIN-Eingabe wird versucht, das Ausspähen der PIN zu umgehen. Was als Angriffspunkt bleibt ist der Browser, der beispielsweise mit falschen Zertifikaten manipuliert sein könnte.

Die oben beschriebene Sicherung gegen trojanische Pferde sollte dagegen schützen. Die Praxis wird zeigen, ob die Karteninhaber mit diesem Schutzmechanismen umgehen können oder ob nicht auf anderen Ebenen viel effizientere Attacken gegen das System gestartet werden können (z.B. arbeiten wir z.Zt. daran zu klären, wie sich der Cookie untrennbar an die Client-Browser-Verbindung binden läßt, so dass es im allgemeinen nutzlos ist, mittels manipuliertem Browser, Cookies zu stehlen).

C. Ellison und B. Schneier stellen in einem Artikel 10 Risiken von PKIs zusammen, denen auf geeignete Weise begegnet werden muss [ELLI_2000].

Hinzu kommt die Frage nach korrekter Software. Hier wurde durch die Anwendung eines objektorienterten Vorgehensmodells, die frühe Suche nach fachlichen Diskussionen, die Verwendung von Unit-Test-Verfahren, Code-Review und Daily-Builds versucht, einen gewissen Qualitätsstandard zu setzen. Zur Zeit ist fast das gesammte Authentisierungssystem in Java implementiert, weil hierdurch die Gefahr von exploitable Buffer-Overflows reduziert werden kann und ferner Code durch alle Instanzen bis hin zur Smartcard wiederverwendet werden kann. Wirklich sicher kann das System allerdings nur durch mehrfache Überarbeitung und Offenlegung, sowie Tests mit großen Benutzergruppen werden.

9 Aussicht

Am 31. Mai wurde der TU-Berlin Öffentlichkeit ein erster Prototyp der Campuskarte und der verwendeten Hintergrundsysteme vorgestellt. Parallel laufen nun Bemühungen, Prüfungsordnungen anzupassen, ein Trustcenter aufzubauen, sowie Infrastruktur zur Personalisierung der Karten zu schaffen. Andere Hochschulen haben bereits ihr Interesse an der erarbeiteten Lösung bekundet.

Meiner Ansicht nach dürfte das beschriebene Authentisierungsschema jedoch nicht nur für Hochschulen interessant sein. Ich sehe die Anwendbarkeit überall dort, wo eine multifunktionale Smartcard eingeführt werden soll, der Betreiber jedoch darauf bedacht ist, den Karteninhabern ebenso weit reichende Schutzmechanismen zu bieten, wie sich selbst.

Chipkartensysteme sollten langsam weggeführt werden von ihrem Image als perfektionierten Nachfolger der Stechuhr oder als letzten Schritt zum Big Brother Staat. Mit dem vorliegenden Artikel habe ich versucht darzustellen, dass dies mit heutigen Mitteln möglich ist.

Literatur

BANN_2001 J. Banning: *LDAP unter Linux - Netzwerkinformationen in Verzeichnisdiensten verwalten*, Addison-Wesley München 2001

CAMP_2000 I. Camphausen et al.: *Aufbau und Betrieb einer Zertifizierungsinstanz*, DFN-PCA Hamburg, März 2000

ELLI_2000 C. Ellison and B. Schneier: *Ten Risks of PKI: What you're Not Being Told about Public Key Infrastructure*. Computer Security Journal, v 16, n 1, 2000, pp. 1-7. http://www.counterpane.com/pki-risks.html

FREI_1996 A. O. Freier et al.: *The SSL Protocol Version 3.0*, Internet-Draft, Netscape Communications, November 1996 http://home.netscape.com/eng/ssl3/draft302.txt

GAMM_1996 E. Gamma et al.: *Entfurfsmuster: Elemente wiederverwendbarer objektorientierter Software*, Addison-Wesley Bonn 1996

GEBH_2000 T. Gebhardt et al.: *Anforderungsmodell*. FSP-PV/PRZ Technische Universität Berlin August 2000.

GEBH_2000b T. Gebhardt und T. Hildmann: *Enabling Technologies for Role Based Online Decision Engines*. Fifth ACM Workshop on Role-Based Access Control, Berlin 2000 S. 77-82.

GEBH_2000c T. Gebhardt et al.: *Sicherheitsmodell*, FSP-PV/PRZ Technische Universität Berlin Oktober 2000

GUTM_2000 P. Gutmann: *X.509 Style Guide*. October 2000.
http://www.cs.auckland.ac.nz/~pgut001/pubs/x509guide.txt

LANG_2000 S. Lange: *Angst vor dem gläsernen Studenten*. die tageszeitung Berlin lokal, 17.4.2000
http://www.taz.de/tpl/2000/04/17/a0231.nf/stext.Name,ask08003aaa.idx,1

LANG_2000b S. Lange: *Die Uni lädt zu Chips*. die tageszeitung Berlin lokal, 17.4.2000
http://www.taz.de/tpl/2000/04/17/a0262.nf/stext.Name,ask08003aaa.idx,0

NAGE_2000 K. Nagel (Editor): *Rahmenpflichtenheft - Chipkarten-basierte Dienstleistungssysteme an den Berliner und Brandenburger Hochschulen*. Berlin/Brandenburg März 2000.
http://wwwpc.prz.tu-berlin.de/tu-chipkarte/daskonzept/Rahmenpflichtenheft.htm

RANK_1999 W. Rankl und E. Effing: *Handbuch der Chipkarten*. Carl Hanser Verlag München Wien 1999.

RFC_1777 W. Yeonf, T. Howes, S. Kille: *RFC 1777: Lightweight Directory Access Protocol*, 1995

SUHR_2000 L. Suhrbier: *Smartcard-Datenmodell*. FSP-PV/PRZ Technische Universität Berlin November 2000.

Fail-Safe-Konzept für Public-Key-Infrastrukturen

Michael Hartmann, Sönke Maseberg

Technische Universität Darmstadt,
hartmann@cdc.informatik.tu-darmstadt.de, maseberg@cdc.informatik.tu-darmstadt.de
GMD – Forschungszentrum Informationstechnik GmbH, maseberg@darmstadt.gmd.de

Zusammenfassung

Public-Key-Infrastrukturen sind von zentraler Bedeutung für eine sichere elektronische Kommunikation in offenen Netzen. Unternehmen, Behörden und Privatleute nutzen diese Technik in zunehmendem Maße und verlassen sich auf sie. Public-Key-Infrastrukturen bergen aber auch Risiken, weil die der Public-Key-Kryptographie zugrunde liegenden mathematischen Probleme nicht beweisbar sicher sind, und weil Implementierungsfehler nie ausgeschlossen werden können. Public-Key-Infrastrukturen beschränken sich heutzutage meist auf einige wenige kryptographische Verfahren, so dass das Auftreten eines Fehlers den Ausfall der Funktionsfähigkeit der Infrastruktur bewirken könnte. Dies würde beträchtliche wirtschaftliche und gesellschaftliche Folgen nach sich ziehen. Zur Vermeidung dieser Gefahren ist ein Ansatz, mehrere Kryptoverfahren zu nutzen und diese derart flexibel in eine Public-Key-Infrastruktur zu integrieren, dass ihr Austausch im laufenden Betrieb ermöglicht wird. In diesem Artikel wird eine Public-Key-Infrastruktur vorgestellt, die die Nutzung mehrerer Verfahren unterstützt, und ein Protokoll für den Austausch von Komponenten diskutiert.

1 Einleitung

Public-Key-Infrastrukturen (PKI) stellen eine Basis für sichere elektronische Kommunikation in verteilten Systemen dar. Einige Sicherheitsziele sind, die Authentizität, Integrität, Zurechenbarkeit, Vertraulichkeit und Verfügbarkeit übertragener Daten zu gewährleisten und eine Authentisierung von Benutzern oder Rechnern und eine Autorisierung von Aktionen zu ermöglichen. Zwei wesentliche kryptographische Techniken, um diese Ziele zu erreichen, sind digitale Signaturen und Verschlüsselungen. Digitale Signaturen sind unter gewissen Voraussetzungen ein Pendant zur handschriftlichen Unterschrift, was für e-commerce zwischen verschiedenen Unternehmen (Business-To-Business) oder zwischen Unternehmen und Privatleuten (Business-To-Customer) und für e-government zwischen Behörden und Bürgern wichtig wäre. Es gibt nationale und internationale Bemühungen um eine rechtliche Gleichstellung von handschriftlicher Unterschrift und digitaler Signatur. Digitale Signaturen sind auch geeignet, berechtigten Personen oder Rechnern einen realen oder virtuellen Zugangsschutz zu gestatten. Eine weitere Anwendung ist die Verschlüsselung vertraulicher Daten, zu der eine PKI das Schlüssel-Management zur Verfügung stellen kann.
Public-Key-Infrastrukturen basieren auf Public-Key-Kryptographie, die ihrerseits auf bislang ungelöste mathematische Probleme zurückgeht. Beispiele sind das Faktorisierungsproblem oder das Diskrete-Logarithmus-Problem, die die Basis für RSA resp. DSA darstellen. Es ist nicht bekannt, ob diese Probleme wirklich schwierig sind. Es gibt keine Beweise für die Sicherheit. Es ist nur bekannt, dass bei geeigneter Schlüssel- und Systemparameterwahl unter Berücksichtigung der heute verfügbaren Rechenleistung keine effizienten Algorithmen zum Faktorisieren großer Zahlen oder Berechnen diskreter Logarithmen bekannt sind.
Empfehlungen über kryptographisch geeignete Algorithmen, Schlüssel und Systemparameter zur Erzeugung von Signaturschlüsseln, zum Hashen zu signierender Daten oder zur Erzeugung und Prüfung digitaler Signaturen werden u.a. vom Bundesamt für Sicherheit in der Informationstechnik (BSI) zusammengestellt. Als geeignet anzusehen sind bis Mitte 2005 zum Beispiel die Hashfunktionen SHA-1 und RIPEMD-160, sowie die Signatur-Algorithmen RSA mit 1024 Bit, DSA mit 1024 Bit und ECDSA mit 160 Bit Schlüssellänge mit weiteren Para-

metern, [BSI]. Lenstra und Verheul haben eine Übersicht über voraussichtlich notwendige Schlüssellängen und Systemparameter bis zum Jahr 2050 veröffentlicht, [LeVe00].

Das Problem ist, dass sich diese Empfehlungen und Voraussagen nur auf das Wissen der Vergangenheit und Gegenwart beziehen, und dass Fortschritte bei der Entwicklung effizienter Algorithmen oder Implementierungsfehler in der Zukunft nicht auszuschließen sind. Einige Beispiele aus der Geschichte belegen dies: John Pollards Zahlkörpersieb verbesserte 1988 die Faktorisierungsalgorithmen deutlich, [LeLe93]. Dobbertin zeigte, dass die Hashfunktion MD4 nicht kollisions-resistent ist, [Dobb96]. Bleichenbacher präsentierte einen Angriff auf RSA mit PKCS#1-Padding, [Blei98]. Es gibt Implementierungen mit zu kurzen Schlüsseln. Chipkarten sind einer Reihe von logischen Angriffen ausgeliefert, die Reaktionen auf gezielte Fehler, den Stromverbrauch oder Berechnungszeiten analysieren, [Koch95], [KoJJ99].

Deshalb ist eine unerwartete Kompromittierung einer Klasse von Schlüsseln nicht auszuschließen. Es gibt zwei Arten von Gründen:

- Kompromittieren einer kryptographischen Komponente, wie Signatur-Algorithmus, Verschlüsselungs-Algorithmus, Hashfunktion oder Formatierung. Dieser Schaden betrifft alle Schlüssel zu diesem Verfahren.

- Kompromittieren von einsatzspezifischen Komponenten, wie Systemparametern oder einer Klasse von Schlüsseln zu einem Algorithmus. Die Klasse ist eine Teilmenge aller Schlüssel und kann insbesondere ein einzelner Schlüssel sein.

Von einer Kompromittierung könnten digitale Signaturen und Kryptogramme betroffen sein. Digitale Signaturen könnten ihre Authentizität, Integrität und Zurechenbarkeit und damit Beweiskraft verlieren, weil durch den plötzlichen Schaden keine Möglichkeit mehr bestehen würde, Daten anderweitig zu sichern oder kryptographische Verfahren und Parameter anzupassen. Insbesondere wären Zertifikate betroffen. Zertifikate stellen in einer PKI die Verbindung von öffentlichem Schlüssel und Teilnehmer her. Darüber hinaus könnte die Vertraulichkeit verschlüsselter Daten nicht mehr garantiert sein.

Es gibt Maßnahmen, wie bei Kompromittierung eines Schlüssels vorzugehen ist. Um die Sicherheit des Systems gewährleisten zu können und Benutzer vor einem Akzeptieren kompromittierter Schlüssel zu warnen, werden Zertifikate kompromittierter Schlüssel revoziert (d.h. widerrufen) und in Revokationslisten veröffentlicht. Benutzer können diese - auch Sperrlisten genannten - Listen konsultieren oder den aktuellen Status eines Zertifikats abfragen, um zu entscheiden, ob eine Signatur gültig ist oder nicht. Als Gründe für eine Revokation nennt [Road] neben Änderungen in den Zertifikatsangaben: Schlüssel verloren, Schlüssel kompromittiert oder Schlüssel erscheint kompromittiert.

Die Revokation von Zertifikaten kann den Ausfall der Funktionsfähigkeit der PKI zur Folge haben: Das in einer PKI notwendige Vertrauen wird über den öffentlichen Schlüssel der Zertifizierungsinstanz (Certification Authority - CA), welcher der Zertifikatsinhaber (Certificate Holder - CH) vertraut, und durch Zertifikate und Zertifikatsketten gebildet. Werden Zertifikate in dieser Kette revoziert, kann eine digitale Signatur nicht mehr als gültig validiert werden. Je nach Umfang der von einem Schaden betroffenen Zertifikate schränkt dies die Funktionsfähigkeit der PKI ein. Die Wiederherstellung der gesamten PKI kann dann die Entwicklung, Produktion, Verteilung und Installation neuer Komponenten nach sich ziehen, was Zeit und Geld kosten würde. Sind z.B. Chipkarten involviert, müssten diese erst bestellt und u.U. produziert werden, was gerade dann besonders lange dauern dürfte, wenn das Problem mehrere Infrastrukturen trifft. Dieses Problem ist bislang nicht gelöst.

Eine weitere Frage betrifft die Aussagekraft von digitalen Signaturen, die vor einem Schaden erzeugt wurden: Um die Rechtsverbindlichkeit einer digitalen Signatur bei Kompromittierung eines Schlüssels zu bewahren, können digitale Signaturen mehrfach angewendet werden, z.B. durch einen Zeitstempeldienst, [FJPP95], [Wohl00], [Time]. Notwendig ist allerdings, dass diese ergänzenden Signaturen mit unterschiedlichen Verfahren erzeugt wurden, was derzeit nicht immer garantiert werden kann.

Darüber hinaus kann eine Kompromittierung besonderer Schlüssel oder kryptographischer Verfahren die Revokationsmechanismen wirkungslos machen: Revokationslisten oder Statusantworten auf Revokationsanfragen sind signiert und verlieren ihre Aussagekraft, wenn gerade diese Schlüssel kompromittiert wurden. Wird ein Zertifizierungsschlüssel kompromittiert und sind deshalb neue Zertifikate mit fiktiven Seriennummern im Umlauf, die der Zertifizierungsinstanz nicht bekannt sind, so können diese nicht in Sperrlisten aufgeführt werden.

Die Analyse der existierenden Mechanismen zur Revokation eines Zertifikats zeigt, dass eine Revokation des in der hierachisch angeordneten PKI obersten Schlüssels nicht vorgesehen ist: Es gibt keine Methoden, um dann eine Revokation zu authentisieren. In PKIX ist für solche Fälle eine out-of-band Kommunikation vorgesehen, also eine Kommunikation via Post, TV, Zeitungen, etc. Außerdem würde die Revokation eines in der PKI-Hierachie weit oben angesiedelten Zertifikats die Revokation aller hierarchisch unterhalb liegenden Zertifikate implizieren, was die derzeitigen Revokationsmechanismen bei großen Public-Key-Infrastrukturen überfordern könnte.

Ein Kompromittieren von Schlüsseln könnte kurzfristige Verschlüsselungen enthüllen: Da ein Abhören oder Mitschnitt von Daten über offene Netze nicht verhindert werden kann, ist damit zu rechnen, dass verschlüsselte Daten von Angreifern aufbewahrt und nach hinreichend langer Zeit zu entschlüsseln sein werden. Da dieses Vorgehen nicht verhindert werden kann, richtet sich das Interesse auf relativ kurzfristige Verschlüsselungen. Gemeint sind Geheimnisse, die nach einiger Zeit sowieso öffentlich bekannt oder uninteressant werden. Diese kurzfristigen Verschlüsselungen könnten offenbart werden.

Zusammenfassend bleibt das offene Problem des Ausfalls der Funktionsfähigkeit der PKI und die bislang unbefriedigend gelösten Probleme des Verlustes der Beweiskraft digitaler Signaturen, der unzureichenden Revokationsmechanismen und des Verlustes der Vertraulichkeit kurzfristiger Verschlüsselungen.

Als Lösung wird in diesem Artikel über ein Fail-Safe-Konzept für Public-Key-Infrastrukturen berichtet, welches eine optimale Konfiguration und Funktionsweise einer PKI beschreibt, die im Schadensfall die weitere Funktionsfähigkeit und den sicheren Austausch kompromittierter Komponenten ermöglicht. Mit den vorgestellten Mitteln lassen sich digitale Signaturen, Revokationsinformationen und Verschlüsselungen mit zusätzlichen Komponenten derart erweitern, dass sie ihre Beweiskraft resp. kurzfristige Vertraulichkeit nicht verlieren. Fail-Safe definieren wir als einen Prozess, der bei einem Schadensfall (Fail) in Aktion tritt, um die Funktionsfähigkeit zu erhalten und um den Schaden zu reparieren, d.h. das System sicher (Safe) weiterzuführen. Der Artikel gliedert sich wie folgt. Abschnitt 2 beschreibt die Idee. Die zur Realisierung notwendigen technischen Eigenschaften werden in Abschnitt 3, die Beschreibung der PKI in Abschnitt 4 und ihre Funktionsweise in Abschnitt 5 beschrieben. In Abschnitt 6 werden Interoperabilitätsfragen diskutiert.

2 Idee

Die Grundidee besteht darin, in einer Public-Key-Infrastruktur mehrere, voneinander unabhängige kryptographische und einsatzspezifische Komponenten (also Verfahren und Schlüssel) flexibel einzusetzen und zu nutzen. Dadurch können im Falle der Kompromittierung einer Komponente andere Teile der PKI weiterhin sicher funktionieren, um die ununterbrochene Funktionsfähigkeit zu bieten. Darüber hinaus sollen kompromittierte Komponenten flexibel durch neue, sichere Komponenten ausgetauscht werden, um die PKI langfristig einsatzfähig zu halten und um sie dynamisch sich ändernden Sicherheitsanforderungen anpassen zu können. Die multipel vorhandenen Verfahren und Schlüssel können genutzt werden, um elektronische Dokumente mehrfach zu signieren (multiple digitale Signatur) und zu verschlüsseln (iterative Verschlüsselung). Deren sinnvolle Nutzung hängt von der spezifischen Anwendung ab. Multiple digitale Signaturen sollten in erster Linie dazu eingesetzt werden, um die Beweiskraft von signierten Dokumenten im Schadensfall sicherzustellen, wenn durch Revokationsmechanismen Zertifikate zurückgezogen und Signaturen aussagelos wurden. Durch Einsatz multipler Komponenten können auch Sperrinformationen trotz Schadensfall sicher übertragen werden. Zur effizienten Sperrung von mehreren Zertifikaten könnte das Gültigkeitsmodell vorgeschrieben werden, welches zur Validierung stets den gesamten Zertifizierungspfad berücksichtigt, oder es müssten Möglichkeiten geschaffen werden, in Revokationslisten ganze Bereiche von Zertifikats-Seriennummern zu sperren.

Dieser Idee liegt die Annahme zugrunde, dass die Wahrscheinlichkeit sehr gering ist, dass zwei auf verschiedenen mathematischen Problemen beruhende kryptographische Verfahren durch einen Schaden gleichzeitig kompromittiert werden. Grund für diese Annahme ist, dass Ideen zu effizienten Algorithmen auf den speziellen grundlegenden mathematischen Problemen basieren. Wenn sich diese Basisprobleme unterscheiden, können Ideen effizienter Algorithmen nicht zwangsläufig auf verschiedene Verfahren angewendet werden, [BuMa00].

3 Flexible Public-Key-Infrastrukturen

Als Grundvoraussetzung müssen technische Komponenten so flexibel in die PKI integriert sein, dass ein Austausch überhaupt möglich ist. Dieser Philosophie folgen die Arbeiten an der 'flexiblen Public-Key-Infrastruktur (FlexiPKI)' am Lehrstuhl von Prof. Buchmann, [BuRT00], [FlexiPKI]. In der FlexiPKI können kryptographische Komponenten flexibel genutzt werden. Zum Beispiel unterstützt die FlexiPKI neben den üblichen Verfahren wie RSA, DSA, ElGamal, SHA-1 oder MD5 auch Kryptographie mit elliptischen Kurven. Daneben wird an weiteren Kryptoverfahren geforscht, die auf anderen mathematischen Problemen basieren, wie z.B. der Zahlkörperkryptographie.

In den folgenden Abschnitten wird eine PKI beschrieben und ihre Funktionsweise erläutert, um die in Abschnitt 1 genannten Probleme optimal zu lösen. Diese PKI heisst 'Fail-Safe-PKI'.

4 Beschreibung der Fail-Safe-PKI

Die Beschreibung dieser Fail-Safe-PKI besteht aus unverändert übernommenen Standards, aus von Standards für diese Zwecke konfigurierten Teilen und aus neuen Elementen, die es noch nicht gibt.

Der weitverbreitete PKI-Standard Internet 'X.509 Public Key Infrastructure (PKIX)' von der 'Internet Engineering Task Force (IETF)' definiert eine Public-Key-Infrastruktur als eine Menge aus Beteiligten, Hardware, Software, Verfahren und Richtlinien (Policies), um auf Public-Key-Kryptographie basierende Zertifikate zu erstellen, handzuhaben, zu verwahren, zu verteilen und zu revozieren, [IETF], [PKIX], [Road].

Der Gestaltung der Fail-Safe-PKI wird folgendes Modell zugrunde gelegt, das sich beliebig verallgemeinern lässt:

- Die PKI ist als zweistufige Hierachie aufgebaut, d.h. die PKI besteht nur aus Zertifizierungsinstanz und von ihr zertifizierten Zertifikatsinhabern.

- Die multiplen, voneinander unabhängigen kryptographischen Komponenten beschränken sich auf zwei Verfahren.

- Schlüssel sind anwendungsneutral, d.h. in den Zertifikaten werden ihnen keine Funktionen zugeordnet.

Eine PKI besteht aus fünf Typen von Beteiligten:

- Zertifizierungsinstanz (Certification Authority - CA), die Zertifikate herausgibt und revoziert. Als Zertifikate werden X.509- und Attributs-Zertifikate nach [ISO96] genutzt.

- Registrierungsinstanz (Registration Authority - RA), die für die Verbindung zwischen öffentlichem Schlüssel, Identitäten und Attributen der CH bürgt.

- Verzeichnis (Directory - DIR), das Zertifikate und Sperrlisten (Certificate Revocation List - CRL) speichert und verfügbar macht. In diesem Modell wird das Verzeichnis von der CA betrieben. In einem Trust-Center sind diese drei Instanzen vereinigt.
- Zertifikatsinhaber (Certificate Holder - CH), dem von der CA Zertifikate ausgestellt werden und der Dokumente digital signieren und verschlüsseln kann.
- Client, der digitale Signaturen und ihre Zertifikats-Pfade validiert, ausgehend von einem bekannten öffentlichen Schlüssel einer vertrauenden CA (dem Sicherheitsanker).

Da die Fail-Safe-PKI zwei voneinander unabhängige Signatur- und Verschlüsselungs-Verfahren samt entsprechender Infrastruktur mit Schlüsseln und Zertifikaten enthält, die parallel genutzt werden können, besteht die PKI quasi aus zwei voneinander unabhängigen Public-Key-Infrastrukturen, die hier mit PKI^A und PKI^B bezeichnet werden.

PKI^A besteht aus Signatur-Verfahren $sign^A$, Verschlüsselungs-Verfahren $encrypt^A$, privatem Schlüssel $prK^A_{Beteiligter}$ und öffentlichem Schlüssel $puK^A_{Beteiligter}$ mit zugehörigem Zertifikat $cert^A_{Beteiligter}$. Aus einem Dokument und privatem Schlüssel wird mit dem Signatur-Verfahren $sign^A$ die Signatur $sign^A(Dokument, prK^A_{Beteiligter})$ erzeugt. Ein vertrauliches Dokument kann mit dem Verschlüsselungs-Verfahren $encrypt^A$ und dem öffentlichen Schlüssel des Empfängers $puK^A_{Empfänger}$ zum Kryptogramm $encrypt^A(Dokument, puK^A_{Empfänger})$ verschlüsselt werden. Jedes Zertifikat $cert^A_{Beteiligter}$ beinhaltet Namen, öffentlichen Schlüssel und weitere Daten des Beteiligten und ist von der CA zertifiziert. Die CA nutzt dazu das Signaturverfahren zu PKI^A: $cert^A_{Beteiligter} = (C = $"Beteiligter, $puK^A_{Beteiligter}$, weitere Daten"$, sign^A(C, prK^A_{CA}))$. Jeder CH verfügt als Sicherheitsanker über das Zertifikat $cert^A_{CA}$ mit dem öffentlichen Schlüssel puK^A_{CA} der CA, dem er vertraut. Entsprechendes gilt für PKI^B. Die CA stellt darüber hinaus ein Verzeichnis der ausgegebenen Zertifikate und Sperrlisten CRL^A und CRL^B zur Verfügung. Die beiden Sperrlisten unterscheiden sich lediglich durch ihre Signaturen: CRL^A ist durch prK^A_{CA} und CRL^B durch prK^B_{CA} signiert. Ihre Inhalte sind gleich und beinhalten sowohl PKI^A- als auch PKI^B-Zertifikate. Abbildung 1 zeigt, über welche Komponenten Zertifizierungsinstanz und Zertifikatsinhaber verfügen.

Zertifizierungsinstanz Certification Authority (CA)	Zertifikatsinhaber Certificate Holder (CH)
PKI^A-Komponenten: Signatur-Verfahren $sign^A$ Verschlüsselungs-Verfahren $encrypt^A$ CA-Schlüsselpaar prK^A_{CA}, puK^A_{CA} CA-Zertifikat $cert^A_{CA}$ PKI^B-Komponenten: Signatur-Verfahren $sign^B$ Verschlüsselungs-Verfahren $encrypt^B$ CA-Schlüsselpaar prK^B_{CA}, puK^B_{CA} CA-Zertifikat $cert^B_{CA}$ Verzeichnis: Zertifikate $cert^A_{CA}$, $cert^B_{CA}$, $cert^A_{CH}$, $cert^B_{CH}$ Sperrlisten CRL^A, CRL^B	PKI^A-Komponenten: Signatur-Verfahren $sign^A$ Verschlüsselungs-Verfahren $encrypt^A$ CH-Schlüsselpaar prK^A_{CH}, puK^A_{CH} CH-Zertifikat $cert^A_{CH}$ Sicherheitsanker $cert^A_{CA}$ mit puK^A_{CA} PKI^B-Komponenten: Signatur-Verfahren $sign^B$ Verschlüsselungs-Verfahren $encrypt^B$ CH-Schlüsselpaar prK^B_{CH}, puK^B_{CH} CH-Zertifikat $cert^B_{CH}$ Sicherheitsanker $cert^B_{CA}$ mit puK^B_{CA}

Abb. 1: Komponentenverteilung für CA und CH

Die Registrierung in der RA, in der sich ein Teilnehmer ausweist, und die Initialisierung und Personalisierung in der CA entsprechen in der Fail-Safe-PKI dem PKIX-Standard. Die Zertifizierung samt Schlüssel-Management wird mehrfach ausgeführt. Cross-Zertifizierungen zwischen verschiedenen CAs können über PKI^A- und PKI^B-Zertifikate organisiert werden. Revokation von Zertifikaten wird nach [CertCRL] unterstützt. Je nach Anwendung nutzt ein Zertifikatsinhaber verschiedene Hard- und Software:

1. *CH nutzt Client* - Entweder verfügt der CH über einen auf ihn personalisierten Client, der die privaten und öffentlichen Schlüssel und Zertifikate in einer Software-PSE (Personal Security Environment - Persönliche Sicherheitsumgebung) bereithält, oder der CH nutzt einen für ihn anonymen Client. Beispiele: In einer Signatur-Anwendung (mit einer Signatur im Sinne einer handschriftlichen Unterschrift) ist der Client ein Mail-Client, wie etwa Netscape Messenger oder Microsoft Outlook. In einer Authentisierungs-Anwendung (mit einer Signatur im Rahmen einer Zugangskontrolle) ist der CH der Client in einer Client/Server-Authentisierung oder der Client am Tor.

2. *CH nutzt ICC* - Der CH hat eine Chipkarte - auch Smart Card oder Integrated Circuit Card (ICC) genannt. Zur Benutzung dieser Karte benutzt der CH einen auf ihn personalisierten oder anonymen Client. Beispiele: Die Chipkarte eines CH als Signatur- oder Zugangskontroll-Karte.

Protokolle zum Zugriff auf das DIR-Verzeichnis oder zum Abfragen des aktuellen Status eines Zertifikats entsprechen in der Fail-Safe-PKI den Standards 'Lightweight Directory Access Protocol (LDAP)' und 'Online Certificate Status Protocol (OCSP)', [LDAP], [OCSP]. Dabei sind Zugriffe auf CRL^A und CRL^B und auf mit PKI^A und PKI^B signierte OCSP-Antworten möglich.

Anwendungsprotokolle, wie 'Secure/Multipurpose Internet Mail Extensions (S/MIME)' für den sicheren Daten-Transfer via e-Mail oder das 'Transport Layer Security (TLS)' / 'Secure Socket Layer (SSL)' Protokoll für Authentisierungen, werden von der Fail-Safe-PKI unterstützt. Die in PKIX diskutierte 'Cryptographic Message Syntax (CMS)' findet sich - leicht abgewandelt - in dem von RSA Security Inc. propagierten 'Standard Public Key Cryptographic Standard #7 (PKCS#7)' wieder, der sich zunehmend durchsetzt und deshalb in der Fail-Safe-PKI genutzt wird, [SMIME], [TLS], [CMS], [PKCS7]. PKCS#7 bietet bereits die Möglichkeit multipler digitaler Signaturen und iterativer Verschlüsselungen.

Folgende Elemente einer PKI müssen neu geschaffen werden, weil sie noch nicht vorhanden sind:

- Innerhalb eines Trust-Centers wird die Funktion des Update Service geschaffen, der für den Austausch von kompromittierten Komponenten zuständig ist und die Kommunikation zwischen Trust-Center und CH herstellt.

- Management-Strukturen müssen vorhanden sein. Während bei Signatur-Anwendungen der Update Service betroffene CHs direkt ansprechen kann, ist bei einer Authentisierungs-Anwendung diese Möglichkeit nicht immer vorhanden. In einem solchen Fall muss die Nutzung von Revokationsmechanismen vorgeschrieben werden, so dass diese Mechanismen dann als Management-Kanal genutzt werden können. CRL und OCSP-Antworten bieten die Möglichkeit, Erweiterungen hinzuzufügen, die zu diesem Zweck ausgenutzt werden. Darüber hinaus müssen Erweiterungen in die Authentisierungsprotokolle integriert werden.

- Um den Austausch durchführen zu können, wird ein Update Management Protocol (UMP) definiert. Dieser Datentyp wird über einen Object Identifier (OID), der unterhalb der OID der Arbeitsgruppe von Prof. Buchmann angeordnet ist, weltweit eindeutig zuzuordnen sein. UMP enthält Informationen über den Schaden und einen Link zum Download des Codes. Der Vorteil liegt darin, dass das Trust-Center so die Verteilung der Datenmenge zeitlich strecken und die Kapazitäten von Speichern und Netzen optimal nutzen kann.

- Für den Fall, dass Chipkarten als Sicherheits-Token involviert sind, wird ein entsprechendes UPDATE COMPONENT Kommando kreiert.

- In Client und Chipkarte muss der Austausch von Komponenten kontrolliert werden. Die dazu notwendigen Security Conditions werden in einer Registry abgelegt.

- Zertifikats-Richtlinien (Certificate Policies - CPs) (siehe [CP]) werden dahin gehend erweitert, dass für eine konkrete, das Fail-Safe-Konzept nutzende Anwendung u.a. folgendes geregelt werden kann:
  - Nutzung multipler Signaturen ist nicht oder optional möglich, oder ist obligatorisch.
  - Nutzung iterativer Verschlüsselung ist nicht oder optional möglich, oder ist obligatorisch.
  - Regelungen zum Validieren von multiplen Signaturen, d.h. Umfang der Pfadvalidierung mit Prüfung multipler CRL- oder OCSP-Antworten während der Signatur-Erzeugung oder -Verifikation.
- Sperrlisten werden um zwei Interpretationen ergänzt: Zur Verifikation wird das Gültigkeitsmodell vorgeschrieben, das die Validierung des gesamten Zertifizierungspfads beinhaltet. Alternativ werden Sperrlisten um die Möglichkeit der Sperrung von Bereichen von Zertifikats-Seriennummern erweitert. Da Seriennummern nur innerhalb einer CA eindeutig sind, könnten diese Nummern so verteilt werden, dass am Anfang stets eine Kennung des verwendeten Algorithmus steht, wodurch etwa eine Sperrung von Zertifikatsnummer 123.n implizit alle Zertifikate revozieren würde, die den Algorithmen 123 nutzen.

5 Funktionsweise der Fail-Safe-PKI

In der Fail-Safe-PKI können Zertifikatsinhaber den Funktionsumfang einer 'gewöhnlichen' PKI nutzen, d.h. e-Mails signieren und verifizieren, Dokumente ver- und entschlüsseln, Zertifikate und Sperrlisten laden, den Status eines Zertifikats abfragen oder Authentisierungen durchführen, oder mittels erweitertem Funktionsumfang digitale Signaturen multipel signieren oder Dokumente mehrfach iterativ verschlüsseln. Darüber hinaus bietet die Fail-Safe-PKI die Möglichkeit, Komponenten im laufenden Betrieb auszutauschen.

5.1 Erweiterter Funktionsumfang

Alice und Bob möchten ihre e-Mails doppelt signieren und doppelt iterativ verschlüsseln.
Alice will Bob eine signierte Nachricht zusenden und nutzt dazu ihren Mail-Client.
1. Alice erzeugt einen Text D.
2. Sie drückt in ihrem Mail-Client den entsprechenden Button "Signieren" und autorisiert diese Aktion mit ihrem Paßwort.
3. Je nach Policy oder Einstellung wird standardmäßig eine multiple oder eine einfache Signatur erzeugt, unter Berücksichtigung der in der Policy festgelegten Pflicht, Zertifikate zu validieren.
4. Der Mail-Client verschickt das folgende Datenpaket in einem PKCS#7-Format:
   4.1. Im Falle einer doppelten Signatur: D, $\text{sign}^A(D, \text{prK}^A_{Alice})$, $\text{sign}^B(D, \text{prK}^B_{Alice})$.
   4.2. Im Falle einer einfachen Signatur: D, $\text{sign}^A(D, \text{prK}^A_{Alice})$.
Bob erhält die signierte Nachricht in seinem Mail-Client. Automatisch wird das PKCS#7-Format interpretiert, die enthaltenen Signaturen werden auf die in der Policy festgelegten Weise validiert und die Nachricht wird Bob samt Prüfergebnis ("n von m Signaturen gültig", $n \leq m$, $m=1,2$) angezeigt. Dabei kann es ausreichen, bloß eine Signatur zu validieren und nur bei revozierten Zertifikaten im Pfad auf die zweite Signatur zurückzugreifen.
Verfügen Alice und Bob nicht über multiple Komponenten, so können beide trotzdem sicher miteinander kommunizieren, wenn beide mindestens ein identisches Verfahren unterstützen.
Alice will Bob eine verschlüsselte Nachricht zusenden und nutzt dazu ihren Mail-Client.
Alice erzeugt einen Text D.
Sie drückt in ihrem Mail-Client den entsprechenden Button "Verschlüsseln".
Je nach Policy oder Einstellung soll standardmäßig eine iterative oder eine einfache Verschlüsselung durchgeführt werden. Dazu werden die entsprechenden Zertifikate von Bob

benötigt, die entweder abgespeichert sind oder über einen Verzeichnisdienst eingeholt werden. Der Mail-Client kann eine oder mehrere Verschlüsselungen ausführen, wenn Bob entsprechende Zertifikate besitzt, Alice auf diese zugreifen kann und Alices Client selbst über diese Verschlüsselungs-Verfahren verfügt.

Der Mail-Client verschickt das folgende Datenpaket in einem PKCS#7-Format:

4.1. Bei einer iterativen Verschlüsselung: $D' = encrypt^A(encrypt^B(D, puK^B_{Bob}), puK^A_{Bob})$.

4.2. Bei einer einfachen Verschlüsselung: $D' = encrypt^A(D, puK^A_{Bob})$.

Bob erhält die verschlüsselte Nachricht D' in seinem Mail-Client.

1. Automatisch wird das PKCS#7-Format interpretiert und die erste Verschlüsselung entschlüsselt: $D'' = decrypt^A(D', prK^A_{Bob})$, nachdem Bob die Nutzung seines privaten Schlüssels autorisiert hat.

2. Ist D'' eine Klartext-Nachricht, so zeigt der Mail-Client diese an. Ist D'' hingegen ein Kryptogramm, so wird Schritt 1 wiederholt.

Bei einer Authentisierungs-Anwendung besteht im Vergleich zur Signatur-Anwendung meist keine Notwendigkeit für multiple digitale Signaturen oder iterative Verschlüsselungen, weil Daten nur kurzfristig für die Dauer der Kommunikation geschützt werden.

5.2 Austausch im Schadensfall

Angenommen, ein Schaden tritt ein und betrifft PKI^A. Dann werden betroffene Zertifikate aus PKI^A revoziert. Die Funktionsfähigkeit der PKI kann durch PKI^B aufrecht erhalten werden. Der Update Service des Trust-Centers leitet Maßnahmen ein, in denen abhängig vom Schaden kompromittierte Verfahren und Schlüssel durch neue Komponenten ersetzt werden. Abb. 2 zeigt einen groben Überblick, der im folgenden detailierter diskutiert wird.

5.2.1 Phase 0: Schaden tritt ein

Angenommen, ein Schaden tritt ein, wodurch PKI^A kompromittiert wird. Mögliche Ursachen:
- Schaden S1: Signatur-Verfahren $sign^A$ oder Verschlüsselungs-Verfahren $encrypt^A$ kompromittiert oder fehlerhaft implementiert
- Schaden S2: CA-Schlüssel prK^A_{CA} als Sicherheitsanker kompromittiert
- Schaden S3: CH-Schlüssel prK^A_{CH} kompromittiert

5.2.2 Phase 1: Revokation

Das Trust-Center erfährt vom Schaden entweder durch Veröffentlichungen, durch das BSI, durch einen CH, durch eigene Erfahrungen oder auf eine andere Weise. Angenommen, der Schaden sei u.a. vom Trust-Center geprüft und als schwer wiegend und praktisch relevant eingestuft worden. Diese Gründe rechtfertigen eine Revokation aller betroffenen Zertifikate durch das Trust-Center, denn die in [Road] definierten Umstände, in denen ein Trust-Center ein ausgestelltes Zertifikat vor ihrem regulären Ablauf revoziert, enthalten den Grund "einer Kompromittierung oder vermuteten Kompromittierung des privaten Schlüssels". Und auch die Allgemeinen Geschäftsbedingungen von Trust-Centern sehen dies vor, etwa Deutsche Post Signtrust: "Signtrust sperrt das ausgestellte Zertifikat auch, wenn die den angewendeten Verfahren zugrunde liegenden Algorithmen gebrochen wurden", [eTrust]. Die Revokation eines Zertifikats beinhaltet das Entfernen des Zertifikats aus dem Verzeichnis der gültigen Zertifikate und das Eintragen des Zertifikats auf die CRL^A- und CRL^B-Sperrlisten, die von der CA signiert sind. PKI^B funktioniert währenddessen uneingeschränkt weiter.

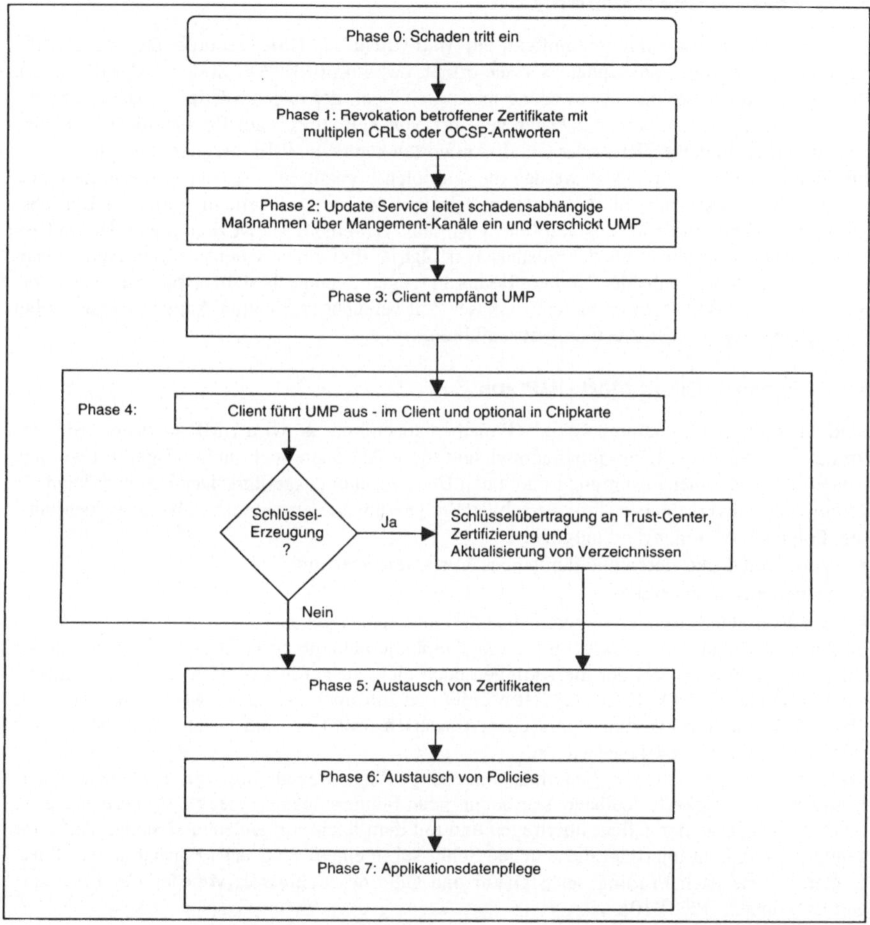

Abb. 2: Grob skizzierter Ablauf im Schadensfall

5.2.3 Phase 2: Update Service leitet schadensabhängige Maßnahmen ein

Schadensabhängig leitet der Update Service des Trust-Centers Maßnahmen ein, die sich zusammensetzen aus:

- Maßnahme M1 zu Schaden S1: Update von kryptographischen Verfahren
- Maßnahme M2 zu Schaden S2: Update des Sicherheitsankers (CA-Zertifikats mit CA-Schlüssel)
- Maßnahme M3 zu Schaden S3: CH-Schlüssel-Update

Dazu definiert der Update Service ein Update Management Protocol (UMP), signiert es multipel mit der kompromittierten und einer sicheren Komponente und verschickt es an alle betroffenen CHs. Grundprinzip einer Deaktivierung von Verfahren und Schlüsseln ist die Sicherung dieser Aktion mit einer Signatur des kompromittierten Verfahrens, während eine Aktivierung stets mit der Signatur aus sicheren Komponenten abgesichert werden muss.

5.2.4 Phase 3: Client empfängt UMP

In einer Signatur-Anwendung empfängt ein Mail-Client das UMP dadurch, dass der Zertifikatsinhaber die Mail vom Update Service öffnet, das ein in PKCS#7 codiertes UMP enthält. Bei einer Authentisierungs-Anwendung muss der Client, der anderen Clients realen oder virtuellen Zugang zu Räumen oder Daten gewährt, von Zeit zu Zeit auf Revokationsinformationen zugreifen. In diese CRLs oder OCSP-Antworten kann ein UMP integriert werden.

Empfängt ein Client ein UMP, werden die multiplen Signaturen verifiziert. Sofern diese mathematisch korrekt sind, fährt der Client fort und springt von seinem normalen Betriebs-Modus in einen Update-Modus und führt UMP aus. Bei einem Mail-Client bleibt der Update-Modus solange bestehen, bis der Austausch erfolgt ist. Bei einem Client in einer Authentisierungs-Anwendung bleibt der Update-Modus hingegen solange bestehen, bis die Sperrinformationen kein UMP mehr enthalten. In dieser Zeit versucht er, in allen Authentisierungen bei seinem Gegenüber einen Austausch auszuführen.

5.2.5 Phase 4: Client führt UMP aus

Sind die multiplen Signaturen von UMP mathematisch korrekt, wird UMP analysiert. Sind Informationen für den Client enthalten und sind diese Aktionen noch nicht ausgeführt worden, werden sie nach einer Bestätigung durch den Benutzer nun ausgeführt. Der Benutzer kann die Aktion zeitlich verschieben, falls verschlüsselte Dokumente zuvor entschlüsselt werden müssen. Folgende Aktionen sind möglich:

- Verfahren deaktivieren und durch neue Verfahren ersetzen
- Sicherheitsanker ersetzen
- Das Kommando zum Generieren neuer Schlüsselpaare geben

Sind darüber hinaus Informationen für eine Chipkarte enthalten und ist eine Chipkarte an den Client angeschlossen, bei der die Aktionen noch nicht ausgeführt wurden, wird das Chipkarten-Kommando UPDATE COMPONENT mit den Informationen aus UMP an die Chipkarte übermittelt. Für Details zum technischen Austausch im Client und in der Chipkarte sei auf [FlexiPKI] und [HaMa01] verwiesen.

Werden in der persönlichen Sicherheitsumgebung (PSE), was als Software im Client oder in Hardware als Chipkarte realisiert sein kann, neue Schlüsselpaare erzeugt, so werden die öffentlichen Teile an den Client übertragen und mit dem noch vorhandenen sicheren Verfahren signiert. Der Client überträgt diese neuen Schlüssel in einem PKCS#10-Format an das Trust-Center, wo sie nach Prüfung der Signatur und Güte des Schlüssels von der CA zertifiziert werden können, [PKCS10].

5.2.6 Phase 5: Austausch von Zertifikaten

Sind CH- und CA-Schlüssel ausgetauscht worden, müssen u.U. neue Zertifikate verteilt werden. Dazu existieren bereits Mechanismen. Zum Beispiel kann der Update Service ein neues Zertifikat an eine in PKCS#7 codierte Nachricht anhängen. Oder der CH erhält ein Zertifikat von einem Verzeichnis via LDAP. Da die Sicherheitsanker bei den Beteiligten etabliert sind, können all diese Zertifikate auf ihre Korrektheit verifiziert werden.

5.2.7 Phase 6: Austausch von Policies

Sind Verfahren ausgetauscht worden, müssen u.U. neue Policies verteilt werden. Die Verfahren dazu sind jedoch nicht sicherheitsrelevant und mit einer funktionierenden PKI zu bewerkstelligen.

5.2.8 Phase 7: Applikationsdatenpflege

Dokumente, die vor Eintritt eines Schadens multiple Signaturen aufwiesen und von denen jetzt eine ungültig ist, sollen durch eine Re-signing-Maßnahme wieder ihre ursprünglichen multiplen Signaturen erhalten. Vor dem Austausch von Komponenten entschlüsselte Kryptogramme können jetzt mit den neuen Komponenten wieder verschlüsselt werden.

6 Interoperabilität und Aufwand

Möchten Teilnehmer zweier verschiedener Public-Key-Infrastrukturen miteinander sicher kommunizieren, so geht dies nur, wenn die eingesetzten Verfahren, Zertifikate und Sicherheitsanker kompatibel sind. Verfügen beide Teilnehmer jeweils nur über Komponenten, die einer PKI^A entsprechen, so sollte es keine Probleme geben. Sind bei beiden Benutzern zusätzliche PKI^B-Komponenten verteilt, können sie sogar multipel signierte und iterativ verschlüsselte Dokumente austauschen. Falls nur ein Teilnehmer über multiple Komponenten verfügt, so können sie über die gemeinsam vorhandenen Komponenten kommunizieren - wenn auch ohne Schutz bei einem der beschriebenen Schadensfälle.

Eine Fail-Safe-PKI hat gegenüber einer FlexiPKI ohne Fail-Safe-Konzept natürlich einen erhöhten Bedarf an Speicherplatz, Rechenleistung und Ausführungszeit, weil die zusätzlichen Komponenten vorhanden sein müssen und Berechnungen ausführen sollen. Demgegenüber stehen die Vorteile im Schadensfall, wenn die Fail-Safe-PKI trotz Kompromittierung einer Komponente weiter funktioniert. Diese Vorteile wiegen umso schwerer, je bedeutender die PKI ist und je größer wirtschaftliche und gesellschaftliche Schäden wären. Die Entscheidung, welche Teile des Fail-Safe-Konzepts in einer dedizierten Anwendung genutzt werden, hängt vom ihrem Sicherheitsbedürfnis und der notwendigen Praktikabilität ab. Für eine konkrete Anwendung können folgende Funktionalitäten genutzt werden:

- Existenz multipler Komponenten zum Schutz vor einem Funktionsausfall der PKI.
- Existenz von Fail-Safe-Funktionalitäten, d.h. Komponenten, die das Update Management Protokoll interpretieren und ausführen können, und flexible Integration von Komponenten, die einen Austausch gestatten.
- Nutzung von mehrfach vorhandenen Revokationsmechanismen, d.h. CRL^A und CRL^B oder entsprechenden OCSP-Antworten, um im Schadensfall schnell und ohne Medienbruch Teilnehmer über den Schaden informieren zu können.
- Nutzung von erweiterten Ausdrücken zur Revokation mehrerer Zertifikate.
- Nutzung multipler digitaler Signaturen zum Schutz vor einem Verlust der Beweisbarkeit elektronischer Dokumente.
- Nutzung iterativer Verschlüsselungen zum Schutz vor einem Verlust der Vertraulichkeit elektronischer Dokumente.

Die Vorstellung ist, die zusätzlichen Fail-Safe-Komponenten in eine PKI zu integrieren, ohne die Funktionalität und Effizienz zu beeinträchtigen. Die Fail-Safe-PKI funktioniert wie eine gewöhnliche PKI auch und hält im Hintergrund Mechanismen bereit, die im Schadensfall einschreiten.

Zum Beispiel braucht eine Authentisierungs-Anwendung keine multiplen Signaturen oder iterativen Verschlüsselungen auszuführen: es werden default-mäßig PKI^A-Komponenten genutzt, während PKI^B-Verfahren, -Schlüssel und -Zertifikate ungenutzt bereit stehen. In Signatur-Anwendungen ist es nicht notwendig, dass jeder Teilnehmer jedes Dokument mehrfach signiert und jeder Teilnehmer multiple Signaturen vollständig validiert. Für eine beweiskräftige Signatur ist u.a. ein Zeitstempel nötig, so dass ein Zeitstempeldienst ein geeigneter Anwender multipler digitaler Signaturen sein kann.

7 Implementierung

In der Arbeitsgruppe von Prof. Buchmann wird seit einiger Zeit an der Implementierung der FlexiPKI gearbeitet. Die FlexiPKI wird bereits eingesetzt und weitere Einsätze sind geplant. Die Fail-Safe-Funktionalitäten werden derzeit implementiert - inklusive Austausch von Komponenten auf Java-Chipkarten.

8 Zusammenfassung

Werden die Gefahren und Risiken einer PKI realistisch eingeschätzt, die sich zwingend daraus ergeben, dass in vielen Anwendungen von einer verlässlichen Technik ausgegangen wird, diese aber nicht beweisbar sicher ist, dann bietet das Fail-Safe-Konzept für die FlexiPKI einen Ansatz zur Lösung. Dieser Ansatz ist so flexibel gestaltet, dass Interoperabilität zu bestehenden Standards und bestehenden Infrastrukturen gewährleistet wird.

Literatur

[Blei98]   Daniel Bleichenbacher: *Chosen Ciphertext Attacks against Protocols Based on the RSA Encryption Standard PKCS #1*. In: *Crypto '98*, LNCS 1462, Springer, 1998, Seiten 1-12.

[BSI]   Bundesamt für Sicherheit in der Informationstechnik. http://www.bsi.de

[BuMa00]   Johannes Buchmann, Markus Maurer, *Wie sicher ist die Public-Key-Kryptographie?*. In: Patrick Horster (Hrsg.): *Systemsicherheit*, Vieweg, Braunschweig, 2000, S. 105-116.

[BuRT00]   Johannes Buchmann, Markus Ruppert, Markus Tak: *FlexiPKI - Realisierung einer flexiblen Public-Key Infrastruktur*. In: Patrick Horster (Hrsg.): *Systemsicherheit*, Vieweg, Braunschweig, 2000, S. 309-314.

[CertCRL]   PKIX Working Group: *Internet X.509 Public Key Infrastructure - Certificate and CRL Profile*. Internet Draft, 2000.

[CMS]   Network Working Group: *Cryptographic Message Syntax*. RFC 2630, 1999.

[CP]   Network Working Group: *Internet X.509 Public Key Infrastructure - Certificate Policy and Certification Practices Framework*. RFC 2527, 1999.

[Dobb96]   Hans Dobbertin: *Cryptanalysis of MD4*. In: Dieter Gollmann (Ed.), *Fast Software Encryption: Third International Workshop*, LNCS 1039, Springer, Cambridge, 1996, Seiten 53-69.

[eTrust]   Deutsche Post: "*Allgemeine Geschäftsbedingungen für die eTrust-Dienstleistungen der Deutschen Post Signtrust*". Januar 2001, www.signtrust.de

[FJPP95]   Hannes Federrath, Anja Jerichow, Andreas Pfitzmann, Birgit Pfitzmann: *Mehrseitig sichere Schlüsselerzeugung*. In: Patrick Horster (Hrsg.), *Trust Center*, Vieweg, Braunschweig, 1995.

[FlexiPKI]   Technische Universität Darmstadt, Fachbereich Informatik, Fachgebiet Kryptographie, Computeralgebra, Lehrstuhl Prof. Dr. Buchmann: *FlexiPKI*. http://www.informatik.tu-darmstadt.de/TI/Forschung/FlexiPKI/Welcome.html

[HaMa01]   Michael Hartmann, Sönke Maseberg: *SmartCards for the FlexiPKI Environment*. In: *Proceedings of Gemplus Developers Conference*, Paris, 2001, in Vorbereitung.

[IETF] Internet Engineering Task Force. http://www.ietf.org

[ISO96] ISO/IEC 9594-8 | ITU-T Recommendation X.509 (1996): *Final Text of Draft Amendments DAM 1 to ISO/IEC 9594-8 on Certificate Extensions, JTC 1/SC 21/WG 4 and ITU-T Q15/7.* April 1996.

[Koch95] Paul C. Kocher: *Timing Attacks on Implementations of Diffie-Hellman, RSA, DSS, and Other Systems.* In: Neal Koblitz (Ed.): *Crypto '96.* LNCS 1109, Springer, Berlin, 1996, Seiten 104-113.

[KoJJ99] Paul C. Kocher, Joshua Jaffe, Benjamin Jun: *Differential Power Analysis.* In: *Crypto '99.* LNCS 1666, Springer, 1999, Seiten 388-397.

[LeLe93] Arjen K. Lenstra, Hendrik W. Lenstra Jr. (Eds.): *The development of the number field sieve.* LNM 1554, Springer, Berlin, 1993.

[LeVe00] Arjen K. Lenstra, Eric R. Verheul: *Selection Cryptographic Key Sizes.* In: *Proceedings of Public Key Cryptography 2000,* LNCS 1751, Springer, 2000, Seiten 446-465.

[LDAP] PKIX Working Group: *Internet X.509 Public Key Infrastructure - Operational Protocols - LDAPv2.* RFC 2559, 1999.

[OCSP] PKIX Working Group: *Internet X.509 Public Key Infrastructure - Online Certificate Status Protocol - OCSP.* RFC 2560, 1999.

[PKCS7] RSA Laboratories: *Public-Key Cryptography Standards #7: Cryptographic Message Syntax Standard. Version 1.5.* 1993. http://www.rsalabs.com/ pkcs/pkcs-7

[PKCS10] RSA Laboratories: *Public-Key Cryptography Standards #10: Certification Request Syntax Standard. Version 1.7.* 2000. http://www.rsalabs.com/pkcs/ pkcs-10

[PKIX] IETF Working Group: *Public Key Infrastructure (X.509) (pkix).* http://www.ietf. org/html.charters/pkix-charter.html

[Road] PKIX Working Group: *Internet X.509 Public Key Infrastructure - PKIX Roadmap.* Internet Draft, 2000.

[S/MIME] IETF Working Group: *S/MIME Mail Security (smime).* http://www.ietf.org/html. charters/smime-charter.html

[Time] PKIX Working Group: *Internet X.509 Public Key Infrastructure - Time Stamp Protocol (TSP).* Internet Draft, 2001.

[TLS] Network Working Group: *The TLS Protocol - Version 1.0.* RFC 2246, 1999.

[Wohl00] Petra Wohlmacher: *Konzepte zur multiplen Kryptographie.* In: Patrick Horster (Hrsg.): *Systemsicherheit,* Vieweg, Braunschweig, 2000, S. 357-369.

Merkmale digitaler Audiodaten zur Verwendung in inhaltsfragilen digitalen Wasserzeichen

Jana Dittmann[a], Martin Steinebach[a], Ralf Steinmetz[b]

[a]GMD-IPSI, jana.dittmann@gmd.darmstadt.de, martin.steinebach@gmd.darmstadt.de
[b]TU-Darmstadt, KOM, ralf.steinmetz@kom.tu-darmstadt.de

Zusammenfassung

Digitales Audiomaterial ist leicht zu verändern. Dadurch fällt es schwer, die Integrität des Materials nachzuweisen, wenn dies notwendig wird. Das kann z.B. bei vor Gericht verwendeten Beweisen oder bei aufgezeichneten Reden oder Nachrichten der Fall sein. In dem vorliegenden Beitrag stellen wir die Grundlagen eines Verfahrens vor, mit dem die Integrität digitaler Audiodaten durch die Kombination von robusten digitalen Wasserzeichen und fragilen Inhaltsbeschreibungen gewährleistet werden kann. In Kapitel 2 wird das Prinzip der inhaltsfragilen Merkmale vorgestellt. Danach werden in Kapitel 3 als mögliche Merkmale das Spektrum, der Amplitudenverlauf und die Verteilung der Frequenzen in einem diskreten Zeitraum diskutiert. In Kapitel 4 wird auf Angriffe und Manipulationen von Audiomaterial eingegangen. Die Angriffe werden in Gruppen zusammengefasst, die sich nach deren Wirkungsweise richten. Dynamik, Filter, Ambiente, Wandlungen, verlustbehaftete Kompression, Rauschen, Zeit- und Frequenzänderungen und Samplepermutationen werden identifiziert. In Kapitel 5 wird erörtert, welche Auswirkungen sie auf die Inhaltsmerkmale und die robusten Wasserzeichen haben. Wir stellen weiterhin Versuchergebnisse vor, die aufzeigen, dass die Robustheit der betrachteten Inhaltsmerkmale abhängig vom Typ der Audiodaten ist. Sprachdaten weisen andere Robustheitsprofile auf wie Musik. Der Betrag schließt in Kapitel 6 mit einem Anwendungsbeispiel, dem Einsatz bei der Verteilung und Verifizierung von Nachrichten und dem Ausblick auf weitere Entwicklungen.

1 Motivation

Audiomaterial liegt heute fast nur noch digital vor, sei es im Internet, in Produktionsstudios oder in der Unterhaltungselektronik. Dies führt zu effizienten und umfangreichen Verarbeitungsmöglichkeiten, aber gerade deshalb auch zu einem Verlust an Vertrauenswürdigkeit: Jeder, der über einen Computer und die entsprechende Software verfügt, kann tiefgreifende Änderungen an dem Material vornehmen, ohne das dabei nachvollziehbare Spuren zurückbleiben. In Abbildung 1 wird als Beispiel gezeigt, wie einfach die Aussage „Ich bin nicht schuldig" durch das Ausschneiden des Wortes „nicht" verändert werden kann. Durch weitere Änderungen der Geschwindigkeit und der Tonhöhe kann nachträglich auch wieder ein natürlich erscheinender Sprachrhythmus erzeugt werden.

Die Frage ist daher, wie man trotz dieser Entwicklungen davon ausgehen kann, dass vorliegende Aufnahmen nicht von Dritten mutwillig verändert wurden. Wie kann sich ein Recherche-Agentur, ein Verlag oder eine Fernsehanstalt der Unversehrtheit und der Authentizität eines empfangenen oder recherchierten Tonbeitrages vergewissern, um nicht manipuliertes Material anstatt eines glaubwürdigen Beitrags zu berücksichtigen oder zu veröffentlichen?

In unserem Beitrag beschäftigen wir uns mit den Möglichkeiten und Grenzen fragiler Wasserzeichen, Integrität nachzuweisen und stellen unsere Entwicklungen aus dem Bereich inhaltsbasierter fragiler Wasserzeichen vor (siehe auch [DIT00], [DSRFS00]). Um Medienverarbeitungen, die zum Beispiel im Editierprozess entstehen, zu tolerieren, verfolgt der von uns vorgestellte Ansatz die Idee, zugelassene und nicht-zugelassene Veränderungen über semi-fragile Inhaltsauszüge zu unterscheiden.

Weiterhin stellen wir verschiedene Angriffs- bzw. Manipulationstypen auf Audiomaterial vor.

2 Manipulationserkennung in digitalen Medien

Verfahren für fragile Wasserzeichen existieren derzeit in erster Linie für Bildmaterial. Sie arbeiten meist mit einem geheimen Schlüssel und entscheiden die Integrität auf Schwellwertbasis. Das Wasserzeichen wird mit geringer Stärke eingebracht und man evaluiert auf der Basis des Vorhandenseins von Restinformationen aus dem Wasserzeichen, ob Manipulationen aufgetreten sind. Kann das eingebrachte Wasserzeichen gefunden werden, ist mit großer Wahrscheinlichkeit keine Manipulation erfolgt. Kann das Wasserzeichen nicht mehr gefunden werden, wurde das Wasserzeichen durch Angriffe zerstört und eine Manipulation fand statt. Die exakte Manipulationsdetektion mit Unterscheidung zu Bearbeitungsoperatoren, die den Inhalt nicht beeinflussen (wie Kompression, Skalierungen, Rauschen, Filterung usw.) ist mit diesen Methoden bisher nur schwer oder gar nicht möglich. Die Wasserzeichen sind folglich nicht nur gegen Manipulationen, sondern auch gegen allgemeine Verarbeitungsoperationen fragil. Ein Beispiel dafür ist das Verfahren von Delp und Lin [LD99].

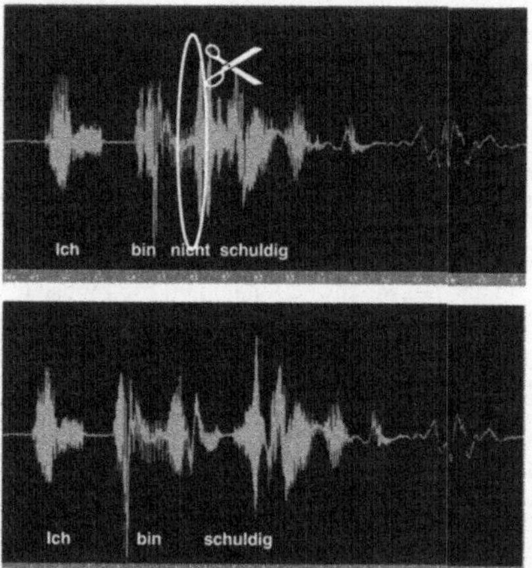

Abbildung 1: Digitale Medien sind einfach manipulierbar.
Dadurch können Aussagen grundlegend verändert werden.

2.1 Inhaltsbasierte fragile Wasserzeichen

Um das Konzept inhaltsbasierter fragiler Wasserzeichen klar darstellen zu können, müssen die Begriffe „inhaltsbasiert" und „fragil" näher erläutert werden.
Die erste Voraussetzung für das Einbringen von inhalts-basierten Wasserzeichen ist die Feststellung, wodurch sich „Inhalt" auszeichnet. Der einfachste Ansatz hierzu ist sicher die genaue Repräsentation, beispielsweise die Sampledaten einer PCM Datei. Dieser Inhalt ist allerdings ein digitaler Inhalt, der eine weit genauere Beschreibung darstellt als die menschliche Wahrnehmung zu erfassen vermag. Da der Inhalt (bzw. eine Beschreibung des Inhalts) als Wasserzeichen mit einer begrenzten Datenrate in das Trägersignal einbettet werden soll, muss die Menge an beschreibender Information so klein wie möglich sein.
Deshalb sollte als Inhalt nur der Teil an Information angesehen werden, der für die Aussage eines Objektes von Bedeutung ist. Dadurch wird eine Beschreibung erzeugt, die mit weniger Informationen auskommt, aber noch immer genau genug ist, um inhaltsverändernde Manipulationen zu erkennen.
Hier kommt der zweite Begriff hinzu, „fragil". Die Fragilität stellt eine Art Sollbruchstelle dar, die Grenze von inhaltsbelassenden und inhaltsverändernden Manipulationen. Mittels der

Fragilität kann also festgelegt werden, wie stark Veränderungen an dem Trägersignal sein dürfen, ohne das diese Veränderungen durch das inhalts-basierte fragile Wasserzeichen als inhaltsverändernd angesehen werden.

Wie umfangreich die Beschreibung des Inhalts ist, ist stark anwendungsabhängig. Bei Protokollen von Aussagen muss nur der Wortlaut und die zeitliche Anfolge gesichert sein. Bei Aufnahmen, die für forensische Untersuchungen herangezogen werden sollen, müssen auch kaum wahrnehmbare Details unverändert bleiben.

Daher kann bezüglich der Fragilität und der Frage, welcher Inhalt in einem inhalts-basierten Wasserzeichen betrachtet wird, keine allgemeingültige Aussage getroffen werden. Vielmehr müssen Parameter bereitgestellt werden, mit denen ein Anwender die Technologie auf seine Bedürfnisse zuschneiden kann. Als Unterstützung dienen hierbei Angaben über mögliche Angriffe und deren Auswirkungen. So muss dem Anwender beispielsweise bewusst sein, wie stark sich verlustbehaftete Audiokompressionen wie mp3 auf die Daten auswirken können. Denkbar ist hier eine Hilfsfunktion, bei der der Anwender auswählen kann, welche Änderungen erlaubt sind und welche nicht, und die dann Empfehlungen bezüglich der Parameter des inhaltsbasierten fragilen Wasserzeichens ausspricht. Dazu werden Modelle von Anwendungsumgebungen erstellt.

3 Inhaltsmerkmale von Audiodaten

Um inhaltsfragile digitale Wasserzeichen für Audiodaten erzeugen zu können, müssen für diese geeignete Inhaltsmerkmale herausgearbeitet werden. Es sind Merkmale notwendig, die den Inhalt eines Zeitraumes bzw. einer Reihe von PCM-Samples innerhalb einer Audiodatei beschreiben. Dabei müssen für den Inhalt bzw. die Aussage der Aufzeichnung signifikante Eigenschaften gefunden werden, die robust gegenüber den Vorgängen im Postprocessing beispielsweise eines Tonstudios sind, gleichzeitig aber fragil gegenüber Änderungen wie dem Ausschneiden oder Umsetzen von Elementen der Audiodatei.

Eine natürliche Grenze zwischen zu erkennenden und nicht zu ignorierenden Veränderungen ist hier die Hörbarkeit: Das (fehlerbedingte) Umstellen oder Auslassen einzelner Samples ist nicht relevant, da hierdurch keine wahrnehmbare Änderung erfolgt. Werden jedoch eine Anzahl Samples versetzt oder ausgelassen, deren Gesamtheit einem Zeitraum entspricht, der als hörbar eingestuft werden kann, so ist dies bei hohen Sicherheitsanforderungen bereits eine zu erkennende Veränderung. Ein solcher Zeitraum beträgt ungefähr 20 ms.

Sollen beispielsweise Sprachaufnahmen mit einem fragilen Wasserzeichen gesichert werden, können Erkenntnisse aus der Spracherkennung über die minimale Länge von gesprochenen Silben oder auch einzelner Buchstaben verwendet werden, um die maximale Länge von Störungen festzulegen, gegen die das Verfahren robust sein soll. Allgemein kann gesagt werden, das durch Kenntnis der Anwendung Menge und Art der einzubettenden Information angepasst werden kann. Als Grundlage für die von uns untersuchten Inhaltsmerkmale dienen Arbeiten zu anderen Anwendungsgebieten, wie z.B. [P99] und Grundlagen der Psychoakustik [E97].

Wir haben eine Softwareumgebung entwickelt (siehe Abbildung 2), in der verschiedene Algorithmen zur Beschreibung von Audiodaten eingebunden werden können. Dabei liegt das Hauptaugenmerk auf einer intuitiven visuellen Umsetzung und der Darstellung der gewonnenen Daten als exportierbare Bitfolgen. Dadurch wird aus dieser Umgebung eine Datenquelle für Algorithmen, die die Beschreibung der Audiodaten als Wasserzeichen in die Trägerdaten einbetten.

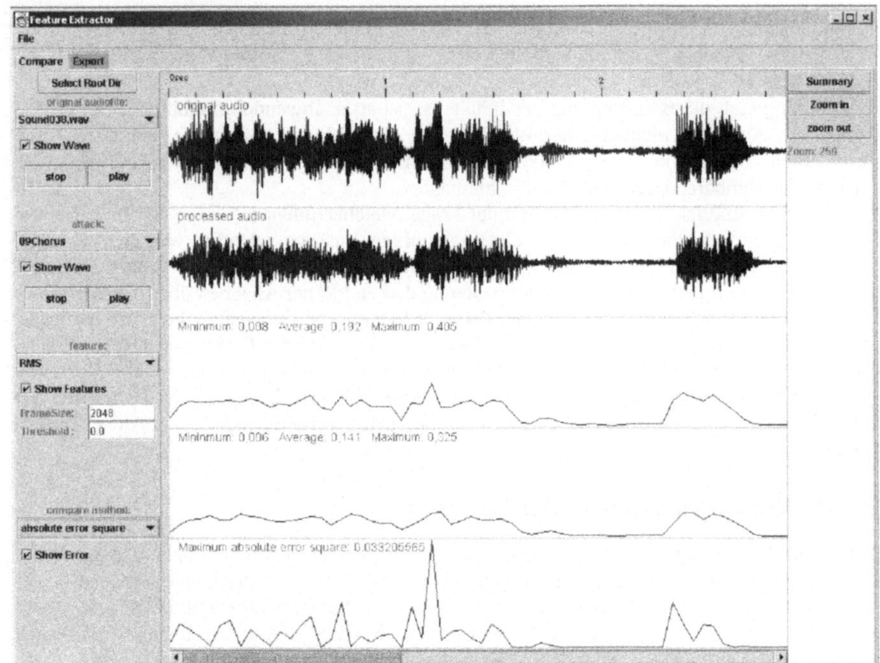

*Abbildung 2: Screenshot unseres Werkzeuges zum
Vergleichen und Auslesen von Inhaltsmerkmalen*

3.1 Betrachtete Merkmale

Grundlegende Sichtweisen auf Audioinformationen sind das Spektrum als Verlauf der Frequenzanteile, gewonnen durch die Fouriertransformation, der Amplitudenverlauf und die Verteilung der Frequenzen in einem diskreten Zeitraum. Die ersten beiden Punkte beschreiben dabei die Audiodateien direkt, aus ihnen kann bei entsprechend hoher Auflösung der ursprüngliche Klang zurückgewonnen werden. Der dritte Punkt ist eine statistische Beschreibung eines Zeitausschnittes der Daten.

Aus diesen Sichtweisen lassen sich bereits eine Reihe von beschreibenden Informationen gewinnen. Einfachstes Merkmal sind hier die Nulldurchgänge in der Amplitudendarstellung. Es wird gezählt, wie oft die x-Achse der Darstellung geschnitten wird. Weitere Merkmale sind die stärksten Frequenzbänder, die aus dem Spektrum gewonnen werden können. Je nach gewünschter Menge an Information kann hier eine Reihe von Bändern angegeben werden, die zu einem Zeitpunkt das Spektrum dominieren. Die Verteilung der Frequenzen kann direkt in die Daten eingebettet werden, hierbei ist es wichtig, sowohl die betrachteten Frequenzen als auch die Zeitausschnitt der Anwendung entsprechend zu wählen. Sprachinformationen beispielsweise benötigen ein schmaleres Frequenzband als Musikdaten. Ähnliche Überlegungen sind auch in [LHWC97] zu finden. Mit weiteren Transformationen und der gleichzeitigen Betrachtung mehrerer Merkmale lassen sich neue Informationen über die Klangdaten gewinnen, die eventuell noch besser geeignet sind, das Konzept der inhaltsfragilen Wasserzeichen umzusetzen.

3.1.1   Zero Crossing Rate (ZCR)

Der ZCR Algorithmus zählt die Nulldurchgänge der PCM Audiodaten in einem Zeitfenster:

$$\text{mit: } sign(s(k)) = \begin{cases} 1 : s(k) \geq 0 \\ -1 : s(k) < 0 \end{cases}$$

$$ZCR = \frac{1}{N} \sum_{k=0}^{N-1} \frac{sign(s(k)) - sign(s(k+1))}{2}$$

s(k): PCM Signal

N: Anzahl der Samplewerte im Zeitfenster

Die Zahl der Nulldurchgänge wird dann auf die Fensterlänge normiert. Bei reinen Sinusschwingungen ist die ZCR genau proportional zur Frequenz des Signals. In der Praxis kommen aber nur selten reine Sinusschwingungen vor. Aber selbst bei komplexeren Audiosignalen, die sich aus vielen einzelnen Schwingungen überlagern, gibt die ZCR einen Anhaltspunkt, ob sich im Signal mehr hohe oder vorwiegend niedrige Frequenzanteile befinden. So sind z.B. bei Sprachsignalen die Zischlaute wie „s", „z" oder „sch" deutlich am Verlauf der ZCR erkennbar und von anderen Lauten wie Vokalen leicht zu unterscheiden. In Abbildung 3 ist die ZCR über einem 2,7 Sekunden langen gesprochenen Satz aufgetragen. Das Fenster ist 1024 Samplewerte groß. Die Zischlaute finden sich dort, wo die ZCR Spitzenwerte annimmt.

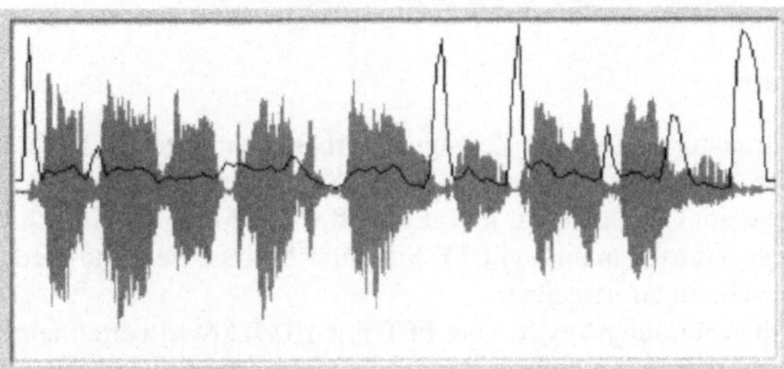

Abbildung 3: ZCR über einem gesprochenen Satz. Zischlaute liegen bei den Spitzen der ZCR Kurve

Bei Musiksignalen findet man keine solchen extremen Ausschläge. Trotzdem ist auch dort die ZCR ein Anhaltspunkt für die „Helligkeit", d.h. hochfrequente Anteile, des Signals.

3.1.2   Root-Mean-Square (RMS)

Die RMS Kurve kann als ungefähres Maß für die vom Menschen wahrgenommene Lautheit dienen und ist einfach und schnell zu berechnen. Für die genaue Berechnung der Empfundenen Lautheit wären wieder Methoden aus der Psychoakustik notwendig. Die RMS ist jedoch ein Anhaltspunkt hierfür und ist geeignet, weiterverarbeitet zu werden, um in den Merkmalsvektor für das Wasserzeichen eingebracht zu werden.

Sie berechnet sich nach folgender Formel:

$$RMS = \sqrt{\frac{1}{N} \sum_{k=0}^{N-1} s^2(k)}$$

s(k): PCM Signal
N: Anzahl der Samplewerte im Zeitfenster

Es werden also in einem Zeitfenster der Länge N alle Werte quadriert, aufsummiert und gemittelt. Aus dem Ergebniswert wird die Wurzel gezogen. Der Wertebereich des Ergebnisses liegt zwischen 0 und 1, falls s(t) zwischen −1 und 1 liegt. Die RMS Werte werden in den aufeinanderfolgenden Zeitfenstern des Audiofiles berechnet. Es entsteht ein Array von RMS Werten. Abbildung 4 zeigt einen typischen Verlauf einer RMS Kurve, die Zusammen mit der PCM Darstellung der Audiodaten aufgetragen ist. Das Audiofile hat eine Länge von 2,7 Sekunden die RMS Fenstergröße beträgt 1024 Samplewerte.

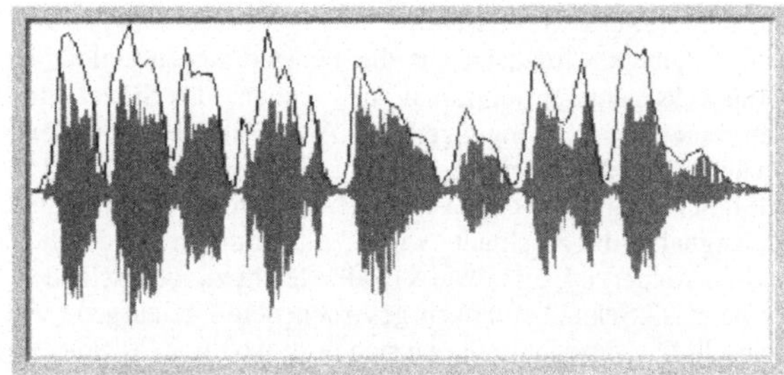

Abbildung 4: RMS Kurve über 2,7 sec Sprachdaten

3.1.3 Spektrum

Über die Fouriertransformation des Zeitsignals erhält man eine Darstellung des Signals im Frequenzraum, die Aufschluss über die in einem Signal vorkommenden Frequenzen und deren anteilige Stärke am Gesamtsignal gibt. Eine effektive Methode zur schnellen Berechnung ist die Fast Fourier Transformation (FFT). Sie nutzt Symmetrien und Redundanzen aus, um die Spektralwerte schnell zu berechnen.

In dem Beispiel in Abbildung 5 wird eine FFT mit 1024 Abtastwerten angewandt. Die 8 Sekunden Audiosignal wurden in Fenster der Große 1024 aufgeteilt. In jedem Fenster wird nun die Transformation durchgeführt. Die Ergebnisse einer Transformation sind in vertikaler Richtung entsprechend den Frequenzen von 0Hz bis 22050Hz aufgetragen.

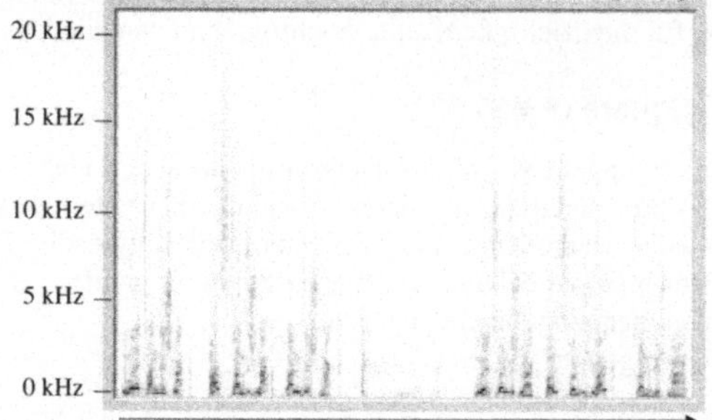

Abbildung 5 Spektrum eines 8 Sekunden langen Sprachsignals.
Die Werte wurden mit einer FFT mit 1024 Abtastwerten gewonnen.

4 Angriffe auf Audiowasserzeichen

Ein Angriff muss nicht immer von einem Angreifer im eigentlichen Sinn ausgeführt werden. Letztendlich kann jede Veränderung eines markierten Signals als Angriff verstanden werden, der das Wasserzeichen zerstören oder die extrahierten Inhaltsbeschreibungen verändern kann. Das Arbeiten mit dem Material muss daher immer als Angriff gesehen werden, sobald es über das Erstellen von identischen Kopien oder das Transportieren hinausgeht. Diese Tatsache ist für jeden Anwender von grundlegender Wichtigkeit: Will er sein Material schützen und dann weiter damit arbeiten, muss das Wasserzeichenverfahren robust gegenüber alle von ihm durchgeführte Arbeitsschritte sein. Sollen die eingebetteten Inhaltsangaben robust gegenüber bestimmten Veränderungen sein, dürfen sie nicht von diesen beeinflusst werden.

Denkbar ist beispielsweise der Verkauf von Sprachdaten über das Internet. Hier wird mit großer Sicherheit in Kompressionsalgorithmus eingesetzt, am weitesten verbreitet ist mp3, bei Nachrichten ist auch ein Streamingformat wie RealAudio denkbar. Will nun der Anwender ein inhaltsfragiles Wasserzeichen einbetten, mit dem er die Integrität nachweisen will, müssen das Wasserzeichen und die eingebetteten Inhaltsangaben robust gegenüber diesen Kompressionen sein. Sonst wird entweder die Information nicht mehr aufgefunden oder sie ist nicht mehr mit der erneut extrahierten Inhaltsbeschreibung identisch.

Ein komplexeres Modell für Angriffe, die in üblichen Arbeitsumgebungen stattfinden, ist die Übertragung von Audioinformationen über Radiostationen. Dazu muss das Wasserzeichen robust gegen eine ganze Reihe von Vorgängen sein, die es auf dem Weg zum Kunden durchläuft. Die Lautstärke wird durch Kompression und die Begrenzung von Maxima auf ein möglichst hohes Durchschnittsmaß gebracht, um auch bei Nebengeräuschen wie bei der Autofahrt ein Verfolgen des Gesprochenen leicht zu machen. Equalizer verändern die Verteilung der Frequenzen entsprechend den Vorlieben des Zielpublikums. Das Material wird oft von digitalen Datenträgern zu analogen Mischpulten konvertiert, durchläuft eventuell wieder digitale Effekte und erfährt daher mehrere AD/DA Wandlungen. Dadurch entsteht Quantisierungsrauschen. Die Übertragung der Audiodaten ist selten perfekt, es kommt zu Verzerrungen und kurzen Störungen. Das Übertragungsmedium stellt eine zusätzliche Transformation dar. Vor der Übertragung wird das Material gefiltert, da nicht das gesamte Frequenzspektrum der digitalen Datenträger wiedergegeben werden kann.

Zeichnet ein Hörer die Daten dann noch auf einem Medium auf, so kommen weitere Änderungen hinzu. Bei Musikkassetten kommt es zu Rauschen und zu Gleichlaufschwankungen. Bei der MiniDisk wird eine Kompression ähnlich der von mp3 vorgenommen.

Ein Kunde, der nach dem Aufzeichnen auf Kassette noch immer ein Wasserzeichen im Audiomaterial finden will, muss sehr hohe Ansprüche an dessen Robustheit stellen, auch wenn er nicht mit gezielten Angriffen rechnet.

Ein gezielter Angriff auf Audiowasserzeichen ist allerdings auch denkbar. In diesem Dokument wird dabei davon ausgegangen, dass es sich um einzelne Angreifer handelt. Diese werden versuchen, entweder mit der Nachbearbeitung ähnlichen Methoden oder speziell für Angriffe entwickelten Verfahren das Wasserzeichen zu zerstören, und dabei eine möglichst hohe Klangqualität beizubehalten. Liegen einem Angreifer mehrere Kopien des Originals mit unterschiedlichen Wasserzeichen vor, kann er über den Vergleich der Kopien weiter Angriffe durchführen.

4.1 Gruppierung von Angriffen

An dieser Stelle soll versucht werden, die Vielzahl möglicher Angriffe bzw. Veränderungen auf Audiofiles entsprechend ihrer Vorgehensweise in Gruppen einzuordnen. Oft werden solche Veränderungen als Effekte zum Nachbearbeiten in entsprechender Software angeboten. Was dabei nicht ersichtlich ist, ist die nahe Verwandtschaft verschiedener Effekte. Die Kenntnis der Ähnlichkeit bei der Vorgehensweise jedoch kann helfen, die Verfahren gegenüber einer größeren Gruppe von Angriffen robust zu gestalten, ohne dabei viel zusätzlichen Aufwand erwarten zu müssen.

Die hier vorgeschlagenen Gruppen sind Dynamik, Filter, Ambiente, Wandlungen, Kompression, Rauschen, Zeit- und Frequenzänderungen und Samplepermutationen. Bis auf die letzte Gruppe sind alle Änderungen übliche Vorgehensweisen oder Nebenprodukte bei der Nachbearbeitung von Audiomaterial. Die letzte Gruppe umfasst Vorgehensweisen, die gezielt zum Angriff auf Wasserzeichen entworfen worden sind.

- Dynamik: In der Gruppe Dynamik werden alle Verfahren zusammengefasst, die gezielt die dynamischen Eigenschaften einer Audiodatei verändern. Hauptsächlich fallen hierunter Kompressoren, Limiter und Expander. Das Normalisieren der Amplitude ist ebenfalls eng mit diesen Vorgängen verwandt.

- Filter: Diese Gruppe ist eine der am häufigsten eingesetzten Verfahren. Das Unterdrücken von unerwünschten Frequenzen durch Hoch-, Tief und Bandpaßfilter ist hierfür die bekanntesten Beispiel. Notwendig wird Filtern immer, wenn das Vorhandensein von bestimmten Frequenzen zu Problemen bei der Weiterverarbeitung führen kann. Unter Filter fallen aber auch Equalizer, mit deren Hilfe Frequenzverläufe von Musik individuell angepasst werden können. Dadurch können Schwächen in der Wiedergabecharakteristik von Lautsprechern ausgeglichen werden oder einfach der Klang an das persönliche Hörempfinden angepasst werden.

- Ambiente: Hall- und Echoeffekte dienen dazu, künstlich Räumlichkeit nachzubilden, also eine spezielle Umgebung zu schaffen. Neben einfachen Verzögerungen und Wiederholungen sind heute auch komplexe dreidimensionale Effekte verbreitet, die Klangquellen genau im Raum platzieren können.

- Wandlungen: Hierunter fallen alle Veränderung des Formates einer Audiodatei. Verändert werden üblicherweise Abtastfrequenz (32, 44,1, 48 und 96 KHz) , Anzahl der Kanäle (Mono, Stereo) und die Anzahl der Bit, mit denen die Samples repräsentiert werden (8, 16, 24).

- Kompression: Unter Kompression wird hier die Reduktion der Datenmenge zur Repräsentierung der Klangereignisse verstanden, im Gegensatz zur Kompression des Dynamikverhaltens. Kompression wird über statistische oder psychoakustische Maßnahmen erreicht, man unterscheidet zwischen solchen mit und ohne Verlust von Informationen. Nur die verlustbehafteten Verfahren kommen als möglicher Angriff in Frage, die übrigen lassen die Originale unverändert.

- Rauschen: In den Audiodaten werden oft durch nicht perfekte Geräte oder Algorithmen Fehler erzeugt. Diese Fehler sind als Rauschen wahrnehmbar, wenn sie die Hörschwelle erreichen. Rauschen kann auch Bestandteil von Klangereignissen sein oder nachträglich durch Zufallsmuster in die Audiodaten eingefügt werden. Abhängig von den spektralen Eigenschaften des Rauschens spricht man von unterschiedlich gefärbten Rauschen.

- Zeit- und Frequenzänderungen: Diese Gruppe ist die komplexeste Art von Nachbearbeitungen von Audiomaterial. Mit ihr kann ein Klangereignis hinsichtlich seiner Dauer oder Tonhöhe unabhängig vom jeweils anderen Faktor beeinflusst werden. Dadurch können z.B. Werbenachrichten genau in die dreißig Sekunden langen Fenster der Radiowerbung eingepasst werden, ohne die natürliche Tonhöhe der Stimme der Sprecher zu verändern.

- Samplepermutationen: Diese Gruppe von Veränderungen wird im Allgemeinen nicht im Rahmen der Nachbearbeitung von Audiodaten verwendet [PAK1998]. Sind ist ausschließlich zum Angriff auf Wasserzeichen konzipiert. Hier werden die einzelnen Samples eines Audiofiles mit Hilfe von Vertauschen, Kopieren und Löschen so permutiert, dass das wahrgenommene Klangereignis zwar gleich bleibt, die digitale Repräsentation sich aber ändert.

5 Versuche zur inhaltsfragilen Audioeigenschaften

Um die in Kapitel 3 und 4 diskutierten Grundlagen und Überlegungen hinsichtlich ihrer Umsetzbarkeit zu prüfen, wurden von uns Versuche zu den Audiomerkmalen und der Wirkung verschiedener Angriffe durchgeführt. Wir haben dabei eine repräsentative Teilmenge aller möglichen Angriffe herausgegriffen, um die Menge an Ergebnissen überschaubar zu halten.

5.1 Untersuchtes Audiomaterial

Um repräsentative Ergebnisse zu erhalten, betrachten wir eine möglichst große Bandbreite von Audiodaten. Es wurden Signale aus verschiedenen Sparten und Kanälen, bzw. von verschiedenen Musik CDs, aufgezeichnet und dann nach ihrem Inhalt geordnet. Die Audiofiles wurden folgendermaßen gruppiert:

- Musik-CDs: Es wurden 31 Ausschnitte aus Musikstücken von CD ausgewählt, die meisten aus dem Pop-, Rockbereich. Es befinden sich aber auch Klassik und Jazz Stücke darunter.
- Musik: Hier wurden 28 Songausschnitte aus Musiksendern (Viva, MTV) aufgezeichnet. Es finden sich typische zeitgemäße Top100 Musikstücke neben Rockstücken und unverstärkten Liveaufnahmen.
- Sprache (gestört): 22 Audiofiles mit Sprache, aber deutlichem Anteil an Geräuschen. wurden aufgezeichnet. Die Mehrzahl sind Sportreportagen. Man hört dem Kommentator und im Hintergrund die Zuschauerkulisse oder Ballgeräusche. Weiterhin wurden Sprachaufzeichnungen aus Nachrichtensendungen mit einem hohen Rauschpegel, Politikerreden oder Talksendungen mit Applaus und Filmausschnitte mit Geräuschen verwendet.
- Sprache (leicht gestört): 10 Sprachsignale mit geringem Hintergrundgeräuschanteil wurden ausgewählt. Es sind meist Nachrichtensendungen, Reportagen oder Interviews mit leichten Hintergrundgeräuschen.
- Sprache: Hier wurden 19 Beispiele aufgezeichnet. Es sind fast keine Hintergrundgeräusche zu hören. Diese Aufzeichnungen stammen von Nachrichtensprechern, Moderatoren und aus Fernsehinterviews.
- Werbung: Es wurden 15 Werbeclips aufgenommen.

Die untersuchten Audiofiles liegen Mono, 16 Bit PCM kodiert, little endian, mit einer Samplefrequenz von 44,1 kHz vor. Die Qualität entspricht einem Kanal einer Audio-CD. Die meisten untersuchten Audiofiles wurden von TV Sendungen aufgezeichnet. TV Sendungen sind genau wie Rundfunksendungen schon sauber ausgesteuert und haben einen gleichmäßigen Pegel. Weitere Audiofiles wurden Audio CDs entnommen und von Stereo nach Mono konvertiert.

5.2 Untersuchte Angriffe

Neben den in Kapitel 4 vorgestellten Angriffen haben wir auch das Einbetten von Wasserzeichen als zusätzlichen Angriffstyp betrachtet, da unser Szenario vorsieht, die Inhaltsmerkmale als digitale Wasserzeichen einzubetten. Werden die Merkmale dabei schon verändert, ist das Verfahren nicht anwendbar.

Wir haben bei der Unterteilung eine andere Klassifikation als in Kapitel 4 vorgenommen. Hier wird zwischen kaum, schwach, mittel und stark hörbaren Angriffen unterschieden. Dies ist bei der Unterscheidung der Angriffe praxisgerechter, da es nicht auf den technischen Hintergrund des Angriffes bzw. der Manipulation, sondern auf die Wirkung und Wahrnehmung beim Einsatz ankommt. Die resultierende Qualität entspricht hier der Stärke des Angriffs. Dabei sollten weniger starke Angriffe auch geringere Auswirkungen auf die Inhaltsmerkmale haben.

Folgende Angriffe wurden untersucht:

- Kaum hörbar: Einbetten digitaler Wasserzeichen, mp3-Kompression
- Schwach hörbar: Equalizer, Bandpass, leichter Hall
- Hörbar: Dynamik (Kompressor, Verstärker), starker Equalizer, Tonhöhenänderung vom einem viertel Halbtonschritt, Chorus
- Stark Hörbar: Tonhöhenänderung vom sieben Halbtonschritten, Vibrato, rhythmisches Zerhacken, Zeitkompression auf 85 % des Originals

5.3 Ergebnisse

Aufgrund des umfangreichen Testmaterials kann an dieser Stelle nur eine Zusammenfassung der Ergebnisse vorgestellt werden. Hier wird ausschließlich auf das Verhalten der Inhaltsmerkmale bei Angriffen eingegangen. Sie können auch zu anderen Zwecken eingesetzt werden. So lässt sich durch eine kombinierte Betrachtung von ZCR und RMS eine zuverlässige Unterscheidung von Musik und Sprache treffen.

Betrachtet wird immer der Unterschied zwischen dem Original und der angegriffenen Kopie. Es wurden sämtliche Angriffstypen und Materialarten betrachtet und die Ergebnisse in Tabellen zusammengefasst, um Mittelwerte zu erhalten.

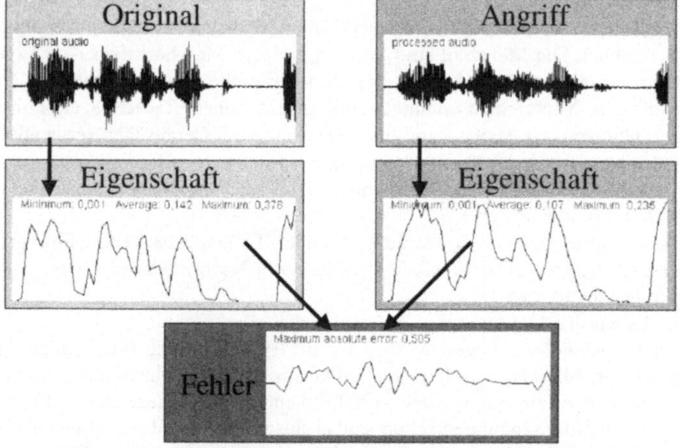

Abbildung 6: Die Inhaltsmerkmale vor und nach dem Angriff werden verglichen und der resultierende Fehler festgestellt.

5.3.1 ZCR

Die Maximalwerte sind hier nicht zur Manipulationserkennung einsetzbar. Sie steigen nicht monoton mit der Stärke des Angriffs, wie man in Abbildung 7 erkennen kann. Die Mittelwerte allerdings steigen monoton an. Man erkennt, dass die Eigenschaft ZCR wesentlich robuster als die Eigenschaft RMS (siehe 5.3.2.) ist. Nur bei den starken Angriffen weist diese Eigenschaft deutlich erkennbare Fehlerwerte auf. Problematisch ist die Abhängigkeit vom betrachteten Material: Die maximalen mittleren Fehler sind bei den leichten und mittleren Angriffen stärker als die durchschnittlichen mittleren Fehler bei starken Angriffen. Einen Schwellwert zu Erkennung von starken Angriffen muss man also in Abhängigkeit des Materials wählen. Eine Unterscheidung zwischen unhörbaren bis mittleren Angriffen auf der einen und starken auf der anderen Seite ist aber erfolgsversprechend.

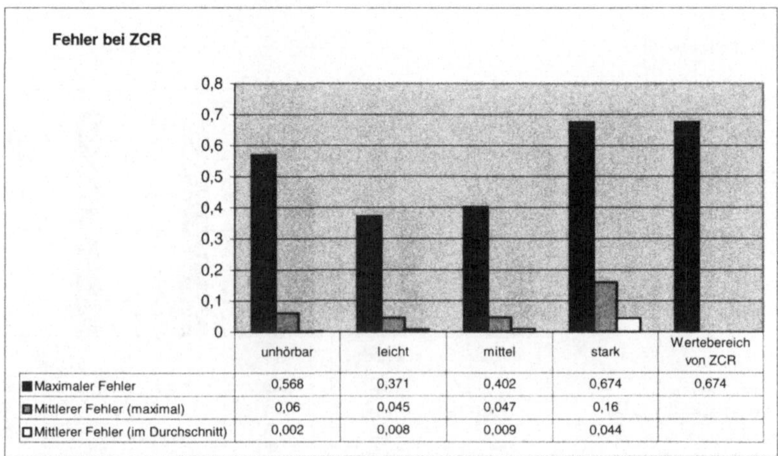

	unhörbar	leicht	mittel	stark	Wertebereich von ZCR
■ Maximaler Fehler	0,568	0,371	0,402	0,674	0,674
▨ Mittlerer Fehler (maximal)	0,06	0,045	0,047	0,16	
☐ Mittlerer Fehler (im Durchschnitt)	0,002	0,008	0,009	0,044	

Abbildung 7: Übersicht Ergebnisse ZCR bezüglich verschiedener Angriffsstärken

Durch die Verwendung eines Bandpassfilters beim Vergleich von Original und angegriffenen Kopie wird zwar der maximale Fehler abhängig von der Angriffsstärke, die übrigen Ergebnisse fallen dafür über schlechter aus, die mittleren Fehler unterscheiden sich hier weniger.

5.3.2 RMS

In der Abbildung 8 sind die Ergebnisse zum Verhalten der RMS-Daten bezüglich der verschiedenen Angriffstypen zusammengefasst. Eine Unterscheidung von mittleren und starken Angriffen zu unhörbaren und schwachen ist hier oft möglich. Der durchschnittliche mittlere Fehler beträgt im zweiten Fall 0,15 % und 1,28 %, im ersten Fall 8 % und 9,98 %. Will man ein Inhaltsmerkmal gegen unhörbare und leichte Angriffe robust und gegen mittlere und starke Angriffe fragil festsetzen, sind Schwellwerte festzulegen. Diese sollten allerdings vom verwendeten Material abhängig sein, da die maximalen mittleren sich von den durchschnittlichen deutlich unterscheiden. Der Schwellwert kann abhängig vom Material festgelegt und als Wasserzeichen mit eingebettet werden.

5.3.3 Spektrum

Das Spektrum wird hier in drei Subbänder unterteilt. Wir haben die drei Bänder 500 bis 4000 Hz, 400 bis 8000 Hz und 8000 bis 16000 Hz gewählt, um festzustellen, ob bestimmte Frequenzbereiche besser zum Erkennen von Angriffen geeignet sind als andere. Es zeigt sich, dass nur die ersten beiden Bänder geeignet sind. Im letzten Band sind die mittleren Fehler aller Angriffe zu groß, um eine sinnvolle Unterscheidung zu treffen. Wir betrachten in Abbildung 9 das erste Subband genauer. Es zeigt sich, dass die mittleren und starken Angriffe sich bezüglich der mittleren Fehler deutlich von den unhörbaren und schwachen Angriffen unterscheiden. Die Maximalwerte hingegen sind nicht zu verwenden. Vereinfacht wird die Unterscheidung der Angriffe dadurch, dass die maximalen mittleren Fehler sich nicht so stark von den durchschnittlichen mittleren Fehlern unterscheiden wie bei ZCR und RMS. Hier muss folglich kein Schwellwert eingebettet werden, sonder kann fest vergeben werden. Dieser würde zwischen 0,04 und 0,05 liegen, also ungefähr bei 5% des Wertebereiches.

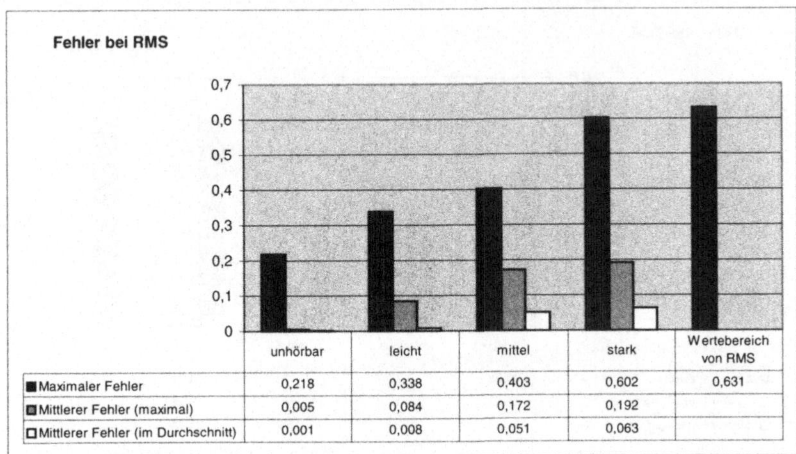

	unhörbar	leicht	mittel	stark	Wertebereich von RMS
■ Maximaler Fehler	0,218	0,338	0,403	0,602	0,631
▨ Mittlerer Fehler (maximal)	0,005	0,084	0,172	0,192	
☐ Mittlerer Fehler (im Durchschnitt)	0,001	0,008	0,051	0,063	

Abbildung 8: Übersicht Ergebnisse RMS bezüglich verschiedener Angriffsstärken

5.4 Zusammenfassung der Ergebnisse

Zusammenfassend lässt sich sagen, dass die Eigenschaften RMS und ZCR und das Frequenzspektrum im Bereich von 500Hz bis 4000Hz und von 4000Hz bis 8000Hz sehr vielversprechende Ergebnisse liefern.

Die Eigenschaft RMS zeigt schon bei den mittleren Angriffen Fehler an, die groß genug sind, um eine Manipulation zu erkennen. Bei der Eigenschaft ZCR (mit und ohne Bandpass) werden die Fehler erst bei den starken Angriffen deutlich. Die Eigenschaft ist also robuster gegenüber Veränderungen.

Eine Korrelation des Fehlers mit der Stärke des Angriffs zeigt sich bei der Eigenschaft SubBandSpectrum. Im Bereich von 500Hz bis 4000Hz werden die starken Angriffe besser erkannt. Im Bereich von 4000Hz bis 8000Hz werden schwächere Angriffe noch gut erkannt. Die Erkennung von Manipulationen funktioniert mit den Frequenzspektrum von 4000Hz bis 8000Hz am besten. Der Frequenzbereich von 8000Hz bis 16000Hz liefert für die Manipulationserkennung keine so guten Ergebnisse wie die beiden anderen Frequenzbereiche.

6 Anwendungen

Die gewonnenen Erkenntnisse über inhaltsfragile Merkmale lassen sich in einer Reihe von Anwendungen einsetzen. Als Alternative zu einer Verschlüsselung von wichtigen Tondokumenten, um deren Integrität zu sichern, können diese Merkmale als Wasserzeichen eingebettet werden. Abhängig von einem Schwellwert ergeben diese Informationen einen Sicherheitsmechanismus, der eine Reihe von erlaubten Manipulationen übersteht, bei unerlaubten Manipulationen aber zerstört wird. Neben der binären Aussage, ob die eingebetteten Informationen mit den vorgefundenen übereinstimmen, kann auch eine Abschätzung der Stärke der Manipulationen stattfinden.

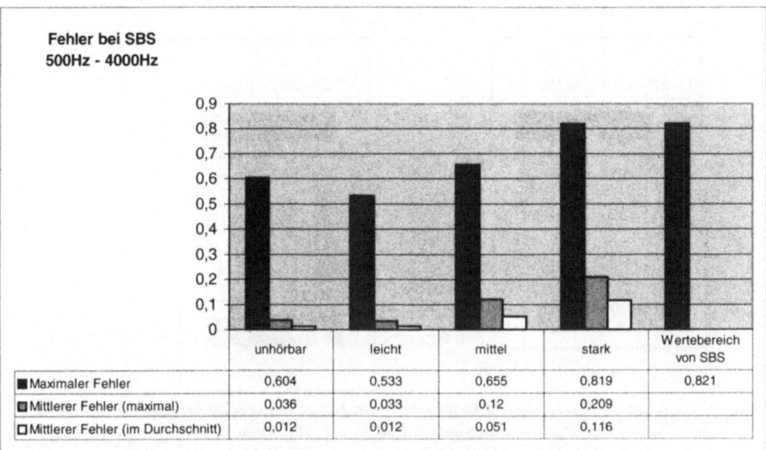

	unhörbar	leicht	mittel	stark	Wertebereich von SBS
■ Maximaler Fehler	0,604	0,533	0,655	0,819	0,821
▨ Mittlerer Fehler (maximal)	0,036	0,033	0,12	0,209	
□ Mittlerer Fehler (im Durchschnitt)	0,012	0,012	0,051	0,116	

Abbildung 9: Übersicht Ergebnisse Subbandspektrum 500 Hz bis 4000 Hz
bezüglich verschiedener Angriffsstärken

Ein mögliches Szenario, in dem das Verfahren eingesetzt wird, wäre folgendes: Eine Nachrichtenagentur vertreibt über das Internet Tondokumente, die einzelnen Nachrichtensender kaufen und verwenden. Diese Dokumente sind von der Agentur mit inhaltsfragilen Wasserzeichen versehen worden. Sendet nun z.B. ein Radiosender das Tondokument, so wird gleichzeitig auch das Wasserzeichen mitübertragen. Ein skeptischer Hörer, der an der Unversehrtheit der Dokumente zweifelt, könnte dann bei einer neutralen Instanz prüfen lassen, ob die eingebetteten Daten mit dem Inhalt übereinstimmen (siehe auch Abbildung 10).

Die dritte Instanz sollte nicht die Agentur oder der Sender sein, sondern eine Partei, die in der Lage ist, die Wasserzeichen zu lesen und zu prüfen, sonst aber unabhängig von den anderen Beteiligten ist. Kann nur diese Partei anhand eines Schlüssels die Daten auslesen, so muss immer der komplette Beitrag zur Prüfung gesendet werden. Alternativ könnte man den Schlüssel zum Auslesen öffentlich machen, aber die eingebetteten Informationen mittels eines Public Key Verfahrens verschlüsseln. Hier könnte nur die Agentur Informationen einbetten, die wieder ausgelesen werden können. Der Kunde wäre in Besitz des Detektors für das Wasserzeichen und des öffentlichen Schlüssels der Agentur. Problematisch hierbei ist, dass ein Angreifer dadurch in der Lage wäre, mit Angriffen experimentieren und zu prüfen, wann die Inhaltsmerkmale verändert werden.

7 Ausblick

Dieses Dokument gibt einen ersten Überblick über unsere Aktivitäten im Bereich inhaltsfragiler digitaler Wasserzeichen für Audiodaten. Dabei dürfen einige grundsätzliche Probleme nicht vernachlässigt werden:

- Digitale Wasserzeichen an sich sind oft nicht robust gegen alle gewünschte Manipulationen. Daher können Probleme hinsichtlich der Robustheit schon vor dem eigentlichen Vergleich von festgestellten und eingebetteten Inhaltsmerkmalen entstehen.
- Die Datenrate digitaler Wasserzeichen ist für eine sehr genaue Beschreibung des Inhaltes derzeit nicht ausreichend, besonders, wenn gleichzeitig eine hohe Robustheit gefordert wird
- Die Beschreibung von Inhaltsmerkmalen bei Audiodaten ist derzeit noch Forschungsthema.

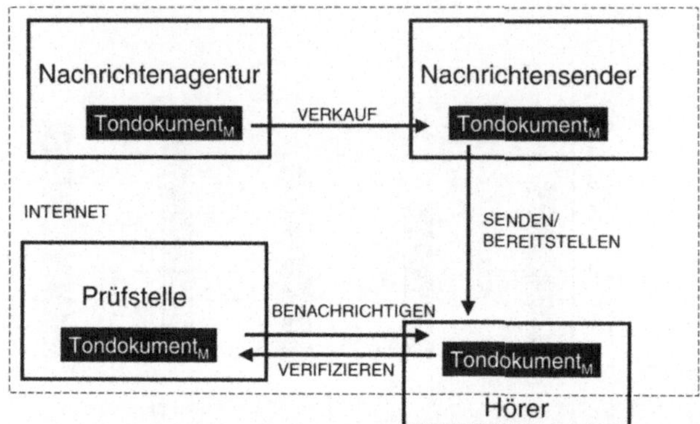

Abbildung 10: Von einem Nachrichtensender erhält ein Hörer ein von einer Agentur erstelltes Tondokument. Dieses überträgt er zu einer Prüfstelle, um den Inhalt verifizieren zu lassen. Die Prüfstelle benötigt dazu entsprechende Schlüssel.

Kritisch bei den inhaltsfragilen Wasserzeichen ist die Datenrate der zum Einbetten verwendeten robusten Wasserzeichen. Der großen Zahl von vorgefundenen Informationen stehen Datenraten von wenigen Bit in der Sekunde gegenüber. Möglich ist hier entweder eine entsprechend grobe Betrachtung der Merkmale oder die Verwendung von Prüfsummen über die Merkmale. Damit werden nicht die Merkmale selbst, sondern nur eine Aussage über eine Folge von Merkmalen eingebettet. Diese ist aufgrund der Robustheit der einzelnen Merkmalswerte trotzdem der einfachen, binären Prüfsumme vorziehen.

Die betrachteten Merkmale sind sicher noch nicht erschöpfend. Weitere Inhaltsmerkmale müssen identifiziert und hinsichtlich ihres Verhaltens bei Angriffen untersucht werden. Auch bei den Angriffen selbst müssen weitere Nachforschungen angestellt werden. Beispielsweise gibt es neben mp3 noch einige weitere Kompressionsverfahren, die andere Auswirkungen auf das Audiomaterial haben können.

Die Angriffe sind bisher nur separat betrachtet worden. In der Praxis werden sie aber eher gemeinsam auftreten: Eine leichte Verzerrung, ein wenig Rauschen, eine Dynamikveränderung und eventuell noch eine verlustbehaftete Kompression können gemeinsam andere Veränderungen an den Merkmalen hervorrufen als nur die Summe oder das Maximum der einzelnen Änderungen. Daher sind nach den Versuchen zu einzelnen Angriffen solche notwendig, die Gruppen von Angriffen betrachten. Diese können dann als Grundlage für Auswahlmöglichkeiten von Anwendern gesehen werden: Die Inhaltsmerkmale sollen in ihrem Arbeitsszenario robust sein. Gewisse Änderungen darüber hinaus sollen aber detektieren werden.

Die Sicherheit der Merkmale gegen Veränderungen mit Kenntnis der Sicherheitsmechanismen ist derzeit noch nicht berücksichtigt. Es ist denkbar, dass beispielsweise durch das Hinzufügen von hohen Frequenzen noch dem Ändern der Audiodaten die ursprünglichen Merkmale der ZCR wieder hergestellt werden können. Dadurch könnten die Spuren von Angriffen verwischt werden.

Neben den technischen Untersuchungen gilt es auch, einen Anwendungsprototypen zu erstellen, mit dem das Konzept der inhaltsfragilen Wasserzeichen zur Manipulationserkennung in der Praxis erprobt werden kann. Dazu muss neben der technischen Umsetzung von Inhaltserkennung und Wasserzeichen auch noch ein geeignetes Protokoll und eine Umgebung geschaffen werden, in der z.B. die Schlüssel zum Auslesen der Wasserzeichen sicher übermittelt werden können.

Dank

Unser Dank gilt den Studenten Hugo Ansgar von der Technischen Universität Darmstadt und Christian Seibel von der Fachhochschule Darmstadt. Sie waren maßgeblich an der Implementierung der Testumgebungen für Inhaltsmerkmale und Angriffe und der Durchführung mehrere Testdurchläufe beteiligt.

Literatur

[BaPi1998]   P. Bassia, I. Pitas, *Robust audio watermarking in the time domain*, Dept. of Informatics, University of Thessaloniki

[CKLL1997]   Ingemar J. Coxy, Joe Kiliany, Tom Leightonz and Talal Shamoony Lambda: *Secure Spread Spectrum Watermarking for Multimedia*, Published in IEEE Trans. on Image Processing, 6, 12, 1673-1687, 1997

[DIT00]   J. Dittmann: *Digitale Wasserzeichen*, Springer Verlag, ISBN 3 - 540 - 66661 - 3, 2000

[DSRFS00]   J. Dittmann, M. Steinebach, I. Rimac, S. Fischer, R. Steinmetz: *Combined video and audio watermarking: Embedding content information in multimedia data*, In Proc. of the SPIE Conference on Electronic Imaging '99, Security and Watermarking of Multimedia Contents II, 24-26 January 2000, San Jose USA, Proceedings of SPIE Vol. 3971, pp. 176-185, 2000

[E97]   G. Eska. Schall & Klang, *Wie und was wir hören*, Birkhäuser Verlag, Basel, 1997

[Kan1998]   Sebastian Kanka, *AKWA. Diplomarbeit Audiowatermarking*, ZGDV Darmstadt, 1998

[LAK1996]   Laurence Boney, Ahmed H. Tewfik, and Khaled N. Hamdy, *Digital Watermarks for Audio Signals*, EUSIPCO-96, VIII European Signal Proc. Conf., Trieste, Italy, September, 1996. Notes in Computer Science, Portland, Oregon, USA, 14{17 April, 1998, p. 218-238}.

[LD99]   E. Lin, E. Delp: *A review of fragile image watermarks*, in J. Dittmann, K. Nahrstedt, P. Wohlmacher (Eds.), Multimedia and Security, Workshop at ACM Multimedia'99, Orlando, Florida, USA, Oct. 30 – Nov 5 1999, pp. 35 - 40, 1999

[LHWC97]   Z. Liu, J. Huang, Y. Wang, T. Chen: *Audio feature extraction & analysis for scene classification*, in IEEE Signal Processing Society 1997 Workshop on Multimedia Signal Processing

[P99]   S. Pfeiffer: *Information Retrieval aus digitalisierten Audiospuren von Filmen*, Shaker Verlag, Aachen, 1999

[PAK1998]   Fabien A.P. Petitcolas, Ross J. Anderson, Markus G. Kuhn, *Attacks on Copyright Marking Systems*, Second workshop on information hiding, in vol. 1525 of Lecture ISBN 3-540-65386-4

[SZAT1998]   Mitchell D. Swanson, Bin Zhu, and Ahmed H. Tewfik: *Audio watermarking and data embedding - Current state of the art, challenges and future directions*

Eine Sicherheitsarchitektur auf Basis digitaler Wasserzeichen und kryptographischer Ansätze

Artur Dappa[a], Jana Dittmann[b], Martin Steinebach[b,c], Claus Vielhauer[c]

[a] Deutsche Telekom, Technologiezentrum, Darmstadt
[b] GMD Forschungszentrum Informationstechnik, Darmstadt
[c] Platanista GmbH, Darmstadt

Zusammenfassung

Sicherheitsarchitekturen werden durch die steigende Akzeptanz von onlinebasierten, sicherheitskritischen Diensten immer wichtiger. Oft werden neue Dienste aufgebaut, und erst nachträglich Sicherheitsaspekte behandelt. Wir stellen anhand des Beispiels Ausweiswasserzeichen ein System vor, das von vornhinein als sicherheitskritisch identifizierbar ist. Es handelt sich um fälschungssichere Ausweise, deren Authentizität durch Wasserzeichen geprüft und über Onlineverbindungen bestätigt werden kann.

In Kapitel 1 stellen wir das Umfeld der hier diskutierten Sicherheitsarchitekturen vor und zeigen anhand der Beispiele Online-Shop, Nutzungsverfolgung und Ausweiswasserzeichen Einsatzgebiete und Anforderungen für diese. Kapitel 2 beschreibt die Sicherheitsarchitekturen. Es werden allgemein Sicherheitsdienste vorgestellt und kategorisiert und danach die Sicherheitsmechanismen digitale Wasserzeichen, digitale Signaturen, PKI, Zeitstempeldienst und Non-Repudiation im Detail erörtert. Es wird anhand des Beispiels Ausweiswasserzeichen gezeigt, wie Wasserzeichen und PKI zu Verbesserung der Sicherheit eingesetzt werden können.

In Kapitel 3 wird ein Konzept vorgestellt, bei dem die in Kapitel 2 vorgestellten Sicherheitsmechanismen in einen gemeinsamen implementierungstechnischen Rahmen gefassten werden. Dabei soll keine neue Architektur entworfen, sondern eine bereits bestehende um entsprechende sicherheitstechnische Merkmale erweitert werden. Dazu wird die Common Object Request Broker Architecture (CORBA) der Object Management Group (OMG) verwendet. Kapitel 4 zeigt die Richtung der weiteren Entwicklung. Es zeigt sich, dass einige Komponenten vor ihrer Umsetzung in CORBA noch weiter spezifiziert werden müssen.

1 Motivation

Das Internet galt lange Zeit als ein unsicheres, riskantes Medium für die Unterstützung von geschäftlichen Vorgängen, insbesondere wenn es sich um den Transfer von zu schützenden Informationen und Werten handelte. Mit seinen multimedialen und interaktiven Fähigkeiten wird es jedoch noch lange den Status einer „Leittechnologie" für die Informationstechnik haben, so dass Normierungsgremien, IT-Industrie und große Teile der Wirtschaft nun einen Kraftakt vollbringen diesen Engpass zu überwinden.

Es scheint jedoch, dass die sicherheitstechnische „Aufrüstung" der Internettechnologie an vielen anderen in der heutigen IT-Welt eingesetzten Technologien vorbeigeht. Nicht nur in den gebräuchlichsten Betriebssystemen und Netzwerkkomponenten, sondern auch in der für die Intranetnutzung konzipierte anwendungsnahe Software zeigen sich große Defizite in punkto Sicherheit. Beispielsweise werden fast überall noch passwortbasierte Authentisierungsmechanismen für den Netzzugang eingesetzt, die in manchen Fällen noch schwach oder gar unverschlüsselt übertragen werden.

Zu einem bestimmten Typ der anwendungsnahen Software gehören die „Middleware"-Komponenten, mit deren Hilfe der Umstrukturierungsprozess der früheren Jahre von monolithischen zu dezentralen Systemen mit relationalen Daten realisiert werden konnte. Man erkennt aber auch hier den Trend, dass diese Technologien immer schneller gegen das Internet konvergieren und damit auch die Notwendigkeit, das „alte" Sicherheitskonzept der Middleware-Technologien auszutauschen.

Der vorliegende Beitrag stellt einige Sicherheitstechnologien vor, mit deren Hilfe die Sicherheitseigenschaften von Middleware-Komponenten weiter verbessert werden könnten. Dazu gehören insbesondere die aus der asymmetrischen Kryptographie stammenden Verfahren wie digitale Signatur und Austausch von öffentlichen Schlüsseln, aber auch spezielle Sicherheitstechniken für A/V-Datenströme, die auf dem digitalen Wasserzeichenverfahren beruhen. Am Beispiel einer objektorientierten Software-Architektur (CORBA) werden Integrationsansätze für die vorgestellten Sicherheitsverfahren motiviert, die in der Praxis noch als Insellösungen zur Verfügung stehen. Es werden auch Anwendungsszenarien vorgestellt, in denen durch neue Sicherheitsarchitekturen eine starke Verbesserung der Systemsicherheit gegeben ist. Es handelt sich hier um Online-Shops für digitale Waren, die Nutzungsverfolgung und Ausweiswasserzeichen. Ihnen allen ist gemeinsam, dass digitale Wasserzeichen als Schutzmaßnahme eingesetzt werden.

Im Online-Shop werden digitale Wasserzeichen eingesetzt, um den Copyrightanspruch des rechtmäßigen Inhabers auch nach der Übertragung in das System des Anwenders zu gewährleisten. Um das Recht des Urhebers zu schützen, sind verschiedene Typen von Wasserzeichen sinnvoll: Ein Copyrightwasserzeichen enthält Hinweise bezüglich des Copyrightinhabers. Ein Fingerprintwasserzeichen enthält Daten, anhand derer auf den Käufer geschlossen werden kann. Bei der Nutzungsverfolgung werden digitale Daten, die im Internet vorgefunden werden, für unterschiedliche Zwecke untersucht: a) Missbrauchsverfolgung b) Marktanalyse. Bei der Missbrauchsverfolgung geht es darum, eine illegale Nutzung von digitalem Material zu detektieren und eventuell Schritte zum Einstellen der Nutzung einzuleiten. Bei Marktanalysen ist die Verbreitung und die Nutzung digitaler Daten von Interesse. Neben der Verwendung von digitalen Wasserzeichen zur Authentifizierung des rechtmäßigen Urhebers und zur Identifizierung von illegalen Kopien, können digitale Wasserzeichen auch zur Integritätsprüfung herangezogen werden. Einen vielversprechenden Sicherheitsmechanismus können digitale Wasserzeichen bei der Überprüfung von Ausweisdokumenten bieten. Beispielsweise kann ein digitales Wasserzeichen im Passfoto Informationen über die gesamten Ausweisinformationen beinhalten und somit eine direkte Verknüpfung der lesbaren Daten und des abgebildeten Fotos herstellen, um Fälschungen vorzubeugen. Mit einfachen Mitteln, wie einer digitalen Kamera vor die der Ausweis gehalten wird, können das Wasserzeichen und die Ausweisinformationen überprüft werden. Entsprechende Technologien werden beispielsweise von Digi-Mark [Dig01] unter der Bezeichnung Mediabrigde vertrieben.

2 Sicherheitsarchitekturen

In diesem Kapitel wird ein Umriss der zu konzipierenden Sicherheitsarchitektur vorgestellt. Dazu wird ein abstrakter Sicherheitsdienst skizziert und in seine Komponenten zerlegt (Abschnitt 2.1). Im Abschnitt 2.2 werden die einzelnen Sicherheitsmechanismen beschrieben, die den Kern eines Sicherheitsdienstes bilden. Abschnitt 2.3 enthält das Beispielszenario Ausweiswasserzeichen, welches bereits in der Motivation kurz angerissen worden ist. Es wird nun aus den drei Beispielen herausgegriffen und eingehend betrachtet. Wichtig sind dabei vor allem die notwendigen Sicherheitsmechanismen.

Mit Sicherheitsarchitekturen verbindet man in der Regel Standards wie IETF GSS-API, Intel/Open Group CDSA oder herstellerspezifische Architekturen wie Microsoft Crypto-API oder JCA. Diese Architekturen haben den Zweck, Software- und Hardware-Komponenten unter einer gemeinsamen API (Application Programmers Interface) einzubinden und plattformübergreifende Interoperabilität von Sicherheitskomponenten zu ermöglichen.

Aus der Perspektive eines Anwendungsentwicklers sind noch weitere Anforderungen wichtig:

- Es sollen komplexe Sicherheitsfunktionen in Software-Systemen mit einem minimalen Aufwand realisiert werden.
- Anwendungsentwickler, die nur das grundlegende kryptographisches Wissen haben, sollen schon in der Lage sein, die Programmierschnittstellen richtig anzuwenden.

Der hier verfolgte Ansatz orientiert sich an der Philosophie der Middleware-Technik, die anstrebt, dem Anwendungsprogrammierer das komplexe Kommunikationsverhalten von verteilten Systemen zu verbergen, aber auch für einen verlässlichen Kommunikationsablauf zu sorgen. Es wird also das Ziel verfolgt, middleware-basierte Dienstplattformen und Werkzeuge um solche Sicherheitsmerkmale zu erweitern, die für die neuen Anwendungen vom großen Nutzen sind (siehe Abschnitt 2.1 und 2.2).

2.1 Security Services

Dieser Abschnitt zeigt, um welche Sicherheitsmerkmale die Middleware Security Services erweitert werden sollen und beschreibt die funktionalen Anforderungen für das Design dieser Dienste.

Tabelle 1 zeigt die Schutzbedürfnisse der neuen Zielanwendungen (oberste Zeile) und die in Frage kommenden Sicherheitstechniken, die von der Middleware unterstützt werden sollen (linke Spalte). In der Tabelle wird ferner gezeigt, dass unterschiedliche Sicherheitsmechanismen zusammen ein Schutzbedürfnis erfüllen müssen. Insbesondere für das Bedürfnis „Schutz der Urheberrechte" unterscheiden sich die Sicherheitstechnologien am meisten (Wasserzeichen-Verfahren, kryptographische Verfahren). Im Abschnitt 2.2 werden die Sicherheitsmechanismen einzeln vorgestellt und ihre gegenseitige Abhängigkeiten gezeigt.

Die Sicherheitsdienste können in drei Kategorien eingeteilt werden: Sicherheitsdienste für den Schutz von Online- bzw. Internettransaktionen (Spalten 1 bis 5), Sicherheitsdienste für den Schutz von Urheberrechten (Spalte 6) und Sicherheitsdienste für den Schutz von digitalen Inhalten oder Mediendaten.

	Integrationsebene		Nutzer-authentisierung	Daten-authentisierung	Integritätsschutz der Daten	Vertraulichkeit der Daten	Nichtabstreit-barkeit	Schutz der Urheberrechte	Integritätsschutz von Inhalten	Autorisierter Zugriff auf Inhalte
			1	2	3	4	5	6	7	8
X.509-Zertifikate	A/M	1	X	X	X	X	X	X	X	X
sichere Transportprotokolle	M	2	X	X	X	X	X			
dig. Signatur (anwendungsspezifisch)	A	3					X	X		
Zeitstempelmechanismen	A/M	4					X	X		
Archivierungsmechanismen	A/M	5					X	X		
Nichtabstreitbarkeitsbeweise	A/M	6					X			
digitale Wasserzeichen	A	7						X		
Inhaltsbasierte Signatur	A	8							X	
Verschlüss. für spezifische Formate	A	9								X

Tabelle 1: Die Tabelle stellt dar, welche Schutzziele (Spalten 1 bis 8) anwendungsseitig verfolgt werden und welche Diensttypen (Zeilen 1 bis 9), dafür in Frage kämen. Ebenfalls sind die Integrationsebenen der Dienste angegeben: Anwendung (A) und Middleware (M).

Die primäre Aufgabe der Middleware ist, eine abstrakte und uniforme Anwendungsprogrammierschnittstelle und interne Schnittstellen für die flexible Einbindung von elementaren Funktionen, Algorithmen und Protokollen ähnlich dem CSP-Konzept anzubieten. Gefordert wird auch ein flexibles Security Policy Framework, das sich an die Sicherheitsbedürfnisse unterschiedlicher Organisationen anpassen lässt. Eine Security Policy setzt sich aus einer Menge von Regeln oder Anweisungen zusammen, die um bestimmte Sicherheitsziele zu wahren, vom IT-System einschließlich der Nutzer befolgt werden müssen. Abstrakt gesehen setzt sich ein Middleware Security Service aus einem Security Policy und User Credential Management sowie dem Security Enforcement Subsystem. Letzteres beinhaltet die Sicherheitsmechanismen und zugehörige Administrationsschnittstellen. Eine weitere Forderung ist die Skalierbarkeit des Sicherheitssystems. Dazu bedient man sich des Domain-Konzeptes. Eine Domain soll eine Gruppe von sicherheitsrelevanten Systemressourcen repräsentieren, auf die die gleiche Security Policy zutrifft. Abbildung 1 stellt das Konzept eines Middleware Security Service schematisch dar.

2.2 Sicherheitsmechanismen

Hier werden die Mechanismen zur Bereitstellung von Sicherheit erörtert. Es handelt sich dabei um digitale Wasserzeichen, digitale Signaturen, PKI, Zeitstempeldienst und Non-Repudiation. Sowohl ihre prinzipielle Funktion als auch eventuell vorhandene Verfahrensparameter werden aufgezeigt.

2.2.1 Digitale Wasserzeichen

Generell verstehen wir unter einem digitalen Wasserzeichen ein transparentes, nicht wahrnehmbares Muster, welches in das Datenmaterial (Bild, Video, Audio, 3D-Modelle) mit einem Einbettungsalgorithmus unter Verwendung eines geheimen Schlüssels eingebracht wird. Jeder Wasserzeichenalgorithmus nutzt steganographische Grundprinzipien und besteht in Analogie zur Steganographie aus:

- Einem Einbettungsprozess E: Watermark Embedding

- Einem Abfrageprozess/Ausleseprozess R: Watermark Retrieval

Das eingebettete Muster repräsentiert die eingebrachte Information. Typischerweise kann das Muster zwei Arten von Informationen darstellen: Entweder ein von einem Schlüssel abhängiges Muster zur Identifizierung des Urhebers/Autors/Senders oder kodierte Informationen. Hier handelt es sich im Allgemeinen um Urheberdaten (zur Kennzeichnung der Urheberrechte), Kundendaten (zur Kennzeichnung von Kopien) oder Metadaten.

Bei existierenden Wasserzeichenverfahren können wir folgende Anwendungsgebiete identifizieren [Ditt00]:

- **Verfahren zur Urheberidentifizierung (Authentifizierung):** *Robust Authentication Watermark*

- **Verfahren zur Kundenidentifizierung (Authentifizierung):** *Fingerprint Watermark*

- **Verfahren zur Annotation des Datenmaterials:** *Caption Watermark, Annotation Watermark*

- **Verfahren zur Durchsetzung des Kopierschutzes oder Übertragungskontrolle:** *Copy Control Watermark, Broadcast Watermark*

- **Verfahren zum Nachweis der Unversehrtheit (Integritätsnachweis):** *Integrity Watermark oder Verification Watermark*

Jede Wasserzeichentechnik hat bestimmte Eigenschaften. Die wichtigste Eigenschaften eines Wasserzeichenverfahrens sind Robustheit, Nicht-Wahrnehmbarkeit, Security, Komplexität, Kapazität, Verifikation, Invertierbarkeit.

- **Robustheit:** Robustheit bezeichnet die Widerstandsfähigkeit der in ein Datenmaterial eingebrachten Wasserzeicheninformation gegenüber zufälligen Veränderungen des Datenmaterials oder Medienverarbeitungen.

- **Nicht-Wahrnehmbarkeit:** Die eingebrachte Information W ist nicht wahrnehmbar und somit transparent, wenn ein durchschnittliches Seh- bzw. Hörvermögen nicht zwischen markiertem Datenmaterial und Original unterscheiden kann.

- **Security:** Diese Eigenschaft beschreibt im Gegensatz zur Robustheit die Sicherheit gegen gezielte (nicht-blinde) Angriffe auf das Wasserzeichen selbst.

- **Komplexität**: Beschreibt den Aufwand, der erbracht werden muss, die Wasserzeicheninformation einzubringen und wieder auszulesen und ob zum Auslesen der Markierung das Originalbild benötigt wird.

- **Kapazität**: Dieser Parameter misst, wie viel Information in das Original eingebracht werden kann.

- **Geheime/öffentliche Verifikation**: Dieser Parameter sagt aus, ob nur der Urheber oder eine dedizierte Personengruppe das Wasserzeichen aufdecken können (geheim) oder ob die Verifikation öffentlich erfolgen kann bzw. soll.

- **Invertierbarkeit**: Beschreibt die Möglichkeit das Wasserzeichen im Abfrageprozess aus dem Datenmaterial zu entfernen und das Original wieder zu rekonstruieren.

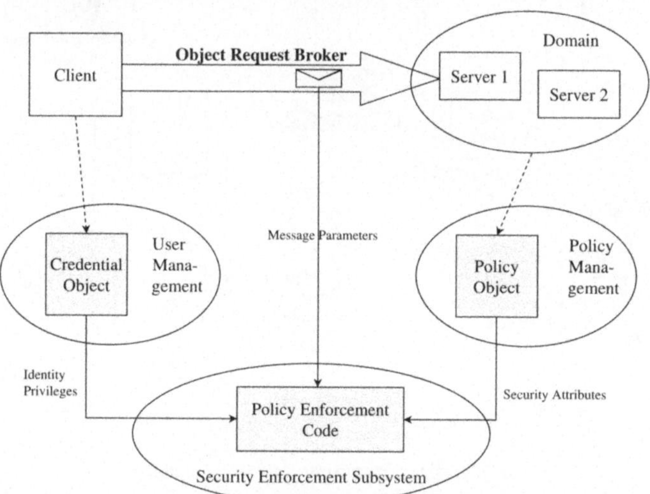

Abbildung 1: Schematische Darstellung eines Middleware Security Service. Das Policy und Credential Management liegt entweder in der Applikation oder in der Middleware, der Sicherheitsmechanismus kann in der Applikation, in der Middleware, oder in untergeordneten Protokollschichten liegen, und seine Administrationsschnittstelle in der Applikation oder in der Middleware.

Wichtig ist vor allem auch eine Zuordnung der Wasserzeichenverfahren für verschiedene Anwendungsgebieten zu den Parametern. Abhängig von den Anforderungen der verschiedenen Anwendungen können Aspekte von Wasserzeichen eventuell als weniger relevant angesehen werden als andere. Genauso können für manche Anwendungen gewisse Parameter Grundvoraussetzung sein. Oft kann das Bewerten von Parametern auch erst bei direkter Kenntnis der Situation erfolgen, das verschiedene relevante Parameter sich gegenseitig hindern. So kann ein Wasserzeichen zum Urheberrechtsnachweis im Allgemeinen nicht gleichzeitig für Robustheit und Transparenz optimiert werden. Hier muss eine Entscheidung getroffen werden, welcher Parameter im Einzelfall wichtiger ist.

2.2.2 Digitale Signatur

Die digitale Signatur ist ein kryptographischer Mechanismus mit dem Identität von Personen[1] oder Integrität bzw. Authentizität von Daten nachgewiesen werden kann. Dieser Mechanismus wird meistens direkt in der Applikation (Beispiel Email) oder in Kryptoprotokollen eingesetzt (Beispiele SSL, IPSEC).

---

[1] Anwendbar auch auf IT-Ressourcen wie z.B. Server-Rechner

Das Prinzip der digitalen Signatur veranschaulicht Abbildung 2. Das Verfahren besteht aus einer Hash- und einer asymmetrischen Verschlüsselungsfunktion. Für die Signaturerzeugung braucht der Signierende seinen privaten Schlüssel des Verschlüsselungsalgorithmus (Signaturschlüssel), der Prüfer der Signatur benötigt den öffentlicher Schlüssel des Signierenden (Prüfschlüssel). Die Einbettung der Signatur in den Datenstrom (Signaturblock) wird durch entsprechende kryptographische Formatdienste realisiert, wie beispielsweise PKCS#7/CMS für S/MIME.

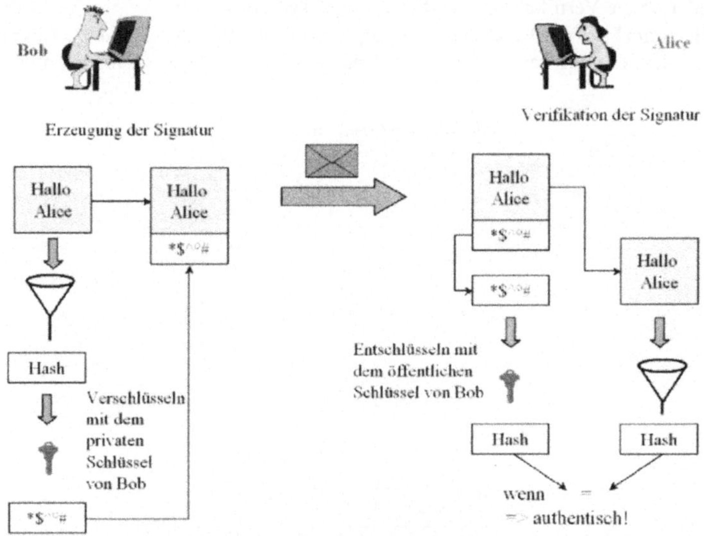

Abbildung 2: Prinzip der digitalen Signatur

Das in der Abbildung dargestellte Verifikationsschema betrifft nur die mathematische Relation zwischen der Signatur und dem Prüfschlüssel. Im Sinne eines vollständigen Beweises müsste noch die Authentizität des Prüfschlüssels nachgewiesen werden (siehe 2.2.3 PKI). Zu einem weiteren Element eines vollständigen Beweises gehört auch der Zeitstempel, der mit dem signierten oder zu signierendem Dokument mathematisch verknüpft werden muss (siehe 2.2.4 Zeitstempeldienst). Für bestimmte Anwendungen sind noch Berechtigungsnachweise (z.B. amtliche Zulassungen für Berufsstände) für die Ausführung der Signatur notwendig, die in Form von Attributzertifikaten bereitgestellt werden. Das signierte Dokument kann die Attributzertifikate direkt oder einen Verweis auf die letzteren enthalten[2].

2.2.3 PKI

Eine Public-Key-Infrastruktur (PKI) ist ein Konzept für das Management einer Vertrauensstruktur. Sie stellt den Anwendern integrierte Dienste für die Erzeugung, Verteilung und Verwaltung von Schlüsseln, Zertifikaten und Sperrlisten zur Verfügung. Die meisten heute verwendeten PKI-Technologien basieren auf X.509-Zertifikaten. Ein X.509-Zertifikat ist ein von einer vertrauenswürdigen Instanz digital signiertes Dokument (siehe 2.2.2 digitale Signatur), das u.a. Informationen bzgl. des Schlüsseleigentümers, des Zertifikataustellers und der verwendeten kryptographischen Algorithmen beinhaltet. Ein Zertifikat dient somit als ein

---

[2] Attributzertifikate werden weiter in dem Text nicht mehr betrachtet.

Authentisierungsnachweis für den Inhalt eines signierten Dokumentes (siehe 2.2.2 digitale Signatur) bzw. für den Halter des Signaturschlüssels.

Die Dienste einer PKI lassen sich gruppieren in

- Zertifikatdienste
- Schlüsselverwaltungs- und Archivierungsdienste
- und Zeitstempeldienste

Diese Dienstgruppen werden von vertrauenswürdigen Instanzen (Trust Centers) bereitgestellt. Die Kernfunktionen einer PKI sind die Zertifikatdienste, die der Certification Authority (CA) zugeteilt sind. Dazu gehören die Schlüsselpaargenerierung[3], Bearbeitung von Zertifikatanfragen, Zustellung oder Veröffentlichung von Zertifikaten, Überprüfung von Zertifikaten, Sperrung von Zertifikaten, sowie die Pflege und Verbreitung von Sperrlisten. Die Bearbeitung einer Zertifikatanfrage beinhaltet die Registrierung des Antragstellers basierend auf einer der jeweiligen CA-Policy entsprechenden Identitätskontrolle, sowie die Bindung des öffentlichen Schlüssels des Antragstellers mit seinem Namen, was die Erzeugung eines Public-Key-Zertifikates bedeutet.

Bei den Schlüsselverwaltungs- und Archivierungsdiensten handelt es sich um automatisierte Verfahren für die Erneuerung von Schlüsseln sowie für den Zugriff auf ältere Schlüsselversionen.

Die Zeitstempeldienste erbringen den Nachweis für den Zeitpunkt einer Aktion, z.B. für das Erstellen, Absenden oder Eintreffen eines Dokumentes (siehe 2.2.4 Zeitstempeldienst).

2.2.4 Zeitstempeldienst

Der Zeitstempeldienst ist eine Trusted Third Party (TTP), deren Dienst darin besteht, Daten mit einem bestimmten Zeitpunkt bzw. Zeitintervall in einer fälschungssicheren Weise zu verbinden. Zeitstempeldienste werden von Zertifizierungsstellen verwendet (siehe 2.2.3 PKI), um Gültigkeitsaussagen für Zertifikate im Falle einer Revokation treffen zu können und von Non-Repudiation-Diensten (siehe die 2.2.5 Non-Repudiation und 2.2.3 digitale Signatur).

Mit einem Zeitstempel kann man beweisen, dass die digitale Signatur vor einem bestimmten Zeitpunkt erstellt wurde (z.B. dem Revokationszeitpunkt des Zertifikates). Dadurch bewahrt eine digitale Signatur ihre Gültigkeit. Mit Zeitstempeln lässt sich auch die zeitliche Anordnung von mehreren Ereignissen nicht widerlegen (z.B. das Erstellen, Absenden und Eintreffen eines Dokumentes).

2.2.5 Non-repudiation

Tauschen sich zwei Parteien Nachrichten gegeneinander aus, so könnte der Sender bestreiten, eine bestimmte Nachricht abgeschickt zu haben. Er könnte behaupten, diese Nachricht wäre gefälscht worden. Ebenso könnte der Empfänger einer bestimmten Nachricht den Erhalt dieser Nachricht ableugnen. Zur Lösung von solchen Konflikten ist ein Non-repudiation Service notwendig. Dieser erzeugt und sammelt Beweise, mit deren Hilfe man eine neutrale Instanz überzeugen kann, dass eine bestimmte Person eine bestimmte Aktion ausgeführt hat.

In diesem Fall müsste der Non-repudiation Service beim Absenden einer Nachricht den Beweis erzeugen, dass der Sender die Nachricht erzeugt und abgeschickt hat (Evidence of Origination, Evidence of Submission). Ebenso müsste der Dienst beim Empfang einer Nachricht den Beweis erzeugen, dass der Empfänger die Nachricht erhalten und gelesen hat (Evidence of Receipt).

---

[3] Ein Schlüsselpaar kann auch der Antragsteller selbst generieren und den Public Key der CA zusenden.

Der Non-repudiation Service umfasst Mechanismen zum Erzeugen, Prüfen, Übermitteln und Archivieren von Beweisen[4]. Bestimmte Non-Repudiation-Mechanismen erfordern zusätzlich für die Beweisgenerierung und Verifikation eine Trusted Third Party (TTP). Im Streitfall werden die Beweise an eine autorisierte Schlichtungsinstanz eingereicht und von dieser überprüft.

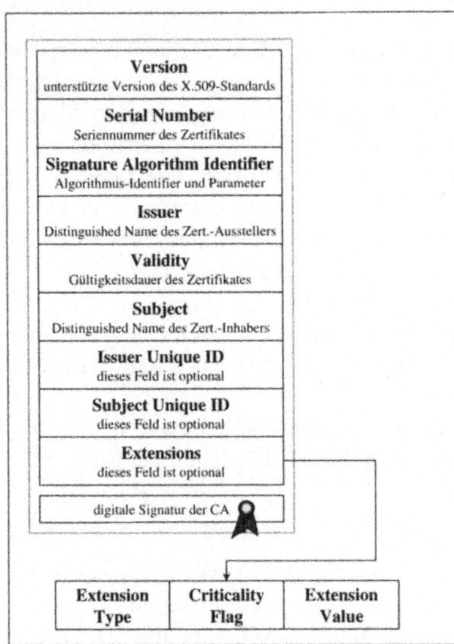

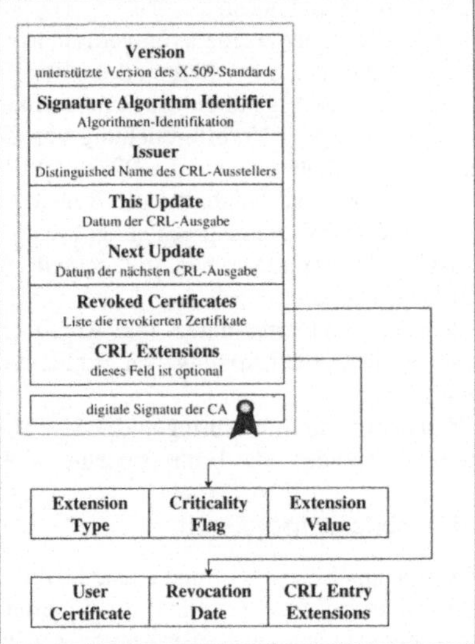

Abb. 3 Struktur eines X.509-Zertifikates   *Abb. 4 Struktur einer X.509-Sperrliste (CRL)*

2.3 Ausweiswasserzeichen: Ein Beispielszenario für Wasserzeichen und PKI

Digitale Wasserzeichen zur Überprüfung von Ausweisdokumenten können mit fragilen Verfahren erstellt werden, die ein Wasserzeichen zerbrechlich einfügen, um Manipulationen zu erkennen. Bei fragilen Wasserzeichen müssen die Aspekte der Veränderung von Mediendaten berücksichtigt werden. Bei Multimediadatenformaten kann sich die Syntax (der Bitstrom) verändern, ohne dass dadurch die Semantik beeinflusst wird – sei es beispielsweise durch Übertragungsfehler, Kompression oder Skalierung. Daher wird statt der Syntax der Daten ihre Semantik gesichert, um die Integrität der Bilddaten zu sichern. Um unerlaubte Manipulationen zu erkennen, müssen inhaltsbasierte Wasserzeichenverfahren verwendet werden [Ditt00]. Hier werden robuste Wasserzeichentechniken als Ausgangsbasis genommen.

Verwendet man robuste Verfahren, so ist man meist nicht in der Lage, Veränderungen am Bild zu erkennen. Im vorgestellten Szenario können robuste Wasserzeichenverfahren verwendet werden, wenn man die einzubettende Information vom Inhalt abhängig macht und somit eine Überprüfung der Integrität erfolgen kann. Dazu werden sollten digitale Signaturen verwendet werden.

Die Ansätze zum ID-Cardwasserzeichen von Digimarc und Signum klingen sehr vielversprechend. Da Ausweise einem hohen Potential an Angriffsversuchen unterliegen, muss evaluiert werden, welche Designanforderungen ein solches Wasserzeichen haben muss, um tatsächlich zusätzliche Sicherheit bieten zu können. Am Beispiel des Kopierangriffs diskutieren wir in

---

4 Bei Archivierung über lange Zeiträume, muss auf die Gültigkeitsdauer der bei der Beweisgenerierung verwendeten Kryptoalgorithmen geachtet werden.

diesem Abschnitt praktische Vorgehensmodelle von Angreifern und deren Erfolgsaussichten [DiBe01]. Die Kategorie der Protokollangriffe, vor allem der Kopierangriff (in der Literatur als Watermark Copy Attack, [KVH2000] beschrieben) eröffnet ein besonderes Risikopotential, da Angreifer daran interessiert sein werden, gültige Ausweiskopien mit gefälschtem Foto zu produzieren, um sich eine andere Identität zu verschaffen.

Betrachtet man das Ausweisszenario, so kann der Kopierangriff in blinde und nicht blinde Verfahren unterschieden werden [DiBe01]. Nicht-blinden Angriffen liegt das Originalpassfoto vor, welches nach derzeitig gängiger Praxis bei der Beantragung eines Personal- oder Firmenausweise vorgelegt wurde. Blinde Angriffe hingegen können nicht auf das Originalpassfoto zurückgreifen. Weiterhin können blinde und nicht blinde Verfahren in Mitwirkung und in ohne Mitwirkung des Ausweisinhabers unterschieden werden:

Nicht blinde Verfahren, Original oder dem Original sehr ähnliches Bild ohne Wasserzeichen liegt vor:

- o Bei der Mitwirkung des Ausweisinhabers bei einem nicht blinden Verfahren ist davon auszugehen, das der Angreifer über das Original und das mit einem Wasserzeichen markierte Bild/Ausweisfoto verfügt.
- o Ohne Mitwirken des Ausweisinhabers muss der Angreifer in Besitz des Originals kommen, wie zum Beispiel durch Diebstahl. Oder er versucht, den Ausweisinhaber in einer sehr ähnlichen Situation zu fotografieren und ein dem Original ähnliches nicht markiertes Bild zu erstellen.

Blinde Verfahren, Original liegt nicht vor:

- o Bei Mitwirkung des Ausweisinhabers kann versucht werden das Original nachzustellen und entsprechend zu retuschieren, um den Kopierangriff zu starten.
- o Ohne Mitwirkung des Ausweisinhabers kann mit Hilfe einer Fotomontage versucht werden, das Wasserzeichen zu kopieren und ein neues markiertes Bild zu konstruieren. Es eignen sich vorrangig moderne Bildbearbeitungsprogramme zum Retuschieren und Montieren des Bildmaterials der Zielperson. Mit Hilfe von einfachen Bildbearbeitungsmethoden wie Ausschnittsbildung, aber auch komplizierten Verfahren wie Morphing bieten gerade gängige Programme aus der Sharewareszene alle nötigen Hilfsmittel zur hochwertigen Bildmanipulation.

Betrachtet man das Vorgehen eines Kopierangriffs im Detail, so können die nicht-blinden Verfahren direkte Differenzbildangriffe durchführen, in dem Original und Wasserzeichenbild verglichen werden und die detektierte Differenz direkt auf ein drittes Bild übertragen wird.

Blinde Angriffe können die eingebrachte Wasserzeicheninformation nicht so einfach detektieren. [KVH2000] beschreibt ein Verfahren, welches auf Prädiktion beruht, siehe dazu Details in Endversion. Weiterhin ergeben sich jedoch durchaus sehr einfache Möglichkeiten, das Wasserzeichen durch spezielle Differenzbildungen zu kopieren, siehe folgendes Kapitel Testszenarien.

Wir haben Versuche zu Angriffen gegen Ausweiswasserzeichen durchgeführt. Diese zeigen, dass durch einfache Bildverarbeitungsoperationen das legitimierende Wasserzeichen von einem Ausweis auf eine Fälschung übertragen werden kann. Die Schwachstellen lassen sich auf das Szenario zurückverfolgen: Das Wasserzeichen muss einerseits zur Verifikation über die digitale Kamera aufgenommen und überprüft werden können, so dass eine generelle Robustheit gegenüber Druck und optischem Scan, leichten Größenänderungen (Skalierungen), Rotation und dem Kamera-Fischaugeneffekt gegeben sein muss. Andererseits soll das Wasserzeichen Veränderungen anzeigen. Beide Ziele können derzeit nur schwer gleichzeitig optimiert werden.

Ein weiteres Problem liegt darin, dass das Wasserzeichen eingebracht wird, ohne bildinhärente Eigenschaften zu berücksichtigen. Das in [Dit2000] vorgestellte SSP-Wasserzeichen, welches bildinhärente Eigenschaften nutzt, bietet Lösungsmöglichkeiten für den Kopierangriff. Ist das Wasserzeichen inhaltsabhängig, kann es zwar übertragen, beim Auslesen über den geänderten Inhalt aber nicht wieder gefunden werden. Allerdings muss das in [Dit2000] vorgestellte Verfahren an das Ausweiswasserzeichenszenario angepasst und hinsichtlich seiner Sicherheit überprüft bzw. erweitert werden.

Ebenso wichtig ist die Schlüsselproblematik: Ist es möglich, ein öffentlich verifizierbares Verfahren für Ausweiswasserzeichen zu entwickeln ? Hier wird eine Kombination mit einer PKI angestrebt. Es muss untersucht werden, wie hoch die Kapazität der Wasserzeichenverfahren ist, um eine digitale Signatur einbinden zu können und wie man dem Kopierangriff vorbeugt. Inhaltsbasierte Wasserzeichen könnten so eingesetzt werden, dass der Inhaltsauszug signiert und dann eingebettet wird. An dieser Stelle müssen die selben Kapazitätsbetrachtungen wie für das Direct Embedding erfolgen. Alternativ kann man mit inhaltsbasierten Signaturen arbeiten.

Um dem Kopierangriff vorzubeugen, kann man entweder das Wasserzeichenverfahren vom Inhalt des Bildes abhängig machen, oder die einzubettende Information. Im letzteren Fall bietet sich die Nutzung von sogenannten inhaltsbasierte Signaturen an. Grundsätzlich muss man bei der Echtheitsprüfung von Daten, der Verifizierung, zwei Konzepte unterscheiden: die vollständige Verifizierung und die inhaltsbasierte Verifizierung [DiSt99].

Bei der vollständigen Verifizierung werden die Daten als unveränderbare Nachrichten angesehen. Die zu prüfenden Daten werden nur als echt anerkannt, wenn keine Manipulationen vorliegen, d.h. die zu testenden Daten genau den Daten des Originals entsprechen. Eine praktische Umsetzung der vollständigen Verifizierung für Bilddaten lässt sich durch Benutzung des Wertes einer Einweg-Hash-Funktion des Urbildes erreichen. Dieser Hashwert dient dann, mit dem geheimen Schlüssel des Urhebers verschlüsselt, als digitale Signatur der Bilddaten und könnte mit einem Wasserzeichenverfahren eingebettet werden. Bei der Überprüfung wird aus der digitalen Signatur mit Hilfe des öffentlichen Schlüssels wieder der Hashwert der Originalnachricht ermittelt und mit dem Hashwert der zu testenden Daten verglichen. Werden Unterschiede festgestellt, wird das Testbild als manipuliert zurückgewiesen. Ein solches Verfahren ließe sich in Digitalkameras für den Überwachungsbereich oder Journalismus fest integrieren: Erzeugte Bilder dieser Kameras würden automatisch mit einer Kennung versehen, die deren Authentizität und Integrität bestätigt, solange keine Veränderungen an den Bildern vorgenommen werden [Fri1993].

Im Ausweiswasserzeichen-Szenario unterliegt der Ausweis jedoch einem Alterungsprozess und bei der Erstellung einer digital-analog-Wandlung sowie im Ausleseprozess einer analog-digital-Wandlung. Hierbei wird das Bildmaterial geändert und es treten Übertragungsfehler auf, so dass die digitale Signatur des Urhebers ungültig würde, da die Daten nur auf Originalzustand überprüft werden können. Diese Prozesse (Alterung, Analog-digital Wandlungen) ändern Bildpunktwerte aber nicht seinen Inhalt. Die Bedeutung eines Bildes ist nicht abhängig von der digitalen Repräsentation, sondern ausschließlich vom Bildinhalt. So werden Veränderungen der Daten, welche die Bildaussage nicht ändern als zugelassene Bildveränderungen eingestuft.

Bei einer Inhaltsverifizierung werden aus dem Bild Merkmale extrahiert, die für den Bildinhalt spezifisch sind. Inhaltsrepräsentierenden Bildmerkmale werden auch als Merkmalsvektoren [ChSh1996] bezeichnet. In der Auswahl dieser Vektoren liegt der Unterschied der verschiedenen Verfahren für digitale inhaltsbasierte Signaturen. Die Qualität dieser Verfahren lässt sich an der Robustheit gegen erlaubte Veränderungen und an der Empfindlichkeit gegen inhaltsverändernden Manipulationen feststellen. Bei der Generierung und der Überprüfung muss das Verfahren zur Merkmalsextraktion bekannt sein. Dazu müssen die verwendeten Inhaltsauszüge des Bildes robust genug gegen zugelassene Bildveränderungen sein. Ansätze zur inhaltsbasierten Signatur lassen sich unter [Cylin] finden. Weitere Kriterien sind die Berechnungs-Komplexität und die Länge der generierten Inhaltsauszüge.

3 Design von neuen Sicherheitsdiensten

Aus softwaretechnischer Sicht bieten sich mehrere Möglichkeiten an, die im vorigen Kapitel beschriebenen Sicherheitsmechanismen zu implementieren und in Anwendungen zu integrieren. Bereits existierende Applikationen können leicht mit Hilfe von Plug-ins erweitert werden, oder die fehlende Funktionalität wird einfach an den entsprechenden Ort der Kommunikationsstrecke in Form von Applets oder Servlets heruntergeladen. Auch die Middleware ermöglicht, fehlende Funktionalität in Applikationen nachträglich einzubauen, ohne die Struktur des Anwendungskodes verändern zu müssen. Bevorzugt werden insbesondere Komponentenmodelle wie XML/SOAP (Extended Markup Language/Simple Object Access Protocol) oder Enterprise Java Beans. Vor kurzem verabschiedete die Object Management Group die neue Standardversion des Common Object Request Broker Architecture (CORBA3), die u.a. das CORBA Component Model (CCM) beinhaltet [OMG], [CCM01]. CORBA hat als Middlewareplattform den Vorteil, daß die Implementierung der Funktionalität nicht auf eine Programmiersprache beschränkt ist. Ferner verfügt CORBA schon recht lange über ein Sicherheitskonzept, das schon vielfach in der Praxis angewendet wurde und dessen Stärken und Schwächen mittlerweile bekannt sind [ScLa98].

Dieses Kapitel ist folgendermaßen gegliedert. Im Abschnitt 3.1 wird der Einsatz der OMG-Standards als Referenzarchitektur motiviert. Abschnitt 3.2 erläutert kurz das CORBA-Modell. Im Abschnitt 3.3 werden die CORBA Security Services beschrieben. Im Abschnitt 3.4 werden die aktuellen sicherheitstechnischen Erweiterungen in CORBA aufgezeigt.

3.1 Motivation einer CORBA-basierten Sicherheitsarchitektur

CORBA vereinfacht die Entwicklung von verteilten Anwendungen, die auch von grösseren Dimensionen sein können. Dies trifft auch zu, wenn komplexe Sicherheitsfunktionen zu realisieren sind. Dafür sprechen die folgenden charakteristischen Eigenschaften der CORBA-Plattform:

- CORBA verfügt über ein generisches Objektmodell, das ein breites Spektrum von Applikationen unterstützt.
- Der gesamte Nachrichtenaustausch in einem CORBA-System erfolgt über die zentrale Komponente Object Request Broker (ORB), was die Komplexität der Sicherheitsproblematik reduziert.
- Die CORBA Security Services weisen sowohl vom Transportsystem unabhängige (z.B. Kerberos) als auch abhängige Sicherheitsmechanismen (z.B. SSL) auf.
- Die auf einer recht hohen Abstraktionsebene konzipierten Anwendungsschnittstellen der CORBA Security Services erlauben einen kompletten Austausch von einzelnen Sicherheitsmechanismen, so daß die Anwendungsarchitektur erhalten bleibt[5].

3.2 Das CORBA-Modell

Da es zu diesem Thema eine recht umfassende Literatur gibt, werden hier nur die wichtigsten Merkmale von CORBA erwähnt. Für Interessenten, die mehr über CORBA und CORBA-Programmierung verstehen wollen, werden im Literaturverzeichnis dieses Beitrags einige Ausgaben mit unterschiedlichen thematischen Schwerpunkten vorgeschlagen [HeVi99], [Bal00], [VoDu98], [VoRa99].

Grundlage der Standardisierungsaktivitäten der OMG ist die Object Management Architecture (OMA). Wesentliche Aspekte in OMA sind die Festschreibungen des Objektmodells, der

---

[5] Gerinfügige Änderungen an den CORBA-Schnittstellen müssen jedoch vorgenommen werden, z.B. um Zertifikatattribute überprüfen zu können [LSAL01]

Schnittstellen der Architekturkomponenten sowie der Syntax der Interface Definition Language (IDL).

Die zentrale Komponente in der Architektur ist der Object Request Broker (CORBA Core Services). Zusammen mit dem Language Mapping für die jeweilige Zielsprache der Anwendungsprogramme ermöglicht der ORB innerhalb eines verteilten Systems eine Clientanfrage (Request) an eine Objektimplementierung zu senden. Letztere ist in dem Server-Kode enthalten. Der ORB ist verantwortlich für das Lokalisieren der Objektimplementierung im Netz, das Übertragen der Daten zum Zielrechner und für die Zustellung des Requests an die Objektimplementierung. Unterscheiden sich die Darstellungsformate der Daten in der Hardware des Client- und Serversystems, so werden die Daten noch vor der Zustellung des Requests vom ORB in das lokale Darstellungsformat konvertiert. Der Request bzw. die vom Client spezifizierte Operation wird letzendlich von einem Objekt bearbeitet, indem die Argumente der Operation modifiziert, ein Resultat berechnet oder der Zustand des Objekts verändert wird. Erwartet der Client den Output der Operation, so erfolgt der Nachrichtentransfer ebenfalls über den ORB. Der ORB kann dem Client garantieren, daß die Operation ausgeführt wurde, es sei denn, die Operationssemantik war „best effort". Konnte die Operation aufgrund eines aufgetretenen Fehlers in der Anwendung oder im ORB-System nicht erfolgreich zu Ende ausgeführt werden, liefert der ORB eine Ausnahmezustandsmeldung (Exception) zurück.

Neben dem Object Request Broker oder CORBA Core standardisiert die OMG drei weitere Dienstgruppen [OMG01]. Die Common Object Services oder auch CORBAservices genannt, stellen elementare betriebssystemähnliche Funktionen bereit, die ein virtuelles bzw. ein Objektnetz allgemein benötigt. Dazu zählen u.a. Naming, Life Cycle, Event, Transaction, Time, Trading und auch Security Services, die im nächsten Abschnitt vorgestellt werden. Die Gruppe CORBA Common Facilities stellen endnutzer-orientierte Dienste dar, die Gruppe CORBA Domains enthält branchenspezifische Dienste (Finance, Healthcare, Telecommunications, Manufacturing, Business).

3.3 Die CORBA Security Services (CORBAsec)

Das Ziel der CORBA Security Services ist die Durchsetzung der Vertraulichkeit, Integrität und Verantwortlichkeit. Hierzu gehören Authentisierung des Client und Servers, Verschlüsselung und Integritätsprüfungen von Nachrichten, Zugriffskontrolle für den Aufruf von Objekten, Protokollierung von Systemaktionen, sowie die Erzeugung und Prüfung von Non-Repudiation-Beweisen. Das Sicherheitsmodell von CORBA ist verglichen mit dem Modell von SSL recht komplex. Die Gründe dafür sind einerseits der Umfang der Sicherheitsanforderungen an die CORBA Security Services [OM98] und andererseits die Komplexität des Objektinteraktionsmodells. In CORBA gibt es keine starren Client-Server-Beziehungen wie in den typischen SSL-basierten Kommunikationsszenarien. Ein CORBA-Objekt kann beide Rollen annehmen, so daß Operationsaufrufe sowohl an andere Objekte weitergeleitet werden, als auch in beiden Richtungen zwischen zwei interagierenden Objekten stattfinden können, z.B. wenn Callback-Operationen verwendet werden.

Nachfolgend werden die Hauptelemente des Sicherheitsmodells knapp erläutert. Ausführlichere Abhandlungen zu diesem Thema finden sich in [Bla00], [ScLa98], [La97], [La00]:

Credential Object: Credentials werden nach erfolgter Authentisierung beim lokalen Zugang erzeugt und enthaltenen die gesamte Identitäts- und Privileginformation eines Principals. Die Credential-Objekte dienen als Informationsquellen für nachfolgende Sicherheitsoperationen, wie Aufbau einer sicheren Session, Zugriffskontrollentscheidungen, Erzeugung von Audit Records oder Non-Repudiation-Beweisen.

PrincipalAuthenticator: Dieses Authentisierungsobjekt ist die Schnittstelle zur Anwendung (z.B. Login-Fenster), prüft die Nutzereingaben (Name, Passwort) und erzeugt das Credential-

Objekt. Dieses Objekt bietet interne Schnittstellen zum Funktionscode des Sicherheitsmechanismus.

Security Context Object: Das Security Context Object repräsentiert auf jeder Seite die sichere Client-Server-Assoziation[6] und führt die vereinbarten Maßnahmen zum Schutz der Kommunikation aus (z.B. Verschlüsselung der Nachrichten).

Objektreferenz (IOR): Die Objektreferenz spielt bei der Objektkommunikation in CORBA die zentrale Rolle. Mit der Objektreferenz ist jedes Objekt eindeutig identifizierbar und kann mit Hilfe des ORB lokalisiert werden. Der Methodenaufruf eines Objektes erfolgt dann in der gleichen Weise wie bei lokalen Objektsystemen. Wird nun ein Objekt in einer Object Domain des Servers erzeugt, so wird auch die Security Policy-Information dieser Domain in der IOR festgehalten. Der Client kann anhand der IOR feststellen, welche Sicherheitsvorgaben von der Gegenseite verlangt werden.

Security Policies und Domains:

Security Policies (siehe Abschnitt 2.1) können sich auf das System des Client oder des Servers beziehen. Diese werden in Policy-Objekten einer Security Domain verwaltet. Darüber hinaus definiert die CORBA Policies, die sich nur auf eine aktive Kommunikationsverbindung zwischen einem Client und einem Server-Objekt beziehen. Diese sind in der Objektreferenz eines jeden Objektes enthalten. Startet ein Client über den ORB-Mechanismus einen Objektaufruf, so kommt der Objektaufruf erst dann zustande, wenn der Policy-Enforcement-Mechanismus des ORB dies zulässt.

Policy Enforcement:

Das Policy Enforcement System setzt sich aus einem zentralen Objekt zusammen, das die Entscheidungslogik verkörpert. Bei der Entscheidungsfindung hat es den Zugriff auf die relevanten Informationsquellen wie Policy-Objekte, IORs, Context Setup Token, Credentials oder Zugriffskontrollisten.

Sicherheitsmechanismen:

Der Funktionscode der Sicherheitsmechanismen ist in den Objekten des CORBA Security Service gekapselt und nach außen unsichtbar. Der CORBA-Standard überlässt es den Produktherstellern, welche Mechanismen sie implementieren sollen, definiert aber Konformitäts- und Interoperabilitätskriterien. Angaben zu konkreten Sicherheitsmechanismen in der Spezifikation beziehen sich nur auf Authentisierung und Nachrichtenschutz, wobei Sicherheitsmechanismen wie Kerberos, SPKM, SESAME und SSL angesprochen werden. Der interne Zugriff auf den Funktionscode der Sicherheitsmechanismen erfolgt – außer bei SSL – über die GSS-API[7].

3.4 Erweiterungen der CORBA-Sicherheitsplattform:

3.4.1 Implementierung der SSL-Funktionalität

Da SSL ein transportabhängiges Sicherheitsprotokoll ist, das z.Z. noch nicht über GSS-API eingebunden ist[8], haben Produkthersteller von CORBA SSL über proprietäre Schnittstellen in die CORBA Security Services eingebunden. Sie bedienten sich der sogenannten „Interceptoren". Die Interceptoren des Security Service können im Nachrichtenpfad des ORB den Aufruf und die Rückgabe der Operationen „abfangen" und entsprechend der auf Client- oder Server-Seite herrschenden Policies den Aufruf bzw. die Ausführung der Operationen beeinflussen.

---

[6] Es beinhaltet u.a. die Session Keys

[7] CORBA Security Service Architecture benutzt dazu eine eigene objektbasierte Schnittstelle, die auf GSS-API aufbaut.

[8] Im GLOBUS-Projekt wurde dieser Ansatz vorgenommen

Eine andere Möglichkeit bieten „Pluggable Protocols" des ORB. Mit deren Hilfe kann man das unter dem ORB befindliche Transportprotokoll durch ein anderes ersetzen. Damit ließe es sich bewerkstelligen, dass ein auf TCP basierter ORB dann auf SSL aufsetzen würde.

3.4.2 Anbindung der PKI-Funktionalität

Um die SSL-basierte ORB-Kommunikation auf Zertifikatbasis zu ermöglichen, ist eine PKI notwendig, die mindestens Zertifikate ausstellt und verifiziert. Die Anbindung kann
a) direkt im Funktionscode des SSL-Mechanismus, oder
b) auf Anwendungsebene über CORBA Interfaces
erfolgen. Da die Verwendung von Zertifikaten nicht nur für SSL, sondern auch für andere Applikationen, wie Wasserzeichen-basierte Authentisierungsmechanismen (siehe oben) vorgesehen ist, ist eine Anbindung auf CORBA-Ebene vorteilhafter. Das OMG-Konsortium hat dazu Ende des Jahres 1999 eine Schnittstellenspezifikation veröffentlicht, die den Status einer Revised Submission trägt und von dem australischen Forschungslabor DSTC Ltd. stammt. Die CORBA-Schnittstellen der PKI stellen sogenannte Wrapper für verschiedene Standardformate und Protokolle dar, so dass auch hier die CORBA-Applikationen nicht direkt auf den Funktionscode der PKI-Mechanismen zugreifen. Abbildung 5 zeigt dazu die Grundstruktur der PKI. Das Objekt *RegistrationAuthority* bearbeitet Anfragen bzgl. Zertifikatausstellung und Revokation, darüber hinaus führt es das Key Update und das Recovery von archivierten Schlüsseln aus. Das Objekt *CertificateAuthority* erbt die Schnittstelle von *RegistrationAuthority* und liefert zusätzlich CA-Zertifikate, CRLs und Objektreferenzen zu *CertificateStatusResponder* und *Repository*. Das Objekt *CertificateStatusResponder* führt Zertifikatstatusprüfungen aus, die sowohl Revokationslisten (CRLs) als auch Online-Verifikationsdienste (z.B. PKIX OCSP) unterstützen. Das Objekt *Repository* bietet Abfragedienste bzgl. unterstützter Verzeichnisschemata und Managementoperationen des Zertifikatauskunftdienstes.

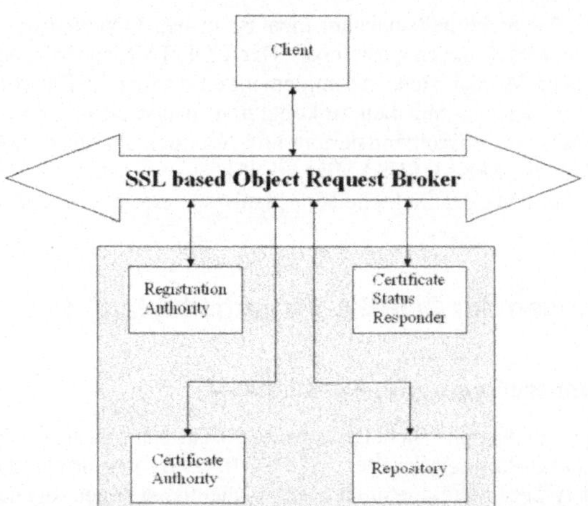

Abbildung 5: Grundstruktur einer PKI in einer CORBA-Umgebung

Es gibt eine Reihe von kommerziellen ORBs, die bereits das SSL-Protokoll unterstützen. Dazu gehören u.a. Inprise VisiBroker, Orbix von IONA und Dascom IntraVerse CORBA. Das Open Source-Produkt MICO [MICO], wurde kürzlich um Security Level 2 gemäß der CORBAsec-Version 1.7 erweitert (MICOsec) [ScLa00]. Der SSLIOP-Implementierung in MICO liegt OpenSSL/SSLeay zugrunde. MICO zusammen mit MICOsec erlaubt auch Anforderung, Überprüfung und Revokation von X.509-Zertifikaten auf der Basis der DSTC-Spezifikation, wozu zusätzlich eine Implementierung eines C++-Wrappers zur Anbindung von PKI-Algorithmen und kleine Erweiterungen in den CORBAsec-Schnittstellen (Repräsentation der CORBA-Sicherheitsattribute) notwendig waren[9] [LSAL01]. Schließlich war es auch möglich, die beiden Bibliotheken auf das Handheld iPaq H3600 von Compaq unter Linux erfolgreich zu portieren und testen, was neue Möglichkeiten eröffnet, Benutzerschnittstellen und sichere Applikationen auf der Basis des CORBA-Standards zu entwickeln [LSAL01].

4 Zusammenfassung und Ausblick

Wir stellen neue Konzepte und Methoden zu Verbesserung der Sicherheit beim elektronischen Handel vor. Dabei liegt das Hauptaugenmerk auf die Verwendung und Erweiterung bereits vorhandener Sicherheitsarchitekturen. Als Beispielszenarien werden Online-Shop, Nutzungsverfolgung und Ausweiswasserzeichen betrachtet, wobei das Ausweiswasserzeichen ausführlich diskutiert wird. Dazu werden allgemeine Sicherheitsszenarien analysiert und in ihre Bausteine zerlegt: Digitale Wasserzeichen, digitale Signaturen, PKI, Zeitstempeldienst und Non-repudiation werden identifiziert und vorgestellt. Die in den Beispielszenarien beteiligten Sicherheitskomponenten werden in CORBA übertragen. Der CORBA Security Service wird vorgestellt, Schwerpunkte sind die vorhandenen Sicherheitsmechanismen und deren notwendigen Erweiterungen: Die Implementierung der SSL-Funktionalität und die Anbindung von PKI-Funktionaltät. Dabei bietet es sich an, Digitale Signatur und Digitales Wasserzeichen als Applikationsobjekte (CORBA-Klienten) für Front-ends in Sprachen wie C/C++ oder Java zu implementieren, die lediglich auf die Dienste der CORBA-Plattform zugreifen, selbst aber keine Dienste im CORBA-System anbieten.
Nach diesen grundlegenden Überlegungen muss nun die praktische Umsetzung angegangen werden. Nächstes Ziel sind Implementierung und Evaluierung der beschriebenen Abläufe. Erst mit den daraus entstehenden Ergebnissen kann eine Beurteilung über Umsetzbarkeit und Sicherheit der vorgeschlagenen Abläufe abgegeben werden.

5 Literatur

[Bal00]   Balen, H., *Distributed Object Architectures with CORBA*, Cambridge University Press, 2000, ISBN 0521654181

[Bla00]   Blakey, B. (1999). *CORBA Security*. Addison-Wesley.

[CCM01]   http://www.ditec.um.es/~dsevilla/ccm/

[ChSh1996]   Chang, Shih-Fu und Schneider, Marc: *A Robust Content Based Digital Signature for Image Authentication*, Proceedings of the International Conference on Image Processing, Lausanne, Switzerland, September 1996

[Cylin]   http://www.ctr.columbia.edu/~cylin/watauth/sari.html

[DiBe01]   Dittmann, Jana; Beier, Olaf: *Ausweiswasserzeichen: Angriffspotential in Theorie und Praxis*, eingereicht beim BSI-Kongress 2001

[Dig01]   Digimarc, MediaBridge, www.digimarc.com

[DiSt99]   Dittmann, Jana, Steinmetz, Arnd, Steinmetz, Ralf: *Content-based Digital Signature for Motion Pictures Authentication and Content-Fragile Watermarking.* In: IEEE Multimedia Systems '99, Int. Conference on Multimedia Computing and Systems, June 7-11, Florence, Italy, Vol. 1, pp. 209-213, 1999

[Ditt00]   Dittmann, Jana: *Digitale Wasserzeichen*, Springer Verlag, 2000.

---

[9] Derzeit als eine prototypische Anwendung von MICO/MICOsec implementiert.

[Fri1993]   G. Friedman, *The trustworthy digital camera: Restoring credibility to the photographic image*, IEEE Transactions on Consumer Electronics, vol.39, pp 905-910, November 1993

[HeVi99]   Henning, M., Vinoski, S., *Advanced CORBA Programming with C++*, Addison Wesley Professional Computing Series, 1999

[Ke00]   Kehr, R., *Untersuchung der Einsetzbarkeit mobiler Endgeräte für einen sicheren CORBA Object Request Broker*, Dez. 2000

[KVH2000]   M. Kutter, S. Voloshynovskiy, A. Herrigel: *Watermark Copy Attack*, in: Proceedings of SPIE: Security and Watermarking of Multimedia Contents II, 24-26 January, San Jose, California, USA, Vol. 3971, pp. 371-381, 2000.

[La00]   Lang, U. und Schreiner, R., *Flexibility and Interoperability in CORBA Security*. Elsevier, 2000

[La97]   Lang, U. (1997). *CORBA Security – Security Aspects of the Common Object Request Broker Architecture*. M.Sc. Information Security 1996/1997.

[LSAL01]   Lang, U., Schreiner, R., Alireza, A., Lorang, G., *Eine Open-Source Implementierung der CORBA Sicherheitsdienste*, 7. Deutscher IT-Sicherheitskongress, 15.01.2001

[MICO]   http://www.mico.org

[OM00]   OMG (2000). *The Common Object Request Broker Architecture and Specification*.

[OM98]   OMG (1998). *CORBA Security Services Specification*.

[OM99]   OMG(1999). *CORBA Security Services Draft Version 1.7*.

[OMG]   http://www.omg.org

[OMG01]   http://www.omg.org/technology/documents/formal/

[RPP99]   Römer, K., Puder, A. and Pilhofer, F. (1999). *MICO is CORBA, An Open Source CORBA 2.3 Implementation*. Morgan Kaufman Publishers.

[ScLa00]   Schreiner, R. und Lang, U. (2000). *MICOSec User's Guide*.

[ScLa00a]   Schreiner, R. und Lang, U. (2000). *MICO Reference Manual*

[ScLa98]   Lang, U. und Schreiner, R. (1998). *Schutz und Trutz, Sicherheit in CORBA-basierten Systemen*. iX 10/1998.

[VoDu98]   Vogel, A., Duddy, K., *JAVA Programming with CORBA*, 2nd Edition, John Wiley & Sons, Inc., 1998

[VoRa99]   Vogel, A., Rangarao, M., *Programming with Enterprise Java Beans*, JTS and OTS], John Wiley & Sons, Inc., 1999

Steganographie unter Erhalt statistischer Merkmale

Elke Franz

TU Dresden, Institut für Systemarchitektur, ef1@inf.tu-dresden.de

Zusammenfassung

Steganographische Systeme der ersten Generation versuchen, die Coverdaten nicht wahrnehmbar zu ändern. Erfolgreiche Angriffe zeigen jedoch, daß dies nicht ausreichend für sichere Steganographie ist. Das Wissen über die Charakteristik der Coverdaten stellt den wichtigsten Angriffspunkt auf steganographische Systeme dar. Zielstellung dieses Artikels ist es, statistische Auswertungen der Coverdaten (hier: Bilder) als Kriterium für steganographische Operationen zu motivieren und Lösungsansätze aufzuzeigen.
Statistische Eigenschaften der Coverdaten werden bislang nur wenig oder nicht von Stegoprogrammen beachtet. Verschiedene Einbettungsoperationen für das Verstecken von Daten in Bildern werden daraufhin untersucht, ob sie die Statistik erster Ordnung erhalten. Für die „klassische" Einbettungsmethode „Überschreiben der niederwertigsten Bits" wird eine Modifikation beschrieben, welche das Überschreiben ohne Veränderung der Verteilung erlaubt. Der Erhalt der Statistik erster Ordnung ist ein notwendiges, aber kein hinreichendes Kriterium für den Erhalt der Charakteristik der Coverbilder beim Einbetten. Die Beschreibung der Bildstruktur durch Statistiken höherer Ordnung wird als weiteres Kriterium vorgeschlagen. Erste Lösungsansätze mit Hilfe von Grauwertübergangsmatrizen werden skizziert.

1 Einführung: Steganographie und Angriffe

Ziel der Steganographie ist das Verbergen von Nachrichten innerhalb anderer, unauffälliger Daten (als Coverdaten bezeichnet, z.B. Bild-, Audio- oder Videodaten). Das Ergebnis dieser Operation bezeichnet man als Stegodaten. Die Stegodaten werden zum Empfänger übertragen, welcher aus ihnen wieder die geheime Nachricht extrahieren kann [Pfit_96]. Die Steganographie bietet damit die Möglichkeit zur vertraulichen Kommunikation, ohne daß das Stattfinden der Kommunikation an sich entdeckt wird.

Angriffe auf steganographische Systeme (z.B. [JoJa_98, WePf_99, West_01]) haben das Ziel, die Anwendung von Steganographie zu entdecken. Der Ansatz für die Angriffe liegt in der Feststellung der Veränderungen, die durch das Einbetten an den Coverdaten durchgeführt werden. Erfolgreichen Angriffen gelingt es, Unterschiede zwischen der Charakteristik der Cover- und der Stegodaten auszumachen. So stellen die in [WePf_99] beschriebenen visuellen Angriffe die Veränderung der Charakteristik der niederwertigsten Bits fest, die statistischen Angriffe weisen typische Modifikationen der Verteilung der Grauwerte durch bestimmte Einbettungsoperationen nach.

Den wichtigsten Angriffspunkt auf steganographische Systeme stellt somit immer die Frage dar, wer über die bessere Modellierung der Coverdaten verfügt: der Designer des steganographischen Systems oder der Angreifer. Dieses Problem wurde bereits in [Ande_96] genannt. Die Modellierung der Coverdaten soll entweder die indeterministischen Stellen des Covermediums liefern, deren Änderung nicht feststellbar ist, oder verdeutlichen, welche Änderungen durch das Einbetten hervorgerufen werden, um diese auszugleichen bzw. zu verhindern.

Wird die Einbettungsrate herabgesetzt, sinkt die Wahrscheinlichkeit für die Veränderungen der Charakteristik. Je höher die Einbettungsrate ist, desto besser muß die Modellierung der Coverdaten sein. Eine unentdeckbare Einbettung bei Ausnutzung der vollen Einbettungskapazität erscheint nur dann möglich, wenn die Coverdaten korrekt modelliert werden können.

2 Beschreibung der Charakteristik der Coverbilder

Zur Beschreibung der Charakteristik von Bildern können verschiedene Merkmale ausgewertet werden. Aus diesen Merkmalen lassen sich Kriterien formulieren, welche die von den Stego-programmen angewendeten Einbettungsoperationen erfüllen müssen. Die erste Forderung besteht natürlich darin, so einzubetten, daß dies nicht schon durch bloßes Betrachten der Stego-bilder auffällt. Die visuelle Nichtwahrnehmbarkeit der steganographischen Modifikationen ist die Forderung, die von Stegoprogrammen der ersten Generation umgesetzt wird.

Die erfolgreichen Angriffe zeigen jedoch, daß die Erfüllung dieser Forderung nicht hinreichend für sichere Steganographie ist. Das visuelle System des Menschen ist überhaupt nicht in der Lage, alle in einem Bild enthaltenen Informationen wahrzunehmen, ein Umstand, welcher bei der verlustbehafteten Kompression ausgenutzt wird. Statistische Auswertungen der Bilddaten können signifikante Unterschiede zwischen augenscheinlich gleichen Bildern nachweisen.

Die Beschreibung der Bilder mit Hilfe weiterer Merkmale ist darum notwendig. Hier sollen statistische Merkmale der Bilder betrachtet werden. Eine Liste möglicher Kriterien, die sich daraus ergeben, könnte sein:

- visuell nicht wahrnehmbare Modifikation des Covermediums,
- Erhalt der Grauwertverteilung (Statistik erster Ordnung) und
- Erhalt der Bildstruktur (Statistiken höherer Ordnung).

Die beim Einbetten notwendigen Modifikationen des Covermediums dürfen nicht zu signifi-kanten Änderungen der Charakteristik dieser Merkmale führen. Einbettungsoperationen sind nur dann geeignet, wenn sie so definiert bzw. modifiziert werden können, daß diese Forde-rung erfüllt wird. Sichere Steganographie kann jedoch nur mit einer „Menge hinreichender Kriterien" erreicht werden. Es kann nie ausgeschlossen werden, daß ein Angreifer Merkmale findet, anhand derer er erfolgreich zwischen „normalen" Bildern und Stegobildern unterschei-den kann.

Die Erfüllung des ersten Kriteriums wird im folgenden nicht weiter besprochen, da sie vor-ausgesetzt wird. Der Erhalt der Statistik der Coverdaten ist ein weiterführendes Kriterium, mit dem sich Stegoprogramme der ersten Generation nicht beschäftigt haben. Es existieren stega-nographische Algorithmen der zweiten Generation, welche aus erfolgreichen Angriffen ent-standen sind und die Statistik erster Ordnung erhalten [West_01]: Im steganographischen Al-gorithmus F4, einer Verbesserung des Algorithmus „JSTEG", wird beim Einbetten die Ver-teilung der DCT-Koeffizienten des Coverbildes so verändert, daß dies mit einer stärkeren Kompression begründet werden kann. Das steganographische Tool „OutGuess" von Niels Provos verbessert den Algorithmus „JSTEG", so daß die Statistik erster Ordnung erhalten bleibt: Die Veränderungen eines Wertes durch das Einbetten wird an einer anderen Stelle kompensiert. Es handelt sich bei diesem Algorithmus um eine Reaktion auf den erfolgreichen statistischen Angriff auf das Stegotool „JSTEG".

Die betrachteten Einbettungsoperationen zum Verstecken von Daten in Bildern werden in Kapitel 3 vorgestellt. In Kapitel 4 werden andere Möglichkeiten vorgestellt, die Einbettungs-operationen so zu definieren, daß die Statistik erster Ordnung trotz steganographischer Ände-rungen erhalten bleibt. Statistiken höherer Ordnung wurden bislang nicht von Stegoprogram-men beachtet. Ansätze zur Beschreibung dieses Kriteriums im Hinblick auf Steganographie werden in Kapitel 5 diskutiert.

3 Einbetten von Daten in Bildern

3.1 Einbettungsoperationen

Der Erhalt der Verteilung der Grauwerte soll an folgenden Einbettungsoperationen untersucht werden, denen gemeinsam ist, daß die Nachricht in die niederwertigsten Bits des Covers kodiert wird:

- Überschreiben der niederwertigsten Bits,
- Addition der Nachricht,
- Austausch der Grauwerte und
- Erzeugen passender Differenzen.

Das *Überschreiben der niederwertigsten Bits* ist die „klassische Methode", Daten unbemerkt einzubetten. Die Änderung der niederwertigsten Bits ist durch bloßes Betrachten natürlich nicht feststellbar, statistische Auswertungen weisen jedoch die Änderungen nach. Diese Operation kann leicht so modifiziert werden, daß die Statistik erster Ordnung erhalten bleibt.

Eine weitere Variante ist das Einbetten mittels *Addition einer Zufallszahlenfolge*. Dabei werden die Modifikationen für jedes Pixel mit gleicher Wahrscheinlichkeit durchgeführt.

Auch durch *Austausch der* im Bild vorhandenen *Grauwerte* kann eingebettet werden. Damit die Nachricht aus den niederwertigsten Bits des Stegobildes augelesen werden kann, werden die Grauwerte eines (eng gefaßten) Helligkeitsbereiches permutiert. Es wäre auch möglich, immer in direkter Nachbarschaft Pixel zu tauschen. Stimmt das niederwertigste Bit mit dem einzubettenden Nachrichtenbit nicht überein, wird im definierten Suchbereich nach einem Grauwert passender Helligkeit gesucht, dessen niederwertigstes Bit dem Nachrichtenbit entspricht. Diese Pixel werden vertauscht.

Es können natürlich nur Pixel getauscht werden, welche an keinen Kanten liegen. Um diese Entscheidung auch für den Empfänger nachvollziehbar zu machen, muß eine etwas größere Umgebung als der Suchbereich ausgewertet werden. Demnach kann das jeweils letzte Pixel eines Grauwertbereiches nicht mehr getauscht werden. Um die Wahrscheinlichkeit für das Auffinden eines passenden Pixels zu erhöhen, kann der Suchraum erweitert werden. Die Vereinfachung der Permutation durch Tausch benachbarter Pixel ist nur sinnvoll, wenn es größere zusammenhängende Gebiete ähnlicher Helligkeit im Bild gibt. Da die vorhandenen Grauwerte nicht geändert werden, erhält diese Variante die Statistik erster Ordnung.

Das Einbetten durch *Erzeugen passender Differenzen* bezieht sich auf das in [FrPf_99] vorgestellte Stegoparadigma. Um Cover-Stego-Angriffen zu widerstehen, sollen durch das Einbetten plausible Differenzen zwischen Cover- und Stegodaten generiert werden. Ein steganographisches System soll dazu einen üblichen, datenverändernden Prozeß nachbilden. Wenn diese Anforderung erfüllt wird, dann erzeugt das Stegosystem beim Einbetten Differenzen zwischen den Cover- und Stegodaten, welche auch bei der Verarbeitung des Coverbildes durch den nachgebildeten Prozeß entstehen könnten. Darüber hinaus gehört das Stegobild zur Menge möglicher Ausgabedaten des natürlichen Prozesses und hat damit die Charakteristik eines solchen Bildes.

Als Prozeß wird das Scannen betrachtet. Dabei entsprechen die nachgebildeten Differenzen möglichen Differenzen zwischen wiederholten Scans derselben analogen Vorlage. Die hier betrachtete Einbettungsoperation nutzt das Rauschen aus, mit dem die gescannten Bilder überlagert sind, um die Daten einzubetten:

Die Untersuchungen des Rauschen liefern Häufigkeitsverteilungen der Differenzen in Abhängigkeit von der Helligkeit (signalabhängiges Rauschen). Anhand dieser Häufigkeitsverteilungen werden Differenzen generiert. Im für das Einbetten selektierten Grauwertbereich werden diese Differenzen so erzeugt, daß ihre Addition zu den Pixeln das Auslesen der Nachricht aus den niederwertigsten Bits dieser Pixel ermöglicht.

Diese Einbettungsoperation kann von vornherein so definiert werden, daß die Statistik erster Ordnung erhalten bleibt.

3.3 Verteilung der einzubettenden Nachricht

Die nachfolgenden Aussagen zur Verteilung der einzubettenden Nachricht werden in einigen Fällen zur Anpassung bzw. Definition der Einbettungsoperationen benötigt.

Die *Einbettungskapazität* eines Bildes gibt die Anzahl der Nachrichtenbits an, die ein Coverbild gemäß der benutzten Einbettungoperation aufnehmen kann. Die *Einbettungsrate* gibt an, wie viele Nachrichtenbits tatsächlich in die zur Verfügung stehenden Bits eingebettet werden. Bei allen vorgestellten Einbettungsoperationen wird die Nachricht in die niederwertigsten Bits des Covers hineinkodiert, d.h. sie kann direkt aus ihnen ausgelesen werden. Wird die volle Einbettungskapazität ausgenutzt, entspricht die Verteilung der niederwertigsten Bits nach dem Einbetten der Verteilung der Nachricht. Für eine verschlüsselte bzw. komprimierte Nachricht wird Gleichverteilung der Nullen und Einsen angenommen. Falls die Verteilung der Coverbits von dieser Verteilung abweicht, ist das ein Problem.[1]

Erster Ansatz zur Lösung des Problems: Die Einbettungskapazität wird so weit gesenkt, daß die vorliegende Verteilung durch eine andere Verteilung der Nachricht nicht spürbar verändert wird.

Eine exakte Übereinstimmung der Verteilungen von Cover- und Stegobild lässt sich erreichen, wenn die Verteilung der Nachrichtenbits entsprechend der Verteilung der Coverbits und der Einbettungsoperation angepasst wird.

Die Algorithmen zur Nachbildung einer beliebigen Verteilung (z.B. [Knut_97]) bieten keine eineindeutige Zuordnung und sind darum nicht verwendbar. Die Anpassung einer vorliegenden Verteilung an beliebige andere Verteilungen ist jedoch leicht möglich, beispielsweise mit folgender Methode:

1. Vor der Verschlüsselung der Nachricht wird in den ersten Block der Nachricht deren Länge kodiert. Anschließend werden die für die Zielverteilung notwendigen Füllzeichen angehängt.
2. Die so verlängerte Nachricht wird permutiert und eingebettet.
3. Nach dem Extrahieren wird die inverse Permutation durchgeführt.

Somit wird gesichert, daß die vorliegende Verteilung exakt den Anforderungen entspricht, welche durch Einbettungsoperation und Verteilung der Coverbits vorgegeben sind. Natürlich sinkt dabei die Einbettungsrate. Im folgenden wird davon ausgegangen, daß die Verteilung der Nachrichtenbits beliebig geändert werden kann.

Für die Bestimmung der erforderlichen Verteilung der Nachricht wird in manchen Fällen die Wahrscheinlichkeit benötigt, mit denen das niederwertigste Bit des Covers, in das eingebettet werden soll (im folgenden auch als *Coverbit* bezeichnet), geändert werden muß. Dies ist der Fall, wenn Cover- und Nachrichtenbit ungleich sind (p_{ungl}, Abbildung1). Da die Coverbits und die Nachrichtenbits voneinander unabhängig sind, kann diese Wahrscheinlichkeit durch Multiplikation berechnet werden.

Es gilt: $p_0 + p_1 = 1$, $q_0 + q_1 = 1$.

$$p_{ungleich} = p_0 q_1 + p_1 q_0$$

$$= p_0(1 - q_0) + (1 - p_0)q_0$$

---

[1] Das Problem wird in [Ande_96, AnPe_98] umgangen, indem anstelle der direkten Kodierung in die niederwertigsten Bits die Parität zusammengefaßter Pixelblöcke zum Einbetten benutzt wird. Durch die Wahl der Blockgröße läßt sich die Verteilung der Parität („Verteilung des Covers") beliebig nahe einer Gleichverteilung anpassen.

$$= p_0 - 2p_0 q_0 + q_0 \tag{1}$$

mit: p_0 Wahrscheinlichkeit, daß Coverbit eine Null ist
          p_1 Wahrscheinlichkeit, daß Coverbit eine Eins ist
          q_0 Wahrscheinlichkeit, daß Nachrichtenbit eine Null ist
          q_1 Wahrscheinlichkeit, daß Nachrichtenbit eine Eins ist

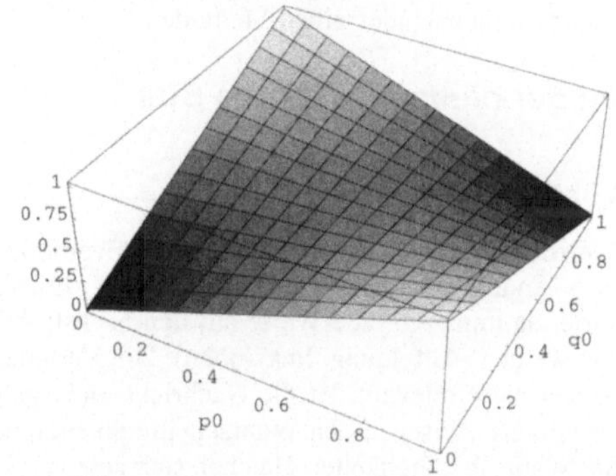

Abbildung 1: Wahrscheinlichkeit für Ungleichheit der Cover- und Nachrichtenbits in Abhängigkeit von deren Verteilung

Die Wahrscheinlichkeit, daß Cover- und Nachrichtenbits ungleich sind, beträgt genau dann 0,5, wenn einer der beiden Bitströme gleichverteilt ist.

4 Statistik erster Ordnung

4.1 Histogramme und daraus abgeleitete Kenngrößen

Wird die Statistik erster Ordnung eines Bildes ausgewertet, werden alle Grauwerte dieses Bildes als Realisierungen einer einzigen Zufallsvariablen aufgefaßt [VoSu_91]. Die Verteilung dieser Zufallsvariablen wird mittels Histogrammen beschrieben, welche die absoluten (Häufigkeitshistogramme) bzw. die relativen (Wahrscheinlichkeitshistogramme) Häufigkeiten der Grauwerte angeben. Aus diesen Histogrammen können statistische Kenngrößen wie z.B. Mittelwert und Varianz der Grauwerte geschätzt werden.

Es ist jedoch nicht möglich, die Struktur eines Bildes mit Hilfe der Statistik erster Ordnung zu beschreiben: Ein Bild, bestehend aus einer weißen und einer schwarzen Hälfte, hat dasselbe Histogramm wie ein Bild, auf dem dieselbe Anzahl weißer und schwarzer Pixel zufällig verteilt ist. Damit ist klar, daß auch das zweite Kriterium zwar notwendig, aber nicht hinreichend für ein sicheres Stegosystem ist.

4.2 Modell des Einbettens

Die Verteilungen der Grauwerte können als MARKOW-Quelle modelliert werden [KPSc_96]: Die Auftrittswahrscheinlichkeiten der Grauwerte (Zustände) hängen sowohl von den Auftrittswahrscheinlichkeiten der Grauwerte vor dem Einbetten als auch von der Übergangswahrscheinlichkeit ab.[2] Die Folge der Wahrscheinlichkeitsverteilungen wird als MARKOW-Kette bezeichnet.

Die Auftrittswahrscheinlichkeiten einer MARKOW-Kette sind i.allg. zeitlich veränderlich, während die Übergangswahrscheinlichkeiten zeitlich invariant sind. Die Auftrittswahrscheinlichkeiten der Grauwerte sind zunächst durch das Coverbild vorgegeben und werden durch das Einbetten verändert. Die Übergangswahrscheinlichkeiten sind durch die Einbettungsoperation und die Verteilung der Nachricht vorgegeben und somit konstant für das Einbetten einer Nachricht derselben Verteilung nach derselben Methode.

4.3 Überschreiben der niederwertigsten Bits

4.3.1 Problem des üblichen Ansatzes

Das Überschreibens der niederwertigsten Bits der Pixel des Coverbildes mit einer gleichverteilten Nachricht führt, wie Andreas Westfeld gezeigt hat [WePf_99], zur Pärchenbildung im Histogramm der Grauwerte, da immer gerade Werte auf den nächstgrößeren ungeraden Wert und umgekehrt abgebildet werden (Abbildung, links oben). Die Verteilung der Grauwerte vor dem Überschreiben ist dabei nicht relevant. Ist die Nachricht nicht gleichverteilt, kommt es zwar nicht zur Mittelwertbildung zwischen den Wahrscheinlichkeiten der Grauwerte mit den Indizes $2i$, $2i+1$, aber ihre Wahrscheinlichkeiten gleichen sich an.

4.3.2 Modifikation: Erhalt der Verteilung

Dazu ist die Verteilung der Nachrichtbits anzupassen. Die Auftrittswahrscheinlichkeiten der Grauwerte nach dem Einbetten können nach dem Satz von der vollständigen Wahrscheinlichkeit berechnet werden. Mit der Bedingung $p'_i = p_i$ läßt sich aus dieser Beziehung die erforderliche Verteilung der Nachrichtenbits ermitteln, hier beschrieben durch die Wahrscheinlichkeit einer Null im Nachrichtenstrom:

$$p'_{2i} = q_0\left(p_{2i} + p_{2i+1}\right)$$

$$q_0 = \frac{p'_{2i}}{p_{2i} + p_{2i+1}}$$

$$\text{mit } p'_{2i} = p_{2i}: \qquad q_0 = \frac{p_{2i}}{p_{2i} + p_{2i+1}} \qquad (2)$$

$$\text{mit: } q_0 + q_1 = 1,\ \sum_{j=0}^{255} p_j = 1,\ i = 0..127.$$

Die Verteilung bleibt also genau dann erhalten, wenn die Verteilung der Nachrichtenbits den Anteilen der „zugehörigen" Grauwerte an der Summe der Auftrittswahrscheinlichkeiten des betrachteten Pärchens entspricht (q_j gehört zu p_i, wenn gilt: $j = i\ mod\ 2$.) Im Gegensatz zur bisherigen Überschreibungsoperation können hier nur die Grauwerte dieses Pärchens überschrieben werden – dabei müssen dann natürlich alle Pixel dieser Grauwerte zum Einbetten benutzt werden. Die Summe der Auftrittswahrscheinlichkeiten des Pärchens bleibt immer erhalten, da keine Übergänge von anderen bzw. zu anderen Grauwerten möglich sind.

Bei wiederholter Einbettung einer Nachricht der gleichen Verteilung in dasselbe Bild berechnen sich die Auftrittswahrscheinlichkeiten der Grauwerte wie folgt:

---

2 Da die Auftrittswahrscheinlichkeiten nur vom letzten Ereignis abhängen, handelt es sich um eine MARKOW-Quelle erster Ordnung.

$$p'_{2i} = q_0\left(p_{2i} + p_{2i+1}\right)$$

$$p'_{2i+1} = q_1\left(p_{2i} + p_{2i+1}\right)$$

$$p'_{2i}+p'_{2i+1} = p_{2i}\left(q_0 + q_1\right) + p_{2i+1}\left(q_0 + q_1\right)$$

$$= p_{2i} + p_{2i+1}, \text{ da } q_0 + q_1 = 1.$$

$$p''_{2i} = q_0\left(p'_{2i}+p'_{2i+1}\right)= q_0\left(p_{2i} + p_{2i+1}\right)= p'_{2i}$$

$$p''_{2i+1} = q_1\left(p'_{2i}+p'_{2i+1}\right)= q_1\left(p_{2i} + p_{2i+1}\right)= p'_{2i+1}$$

Unabhängig von den vorliegenden Verteilungen wird in einem Schritt ein stationärer Zustand erreicht.

4.3.3 Erweiterung: Erhöhung der Einbettungsrate

Das Überschreiben lässt sich auch auf die Einbettung mehrerer Bits pro Grauwert erweitern. Statt benachbarter Grauwerte können nun jeweils Gruppen von $m = 2^b$ Grauwerten ineinander übergehen, wenn die b niederwertigsten Bits der Pixel mit den Nachrichtenbits überschrieben werden. Eine Gruppe umfasst die Grauwerte $g_{mi}..g_{mi+m-1}$. Die einzubettende Nachricht wird in n Blöcke B_n der Länge b unterteilt, wobei der letzte Block evtl. aufgefüllt wird. Ein Block kann $m = 2^b$ unterschiedliche Werte annehmen.

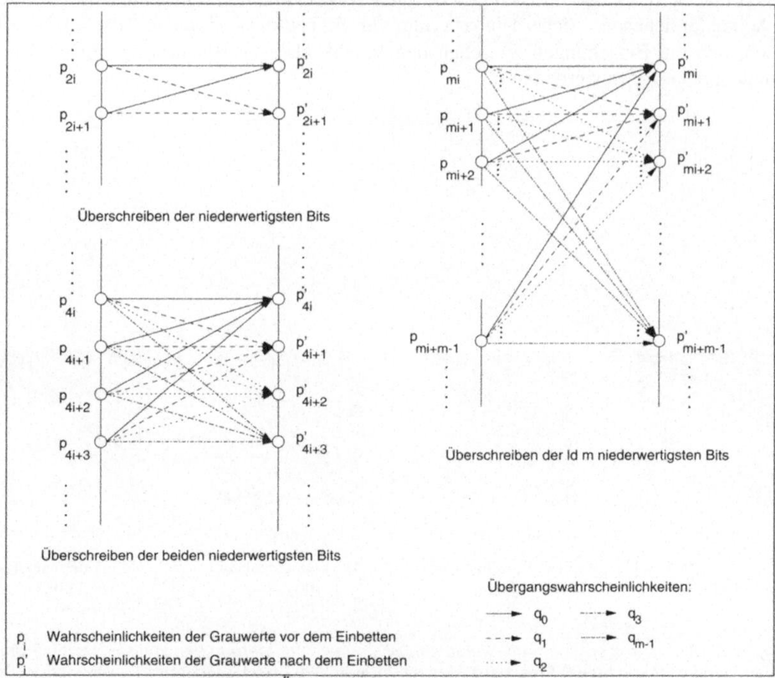

Abbildung 2: Überschreiben der niederwertigsten Bits

In Abbildung 2 ist links unten ein Beispiel für das Überschreiben der beiden niederwertigsten Bits gezeigt. Rechts daneben ist das Überschreiben allgemein angegeben. Genau wie beim Einbetten in das niederwertigste Bit bleiben die Auftrittswahrscheinlichkeiten der Grauwerte erhalten, wenn die Verteilung der Nachricht entsprechend angepaßt wird:

$$p'_{mi+j} = q_j \sum_{k=0}^{m-1} p_{mi+k}$$

$$\text{mit } p'_{mi+k} = p_{mi+k}: \qquad q_j = \frac{p_{mi+j}}{\sum\limits_{k=0}^{m-1} p_{mi+k}} \tag{3}$$

$$\text{mit: } j = 0..m-1, \quad i = 0..\left\lfloor \frac{255}{m} \right\rfloor, \quad \sum_{j=0}^{m-1} q_j = 1, \quad \sum_{l=0}^{255} p_l = 1, \quad q_j = p(B_j).$$

Die für Grauwertpärchen getroffenen Aussagen zum Erhalt der Summe der Auftrittswahrscheinlichkeiten zum wiederholten Einbetten gelten auch für Gruppen von Grauwerten.

4.3.4 Grenzen des Verfahrens?

Theoretisch (und mit geeigneten Verteilungen) wäre mit diesem Verfahren die Einbettung von 8 Bits pro Pixel möglich, ohne die Verteilung zu ändern! Allerdings würden dann auch die Bits der Pixel, welche die meisten Bildinformationen tragen, überschrieben. Bei einer Blocklänge von 8 Bit umfaßt die Gruppe der Grauwerte das gesamte Histogramm. Das Stegobild würde aus Bitgruppen der einzubettenden Nachricht bestehen und hätte dennoch das gleiche Histogramm wie das Coverbild. Dieses Beispiel zeigt deutlich, daß die Statistik erster Ordnung kein hinreichendes Sicherheitskriterium für Einbettungsoperationen ist. Es ist offensichtlich, daß die Beziehungen zwischen den Pixeln, also die Bildstruktur, mit in die Betrachtungen einbezogen werden muß.

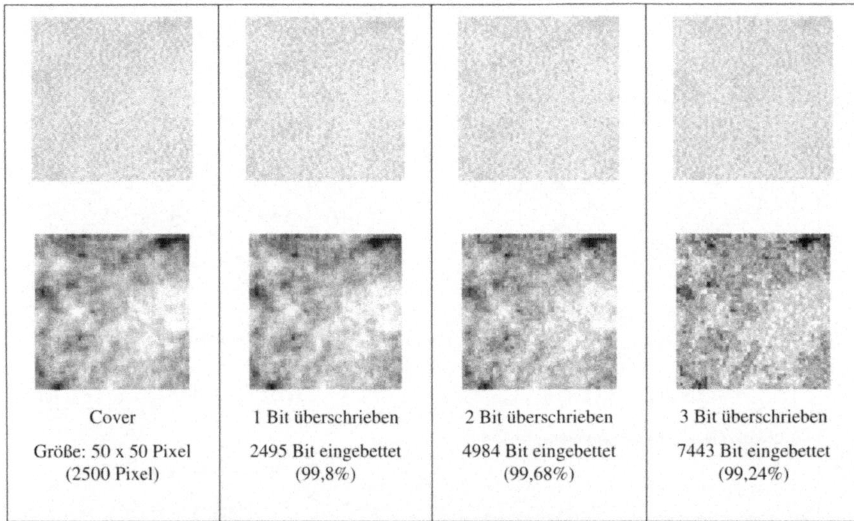

Abbildung 3: Überschreiben der niederwertigsten Bits ohne Veränderung der Statistik erster Ordnung; Testbild: Ausschnitt von 50x50 Pixeln aus einem Grauwertbild; obere Zeile: normale Darstellung; untere Zeile: Kontrastmaximierung.

Abbildung3 zeigt das Ergebnis des Überschreibens von einem, zwei und drei Bits. Es wurde jeweils mit maximaler Einbettungskapazität eingebettet, die Beschränkungen ergeben sich durch „nicht benutzbare Gruppen", bei denen einer der Grauwerte nicht auftritt. Die Histogramme des Covers und der Stegobilder stimmen völlig überein, bei Kontrastmaximierung werden die Modifikationen jedoch deutlich.

4.3.5 Auswahl der Gruppen

Um die Verteilung der Grauwerte zu erhalten, muß die Verteilung der Nachrichtenbits für jede einzelne Gruppe angepasst werden. Die Benutzung mehrerer Gruppen entsprechend der Länge der Nachricht ist möglich. Wird eine Gruppe benutzt, so muß in alle Pixel der entsprechenden Grauwerte eingebettet werden. Die Auswahl der Gruppe(n) stellt einen Schlüssel des Verfahrens dar. Vorteil gegenüber einer fest definierten Auswahl ist die Möglichkeit, die günstigsten Parameter in Abhängigkeit von Coverbild und Nachricht zu wählen, z.B.:

- Suche nach Gruppen, die von der Verteilung der Nachricht nur wenig abweichen (geringe Anpassung der Verteilung erforderlich),
- Suche nach Gruppen mit möglichst hoher Kapazität oder
- Suche nach Gruppen, deren Kapazität der Nachrichtenlänge am besten entspricht.

4.4 Addition von Zufallszahlen

Das „klassische" Überschreiben der niederwertigsten Bits kann als Addition der Werte -1, 0 und 1 zu den vorliegenden Pixeln (entsprechend 4.1 auch als Realisierung einer Zufallsvariablen betrachtet) interpretiert werden. Allerdings handelt es sich nicht um die Addition zweier unabhängiger Zufallsfolgen: Bei einem geraden Wert kann nur 0 oder 1 addiert werden, bei einem ungeraden nur -1 oder 0.

Um den Ausgleich benachbarter Grauwerte zu verhindern, könnte anstelle des Überschreibens folgende Einbettungsoperation definiert werden: Bei Übereinstimmung von Cover- und Nachrichtenbit addiere 0, ansonsten mit gleicher Wahrscheinlichkeit -1 oder 1. Für jeden Grauwert gibt es nun die gleichen Übergangswahrscheinlichkeiten, die Zufallszahlen sind nicht korreliert. Welche Auswirkungen hat eine solche Operation aber auf die Verteilung der Grauwerte? Die Verteilungsdichte einer Summe von unabhängigen Zufallszahlen berechnet sich aus der Faltung der Verteilungsdichten dieser Zufallsgrößen [Beic_97]. Für den diskreten Fall heißt das:

$$P(Z = k) = P(X + Y = k) = \sum_{i=0}^{k} P(X = i)P(Y = k - i)$$

bzw. mit $r_k = P(Z = k); k = 0, 1, \dots$: $r_k = \sum_{i=0}^{k} p_i q_{k-i} = p_0 q_k + p_1 q_{k-1} + \dots + p_k q_0.$

Mittelwerte und Varianzen der gefalteten Verteilungen addieren sich. Das bedeutet, daß durch jede Faltung mit Verteilungen, die eine größere Spannweite als Eins haben, die Streuung der Werte zunimmt. Die Faltung mit einem „Dirac-Impuls" (Einheitsimpuls) erhält die Verteilungsdichtefunktion. Dem würde hier die Addition einer Konstanten zu allen Pixeln entsprechen (natürlich nicht geeignet, um eine Nachricht einzubetten). Es ändert sich nur die Lage der Verteilungsdichtefunktion, da sich die Mittelwerte addieren.

Wird zu einem Histogramm eine gleichverteilte Zufallszahl addiert, entspricht dies der Faltung mit einem Rechteckimpuls, was zu einer „Glättung" des Histogramms führt (Abbildung4): Die Originalverteilung wird „breiter" (die Anzahl verschiedener Werte nimmt zu) und „flacher" (die maximale Wahrscheinlichkeit wird geringer). Diese Veränderungen sind umso stärker, je mehr Werte die Gleichverteilung umfaßt.

Zusammenfassend kann gesagt werden, daß jede Faltung, also jede Addition einer Zufallsvariablen zu den Grauwerten eines Bildes, das Histogramm verändert. Handelt es sich nicht um die Addition einer Konstanten, wird das Histogramm flacher und breiter. Liegen zwei Bilder desselben Motivs mit unterschiedlichen Verteilungen vor, so ist die eingebettete Nachricht in dem zu vermuten, welches das flachere und breitere Histogramm hat, falls das Einbetten durch Addition erfolgte.

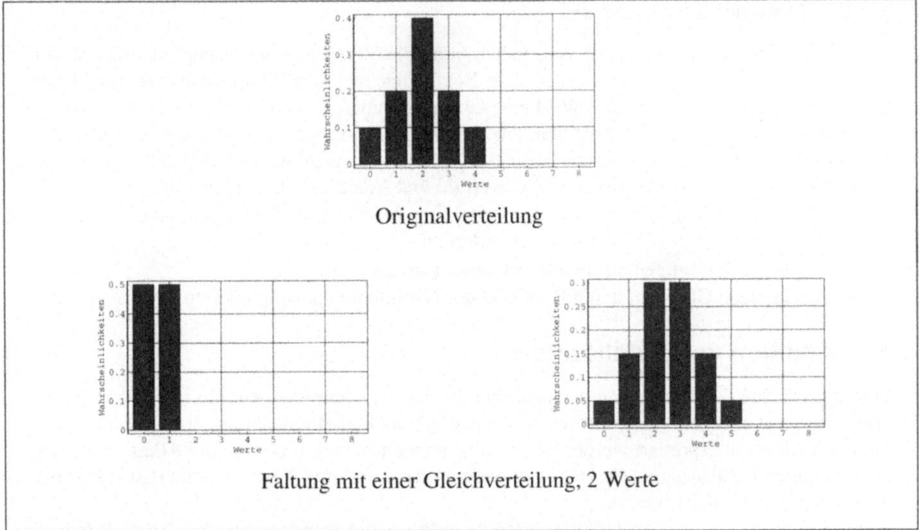

Abbildung 4: Faltung von Zufallszahlen; unten links: zweite Zufallsgröße, unten rechts: Ergebnis der Faltung

4.5 Erzeugen passender Differenzen

Für den ausgewählten Helligkeitsbereich sind die Differenzen so zu erzeugen, daß nach ihrer Addition zu den Pixeln die Nachricht aus den niederwertigsten Bits ausgelesen werden kann. Stimmen Cover- und Nachrichtenbit überein, muß eine geradzahlige Differenz zum Pixel addiert werden, anderenfalls eine ungeradzahlige (siehe Abbildung5).

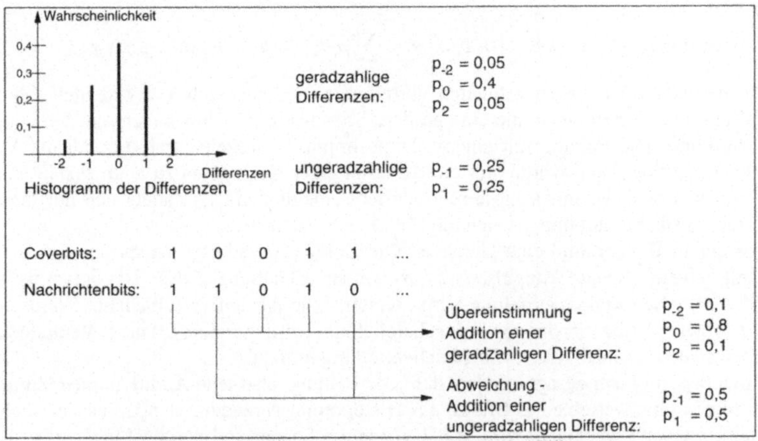

Abbildung 5: Einbetten durch Erzeugen passender Differenzen

Die Voraussetzung für dieses Verfahren ist, daß die Summe der Wahrscheinlichkeiten gerader Differenzen der Wahrscheinlichkeit für die Übereinstimmung zwischen Cover- und Nachrichtenbit entspricht und umgekehrt die Summe der Wahrscheinlichkeiten für ungerade Differenzen gleich der Wahrscheinlichkeit für eine notwendige Änderung ist.

Aus dieser Voraussetzung läßt sich die erforderliche Verteilung der einzubettenden Nachricht ableiten (charakterisiert durch q_0, der Wahrscheinlichkeit für das Auftreten einer Null im Nachrichtenstrom):

Die Verteilung der Differenzen ist durch das Rauschen des Scanprozesses vorgegeben. Die Wahrscheinlichkeit für eine notwendige Änderung des Coverbits (p_{ungl}, siehe 3.3) wird entsprechend der Voraussetzung der Wahrscheinlichkeit für das Auftreten ungerader Differenzen $p(ung.Diff.)$ gleichgesetzt. Aus Gleichung (1) kann damit q_0 in Abhängigkeit von den vorgegebenen Größen $p(ung.Diff.)$ und p_0 bestimmt werden:

$$p_{ungl} = p_0 - 2p_0q_0 + q_0 \quad = p(ung.Diff.)$$

$$= p_0 + q_0(1 - 2p_0)$$

$$q_0 = \frac{p(ung.Diff.) - p_0}{1 - 2p_0} \tag{4}$$

Nicht für alle Werte von p_0 und $p(ung.Diff.)$ ist q_0 bestimmbar, d.h. in manchen Fällen existiert keine passende Verteilung der Nachricht und es kann nicht nach diesem Verfahren eingebettet werden. Mit der Bedingung $0 < q_0 < 1$ läßt sich der Gültigkeitsbereich für q_0 bestimmen:[3]

$$0 < \frac{p(ung.Diff.) - p_0}{1 - 2p_0} < 1$$

Fall 1: Zähler und Nenner positiv:

linker Teil der Ungleichung liefert:

$(p(ung.Diff.) - p_0 > 0) \quad \wedge \quad (1 - 2p_0 > 0)$

$(p(ung.Diff.) > p_0) \quad \wedge \quad (p_0 < \frac{1}{2})$

rechter Teil der Ungleichung liefert:

$p(ung.Diff.) - p_0 < 1 - 2p_0$

$p(ung.Diff.) < 1 - p_0$

$\Rightarrow p_0 < \frac{1}{2} \quad \rightarrow \quad p_0 < p(ung.Diff.) < 1 - p_0$

Fall 2: Zähler und Nenner negativ:

linker Teil der Ungleichung liefert:

$(p(ung.Diff.) - p_0 < 0) \quad \wedge \quad (1 - 2p_0 < 0)$

$(p(ung.Diff.) < p_0) \quad \wedge \quad (p_0 > \frac{1}{2})$

rechter Teil der Ungleichung liefert:

$p(ung.Diff.) - p_0 > 1 - 2p_0$

$p(ung.Diff.) > 1 - p_0$

$\Rightarrow p_0 > \frac{1}{2} \quad \rightarrow \quad 1 - p_0 < p(ung.Diff.) < p_0$

Die Wahrscheinlichkeit $p(ung.Diff.)$ muß also immer zwischen p_0 und $1 - p_0$ bzw. $1 - p_0$ und p_0 liegen. Aus der Bedingung läßt sich herleiten, daß es nur in etwa der Hälfte der möglichen Fälle ein gültiges q_0 gibt (Abbildung 6).[4]

---

[3] Eine Wahrscheinlichkeit von Null oder Eins für Nullen im Nachrichtenstrom wären zwar theoretisch möglich, aber um Informationen darstellen zu können, muß die Entropie des Nachrichtenstroms ungleich Null sein.

[4] Gemäß der Bedingung gehören die Werte auf den Diagonalen nicht zu den gültigen Kombinationen.

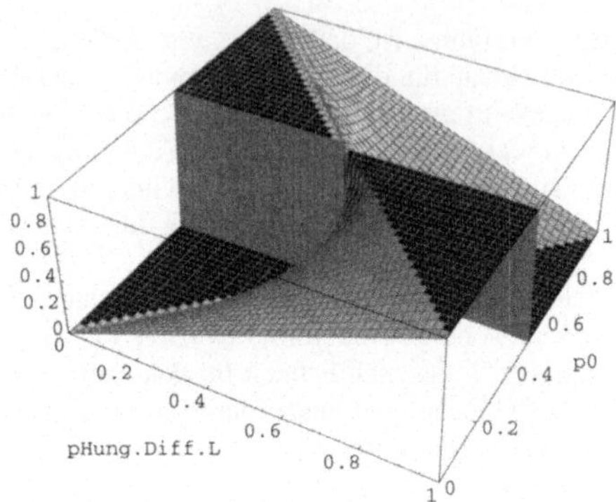

Abbildung 6: Berechnung der Nachrichtenverteilung (charakterisiert durch q_0) in Abhängigkeit von p(ung.Diff.) und p_0 (ungültige Bereiche dunkel dargestellt)

Für den Fall $p_0 = 0,5$ liefert Gleichung (4) keine Lösung. Gleichung (1) liefert die Begründung dafür: Wenn die niederwertigsten Bits des Covers gleichverteilt sind, ist p_{ungl} konstant 0,5, unabhängig von der Verteilung der Nachrichtenbits (siehe auch 3.3 sowie Abbildung). Daraus ergibt sich insbesondere, daß bei *p(ung.Diff.)* = 0,5 immer eingebettet werden kann.

Es sind noch praktische Untersuchungen des Zusammenhangs zwischen der Verteilung der Differenzen und der Verteilung der Coverbits notwendig. Falls die Wahrscheinlichkeit, eine gültige Kombination dieser Werte zu finden, hoch ist, ist das Verfahren praktisch anwendbar. Die Bestimmung einer geeigneten Verteilung muß wieder für *eine* ausgewählte Helligkeitsstufe erfolgen (Parameter des Verfahrens).

4.6 Zusammenfassung

Es ist prinzipiell möglich, die unter 3.1 aufgeführten Einbettungsmöglichkeiten so zu definieren, daß die Statistik erster Ordnung, also die Verteilung der Grauwerte, erhalten bleibt. Bei Einbetten mittels Addition steht die Aufgabe, eine Zufallsfolge zu finden, deren Addition das Histogramm des Covers plausibel verändert (Beispiel: Aufbringen möglicher Differenzen).

Die Anpassung weiterer Einbettungsoperationen mit dem Ziel des Erhalts der Statistik erster Ordnung erscheint realisierbar. Doch wie bereits erwähnt, ist der Erhalt dieses Kriteriums zwar notwendig, aber nicht hinreichend, da Veränderungen an der Bildstruktur nicht beschrieben werden können. Im folgenden Kapitel werden erste Ansätze zur Erweiterung der Auswertungen um die Statistik höherer Ordnung vorgestellt.

5 Statistik zweiter Ordnung

5.1 Beschreibung der Textur des Bildes

Die Textur eines Bildes beschreibt dessen Oberflächenstruktur. Die exakte Definition dieses Begriffes ist nicht einfach, ebenso die Wahl der Parameter zur Beschreibung von Texturen: „Doch stets lassen sich für jede noch so umfangreiche Menge von Texturmerkmalen auch Bilder angeben, die durch diese Merkmale nicht zu unterscheiden sind" [VoSu_91]. Im Gegenzug ist zu erwarten, daß trotz der Definition einer umfangreichen Menge von Merkmalen, welche ausgewertet werden, ein Angreifer Merkmale berücksichtigen könnte, welche die Anwendung steganographischer Operationen aufdecken.

Ein verbreitetes Mittel zur Beschreibung gegenseitiger Abhängigkeiten von Pixeln ist die Grauwertübergangsmatrix (Cooccurence-Matrix). Die Beschreibung der Beziehungen zwischen jeweils zwei Pixeln wird laut [Abme_94] als Statistik zweiter Ordnung bezeichnet. Die Koeffizienten dieser Matrix geben jeweils die Häufigkeiten von Grauwerten in Pixelpaaren bzgl. einer Relation an. Die Relation wird durch einen Verschiebungsvektor Δx, Δy definiert. Bezeichnet $s(x,y)$ den Grauwert des Bildes an der Position (x,y), so gibt der Koeffizient einer Grauwertübergangsmatrix $c_{i,j}$ die Anzahl der Pixelpaare an, für die gilt: $(s(x,y) = i) \wedge s(x+\Delta x, y+\Delta y)=j)$. Für jeden Verschiebungsvektor ergibt sich damit eine Grauwertübergangsmatrix. Aus den Matrizen können weitere Parameter zur Beschreibung der Struktur berechnet werden, wie z.B. Autokorrelationskoeffizienten, der Kontrast, die Energie oder die Entropie eines Bildes, jeweils bezogen auf die ausgewertete Relation.

5.2 Ansätze zum Erhalt dieses Kriteriums

Wie bei der Statistik erster Ordnung bleiben die berechneten Parameter genau dann unverändert, wenn die Grauwertübergangsmatrizen erhalten bleiben. Die Modellierung der Auswirkungen des Einbettens auf die Grauwertübergangsmatrizen erscheint jedoch schwieriger: Anstelle eines einzelnen Histogramms müssen verschiedene Matrizen betrachtet werden, wobei die auszuwertenden Relationen natürlich von der Bildstruktur abhängen.

Suche nach unabhängig voneinander auftretenden Grauwerten:
Statt das Einbetten zu modellieren, werden die Grauwertübergangsmatrizen benutzt, um nach indeterministischen, also verrauschten Grauwerten zu suchen. Es wird angenommen, daß diese Grauwerte zufällig auftreten, und diese Zufälligkeit äußert sich in den Grauwertübergangsmatrizen. Die Koeffizienten der Matrizen geben die Wahrscheinlichkeit für das gleichzeitige Auftreten zweier Grauwerte an den Positionen (x, y) und $(x+\Delta x, y+\Delta y)$ an. Zwei zufällige Ereignisse sind genau dann unabhängig, wenn die Wahrscheinlichkeit für ihr gleichzeitiges Auftreten gleich der Multiplikation ihrer Einzelwahrscheinlichkeiten ist.

Erwartungen:
Aus dieser Beziehung kann folgende *„Unabhängigkeitsbedingung"* formuliert werden: Treten zwei Grauwerte unabhängig voneinander auf, müssen die Abweichungen zwischen den Koeffizienten der Grauwertübergangsmatrix (*Wahrscheinlichkeit des gemeinsamen Auftretens*) und dem Produkt der *Einzelwahrscheinlichkeiten dieser Grauwerte* (beschrieben im Histogramm) sehr gering sein. Mit Hilfe dieser Bedingung kann nach Grauwerten gesucht werden, die durch das überlagerte Rauschen unabhängig voneinander auftreten. Da sich die in der Grauwertübergangsmatrix angegebenen Wahrscheinlichkeiten bei voneinander unabhängigen Grauwerten nur durch die Multiplikation der Einzelwahrscheinlichkeiten berechnen, bleiben die Matrizen und damit die abgeleiteten Parameter auch erhalten, wenn

- nur voneinander unabhängige Grauwerte zum Einbetten benutzt werden und

- dabei die Statistik erster Ordnung erhalten bleibt.

Was muß ausgewertet werden?
Es muß zunächst definiert werden, welche Relationen ausgewertet werden müssen. Häufig werden die Relationen zur Beschreibung der direkten Nachbarschaft eines Pixels ausgewertet. Betrachtet man die nachfolgenden Bildpunkte, sind dies laut [VoSu_91] die Relationen $(\Delta x, \Delta y) = \{(1,0), (-1,1), (0,1), (1,1)\}$.
Für die Auswertungen müssen jedoch auch die Abstände mit einbezogen werden, innerhalb derer noch Abhängigkeiten zwischen den Pixeln existieren. Hinweise auf diese Abhängigkeiten liefern die Autokorrelationskoeffizienten, die mit zunehmender statistischer Unabhängigkeit der Pixel abfallen. Untersuchungen des Scanprozesses haben auftretende Muster in dem Rauschen gezeigt, mit dem die Bilder überlagert sind. Demzufolge sind Abhängigkeiten zu erwarten, die über die direkte Nachbarschaft hinausgehen.

Die Suche nach unabhängigen Grauwerten bezieht sich natürlich auf die benutzte Einbettungsoperation. Als ein Beispiel wird hier das modifizierte Überschreiben betrachtet. Dabei müssen die Grauwerte, die ineinander übergehen können, unabhängig voneinander auftreten – also jeweils die Grauwerte einer Gruppe. Die zum Überschreiben benutzbaren Gruppen werden durch das Abprüfen dieses Kriteriums weiter eingeschränkt.

5.3 Umsetzung und Test des Ansatzes

Berechnung einer Vergleichsmatrix:

Zur Suche nach den unabhängig voneinander auftretenden Grauwerten wird eine Vergleichsmatrix berechnet. Die Anzahl der Zeilen und Spalten entspricht der Anzahl der Grauwerte, die in Bild vorkommen, die Koeffizienten enthalten jeweils das Produkt der Einzelwahrscheinlichkeiten der Grauwerte. Zwischen der Vergleichsmatrix und den Grauwertübergangsmatrizen der betrachteten Relationen werden Differenzen berechnet. Liegen die Differenzen für alle Kombinationen der Grauwerte einer Gruppe unter einem zu definierenden Wert ε, kann die Gruppe zum Einbetten durch Überschreiben benutzt werden.

Bestimmen möglicher Abweichungen:

Ausgangspunkt für diese Untersuchungen bildete ein „Rauschbild", das einfach aus einer zufälligen Folge von Grauwerten eines bestimmten Intervalls besteht. Ein solches Zufallsbild erfüllt natürlich die Voraussetzung, dass die Grauwerte unabhängig voneinander auftreten. Mit Hilfe dieses Bildes wurden mögliche Differenzen zwischen Vergleichsmatrix und Grauwertübergangsmatrizen bestimmt. Außerdem wurde die aufgestellte Behauptung getestet, daß durch Einbetten in voneinander unabhängige Grauwerte die Koeffizienten der Grauwertübergangsmatrix erhalten bleiben, wenn die Statistik erster Ordnung unverändert bleibt: Die niederwertigsten Bits des Zufallsbildes (1 Bit, 2 Bits und 3 Bits) wurden entsprechend 4.3 überschrieben und wiederum mögliche Differenzen berechnet. Die Abweichungen wurden durch das Überschreiben erwartungsgemäß nicht vergrößert. Die maximale Abweichung beträgt (aufgerundet) $\varepsilon=0{,}07$.

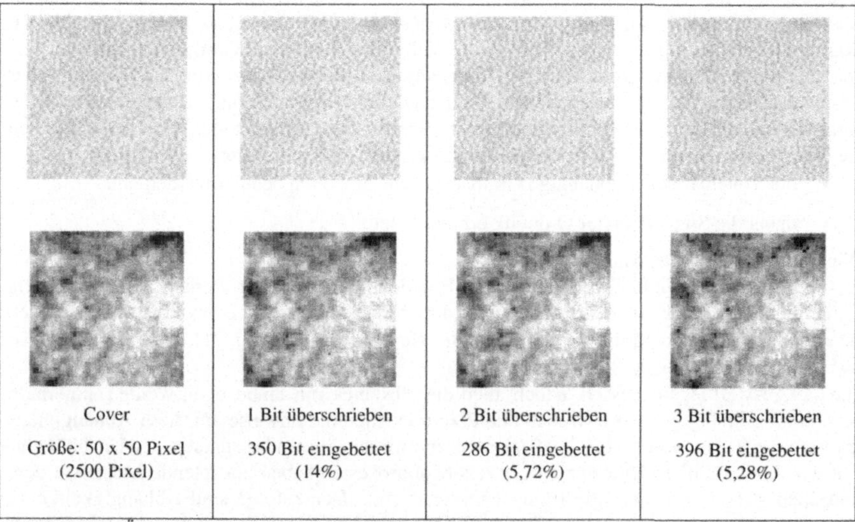

Abbildung 7: Überschreiben der niederwertigsten Bits der "unabhängig auftretenden" Pixel, Benutzung desselben Testbildes wie in Abbildung.

Testergebnisse:

Das Einbetten durch Überschreiben wurde mit demselben Testbild wie in Abbildung wiederholt, dabei wurden aber nur unabhängig voneinander auftretende Grauwerte zum Einbetten benutzt. Natürlich sinkt die Einbettungsrate durch diese Einschränkung, aber wie Abbildung 7 zeigt, wird die Struktur des Bildes weitestgehend erhalten.

6 Zusammenfassung und Ausblick

Für die Sicherheit steganographischer Systeme ist der Erhalt der Charakteristik der Coverdaten entscheidend. Die Beschreibung der Charakteristik ist ein schwieriges Problem, insbesondere kann es einem Angreifer immer gelingen, Merkmale auszuwerten, anhand derer sich die Anwendung von Steganographie nachweisen läßt. Diese Merkmale können jedoch wiederum zur Verbesserung der steganographischen Algorithmen benutzt werden und eine neue Generation von Algorithmen erzeugen, die den Angriffen widersteht.

Als Kriterium zur Beschreibung der Coverdaten wurden hier statistische Merkmale ausgewertet. Einige Einbettungsoperationen wurden bzgl. der durch sie verursachten Veränderungen der Statistik erster Ordnung der Bilder betrachtet. Die Einbettungsoperationen können so definiert bzw. modifiziert werden, daß die Verteilung der Grauwerte erhalten bleibt. Die Statistik erster Ordnung ist jedoch nicht hinreichend zur Beschreibung der Bilder. Um die Bildstruktur zu erhalten, müssen auch Statistiken höherer Ordnung ausgewertet werden. Als ein Ansatz wurde die Suche nach unabhängig voneinander auftretenden Grauwerten mit Hilfe von Grauwertübergangsmatrizen skizziert.

Fortführende Untersuchungen werden sich insbesondere mit der weiteren Untersuchung der Statistik zweiter Ordnung beschäftigen. Es ist beispielsweise zu klären, welche Relationen für die Beschreibung der Strukturen notwendig sind, und bei welchem Anteil einer Struktur an einem verrauschten Bildgebiet die Struktur noch erkannt wird.

Literatur

Abme_94 W. Abmayr: *Einführung in die digitale Bildverarbeitung.* Teubner, Stuttgart, 1994.

Ande_96 R. Anderson: *Stretching the Limits of Steganography.* Information Hiding, Proceedings of the First International Workshop, Cambridge 1996, LNCS 1174, Springer, Berlin 1996, 39-48.

AnPe_98 R. Anderson, F.A.P. Petitcolas: *On the Limits of Steganography.* IEEE Journal on Selected Areas in Communications, Vol. 16/4, May 1998, 474-481.

Beic_97 F. Beichelt: *Stochastische Prozesse für Ingenieure.* Teubner, Stuttgart, 1997.

FrPf_99 E. Franz, A. Pfitzmann: *Steganography Secure Against Cover-Stego-Attacks.* Information Hiding, Proceedings of the Third International Workshop, Dresden 1999, LNCS 1768, Springer, Berlin 2000, 29-46.

JoJa_98 N. F. Johnson, S. Jajodia: *Steganalysis of Images Created Using Current Steganography Software.* Information Hiding, Proceedings of the Second International Workshop, Portland 1998, LNCS 1525, Springer, Berlin 1998, 273-289.

KPSc_96 H. Klimant, R. Piotraschke, D. Schönfeld: *Informations- und Kodierungstheorie,* Teubner, Stuttgart, Leipzig, 1996.

Knut_97 D. E. Knuth: *The art of computer programming. Volume 2: Seminumerical algorithms.* Addison-Wesley, 3rd Ed., 1998.

Pfit_96   B. Pfitzmann: *Information Hiding Terminology*. Information Hiding, Proceedings of the First International Workshop, Cambridge May/June 1996, LNCS 1174, Springer, Berlin 1996, 347-350.

VoSu_91   K. Voss, H. Süße: *Praktische Bildverarbeitung*. Hanser, München, Wien, 1991.

WePf_99   A. Westfeld, A. Pfitzmann: *Attacks on Steganographic Systems*. Information Hiding, Proceedings of the Third International Workshop, Dresden 1999, LNCS 1768, Springer, Berlin 2000, 61-76.

West_01   A. Westfeld: *Unsichtbare Botschaften: Geheime Nachrichten sicher in Bild, Text und Ton verstecken*. c't 2001/9, 170-181.

F5 – ein steganographischer Algorithmus
Hohe Kapazität trotz verbesserter Angriffe

Andreas Westfeld

TU Dresden, Institut für Systemarchitektur
westfeld@inf.tu-dresden.de

Zusammenfassung

Viele steganographische Systeme zeigen Schwächen gegenüber visuellen und statistischen Angriffen. Systeme, die diese Schwächen nicht zeigen, bieten nur relativ geringe Kapazität für steganographische Nachrichten. Der neu entwickelte Algorithmus F5 hält visuellen und statistischen Angriffen stand und bietet dennoch eine hohe steganographische Kapazität. F5 verwendet Matrixkodierung zur Erhöhung der Einbettungseffizienz. Dadurch verringert sich die Zahl nötiger Änderungen. Durch permutative Spreizung wird die Nachricht bei geringer Ausnutzung der Kapazität gleichmäßig im Steganogramm verteilt.

1 Einführung

Steganographische Algorithmen betten vertrauliche Nachrichten in andere, umfangreichere Nachrichten (Trägermedien) ein. Durch das Einbetten in ein Trägermedium entsteht ein Steganogramm, aus dem der Empfänger die Nachricht wieder extrahieren kann. Ein Angreifer soll Steganogramme und Trägermedien aber möglichst nicht unterscheiden können, so dass er weder die vertrauliche Nachricht erfährt noch den Umstand, dass etwas eingebettet wurde. Die Mehrzahl der ca. 40 im Internet erhältlichen steganographischen Programme kann zwar viel, aber nicht besonders unauffällig einbetten [8].

Visuelle Angriffe beruhen darauf, dass steganographische Algorithmen wesentliche Informationen im Trägermedium überschreiben [5]. Adaptive Techniken, die die Einbettungsintensität an den Bildinhalt anpassen, verhindern visuelle Angriffe, jedoch verringern sie auch den relativen Anteil steganographischer Information im Trägermedium. Verlustbehaftet komprimierte Trägermedien (JPEG, MP3, ...) sind von Haus aus gegen visuelle Angriffe gefeit.

Das steganographische Programm Jsteg [4] bettet Nachrichten in verlustbehaftet komprimierte JPEG-Dateien ein, hat eine hohe Kapazität – z. B. 12 % der Dateigröße des Steganogramms – und ist gegen visuelle Angriffe sicher. Es gibt jedoch einen statistischen Angriff auf Jsteg, der die steganographischen Änderungen nachweisen kann [5].

Auch MP3Stego [3] und IVS-Stego [6] sind gegen auditive/visuelle Angriffe sicher. Die extrem niedrige Einbettungsrate verhindert darüber hinaus auch alle bekannten statistischen Angriffe. Die beiden steganographischen Programme bieten nur wenig Raum für steganographische Nachrichten (weniger als 1 % der Dateigröße des Steganogramms).

In Abschnitt 2 wird zunächst kurz auf das JPEG-Dateiformat eingegangen, insbesondere auf die Verteilung der JPEG-Koeffizienten, die durch das Programm Jsteg auffällig verändert wird. Jsteg (Abschnitt 3) dient als Ausgangspunkt für eine schrittweise Verbesserung. Als Konsequenz aus den statistischen Angriffen wird der Einbettungsalgorithmus von Jsteg ersetzt (Abschnitt 4). Dabei entsteht Schwund, der durch Wiederholen erfolglos eingebetteter Bits ausgeglichen wird. Infolgedessen entsteht erneut eine auffällige Verteilung der JPEG-Koeffizienten, wofür aber nicht länger das Einbetten, sondern die Wiederholung verantwortlich ist (welche ausschließlich steganographische Nullen betrifft). Abschnitt 5 ersetzt nach der Einbettungsoperation nun auch noch die steganographische Interpretation. Der Schwund trifft nun steganographische Nullen und Einsen gleichermaßen. Die beiden wichtigsten charakteristischen Eigenschaften der Verteilung überstehen den Einbettungsprozess, so dass der bekannte statistische Angriff fehl schlägt. Abschnitt 6 stellt permutative Spreizung vor, die die Einbettungsdichte auch bei geringer Ausnutzung der steganographischen Kapazität gleichmäßig verteilt. Durch Anwendung der Matrixkodierung verringert sich die Anzahl der nötigen steganographischen Änderungen.

2 JPEG Dateiformat

Das von der Joint Photographic Expert Group (JPEG) definierte Dateiformat speichert Bilddaten in verlustbehaftet komprimierter Form als quantisierte Frequenzkoeffizienten ab.

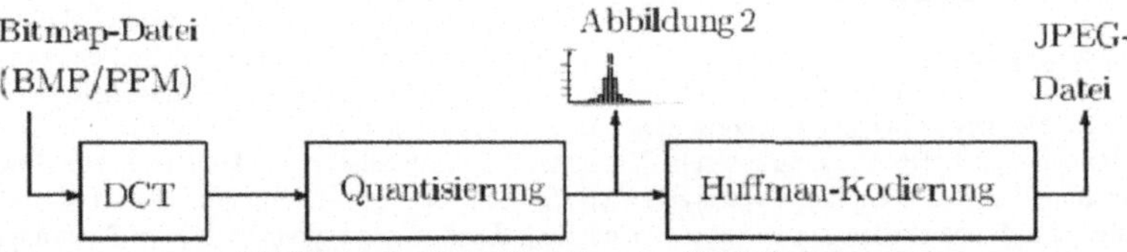

Abbildung 1. *Informationsfluss im JPEG-Kompressor*

Abbildung 1 zeigt die Schritte, die zur Kompression durchgeführt werden. Der JPEG-Kompressor schneidet zunächst den unkomprimierten Bildinhalt (z. B. eine BMP-Datei) in 8 x 8 Teilbilder. Die diskrete Kosinustransformation überführt jeweils 8 x 8 Helligkeitswerte in 8 x 8 Frequenzkoeffizienten (reelle Zahlen). Die darauffolgende Quantisierung rundet die Frequenzkoeffizienten geeignet zu ganzen Werten (verlustbehafteter Schritt). Das Diagramm in Abbildung 2 zeigt die diskrete Verteilung der Häufigkeit dieser Werte.

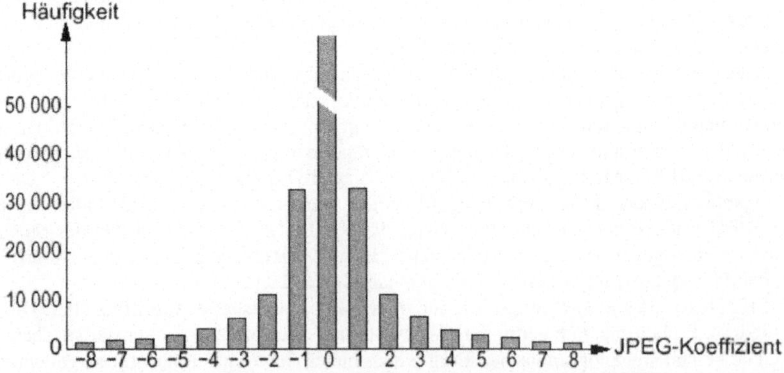

Abbildung 2. *Histrogramm der JPEG-Koeffizienten nach der Quantisierung*

Wenn wir die Verteilung in Abbildung 2 betrachten, können wir zwei charakteristische Eigenschaften erkennen:

1. Die Häufigkeit der Koeffizienten nimmt mit zunehmendem Betrag ab.
2. Die Abnahme der Häufigkeit nimmt mit zunehmendem Betrag ab, d. h. der Unterschied zwischen zwei Säulen des Histogramms ist in der Mitte größer als am Rand.

Nach der verlustbehafteten Komprimierung sorgt die Huffman-Kodierung (verlustfrei) für möglichst redundanzarme Speicherung der quantisierten Koeffizienten. Eine genauere Beschreibung der JPEG-Kompression ist z. B. in [2] enthalten. Die folgenden Abschnitte beziehen sich hauptsächlich auf die Verteilung in Abbildung 2. Angaben von Dateigrößen und steganographischen Kapazitäten beziehen sich auf das True-Color-Bild *Expo*, das in Abbildung 3 zu sehen ist.

Abbildung 3. *Trägermedium (Weltausstellung in Hannover 2000)*

3 Jsteg

Der Algorithmus Jsteg von Derek Upham dient hier als Ausgangspunkt für die Betrachtung, da er gegen visuelle Angriffe resistent ist und dennoch eine erstaunliche Kapazität (12,8 %) für steganographische Nachrichten bietet. Nach der Quantisierung ersetzt Jsteg die niederwertigsten Bits der Frequenzkoeffizienten durch die steganographische Nachricht.[1] Der Einbettungsmechanismus überspringt dabei die Koeffizienten mit dem Wert 0 oder 1. Abbildung 4 zeigt die Einbettungsfunktion von Jsteg im C-Quelltext.

```
short use_inject = 1;                /* wird 0 bei Nachrichtenende */
short inject(short inval)      /* inval ist ein JPEG-Koeffizient */
{
    short inbit;
    if ((inval & 1) != inval)        /* nicht in 0 und 1 einbetten */
        if (use_inject) {            /* Nachrichtenbits vorhanden? */
            if ((inbit=bitgetbit()) != -1) { /* hole nächstes Bit */
                inval &=1;                 /* überschreibe das LSB ...*/
                inval |= inbit;       /* ... mit diesem Bit (inval) */
            } else
                use_inject = 0;                 /* Nachrichtenende */
        }
    return inval;  /* gib modifizierten JPEG-Koeffizienten zurück */
}
```

Abbildung 4. *Die Jsteg-Einbettungsfunktion von Derek Upham*

Der statistische Angriff [5] auf Jsteg erkennt das Vorhandensein eingebetteter Nachrichten jedoch zuverlässig, da Jsteg Bits ersetzt und damit einen Ausgleich zwischen den Häufigkeiten von Werten schafft, die sich nur in dieser Bitposition (hier LSB) unterscheiden.

---

[1] Wir gehen von einer gleichverteilten Nachricht aus. Das vereinfacht nicht nur die Darstellung, sondern ist zudem plausibel, wenn die Nachricht komprimiert und verschlüsselt ist.

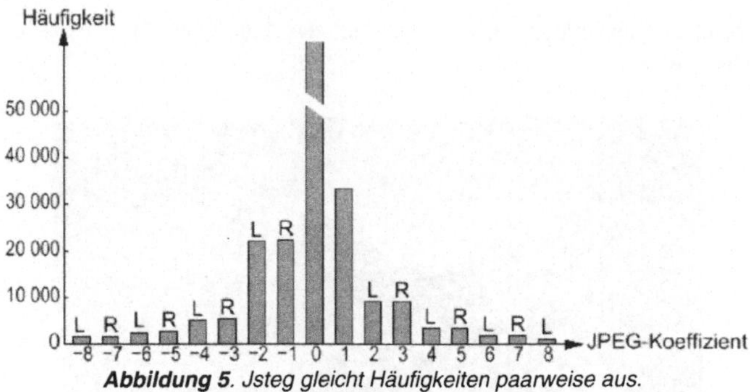

Abbildung 5. *Jsteg gleicht Häufigkeiten paarweise aus.*

Jsteg beeinflusst die Häufigkeiten c_i im Histogramm von JPEG-Koeffizienten i, was in Abbildung 5 zu sehen ist. Wird ein JPEG-Bild mit Jsteg verändert, dann erwarten wir, dass benachbarte Häufigkeiten $L = c_{2i}$ und $R = c_{2i+1}$ paarweise ausgeglichen werden (L und R bezeichnen die linken und rechten Elemente der entstehenden Pärchen im Histogramm). Diese Ausgleichung kann statistisch mit dem Chi-Quadrat-Test nachgewiesen werden. Dieser Test wird sehr oft verwendet, um Verteilungen miteinander zu vergleichen. Veranschaulichen wir uns den Angriff zunächst an einem Beispiel, das die Excel-Funktion chitest( ) verwendet (siehe Abbildung 6). In Spalte A sind die Häufigkeiten der JPEG-Koeffizienten vor dem Einbetten, in Spalte C die Werte nach dem Einbetten einer Nachricht mit Jsteg zu sehen. Die Verteilung der erwarteten Werte (Mittelwerte in den Spalten B und D) ändert sich durch das Einbetten nicht. Deshalb kann auf den Vergleich mit dem Trägermedium verzichtet werden, dem Angreifer genügt also das potenzielle Steganogramm. Der Chi-Quadrat-Test ermittelt nun in Zelle D9 die Einbettungswahrscheinlichkeit für das Histogramm in Abbildung 5 und in Zelle B9 für Abbildung 2.

Microsoft Excel - Chitest.xls

Datei Bearbeiten Ansicht Einfügen Format

D9   =CHITEST(C2:C8;D2:D8)

	A	B	C	D
1	L	(L+R)/2	L	(L+R)/2
2	1419	1597	1560	1597
3	2231	2571,5	2561	2571,5
4	4156	5256,5	5208	5256,5
5	11428	22146	22056	22146
6	11650	9123,5	9163	9123,5
7	4095	3513	3487	3513
8	2280	1985,5	1987	1985,5
9	Trägermedium:	0,00000	Steganogramm:	0,90098

Abbildung 6. *Statistischer Angriff mit Tabellenkalkulation*

Der Angriff läuft also wie folgt ab: Wir berechnen das arithmetische Mittel

$$n_i^* = \frac{c_{2i} + c_{2i+1}}{2}, \tag{1}$$

um die erwartete Verteilung zu bestimmen, und vergleichen sie mit der beobachteten Verteilung

$$n_i = c_{2i}. \tag{2}$$

Der Unterschied zwischen den beiden Verteilungen n_i und n_i^* sei

$$x^2 = \sum_{i=1}^{k} \frac{(n_i - n_i^*)^2}{n_i^*} \tag{3}$$

mit k-1 Freiheitsgraden, was die um eins verminderte Anzahl der Klassen im Histogramm ist. Abbildung 7 zeigt den beschriebenen statistischen Angriff auf ein Steganogramm, in dem 50 % der Kapazität (7680 Bytes) eingebettet wurden.

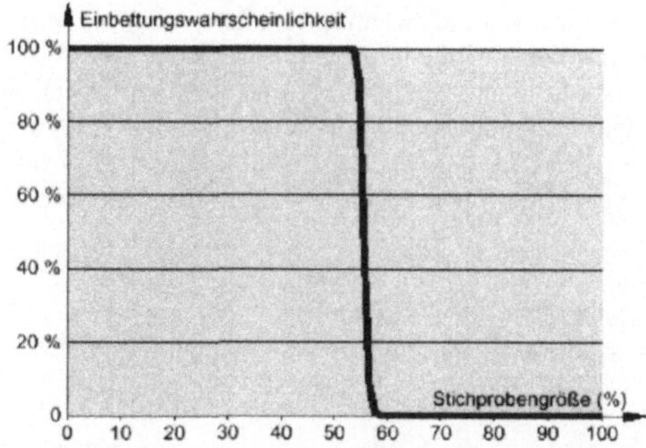

Abbildung 7. *Statistischer Angriff auf ein Jsteg-Steganogramm (50 % der Kapazität ausgenutzt)*

Im Diagramm ist die Einbettungswahrscheinlichkeit

$$p = 1 - \frac{1}{2^{\frac{k-1}{2}} \Gamma\!\left(\frac{k-1}{2}\right)} \int_0^{x^2} e^{-\frac{x}{2}} x^{\frac{k-1}{2}-1} \, dx \tag{4}$$

als Funktion einer kumulativen Stichprobe abgetragen, die zunächst 1 % der JPEG-Koeffizienten (vom Dateianfang beginnend) enthält. Die Stichprobe vergrößert sich dann auf die ersten 2 %, 3 %, ... und liefert bis 54 % eine Einbettungswahrscheinlichkeit von 1,00. Eine Stichprobe von 59 % und mehr enthält hingegen genügend unangetastete JPEG-Koeffizienten, um den p-Wert auf 0,00 fallen zu lassen.

4 F3

Der Algorithmus F3 dient als Lehrbeispiel. Er unterscheidet sich in zweierlei Hinsicht von Jsteg:

1. Statt Bits zu überschreiben, dekrementiert er den Betrag der Koeffizienten. Eine Ausnahme bilden Koeffizienten mit dem Wert 0, denn ihr Betrag lässt sich nicht dekrementieren und wird deshalb *nicht* steganographisch genutzt. Die niederwertigsten Bits der Koeffizienten stimmen also nach dem Einbetten mit der steganographischen Nachricht überein. Die Anpassung erfolgt aber nicht durch Überschreiben, denn das wäre mit dem Chi-Quadrat-Test leicht nachzuweisen [5]. Wir können also hoffen, dass keine Stufen in der Verteilung auftreten. Im Gegensatz zu Jsteg verwendet F3 Koeffizienten mit dem Wert 1. Die in Abbildung 2 sichtbare Symmetrie bleibt somit erhalten.

2. Manche Bits, die eingebettet werden, fallen dem Schwund zum Opfer. Schwund entsteht, wenn F3 den Betrag der Koeffizienten 1 und –1 dekrementiert und damit eine 0 erzeugt. Der Empfänger kann einen Koeffizienten mit dem Wert 0, der steganographisch ungenutzt ist, nicht von einer 0 unterscheiden, die durch Schwund entsteht. Er überspringt alle Koeffizienten mit dem Wert 0. Der Sender muss also das vom Schwund betroffene steganographische Bit – der Sender merkt ja, wenn er eine 0 erzeugt – wiederholt einbetten.

Verglichen mit Abbildung 2 enthält das Histogramm in Abbilung 8 eine relative Überzahl von geraden Koeffizienten. Diese Erscheinung ist auf das wiederholte Einbetten nach Schwund zurückzuführen. Schwund tritt nur auf, wenn in Koeffizienten mit dem Wert 1 oder –1 eine 0 eingebettet wird, aber nie beim Einbetten einer 1. F3 bettet die von Schwund betroffenen steganographischen Bits (das sind stets Nullen) wiederholt ein. Diese Wiederholung verschiebt das (ursprünglich ausgeglichene) Verhältnis von 0 und 1 zugunsten der 0. Damit entstehen im Histogramm bevorzugt gerade Werte. Abbildung 8 zeigt die auffällige Verteilung von geraden und ungeraden Koeffizienten, die wir ebenfalls statistisch nachweisen können.

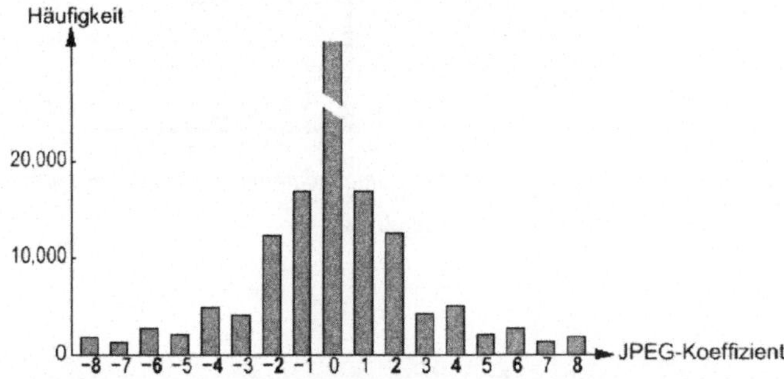

Abbildung 8. *F3 erzeugt eine Überzahl an geraden Koeffizienten*

Wenn wir den Schwund ignorieren und nicht wiederholt einbetten, entstehen keine Stufen im Histogramm. Leider erhält der Empfänger dann nur Bruchstücke der Nachricht. Die Benutzung eines fehlerkorrigierenden Kodes könnte das Problem wahrscheinlich lösen.

Wenn wir mit F3 scheinbare Nachrichten aus unveränderten Trägermedien auslesen, dann erhalten wir wesentlich mehr Einsen als Nullen. Eine Nachricht, die etwas mehr Einsen als Nullen (im geeigneten Verhältnis) enthält, lässt die Stufen im Histogramm ebenfalls verschwinden. Eine elegantere Lösung des Problems nutzt die Symmetrie in Abbildung 2 aus.

5 F4

F3 hat zwei Schwächen:

1. Durch den ausschließlichen Schwund von steganographischen Nullen bettet F3 effektiv wesentlich mehr Nullen als Einsen ein und erzeugt – wie auch Jsteg, nur auf andere Weise – Auffälligkeiten im Histogramm, die statistisch nachweisbar sind.
2. Das Histogramm unveränderter JPEG-Dateien (Abbildung 2) enthält wesentlich mehr ungerade als gerade Koeffizienten (0 ausgenommen). *Unveränderte* Trägermedien enthalten also (aus der Sicht von F3 und Jsteg) mehr steganographische Einsen als Nullen.

Der Algorithmus F4 beseitigt diese beiden Schwächen auf einen Streich, indem er negativen Koeffizienten den invertierten steganographischen Wert zuordnet: Negative gerade Koeffizienten stehen für eine steganographische Eins, negative ungerade für eine Null; positive gerade stehen wie bisher für eine Null, positive ungerade für eine Eins. Abbildung 9 lässt leicht erkennen, dass jeweils zwei Säulen gleicher Höhe steganographisch invers zueinander interpretiert werden (steganographische Nullen sind schwarz, steganographische Einsen weiß).

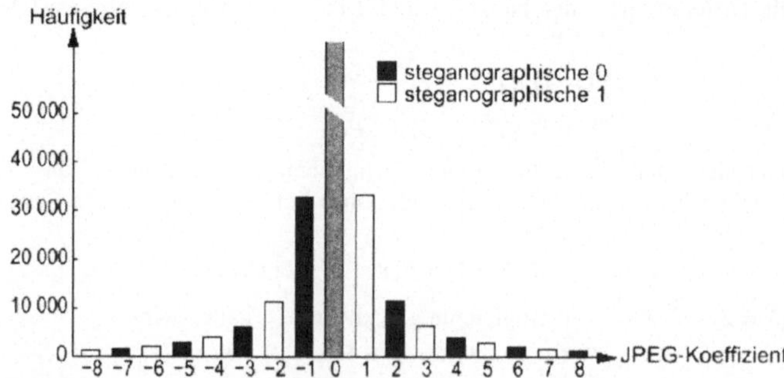

Abbildung 9. *F4 interpretiert die JPEG-Koeffizienten (Abbildung 2) anders als Jsteg*

Abbildung 10 zeigt die Einbettungsfunktion von F4 als Java-Quelltext. Das Feld coeff[ ] enthält sämtliche JPEG-Koeffizienten des Trägermediums.

```
int nextBitToEmbed = embeddedData.readBit();
for(int i=0; i<coeff.length; i++) {
    if (i%64 == 0) continue; // DC Koeffizienten und
    if (coeff[i] == 0) continue; // Nullen auslassen
    if (coeff[i] > 0) {
        if ((coeff[i]&1) != nextBitToEmbed)
            coeff[i]-; // Betrag um 1 verringern
    } else {
        if ((coeff[i]&1) == nextBitToEmbed)
            coeff[i]++; // Betrag um 1 verringern
    }
    if (coeff[i] != 0) { // erfolgreich eingebettet
        if (embeddedData.available()==0)
            break; // Ende der einzubettenden Nachricht
        nextBitToEmbed = embeddedData.readBit();
    }
}
```

Abbildung 10. *Java-Quelltext der F4-Einbettungsfunktion (vereinfacht)*

Im Folgenden wird nachgewiesen, dass die in Abschnitt 2 genannten charakteristischen Eigenschaften trotz Anwendung von F4 erhalten bleiben: Seien X, Y Zufallsvariablen für die beobachteten Koeffizienten bevor und nachdem F4 eine Nachricht eingebettet hat. $P(X = x)$ bezeichnet dann die Wahrscheinlichkeit, dass die JPEG-Kompression einen Koeffizienten mit dem Wert x erzeugt (der von F4 später weiterverarbeitet wird). $P(Y = y)$ steht für die Wahrscheinlichkeit, mit der ein Koeffizient mit dem Wert y von F4 nach dem Einbetten ausgegeben wird. Die beiden charakteristischen Eigenschaften (vgl. Abschnitt 2) können wir mit diesen Wahrscheinlichkeiten ausdrücken. Mit zunehmendem Betrag treten die Koeffizienten seltener auf (Ungleichung 5) und mit zunehmendem Betrag sinkt die Wahrscheinlichkeit für das Auftreten immer langsamer (Ungleichung 6).

$$P(X = 1) > P(X = 2) > P(X = 3) > P(X = 4) \tag{5}$$

$$P(X = 1) - P(X = 2) > P(X = 2) - P(X = 3) > P(X = 3) - P(X = 4) \tag{6}$$

Wenn die Nachrichtenbits gleichverteilt sind, können wir schlussfolgern:

$$P(Y = 1) = \tfrac{1}{2} P(X = 1) + \tfrac{1}{2} P(X = 2) \tag{7}$$

$$P(Y = 2) = \tfrac{1}{2} P(X = 2) + \tfrac{1}{2} P(X = 3) \tag{8}$$

$$P(Y = 3) = \tfrac{1}{2} P(X = 3) + \tfrac{1}{2} P(X = 4) \tag{9}$$

Wir bilden die Differenz der Gleichungen 7 und 8 bzw. 8 und 9 und erhalten Gleichung 10 bzw. 11.

$$P(Y = 1) - P(Y = 2) = \tfrac{1}{2} P(X = 1) - \tfrac{1}{2} P(X = 3) \tag{10}$$

$$P(Y = 2) - P(Y = 3) = \tfrac{1}{2} P(X = 2) - \tfrac{1}{2} P(X = 4) \tag{11}$$

Durch die erste charakteristische Eigenschaft (Ungleichung 5) wissen wir, dass die rechten Seiten der Gleichungen 10 und 11 positiv sind; somit liefern uns die linken Seiten die erste charakteristische Eigenschaft von Y:

$$P(Y = 1) > P(Y = 2) > P(Y = 3) \tag{12}$$

Wenn wir $P(X = 2) - P(X = 3)$ zu Ungleichung 6 addieren, erhalten wir

$$P(X = 1) - P(X = 3) > P(X = 2) - P(X = 4) \tag{13}$$

Ungleichung 13 besagt, dass offensichtlich die rechte Seite von Gleichung 10 größer als die von Gleichung 11 ist. Der Vergleich der linken Seiten führt uns zur zweiten charakteristischen Eigenschaft von Y:

$$P(Y = 1) - P(Y = 2) > P(Y = 2) - P(Y = 3) \tag{14}$$

Analog können wir diese charakteristischen Eigenschaften auch für weitere von F4 modifizierte Werte zeigen.

Dieser Nachweis gilt übrigens auch für F3, wenn wir bei Schwund nicht wiederholt einbetten würden. Erst das wiederholte Einbetten mit F3 verletzt die Prämisse, dass die Bits der einzubettenden Nachricht gleichverteilt sind, denn F3 wiederholt nur Nullen.

F4 hingegen wiederholt beide steganographische Werte 0 und 1 gleichermaßen, da Koeffizienten mit dem Wert 1 (sorgt für Schwund beim Einbetten einer 0) und −1 (sorgt für Schwund bei einzubettender 1) gleich häufig erwartet werden.

Sicherlich beeinflusst F4 die Bildqualität des Steganogramms. Ein angenehmer Nebeneffekt wiegt diesen Nachteil jedoch auf: Der Schwund erzeugt – ähnlich wie die Quantisierung – mehr Koeffizienten mit dem Wert 0. Dadurch erzielt die nachfolgende Huffman-Kodierung höhere Kompressionsraten. F4 verringert neben der Qualität also auch die Dateigröße! Diesen Einfluss können wir leicht kompensieren, indem wir eine höhere Qualität im JPEG-Kompressor (d. h. einen geringeren Quantisierungsfaktor) einstellen.

6 F5

Im Gegensatz zu Trägermedien in Stromform (z. B. bei Videokonferenzen) stellen Dateien nur eine begrenzte steganographische Kapazität bereit. Eine eingebettete Nachricht benötigt oft nicht die volle Kapazität des Trägermediums (sofern sie hineinpasst). Somit bleibt ein Teil der Datei ungenutzt. Abbildung 11 zeigt, dass sich die Änderungen (X) beim kontinuierlichen Einbetten auf den Dateianfang konzentrieren und der ungenutzte Rest am Dateiende zu finden ist.

Abbildung 11. Kontinuierliches Einbetten konzentriert die Änderungen (X)

Um Angriffe zu verhindern, sollte die Einbettungsfunktion das Trägermedium so gleichmäßig wie möglich ändern. Die Einbettungsdichte sollte an allen Stellen gleich groß sein.

6.1 Permutative Spreizung

Einige bekannte steganographische Algorithmen streuen die Nachricht über das gesamte Medium. Viele davon haben sehr schlechte Zeitkomplexität und werden langsamer, wenn die steganographische Kapazität fast vollständig ausgenutzt werden soll. Spreizung ist einfach, wenn die Kapazität des Trägermediums vorher exakt bekannt ist.

Bei F4 können wir jedoch nicht vorhersagen, wie viel Schwund auftritt, denn das hängt davon ab, welches Bit an welcher Stelle eingebettet wird. Wir können lediglich einen Erwartungswert für die Kapazität im Steganogramm bestimmen.

Das bei F5 angewendete Spreizen mischt zunächst *alle* quantisierten Koeffizienten durch Anwendung einer Permutation. Die Anzahl der Koeffizienten ändert sich nicht durch den Schwund. (Lediglich die Anzahl der von Null verschiedenen – also steganographisch nutzbaren Koeffizienten – wird geringer.) F5 bettet dann in die permutierte Reihenfolge ein (kontinuierlich). Die Permutation ist abhängig von einem Schlüssel, der von einem Passwort abgeleitet wird. An die Huffmankodierung übergibt F5 die steganographisch veränderten Koeffizienten in ihrer ursprünglichen Reihenfolge. Der Empfänger kann die Permutation mit dem korrekten Schlüssel nachvollziehen. Die Permutation hat lineare Zeitkomplexität $O(n)$. Abbildung 12 zeigt, wie gleichmäßig die Permutation die Änderungen über das gesamte Bild verteilt. Die Bildpunkte in der Abbildung sind symbolisch zu verstehen. Sie stehen für JPEG-Koeffizienten, die ihrerseits mehrere Bildpunkte beeinflussen. Die steganographische Änderung eines Koeffizienten kann sich auf mehrere Bildpunkte auswirken.

Abbildung 12. Permutatives Einbetten verteilt die Änderungen (X)

6.2 Matrixkodierung

Ron Crandall [1] führte die Matrixkodierung als eine neue Technik ein, mit der sich die Einbettungseffizienz erhöhen lässt. F5 ist möglicherweise die erste Implementierung der Matrixkodierung in einem steganographischen Algorithmus. Wenn der größte Teil der Kapazität eines Steganogramms ungenutzt bleibt, verringert die Matrixkodierung die Anzahl notwendiger Änderungen.

Betrachten wir zunächst den Fall ohne Matrixkodierung. Wenn wir eine gleichverteilte einzubettende Nachricht voraussetzen und auch gleichverteilte Werte an den Stellen im Trägermedium vorfinden, an denen sie eingebettet wird, dann erfordert nur die Hälfte aller Nachrichtenbits Änderungen im Trägermedium. Wir haben also eine Einbettungseffizienz von 2 Bits je Änderung. Durch den Schwund, der bei F4 entsteht, ist die Einbettungseffizienz noch etwas geringer, z. B. 1,5 Bits je Änderung. (Schwund bedeutet, dass manchmal geändert wird, ohne dass etwas einbettet wird. Das Ausmaß des Schwunds hängt vom Anteil JPEG-Koeffizienten mit dem Betrag 1 ab; vgl. Abschnitt 4.)

Wenn wir eine sehr kurze Nachricht einbetten, die nur 217 Bytes (1736 Bits) enthält, dann ändert F4 (ohne Matrixkodierung) 1157 Stellen im Expo-Bild. F5 kann die gleiche Nachricht dank Matrixkodierung mit nur 459 Änderungen einbetten. Das ist weniger als die Hälfte und entspricht einer Einbettungseffizienz von 3,8 Bits je Änderung.

Die Matrixkodierung fasst mehrere änderbare Stellen zu einem Block (Kodewort) zusammen und bettet darin einige Nachrichtenbits ein. Was im Detail passiert, zeigt das folgende Beispiel. Die Matrixkodierung setzen wir auf einen herkömmlichen steganographischen Algorithmus auf, der die Änderungen durchführt. Wir wollen zwei Bits x_1, x_2 in drei veränderbare Bitstellen a_1, a_2, a_3 einbetten und davon maximal eine ändern. Dabei können die folgenden vier Fälle auftreten:

$$x_1 = a_1 \oplus a_3, x_2 = a_2 \oplus a_3 \Rightarrow \textit{nichts ändern}$$

$$x_1 \neq a_1 \oplus a_3, x_2 = a_2 \oplus a_3 \Rightarrow a_1 \textit{ ändern}$$

$$x_1 = a_1 \oplus a_3, x_2 \neq a_2 \oplus a_3 \Rightarrow a_2 \textit{ ändern}$$

$$x_1 \neq a_1 \oplus a_3, x_2 \neq a_2 \oplus a_3 \Rightarrow a_3 \textit{ ändern}$$

In allen vier Fällen müssen wir höchstens ein Bit ändern. Im Allgemeinen haben wir ein Kodewort a mit n veränderbaren Bitstellen und k einzubettende Nachrichtenbits in x. Wir haben eine Hashfunktion f, die aus einem n-stelligen Kodewort k Bits extrahieren kann. Mit der Matrixkodierung finden wir also zu jedem a und x ein passendes Kodewort a' mit $x = f(a')$, so dass die Anzahl der nötigen Änderungen (Hammingdistanz) ein bestimmtes Maximum nicht übersteigt:

$$d(a, a') \leq d_{\max} \tag{15}$$

Wir bezeichnen diesen Kode durch Tripel $(d_{\max}, n, k)$: Ein n-stelliges Kodewort wird höchstens in $d_{\max}$ Stellen geändert, um k Nachrichtenbits einzubetten. Folglich wird unser konkretes Beispiel mit $(1, 3, 2)$ bezeichnet. Im Algorithmus F5 ist die Matrixkodierung nur für den Fall $d_{max} = 1$ implementiert. Die Kodewortlänge für den $(1, n, k)$-Kode hat $n = 2^k - 1$ Stellen. Bei steganographischen Algorithmen ohne Schwund erhalten wir eine Änderungsdichte

$$D(k) = \frac{1}{n+1} = \frac{1}{2^k} \tag{16}$$

und eine Einbettungsrate

$$R(k) = \frac{k}{n} = \frac{1}{n} \cdot \mathrm{ld}(n+1) = \frac{k}{2^k - 1} \tag{17}$$

Mit der Änderungsdichte und der Einbettungsrate können wir die Einbettungseffizienz $W(k)$ definieren. Sie gibt an, wie viele Bits der steganographischen Nachricht je Änderung im Mittel eingebettet werden können:

$$W(k) = \frac{R(k)}{D(k)} = \frac{2^k}{2^k - 1} \cdot k \tag{18}$$

Die Einbettungseffizienz ist also für den $(1, n, k)$-Kode stets größer als k. Tabelle 1 verdeutlicht, dass die Einbettungsrate mit zunehmender Einbettungseffizienz sinkt. Eine hohe Einbettungseffizienz können wir daher nur mit sehr kurzen Nachrichten erzielen.

k	n	Änderungsdichte	Einbettungsdichte	Einbettungseffizienz
1	1	50,00 %	100,00 %	2
2	3	25,00 %	66,67 %	2,67
3	7	12,50 %	42,86 %	3,43
4	15	6,25 %	26,67 %	4,27
5	31	3,12 %	16,13 %	5,16
6	63	1,56 %	9,52 %	6,09
7	127	0,78 %	5,51 %	7,06
8	255	0,39 %	3,14 %	8,03
9	511	0,20 %	1,76 %	9,02

Tabelle 1. *Zusammenhang zwischen Änderungsdichte und Einbettungsrate*

Tabelle 2 gibt die Abhängigkeiten zwischen den Nachrichtenbits x_i und den Bitstellen des geänderten Kodeworts $a_{j'}$ an.

In Tabelle 2 ordnen wir die Abhängigkeiten in Spalte $a_{j'}$ so zu, dass sie der Binärkodierung[2] von j entsprechen. Dann können wir die Hashfunktion

$$f(a) = \bigoplus_{i=1}^{n} a_i \cdot i \tag{19}$$

besonders schnell bestimmen, ebenso schnell finden wir die zu ändernde Stelle[3]

$$s = x \oplus f(a) \tag{20}$$

Wir erhalten das geänderte Kodewort

$$a' = \begin{cases} a, \text{falls } s = 0 \, (\Leftrightarrow x = f(a)), \\ (a_1, a_2, ..., \neg a_s, ..., a_n), \text{sonst} \end{cases} \tag{21}$$

$f(a')$	a'_1	a'_2	a'_3
x_1	x		x
x_2		x	x

$f(a')$	a'_1	a'_2	a'_3	a'_4	a'_5	a'_6	a'_7
x_1	x		x		x		x
x_2		x	x			x	x
x_3				x	x	x	x

Tabelle 2. *Abhängigkeit (x) zwischen den Nachrichtenbits* x_i *Kodewortbits* $a_{j'}$

Für jede einzubettende Nachricht und jedes Trägermedium, das hinreichende Kapazität zur Verfügung stellt, können wir einen optimalen Parameter k finden, bei dem die Nachricht gerade noch in das Trägermedium passt. Wenn wir z. B. 1.000 Bits in ein Trägermedium mit einer Kapazität von 50.000 Bits einbetten wollen, dann beträgt die nötige Einbettungsrate $R = 1.000{:}50.000 = 2$ %. Dieser Wert liegt in Tabelle 1 zwischen $R(k = 8)$ und $R(k = 9)$. Wir wählen $k = 8$ und können $50.000{:}255 = 196$ Kodewörter der Länge $n = 255$ einbetten. Der

---

[2] $0 = $ „ “ (nichts) und $1 = $ „_“

[3] Den resultierenden Bitvektor $\vec{s}$ interpretieren wir als natürliche Zahl, die den Index der zu ändernden Stelle angibt.

(1, 255, 8)-Kode könnte $196 \cdot 8 = 1568$ Bits einbetten (mit max. 196 Änderungen). Würden wir $k = 9$ wählen, könnten wir die Nachricht nicht vollständig einbetten.

6.3 Erhaltung der charakteristischen Eigenschaften

Ein formaler Nachweis der Sicherheit steganographischer Algorithmen gestaltet sich extrem schwierig. Im Gegensatz zur Kryptographie, wo wir informationstheoretische Beziehungen aufstellen können, besteht bei der Steganographie die Schwierigkeit, Eigenschaften wie „Erkennbarkeit" formalisieren zu müssen. Deshalb beschränken wir uns hier auf den Nachweis, dass F5 gegen alle *bekannten* Angriffe resistent ist.

Der in [5] vorgestellte Angriff auf Jsteg weist statistische Abhängigkeiten im Steganogramm nach, die auf das Überschreiben niederwertigster Bits zurückzuführen sind. Das ist bei F4 und F5 nicht der Fall, da eine andere Einbettungsoperation verwendet wird. F4 bewahrt die charakteristischen Eigenschaften und gleicht keine Häufigkeiten aus (siehe Abschnitt 5). Das lässt sich auch für F5 zeigen: Sei $0 \leq \alpha \leq 1$ der steganographisch genutzte Anteil verwendbarer Koeffizienten.[4] Wenn wir die Gleichungen 7, 8 und 9 anpassen, funktioniert der Nachweis auf für F5:

$$P(Y = 1) = (1 - \tfrac{\alpha}{2})P(X = 1) + \tfrac{\alpha}{2}P(X = 2) \qquad (22)$$

$$P(Y = 2) = (1 - \tfrac{\alpha}{2})P(X = 2) + \tfrac{\alpha}{2}P(X = 3) \qquad (23)$$

$$P(Y = 3) = (1 - \tfrac{\alpha}{2})P(X = 3) + \tfrac{\alpha}{2}P(X = 4) \qquad (24)$$

Wir bilden die Differenz der Gleichungen 22 und 23 bzw. 23 und 24 und erhalten Gleichung 25 bzw. 26.

$$P(Y = 1) - P(Y = 2) = (1 - \tfrac{\alpha}{2})(P(X = 1) - P(X = 2)) + \tfrac{\alpha}{2}P(X = 3) \quad (25)$$

$$P(Y = 2) - P(Y = 3) = (1 - \tfrac{\alpha}{2})(P(X = 2) - P(X = 3)) + \tfrac{\alpha}{2}P(X = 4) \quad (26)$$

Durch die erste charakteristische Eigenschaft (Ungleichung 5) wissen wir, dass die rechten Seiten der Gleichungen 25 und 26 positiv sind; somit liefern uns die linken Seiten die erste charakteristische Eigenschaft von Y:

$$P(Y = 1) > P(Y = 2) > P(Y = 3) \qquad (27)$$

Aus den charakteristischen Eigenschaften von X (vgl. Ungleichungen 5 und 6)

$$P(X = 1) - P(X = 2) > P(X = 2) - P(X = 3)$$
$$P(X = 3) > P(X = 4)$$

folgt, dass die rechte Seite von Gleichung 25 größer als die von Gleichung 26 ist. Der Vergleich der linken Seiten führt uns zur zweiten charakteristischen Eigenschaft von Y:

$$P(Y = 1) - P(Y = 2) > P(Y = 2) - P(Y = 3) \qquad (28)$$

Analog können wir diese charakteristischen Eigenschaften auch für weitere von F5 modifizierte Werte zeigen.

```
1 F5Random random = new F5Random(password.getBytes());
2 Permutation permutation = new Permutation(coeff.length, random);
3 int k = determineCodeParameter(coeff, embeddedData.available());
4 n = (1<<k)-1;
5 if (n > 1) { // verwende Matrix-Kodierung (1, n, k)
6     int kBitsToEmbed; int extractedBit; int hash; int s;
7     int[] codeWord = new int[n]; int startOfN=0; int endOfN=0;
8 embeddingLoop:
9     for (;;) { // Endlosschleife
```

---

[4] F4 kann als der Spezialfall $\alpha = 1$ aufgefasst werden.

```
12              if (embeddedData.available()==0)
14                  break; // Nachrichtenende, verlasse Endlosschleife
15              kBitsToEmbed = embeddedData.readBits(k);
17              do { // bette k Bits ein
18                  j = startOfN;
21                  for (i=0; i<n; j++) { // n-stelliges Kodewort füllen
22                      if (j>=coeff.length) // Kapazität erschöpft
24                          break embeddingLoop; // beende Endlosschleife
26                      shuffledIndex = permutation.getShuffled(j);
27                      if (shuffledIndex%64 == 0) continue; // skip DC
28                      if (coeff[shuffledIndex] == 0) continue; // skip 0
29                      codeWord[i++]=shuffledIndex;
30                  }
31                  endOfN = j; // merke Kodewort-Ende
32                  hash = 0;
33                  for (i=0; i<n; i++) {
34                      if (coeff[codeWord[i]] > 0)
35                          extractedBit = coeff[codeWord[i]]&1;
36                      else
37                          extractedBit = 1-(coeff[codeWord[i]]&1);
38                      if (extractedBit == 1)
39                          hash ^= i+1;
40                  }
41                  s = hash ^ kBitsToEmbed;
42                  if (s==0) break; // keine Änderung nötig
44                  if (coeff[codeWord[-s]]>0) // dekrementiere Betrag
45                      coeff[codeWord[s]]-;
46                  else
47                      coeff[codeWord[s]]++;
48              } while (coeff[codeWord[s]]==0); // wiederhole bei Schwund
49              startOfN = endOfN; // weiter mit neuen Koeffizienten
50      }
51 } else ... // ohne Matrixkodierung
```

Abbildung 13. *Java-Quelltext der Einbettungsfunktion von F5 (vereinfacht)*

6.4 Implementierung

Der Algorithmus F5 hat die folgende Grobstruktur (die Zeilennummern beziehen sich auf den in Abbildung 13 angegebenen Quelltext):

1. Starte die JPEG-Kompression. Halte nach der Quantisierung der Koeffizienten.
2. Initialisiere einen kryptographisch starken Zufallszahlengenerator mit dem vom Passwort abgeleiteten Schlüssel. (Zeile 1)
3. Instanziiere die Permutation (zwei Parameter: Zufallsgenerator und Anzahl aller JPEG-Koeffizienten[5]). (Zeile 2)
4. Bestimme den Parameter k aus der Kapazität C des Trägermediums und der Länge der einzubettenden Nachricht. (Zeile 3)
5. Berechne die Kodewortlänge $n = 2^k - 1$. (Zeile 4)
6. Bette die geheime Nachricht mit $(1, n, k)$-Matrixkodierung ein. (Zeilen 5-51)
   a)   Fülle einen n-stelligen Puffer mit den Indizes von Null verschiedener JPEG-Koeffizienten. (Zeilen 18-31)

---

[5] Die JPEG-Koeffizienten mit dem Wert 0 sind hier inbegriffen, obwohl sie nicht steganographisch verwendet werden.

b)   Bilde den k-stelligen Hashwert des Puffers nach Gleichung 19. (Zeilen 32-40)

c)   Addiere die nächsten k Bits der Nachricht bitweise (*xor*) zum Hashwert. (Zeile 41)

d)   Falls die Summe 0 ist, wird der Puffer nicht verändert. Ansonsten gibt die um 1 verringerte Summe s den Index $0 \ldots (n - 1)$ im Puffer an, dessen Element an dieser Stelle betragsmäßig um 1 verringert wird. (Der Puffer entspricht nun a' in Gleichung 21.) (Zeilen 44-47)

e)   Teste, ob Schwund aufgetreten ist, d. h. ob beim Einbetten der Wert Null entstanden ist. Wenn Schwund aufgetreten ist, dann bereinige den Puffer, d. h. beseitige die 0 durch Wiederholung von Schritt (6a). Wenn kein Schwund aufgetreten ist, dann lies neue Werte in den Puffer. In Zeile 49 wird der Lesebeginn `startOfN` hinter das Ende `endOfN` des alten Pufferinhalts gelegt. Falls noch einzubettende Daten vorhanden sind (Zeile 12) wird mit Schritt (6a) fortgesetzt.

7. Setze die JPEG-Komprimierung fort (Huffman-Kodierung usw.).

7 Schlussfolgerung und Ausblick

Viele steganographische Algorithmen bieten eine hohe Kapazität für versteckte Nachrichten, sind aber durch visuelle und statistische Angriffe leicht nachweisbar. Einige Programme widerstehen diesen Angriffen, bieten jedoch nur eine sehr geringe Kapazität. Der Algorithmus F4 vereint beide Vorzüge: Er ist resistent gegenüber visuellen und statistischen Angriffen und bietet gleichzeitig eine sehr hohe Kapazität.

Zu den Vorzügen von F4 fügt F5 noch eine erhöhte Einbettungseffizienz und die permutative Spreizung hinzu, was für geringere und gleichmäßigere Änderungen sorgt. F5 bietet einen steganographischen Anteil von über 13 % der JPEG-Dateigröße (siehe Tabelle 3). Bitte fassen Sie dieses Ergebnis als freundliche Provokation für Sicherheitsanalytiker auf. Durch die Veröffentlichung des Algorithmus [7] erhofft sich der Autor erhöhtes Vertrauen oder interessante Angriffe. Sollten Sie letzteres befürchten, so sei darauf hingewiesen, dass sich die Einbettungsrate bei F5 durch Verwendung kürzerer Nachrichten oder größerer Trägermedien verringern und somit die Stichprobe des Angreifers beliebig „verwässern" lässt.

Dateiname	Dateigröße (Bytes)	eingebettete Nachricht (Bytes)	Verhältnis von Nachricht zu Steganogrammgröße	Einbettungseffizienz	JPEG-Qualität
expo.bmp	1 562 030	0	(Trägermedium)	-	-
expo80.jpg	129 879	0	-	-	80 %
ministeg.jpg	129 760	213	0,2 %	3,8	80 %
maxisteg.jpg	115 685	15 480	13,4 %	1,5	80 %
expo75.jpg	114 712	0	-	-	75 %

Tabelle 3. Vergleich von verschiedenen mit F5 erzeugten Dateien

Literatur

[1]   Ron Crandall: *Some Notes on Steganography*. Gesendet an die „Steganography Mailing List", 1998. http://os.inf.tu-dresden.de/~westfeld/crandall.pdf

[2]   Andy C. Hung: *PVRG-JPEG Codec 1.1*, Stanford University, 1993. http://archiv.leo.org/pub/comp/os/unix/graphics/jpeg/PVRG

[3]   Fabien Petitcolas: *MP3Stego*, 1998.
      http://www.cl.cam.ac.uk/~fapp2/steganography/mp3stego

[4]   Derek Upham: *Jsteg*, 1997. z. B. http://www.tiac.net/users/korejwa/jsteg.htm

[5]   Andreas Westfeld: *Angriffe auf steganographische Systeme*, in Rainer Baumgart, Kai
      Rannenberg, Dieter Wähner, Gerhard Weck (Hrsg.): Verlässliche Informationssysteme
      (IT-Sicherheit an der Schwelle des neuen Jahrtausends), DuD-Fachbeiträge, Vieweg
      Braunschweig, 1999. S. 263-286.

[6]   Andreas Westfeld, Gritta Wolf: *Steganography in a Video Conferencing System*, in Da-
      vid Aucsmith (Hrsg.): Information Hiding, LNCS 1525, Springer-Verlag Berlin Heidel-
      berg 1998. S. 32-47.

[7]   Andreas Westfeld: *The Steganographic Algorithm F5*, 1999.
      http://wwwrn.inf.tu-dresden.de/~westfeld/f5.html

[8]   Andreas Westfeld: *Unsichtbare Botschaften*. In c't Magazin für Computertechnik
      9/2001. S. 170-181.

[9]   Jan Zöllner, Hannes Federrath, Andreas Pfitzmann, Andreas Westfeld, Guntram Wicke,
      Gritta Wolf: *Über die Modellierung steganographischer Systeme*, in Günter Müller, Kai
      Rannenberg, Manfred Reitenspieß, Helmut Stiegler (Hrsg.): Verlässliche IT-Systeme
      (Zwischen Key Escrow und elektronischem Geld), DuD-Fachbeiträge, Vieweg Braun-
      schweig, 1997. S. 211-223.

Weitere Titel aus dem Programm

Gunter Lepschies
E-Commerce und Hackerschutz
Leitfaden für die Sicherheit elektronischer Zahlungssysteme
2., überarb. Aufl. 2000. VI, 242 S. mit 43 Abb. (DuD-Fachbeiträge) Br.
DM 98,00/€ 49,00   ISBN 3-528-15702-X
*„Wer Näheres zur Sicherheit von Cybercash, Chipkarten oder Internet-
Banking wissen will, ist hier richtig."*   e-commerce magazin 3/99

Andreas Pfitzmann, Alexander Schill, Andreas Westfeld, Gritta Wolf
Mehrseitige Sicherheit in offenen Netzen
Grundlagen, praktische Umsetzung
und in Java implementierte Demonstrations-Software
2000. 260 S. mit CD-ROM. (DuD-Fachbeiträge) Geb. DM 68,00/€ 34,00
                                                ISBN 3-528-05735-1

Patrick Horster (Hrsg.)
Kommunikationssicherheit im Zeichen des Internet
Grundlagen, Strategien, Realisierungen, Anwendungen
2001. 422 S. mit 110 Abb. (DuD-Fachbeiträge) Geb. DM 168,00/€ 84,00
                                                ISBN 3-528-05763-7

Abraham-Lincoln-Straße 46
65189 Wiesbaden
Fax 0611.7878-400
www.vieweg.de

Stand 1.7.2001. Änderungen vorbehalten.
Erhältlich im Buchhandel oder im Verlag.
Die genannten €-Preise sind gültig ab 1.1.2002.

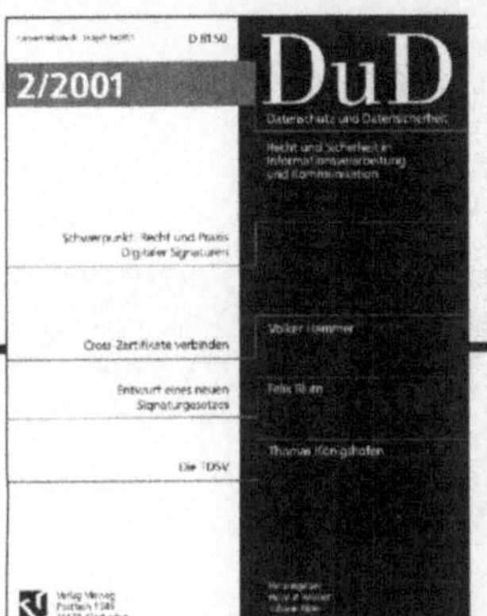

Alles über Datenschutz
und Datensicherheit

- **Rechtsprechung**
- **Technik**
- **Wirtschaft**

Ihr Nutzen - so profitieren Sie von DuD

- Ihre Wissensbasis für Datenschutz
  und Datensicherheit
- Orientierungshilfen bei Inanspruchnahme
  von Dienstleistungen
- Aktuelle Informationen zu rechtlichen
  und technischen Entwicklungen

Der Inhalt - das lesen Sie in DuD

- Betrieblicher Datenschutz
- E-Commerce-Sicherheit
- Digitale Signaturen
- Biometrie
- Aktuelle Rechtsprechung
  zum Datenschutz

Kostenloses Probeheft der DuD erhalten Sie unter
www.dud.de

Vieweg Verlag · Abraham-Lincoln-Straße 46 · 65189 Wiesbaden

Das Netzwerk der Profis

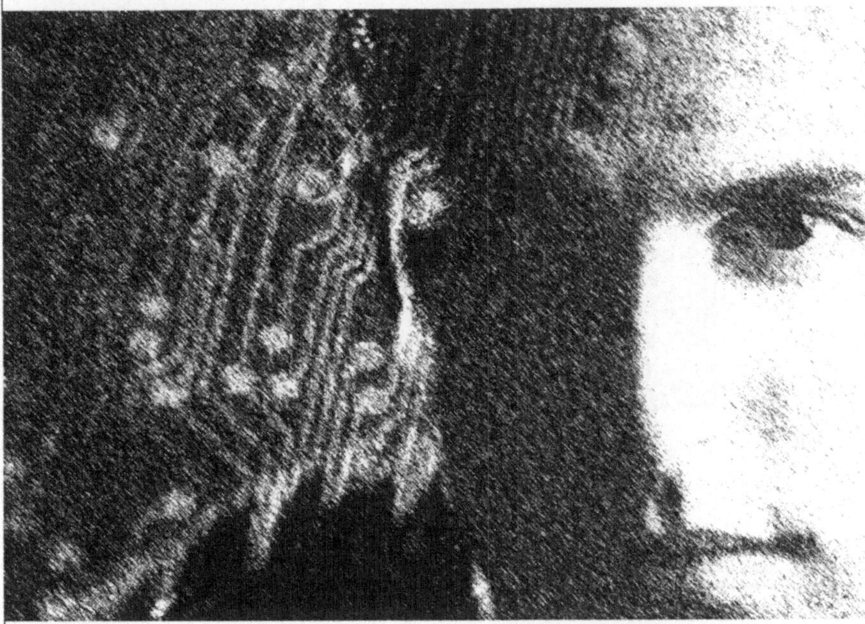

Profitieren Sie von der neuen WIRTSCHAFTS INFORMATIK *online*

- Nutzen Sie das größte **Facharchiv** zum Thema Wirtschaftsinformatik!
- **Empfehlen** Sie Fachartikel weiter und starten Sie dazu ein Fachgespräch!
- Verpassen Sie mit dem **Newsletter** keine Neuigkeiten mehr!
- Diskutieren Sie im **Forum** und nutzen Sie das Wissen der gesamten Community!
- Sichern Sie sich weitere Fachinhalte durch die **Buchempfehlungen** und Veranstaltungshinweise!
- Binden Sie über **Content Syndication** die Inhalte der Wirtschaftsinformatik in Ihre homepage ein!

www.wirtschaftsinformatik.de